Python ユーザのための Jupyter［実践］入門

改訂版

池内 孝啓、片柳 薫子、@driller［著］

技術評論社

●ご購入前にお読みください

・本書に記載された内容は、情報の提供のみを目的としています。したがって、本書を用いた開発、製作、運用は、必ずお客様自身の責任と判断によって行ってください。これらの情報による開発、製作、運用の結果について、技術評論社および著者はいかなる責任も負いません。

・本書で取り扱うサンプルデータの中には株価に関するデータも含まれます。技術評論社および著者は、株価データの内容に関して正確性を保証しません。このデータを参考にして実際の株取引を行うなどの行為を本書では推奨しておりません。それにより損害が生じた場合でも技術評論社および著者は一切の責任を負うものではないとします。

・本書記載の情報は2020年7月現在のものを掲載しておりますので、ご利用時には変更されている場合もあります。また、ソフトウェアに関する記述は、特に断りのないかぎり、2020年7月時点での最新バージョンをもとにしています。ソフトウェアはバージョンアップされる場合があり、本書での説明とは機能内容などが異なってしまうこともあり得ます。本書ご購入の前に、必ずバージョン番号をご確認ください。

以上の注意事項をご承諾いただいたうえで、本書をご利用願います。これらの注意事項をお読みいただかずに、お問い合わせいただいても、技術評論社および著者は対処しかねます。あらかじめご承知おきください。

はじめに

本書をお手に取っていただきありがとうございます。本書は「JupyterLab」の使い方と「データの可視化」にフォーカスを当てた書籍です。JupyterLabは、データ分析ツールとして人気を博したJupyter Notebookの後継とも言えるプロジェクトです。

本書は、2017年に刊行された書籍『PythonユーザのためのJupyter［実践］入門』(以下、初版)の改訂版です。初版では、Jupyter Notebookをメインに取り扱っていましたが、このたびの改訂版では、Jupyter Notebookの代わりにJupyterLabを取り扱うことにしました。

JupyterLabはJupyter Notebook同様に、データの加工や集計処理を得意とするライブラリ「pandas」や、グラフ描画ライブラリ「Matplotlib」などと組み合わせて利用できます。本書では、JupyterLab自体の解説にとどまらず、JupyterLabと一緒に利用されることの多いサードパーティ製パッケージについても詳しく解説しています。

JupyterLabは、インストールしてすぐに使い始められる手軽なツールですが、それだけに、キーボード・ショートカットや設定ファイルによるカスタマイズなど、便利な使い方を知らないまま利用している場合があります。また、Matplotlibを使ったデータ可視化を行うにあたり、同じグラフを描画するために複数の方法が存在するために、どの方法を採用したら良いか戸惑う場合もあります。日本語の文字化けもしばしば問題になります。私たちはPythonやJupyterLab、Jupyter Notebookのユーザと交流をする中で、少なくないユーザが同じ課題を抱えていることを知りました。

本書はPythonを使ったデータ分析に興味があり、これからツールの使い方を学ぼうと考えている新規ユーザから、すでに日常的にJupyterLabやJupyter Notebookを利用している既存ユーザまで、幅広い層に向けて書かれています。新規ユーザは本書を通読することで、JupyterLabでデータ加工や集計を行ったり、さまざまなグラフを描画したりといったことが行えるようになるでしょう。既存ユーザは、グラフ描画パッケージに対する理解を更に深められるはずです。

本書がわずかでもPythonやJupyterLabの魅力を広める役割を果たし、読者のみなさまに有益な情報を届けられることを願ってやみません。

最後に、本書の執筆にあたりレビュー協力をいただいた鈴木たかのり（@takanory）さん、辻真吾（@tsjshg）さん、杉山剛さん、改訂版には参加できなかったものの初版で執筆メンバーとして加わっていただいた岩尾エマはるかさん、企画開始から刊行までお世話になりました技術評論社の細谷謙吾さん、鷹見成一郎さんへ、この場をかりて心よりの御礼を申しあげます。

2020年 著者一同

本書について

本書の内容

本書は書籍という体裁をとっているため、通読されることを期待してしますが、読者が自分の気になるトピックのみを参照するガイドブックとしても活用できます。以下に、各章の概要を掲載します。

◆第１章：JupyterLabを導入しよう

JupyterLabを導入するためのPythonの環境構築、パッケージインストール方法について学びます。グラフ描画における日本語フォントの取り扱いについても解説しています。

◆第２章：JupyterLabの操作を学ぼう

JupyterLabの基本的な使い方について学びます。Pythonコードの実行方法やインターフェイスの解説、キーボード・ショートカットについても解説しています。

◆第３章：pandasでデータを処理しよう

データの加工や集計を得意とするパッケージpandasの基本的な使い方を解説しています。データの読み込みから抽出、加工など、最低限必要な知識を学べます。pandasを使ったデータの可視化についても解説しています。続く第4章～第5章では、第3章で作成したデータを使ってデータ可視化に取り組みます。

◆第４章：Matplotlibでグラフを描画しよう

グラフ描画パッケージMatplotlibの基本編となる第4章では、Matplotlibの基本動作について学んだうえで、第3章で作成したデータを利用してさまざまなグラフ作成に取り組みます。棒グラフや散布図、箱ひげ図など、さまざまなグラフを作成します。

◆第５章：Matplotlibを使いこなそう

Matplotlibの詳細設定編となる第5章では、グラフの色指定やタイトル指定、サイズの変更など、グラフの完成度を高めるための方法について解説しています。Matplotlibのコーディングスタイルや、動作の理解が難しいshow()関数についても言及しています。

◆第 6 章：seaborn でデータを可視化しよう

本書で扱うもう1つの可視化パッケージ、seabornの使い方を学びます。より短いコードで統計解析に便利なデータの可視化を行えるseabornの高レベルAPIを中心に解説しています。

◆第 7 章：seaborn を使いこなそう

第6章で身に付けたseabornの知識をベースに、seabornをより柔軟に使いこなす方法を学びます。グラフの組み合わせやスタイルの変更についても解説しています。

◆第 8 章：Colaboratory を使おう

最終章となる第8章では、Google Colaboratoryの使い方を学びます。Colaboratoryの基本的な使い方はもちろん、ローカルに保存されたデータの読み込み、シェルコマンドやサードパーティ製パッケージの利用、GPUの利用方法について解説しています。

動作環境

本書で解説するソースコードは、次の環境で動作を確認しています。

- OS
  - Windows 10 64 ビット版および macOS Catalina
- Web ブラウザ
  - Google Chrome
- Python
  - Python 3.7
  - Python の環境として Anaconda を利用しています。

PythonやAnaconda、依存パッケージのインストール方法は「第1章　JupyterLabを導入しよう」(P.21) を参照してください。

サンプルコード

本書で解説しているコードの一部をサンプルコードとして、ノートブック形式で以下のURLにて公開しています。

URL https://github.com/practical-jupyter/sample-code-2nd

主なサードパーティ製パッケージのバージョン

表0.1は、本書で利用する主なサードパーティ製パッケージのバージョンです。

●表 0.1　本書で利用する主なサードパーティ製パッケージ

パッケージ名	バージョン
JupyterLab	2.1.5
notebook	6.0.3
pandas	1.0.5
Matplotlib	3.2.2
searborn	0.10.1

グラフの名称

本書では、数値データを可視化する「グラフ」を取り扱います。グラフの各部名称は**図0.1**の通り定義します。

●図 0.1　グラフ各部名称

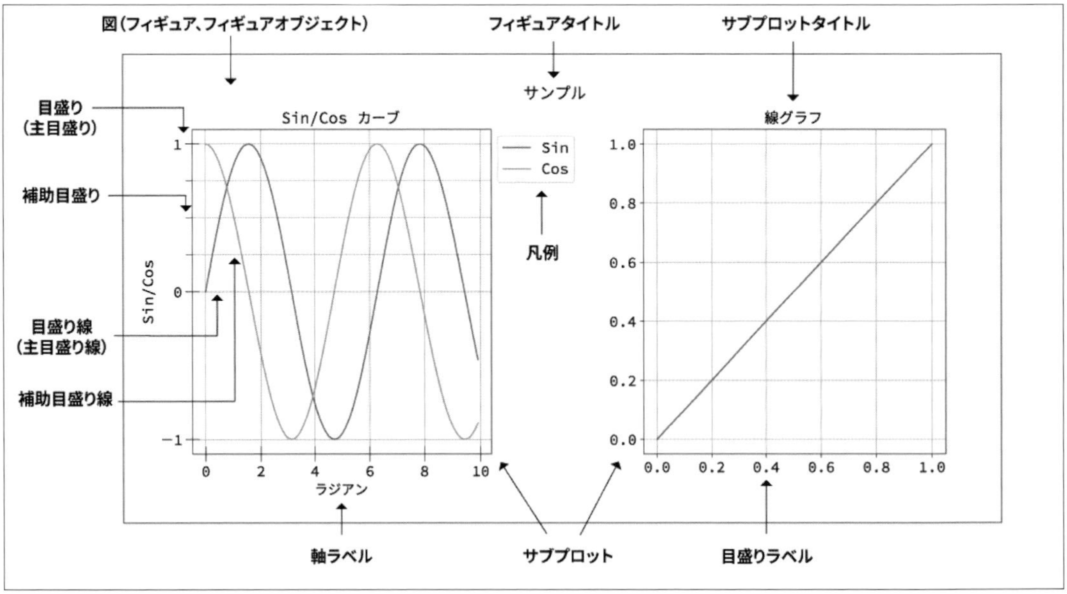

コード

本書では、Pythonのコードを掲載して解説を進めます。**リスト0.1**の書式を「コードブロック」と定義します。

リスト 0.1　コードブロックの例

```
def hello_world():
    print('Hello World')

hello_world()
```

import文と変数は、次のルールで取り扱います。

- import文は、同じ節内で記述するのは原則初出のみとする（例外もあります）
- 変数の状態は、同じ節内で継続しているものとする

たとえば、**リスト0.2**が登場した場合、同じ節ではパッケージ**pandas**のエイリアス名**pd**および変数**df**は特別の説明なしに利用されます（**リスト0.3**）。

リスト 0.2　先行して登場するコードブロック

```
import pandas as pd

df = pd.read_csv('sample.csv')
```

リスト 0.3　後継して登場するコードブロック

```
# パッケージpdはすでにimportしているため、再びimport文を記載することなく利用します。
other_df = pd.read_csv('sample.tsv', sep='¥t')

# 変数dfは、すでに定義され、値が代入されているため、再び定義することなく利用します。
df.head()
```

節が変わる場合、必要なimport文や変数の定義などはあらためて記述します。1つの節を、1つのノートブックと対応付けています。

また、WindowsのAnaconda Powershell Prompt（Anaconda環境用のPowershellのことです。1章の「1.2　Anacondaを利用したPython環境の構築」（P.24）を参照）を**リスト0.4**の書式で、macOSのターミナルを**リスト0.5**の書式で表示します。これをターミナルブロックと定義します。

● リスト 0.4　Windows の Anaconda Powershell Prompt の例

```
> conda activate jupyterbook
```

● リスト 0.5　macOS のターミナルの例

```
$ conda activate jupyterbook
```

WindowsとmacOSで同一のコマンドである場合など、OSごとの解説が省略される場合があります。その場合、macOSのターミナル表記（先頭に$が付く）を優先して採用します。

本書では、Windowsのファイルパス中に登場する半角円マーク「¥」をバックスラッシュ「\」に統一して表記します。画面キャプチャでは「¥」が表示されている場合があります。

データ

本書では、データ探索やデータ可視化について解説するために、サンプルデータ（表0.2）を利用します。利用するデータは、日本のアニメーション作品に関するデータです。

● 表 0.2　サンプルデータ（anime.csv）例

anime_id	name	genre	type	episodes	rating	members
32281	Kimi no Na wa.	School, Supernatural	Movie	1	9.37	200630
5114	Fullmetal Alchemist: Brotherhood	Action, Military	TV	64	9.26	793665

アニメーション作品名やジャンル、ユーザによるレーティング（5段階評価）などが含まれています。本データはkaggle.com[注0.1]で公開されているデータ「Anime Recommendations Database」[注0.2]から取得したものです。データのライセンスは「CC0: Public Domain License」です。

本書では、このデータを加工したデータや関連データなど、他にもサンプルデータを取り扱います。本書で利用しているデータファイルは本書向けに用意した次のGitHubリポジトリに公開しています。

URL https://github.com/practical-jupyter/sample-data

サンプルデータの取り扱いについては、本書P.2（免責事項）を確認のうえ、利用してください。データ内容の詳細は3章の「3.2　サンプルデータについて」（P.90）で解説しています。

注 0.1　URL https://www.kaggle.com/

注 0.2　URL https://www.kaggle.com/CooperUnion/anime-recommendations-database

目次

第 6 章 seaborn でデータを可視化しよう 295

第1章

JupyterLabを導入しよう

本書を学ぶにあたり、JupyterLabやMatplotlibなどのサードパーティ製パッケージを導入するための環境構築が必要です。本章ではAnacondaを利用したPythonの環境構築方法を説明します。

本章の内容

1.1 Project Jupyter とは

Project Jupyterは、Jupyter Notebook[注1.1]やJupyterLab[注1.2]、JupyterHub[注1.3]などのプロダクトを開発しているプロジェクトチーム、あるいはコミュニティです。

- Project Jupyter　URL https://jupyter.org/

Project Jupyterは、2014年にIPythonから派生する形で生まれました。IPythonは、Pythonの強力なインタラクティブ環境を提供するツールです。

- IPython　URL https://ipython.org/

Pythonは標準でインタラクティブ環境（対話モード）を備えます。IPythonはコードの補完などの面で、標準の機能を強化したインタラクティブ環境と言えます。IPythonをベースとして、IPython Notebookというパッケージが生まれました。これが現在のJupyter Notebookの前身と言えるツールです（**図1.1**）。IPython Notebookは、ブラウザ上でPythonを実行できることや、グラフ描画パッケージとの相性が良いことなどから人気を集めました。

図 1.1　IPython Notebook

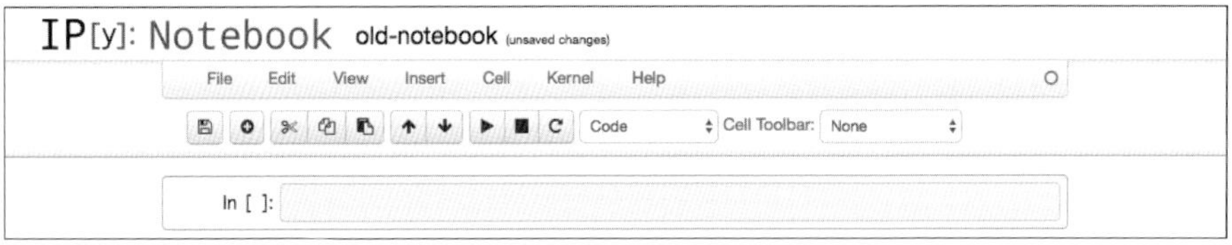

IPythonおよびIPython Notebookは大きなプロジェクトとなり、プロジェクトの整理を行うという判断がなされました。「Jupyter and the future of IPython」として、IPythonプロジェクトの今後についての声明が公式サイトに掲載されています。

> *IPython is a growing project, with increasingly language-agnostic components. IPython 3.x was the last monolithic release of IPython, containing the notebook server, qtconsole, etc. As of IPython 4.0, the language-agnostic parts of the project: the notebook format, message protocol, qtconsole, notebook web application, etc. have moved to new projects under the name Jupyter. IPython itself is focused on interactive Python, part of which is providing a Python kernel for Jupyter.*
> ※引用元　URL https://ipython.org/#jupyter-and-the-future-of-ipython

注 1.1　URL https://github.com/jupyter/notebook
注 1.2　URL https://github.com/jupyterlab/jupyterlab
注 1.3　URL https://github.com/jupyterhub/jupyterhub

この声明以後、IPythonはPythonのインタラクティブ環境および、JupyterへのPythonカーネル提供に注力することになりました。Jupyter Notebookを筆頭とするIPythonを活用する周辺ツールは、Project Jupyterとして発展の道をたどります。

Project Jupyterの中で、IPython Notebookの機能と利便性を引き継いだJupyter Notebookは、引き続き人気のツールとして発展しました（**図1.2**）。

図1.2 Jupyter Notebook

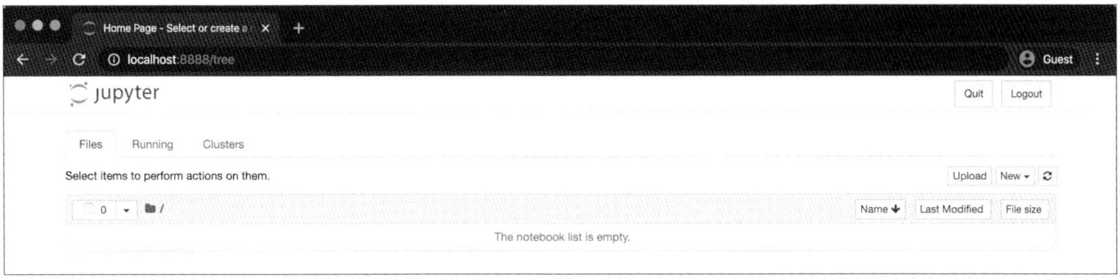

その後、Jupyter Notebookをベースとし、次世代のWebベースのユーザインターフェイスを備えたツールとしてJupyterLabが生まれます。本書で解説するのがこのJupyterLabです（**図1.3**）。

図1.3 JupyterLab

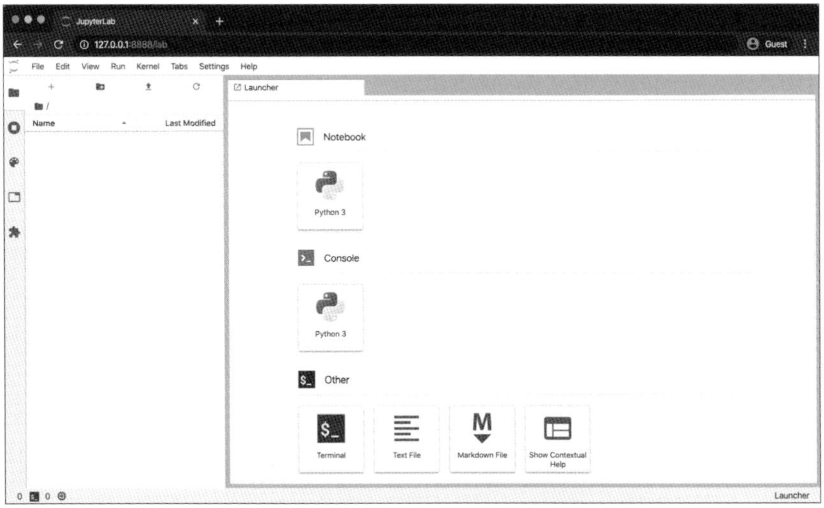

JupyterLabは、タブ機能やファイルブラウザなど、Jupyter Notebookにはなかった機能を追加したツールです。JupyterLabではJupyter Notebookで作成したNotebookファイルをそのまま利用できます。本書の初版である『Pythonユーザのための Jupyter［実践］入門』では、Jupyter Notebookを解説の対象としていましたが、プロジェクトの進化にともない、本書では解説対象を

JupyterLabへ変更しました。

通常JupyterLabを利用するうえでIPythonの存在を意識する必要はありませんが、IPythonとIPython Notebook、そしてJupyter Notebookという歴史の上にJupyterLabが立っているということを押さえておくと良いでしょう。

1.2 Anacondaを利用したPython環境の構築

ここでは、Anaconda[注1.4]を利用したPython環境の構築方法を解説します。Anacondaは、Pythonのデータ分析系ライブラリを導入しやすいよう準備されたPythonディストリビューションです（**図1.4**）。

図1.4　https://anaconda.com/

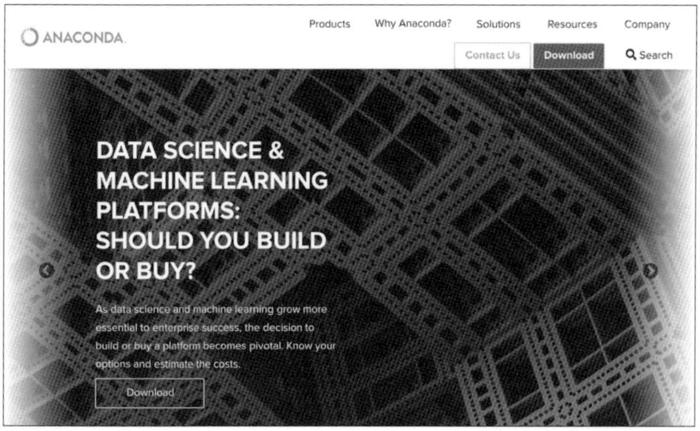

OSによってPythonが依存するライブラリのインストール方法が異なる場合や、パッケージによってはインストール方法が難解な場合があります。OSやソフトウェアの設定に慣れていないユーザにとって、環境構築は1つの障壁と言えます。Anacondaをインストールすることで、NumPyやMatplotlibなど、主要なPythonのデータ分析系ライブラリを容易に利用できます。Anacondaは環境構築時におけるトラブルからユーザを解放する便利な手段の1つです。

Anacondaのインストールについては、WindowsとmacOS向けそれぞれの解説を行います。その他は共通手順として、macOSをベースとした解説を行います。

注1.4　URL https://www.anaconda.com/

環境構築は次の手順で行います。

1. Anaconda のインストール
2. Anaconda 仮想環境の作成
3. サードパーティ製パッケージのインストール
4. 動作確認

NOTE

本節で利用するAnacondaのインストーラのファイルサイズは400MB程度あります。ダウンロード時にはネットワーク環境に注意してください。

Windows 10 に Anaconda をインストールする

Windows 10 64ビット版にAnacondaをインストールする手順を解説します。macOS向けの手順はP.31で解説します。

◆OS の環境を確認する

Windows 10には64ビット版OSと32ビット版OSがあります。使用しているOSがどちらかわからない場合、Windows 10に標準搭載されているCortanaを利用して確認します。Cortanaの検索ウィンドウに「バージョン」と入力すると「32ビットと64ビットのどちらのバージョンのWindowsかを確かめる」がサジェストされ（**図1.5**）、「システム情報」でOSのビット数が確認できます（**図1.6**）。

●図 1.5　Cortana にバージョンをたずねる

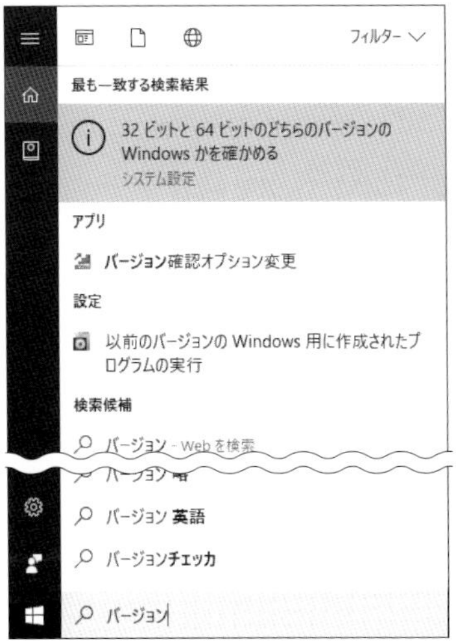

●図 1.6　Windows 10 システム情報

「64ビット」ではなく「32ビット」と表示されている場合は、32ビット版に対応したAnacondaを利用します。本書では64ビット版を解説の対象としていますので、適宜読み替えてください。

◆Anacondaをインストールする

次のURLで、Windows用インストーラのダウンロードページにアクセスできます（**図1.7**）。

URL https://www.anaconda.com/products/individual#Downloads

●図1.7　Windows用インストーラダウンロードページ

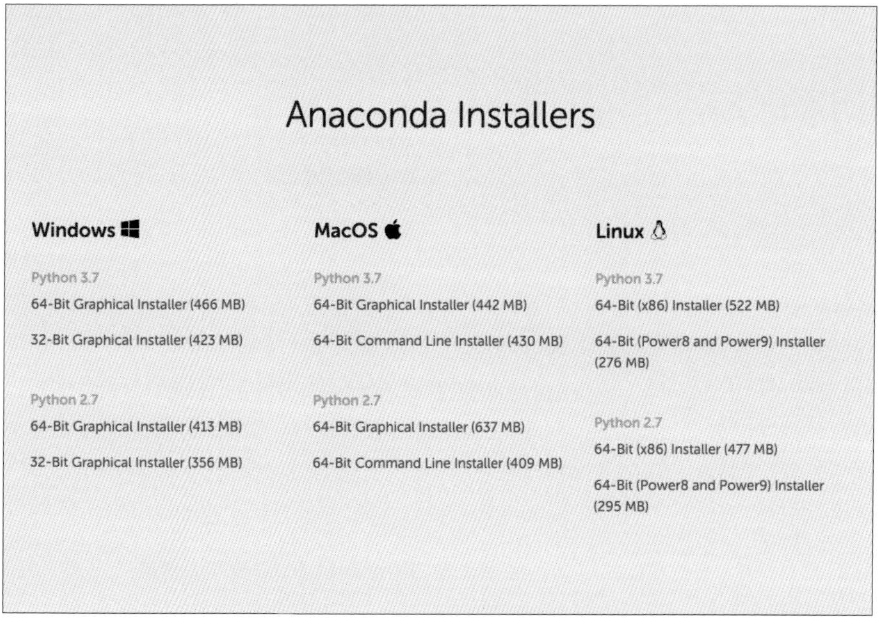

ただし、本書では**図1.7**からダウンロードできる最新バージョンのAnacondaではなく、動作確認ができている「バージョン2020.02」を使用します。ここでは、次のURLから直接当該バージョンのインストーラをダウンロードしてください。

URL https://repo.anaconda.com/archive/Anaconda3-2020.02-Windows-x86_64.exe

ダウンロードしたインストーラ「Anaconda3-2020.02-Windows-x86_64.exe」を実行します。インストーラ（**図1.8**）が起動したら［Next］を選択すると「License Agreement」が表示されるので、内容を確認して［I Agree］を選択します。

図 1.8　インストーラ起動（Windows）

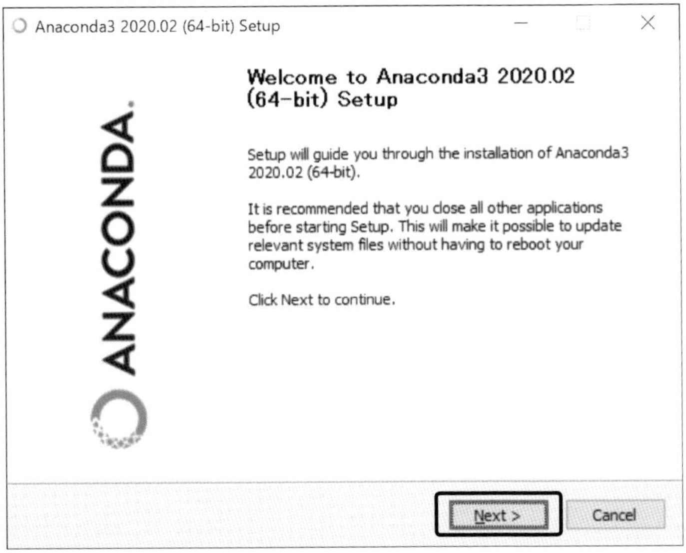

インストールタイプの指定（図1.9）では、「Just Me（recommended）」を選択して［Next］を選択します。

図 1.9　インストールタイプの指定（Windows）

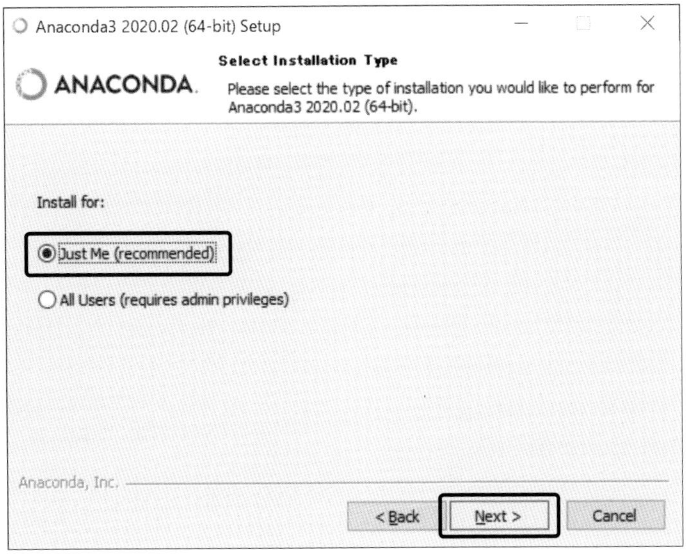

インストール場所は、デフォルトのままにします（**図1.10**）。

図1.10　インストール場所の指定（Windows）

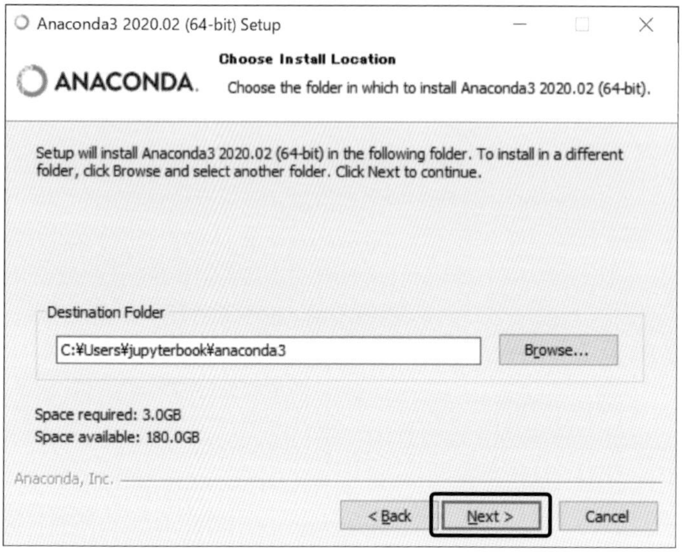

たとえば、Windowsのユーザ名が「jupyterbook」の場合、Anacondaのインストール場所は「C:\Users\jupyterbook\anaconda3」になります。

インストールオプションはデフォルトのままどちらも選択せずに［Install］を選択します（**図1.11**）。

図1.11　インストールオプションの指定（Windows）

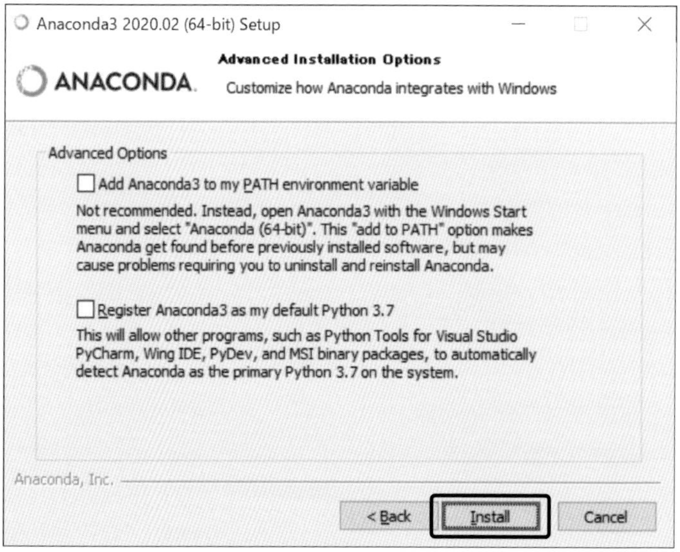

参考までに、**図1.11**で表示されるオプションの意味を以下に示します。

- **Add Anaconda to my PATH environment variable**
  Windowsのパス設定にAnacondaのパス情報が追加されます。古いバージョンのAnacondaでは、このオプションが有効になっていましたが、今回インストールするバージョンでは非推奨になっています。
- **Register Anaconda my default Python 3.7**
  統合開発環境（IDE）のVisual Studio[注1.5]やPyCharm[注1.6]など、OSにインストールされたPythonを利用するアプリケーションがAnaconda環境を参照するようになります。

インストーラに「Completed」と表示されたらインストールは完了です（**図1.12**）。

図1.12 インストールの完了

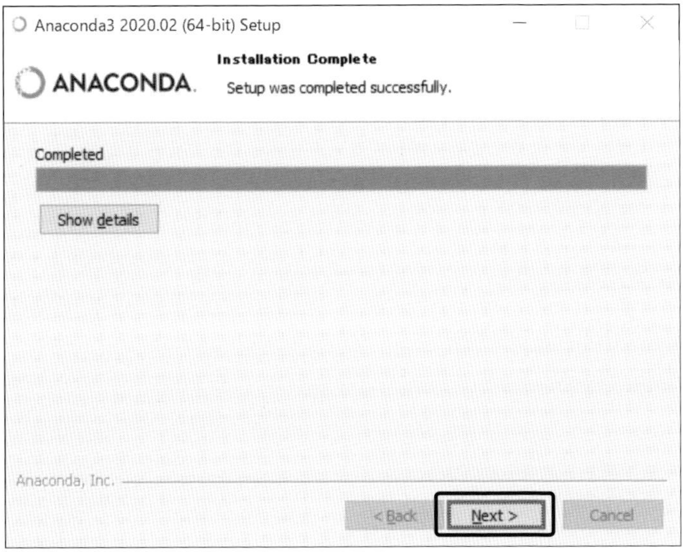

[Next]をクリックすると、PyCharmについての案内が表示されます（**図1.13**）。さらに[Next]をクリックすると、インストーラの終了確認画面が表示されます（**図1.14**）。[Finish]をクリックしてインストーラを終了します。

注1.5 URL https://www.visualstudio.com/
注1.6 URL https://www.jetbrains.com/pycharm/

●図 1.13　PyCharm の案内

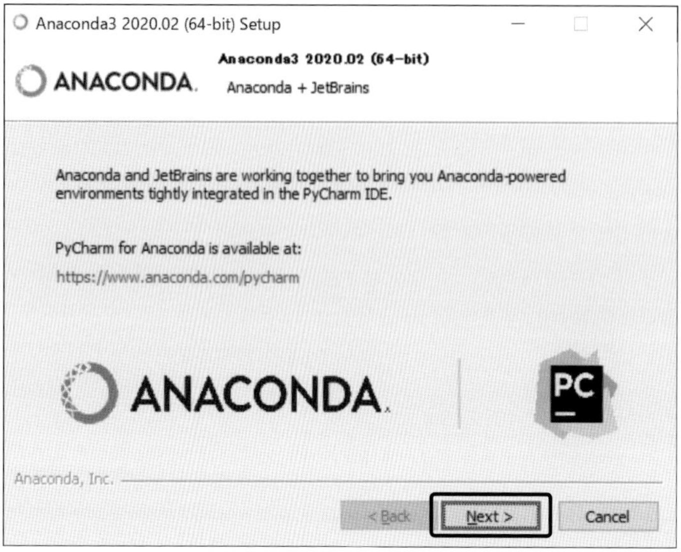

●図 1.14　インストーラの終了確認

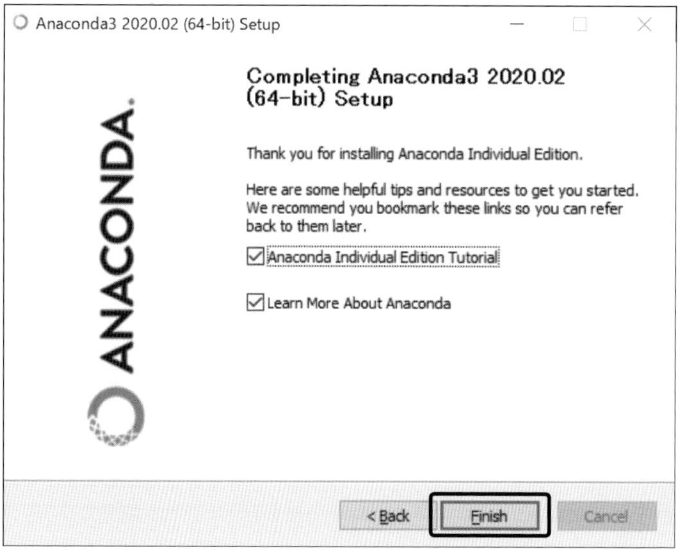

◆Anaconda 環境を利用する

インストールしたAnaconda環境を利用するには、Anaconda Powershell Promptを利用します（以下、Anaconda Powershell）。Anaconda PowershellはAnacondaインストール時に併せてインストールされています（**図1.15**）。

●図1.15 Anaconda Powershellの起動

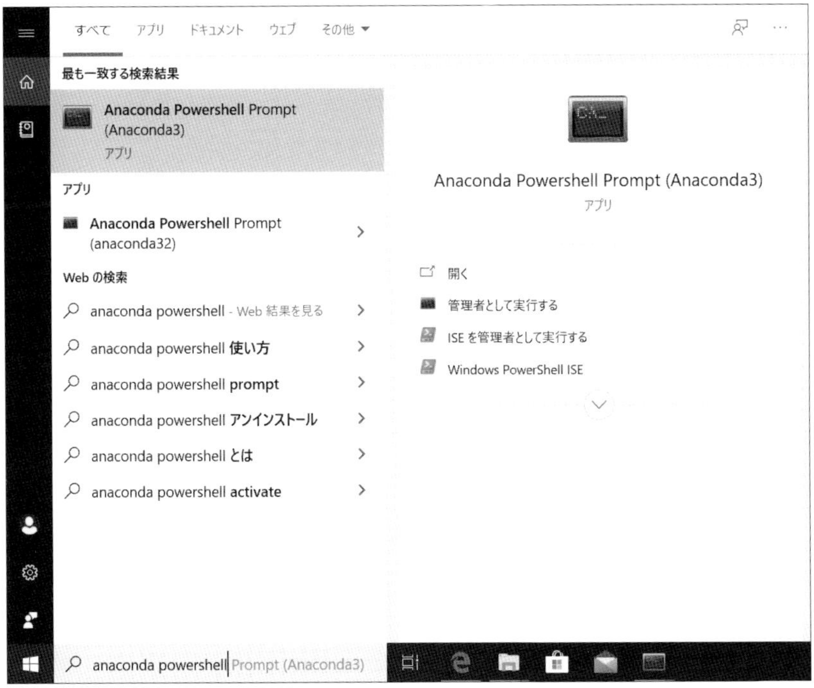

Anaconda Powershellは、Windows標準のPowerShellと同様に扱えます。標準のPowerShellとの主な違いは、Anacondaを利用するためのパス（PATH）があらかじめ設定されていることです。Anacondaでは、OSのパス設定を変更するのではなく、Anaconda Powershellを利用する方法が推奨されています。

以後、Windows環境でコマンドを実行する場合はAnaconda Powershellを利用します。

macOSにAnacondaをインストールする

macOS CatalinaにAnacondaをインストールする手順を解説します。

◆Anacondaをインストールする

次のURLで、macOS用インストーラのダウンロードページにアクセスできます（**図1.16**）。

URL https://www.anaconda.com/products/individual#Downloads

図 1.16　macOS 用インストーラダウンロードページ

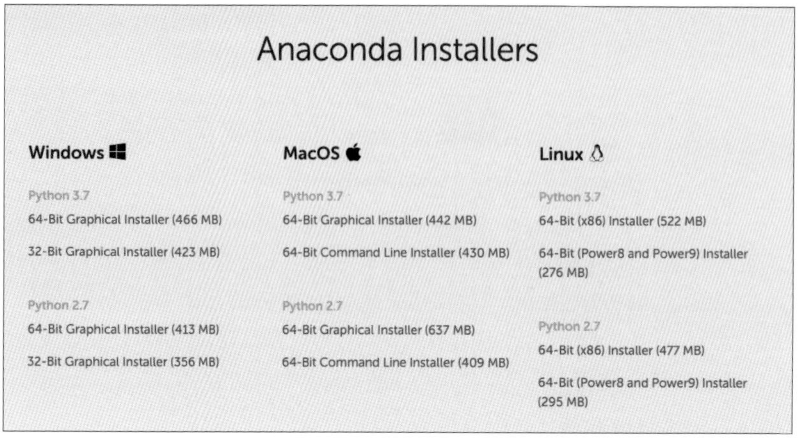

ただし、本書では**図 1.16** からダウンロードできる最新バージョンの Anaconda ではなく、動作確認ができている「バージョン 2020.02」を使用します。ここでは、次の URL から直接当該バージョンのインストーラをダウンロードしてください。

URL https://repo.anaconda.com/archive/Anaconda3-2020.02-MacOSX-x86_64.pkg

ダウンロードしたインストーラ「Anaconda3-2020.02-MacOSX-x86_64.pkg」を実行し、インストーラ（**図 1.17**）で［続ける］をクリックします。

図 1.17　インストーラ起動（macOS）

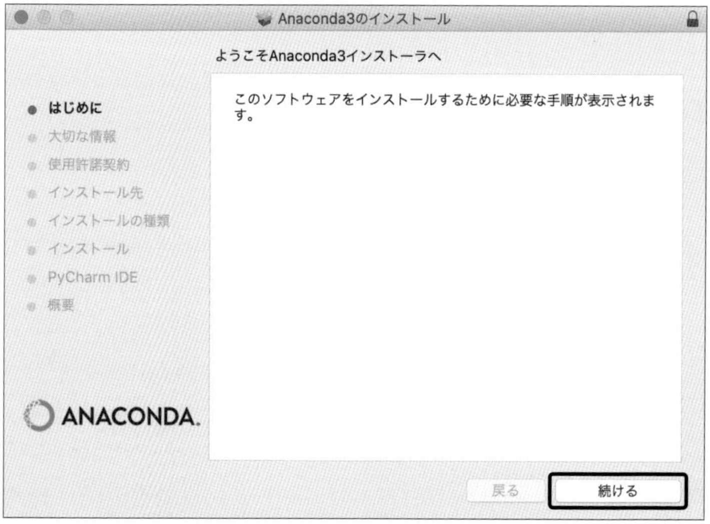

図1.18ではインストール前の確認事項が表示されます。主な内容は「.bash_profile」にパスの情報が追記されることの説明と、インストールされるパッケージの情報です。確認したら［続ける］をクリックします。

図1.18　インストール前の確認（macOS）

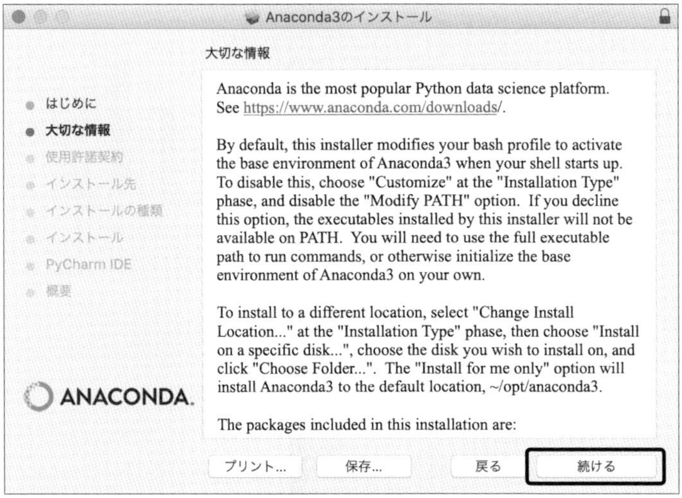

続いて**図1.19**に表示される内容を確認して［続ける］をクリックし、次に表示される画面で［同意する］をクリックします。

図1.19　利用許諾確認（macOS）

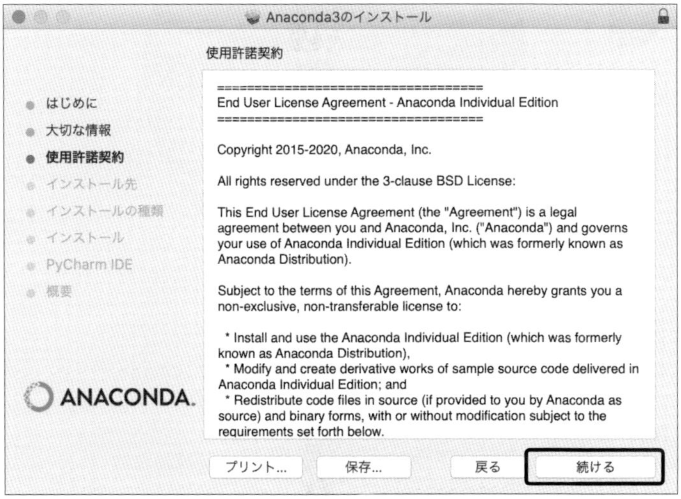

図1.20ではそのまま［インストール］をクリックしてください。

●図 1.20　インストールの確認（macOS）

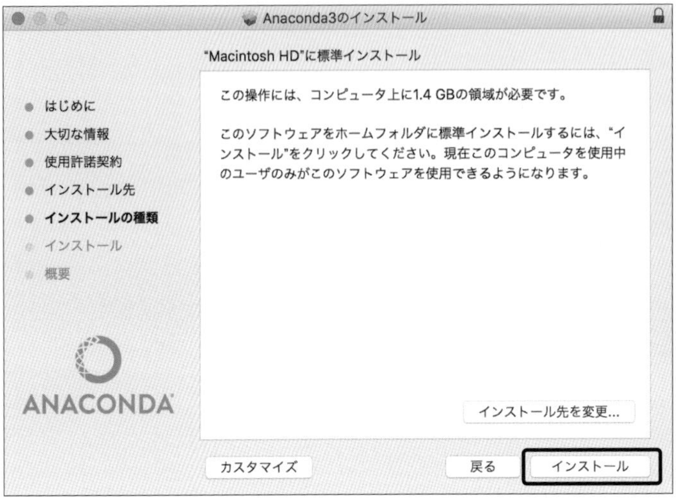

仮想環境を作成する（Windows/macOS 共通）

◆conda create コマンドを使う

Anacondaのインストールができたところで、本書を読み進めるための仮想環境を作成します。仮想環境には、パッケージの種類やバージョンを管理しやすくなるというメリットがあります（P.36のコラム「仮想環境の必要性」参照）。

仮想環境の作成には、condaコマンドを利用します。condaコマンドはAnaconda環境構築に関するコマンドラインツールで、Anacondaをインストールした際に導入されています。Windowsの場合、condaコマンドはAnaconda Powershellで実行できます。macOSの場合、ターミナルソフトで実行できます。仮想環境の作成を行うコマンドやサードパーティ製パッケージのインストールを行うコマンドを含むcondaコマンドの詳しい使い方は「1.3　condaコマンドの使い方」で解説します。

仮想環境作成のために、conda createコマンドを実行します（リスト1.1）。

●リスト 1.1　仮想環境の作成

```
$ conda create -y  python=3.7 -n jupyterbook
```

-nオプションで仮想環境の名前を指定します（ここでは「jupyterbook」）。

NOTE

本書では以後、仮想環境の名前を「jupyterbook」として解説を進めます。仮想環境の名前は任意で指定できます。別の名前を付けた場合は適宜読み替えてください。

◆仮想環境を利用する

仮想環境の作成が完了すると、作成した環境を有効化（アクティベート）する方法、無効化（デアクティベート）する方法が表示されます（**リスト1.2**）。

リスト 1.2　仮想環境 jupyterbook の作成完了

```
#
# To activate this environment, use:
# > conda activate jupyterbook
#
# To deactivate this environment, use:
# > conda deactivate jupyterbook
#
```

作成した仮想環境を利用するには、ターミナルで`conda activate`コマンドを実行します（**リスト1.3**）。

リスト 1.3　仮想環境 jupyterbook の利用

```
$ conda activate jupyterbook ⏎
```

指定した仮想環境を利用できているかどうかは、ターミナルの表示から確認できます。`(jupyterbook) $`のように、プロンプトの先頭に仮想環境の名称が表示されていれば成功です。

パッケージをインストールする

仮想環境を利用できるようになったら、本書を読み進めるにあたり必要なPythonのサードパーティ製パッケージをインストールします。**リスト1.4**のコマンドを実行します。

リスト 1.4　サードパーティ製パッケージのインストール

```
(jupyterbook) $ conda install -y -c conda-forge jupyterlab==2.1.5 ⏎
(jupyterbook) $ conda install -y matplotlib==3.2.2 ⏎
(jupyterbook) $ conda install -y seaborn==0.10.1 ⏎
(jupyterbook) $ conda install -y pandas==1.0.5 ⏎
(jupyterbook) $ conda install -y xlrd==1.2.0 ⏎
(jupyterbook) $ conda install -y lxml==4.5.1 ⏎
(jupyterbook) $ conda install -y statsmodels==0.11.1 ⏎
```

COLUMN

仮想環境の必要性

Anacondaはインストールした状態で、Pythonを使ったデータ分析環境として利用できます。ではなぜ、そのうえ仮想環境というものを用意する必要があるのでしょうか。一番の理由は、どのパッケージを利用するか、パッケージのどのバージョンを利用するかを「わかりやすいまとまり」で管理できることにあります。

開発の続いているソフトウェアは、リリース後にバージョンアップがくり返されます。バージョンアップによって新しい機能が提供されたり、反対に今まで提供されていた機能が廃止されたり、機能の利用方法が変更になったりします。バージョンアップによって機能が廃止されたり、利用方法が変更されたりすることを「Breaking Changes（破壊的変更）」と言います。Breaking Changesを行うかどうかはソフトウェアの開発主体に委ねられます。Pythonのサードパーティ製パッケージもその例外ではありません。

バージョンの異なるソフトウェアは、異なる動作をする可能性があります。そのため、記述されたソースコードがどのパッケージのどのバージョンを対象として動作するものなのかを明示しておく必要性が生じます。バージョン指定したいだけであれば、仮想環境を用意せずとも、パッケージの利用バージョンを管理していけば良いことになります。問題となるのは、たとえば担当しているプロジェクトが複数ある場合です。あるプロジェクトではpandasのバージョン0.24を利用していて、別のプロジェクトではpandasのバージョン1.0を利用している、というようなケースです。仮想環境を利用すると、パッケージの種類やそのバージョンを、仮想環境の単位で管理できるようになります。

JupyterLabを立ち上げる（Windows/macOS共通）

仮想環境の作成とパッケージのインストールが完了したら、確認のためにJupyterLabを立ち上げてみましょう。

利用するフォルダは任意の場所でかまいません。例としてユーザのホームディレクトリ配下に「jupyterbook」フォルダを作成し、作業フォルダとして利用します（**リスト1.5**）。

リスト 1.5　作業フォルダの作成

```
(jupyterbook) $ cd ⏎
(jupyterbook) $ mkdir jupyterbook ⏎
(jupyterbook) $ cd jupyterbook ⏎
```

いよいよJupyterLabの起動です。`jupyter lab`コマンドを実行します（**リスト1.6**）。

リスト 1.6 JupyterLabの起動

```
(jupyterbook) $ jupyter lab
```

`jupyter lab`コマンドの初回実行時は、ターミナルに表示される「http://127.0.0.1:」から始まるURLをWebブラウザのURL入力エリアに直接指定する必要があります（**リスト1.7**）。

リスト 1.7 JupyterLabの起動確認（macOS）

```
[I 21:40:03.698 LabApp] JupyterLab extension loaded from /Users/ethan/anaconda3/envs/
jupyterbook/lib/python3.7/site-packages/jupyterlab
[I 21:40:03.699 LabApp] JupyterLab application directory is /Users/ethan/anaconda3/envs/
jupyterbook/share/jupyter/lab
[I 21:40:03.993 LabApp] Serving notebooks from local directory: /Users/ethan/notebooks
[I 21:40:03.994 LabApp] The Jupyter Notebook is running at:
[I 21:40:03.994 LabApp] http://localhost:8888/?token=b92c8702ef7414f48a63e8c70a822018609b
4ab5e94adc42
[I 21:40:03.994 LabApp]  or http://127.0.0.1:8888/?token=b92c8702ef7414f48a63e8c70a822018
609b4ab5e94adc42
[I 21:40:03.994 LabApp] Use Control-C to stop this server and shut down all kernels
(twice to skip confirmation).
[C 21:40:03.997 LabApp]

    To access the notebook, open this file in a browser:
        file:///Users/jupyterbook/Library/Jupyter/runtime/nbserver-49463-open.html
    Or copy and paste one of these URLs:
        http://localhost:8888/?token=b92c8702ef7414f48a63e8c70a822018609b4ab5e94adc42
     or http://127.0.0.1:8888/?token=b92c8702ef7414f48a63e8c70a822018609b4ab5e94adc42
[I 21:40:06.643 LabApp] Build is up to date
```

ターミナルからURLをコピーし、ブラウザのURL入力エリアにペーストしてください。表示されるURLは環境により異なります。表示されたURLにブラウザでアクセスすると、JupyterLabを利用可能になります（**図1.21**）。2回目の`jupyter lab`コマンド実行以降は、自動的にJupyterLabが起動してブラウザで表示されます。

●図 1.21　JupyterLab の起動

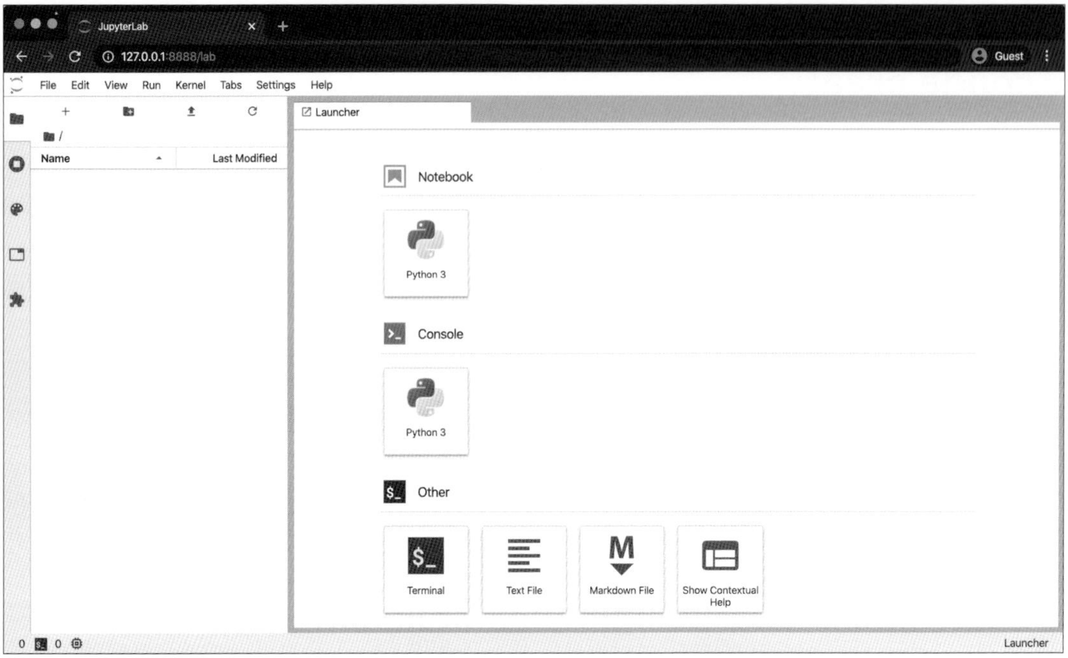

以上で、本書の内容を学ぶためのAnacondaおよびPython環境の構築が完了しました。

1.3 conda コマンドの使い方

Anacondaはインストールした直後から、すぐにPythonを活用したデータ分析の環境として利用できます。しかしAnacondaを利用していても、サードパーティ製パッケージの追加インストールやパッケージのアップグレードが必要になる場面があります。そのためAnacondaの利用者は、パッケージの管理方法を含むAnacondaの環境設定について学ぶ必要があります。

本節では、Anacondaの環境設定ツールである**conda**コマンドについて解説します。**conda**コマンドは、Anacondaインストール時点で自動的にインストールされるCUIツール[注1.7]です。なお、仮想環境の作成とサードパーティ製パッケージのインストールは、Anaconda Navigatorという

注 1.7　CUI：キャラクタベースド・ユーザ・インターフェイスの略。キーボードなどから入力される文字列を用いてコンピュータを操作する方法。コマンドラインインターフェイス（CLI）とも呼ばれる。

GUIツール[注1.8]でも行えます。Anaconda Navigatorについては後述します。

conda create コマンドで仮想環境を作成する

conda createコマンドは、Anaconda仮想環境を作成するコマンドです。conda createコマンドでは、仮想環境やインストールするサードパーティ製パッケージの情報はコマンドのオプションとして指定します。

本節では、学習のためにあらためて別の仮想環境「env1」を作成します（リスト1.8）。

リスト 1.8　仮想環境「env1」の作成

```
$ conda create -y -n env1
```

-yオプションは、実行確認を省略するために指定しています。-nオプションで仮想環境の名前を指定します。ここでは「env1」という名称です。作成した仮想環境（ここでは「env1」）を利用する方法は後述します。

conda createコマンドでは、pythonオプションを使用して仮想環境で利用するPythonのバージョンを指定できます（リスト1.9）。

リスト 1.9　仮想環境「env2」の作成

```
$ conda create -y python=3.7 -n env2
```

pythonオプションを利用することで、仮想環境ごとに異なるバージョン（3.6と3.7など）のPythonを簡単に利用できます。pythonオプションは省略可能で、省略した場合はインストールしたAnacondaに対応するPythonバージョンが採用されます。

conda activate/deactivate コマンドで仮想環境を有効／無効にする

前項「conda createコマンドで仮想環境を作成する」で仮想環境を作成する方法を解説しました。conda createコマンドで仮想環境の作成に成功すると、conda activateコマンドとconda deactivateコマンドの利用に関する案内が表示されます（リスト1.10）。

注 1.8　GUI：グラフィカル・ユーザ・インターフェイスの略。コンピュータの画面上のウィンドウやアイコンなどのグラフィックと、マウスやトラックパッドなどのポインティングデバイスを用いてコンピュータを操作する方法。

リスト 1.10　仮想環境作成後の出力

```
#
# To activate this environment, use
#
#     $ conda activate env1
#
# To deactivate an active environment, use
#
#     $ conda deactivate
```

作成した仮想環境は、conda activateコマンドで有効化（アクティベート）することではじめて利用可能になります（**リスト 1.11**）注1.9。

リスト 1.11　仮想環境の有効化

```
$ conda activate env1 ⏎
```

conda activateコマンドが成功すると、プロンプトの先頭に仮想環境の名前が表示されます（**リスト 1.12**）。

リスト 1.12　仮想環境が有効化されたターミナル

```
(env1) $
```

conda deactivateコマンドは、仮想環境の利用を無効（デアクティベート）するコマンドです（**リスト 1.13**）。実行するとプロンプトが元に戻ります。

リスト 1.13　仮想環境の無効化

```
(env1) $ conda deactivate ⏎
```

conda activateコマンドと違い、仮想環境名を指定する必要はありません。

conda install コマンドでパッケージをインストールする

conda installコマンドは、Anaconda環境にPythonのサードパーティ製パッケージをインストールするコマンドです。

conda installコマンドでpandasをインストールします（**リスト 1.14**）。パッケージをインス

注 1.9　ターミナルやプロンプトの表示設定により、異なる表示をする場合があります。

トールする仮想環境は「env1」とします。

リスト 1.14　仮想環境「env1」へパッケージをインストール

```
$ conda activate env1
(env1) $ conda install -y pandas
```

-y オプションは、インストール確認を省略するためのコマンドです。オプションに続いて、インストールするパッケージを指定します。パッケージは複数指定可能です（**リスト 1.15**）。

リスト 1.15　複数のパッケージを一度にインストール

```
(env1) $ conda install -y matplotlib seaborn
```

`conda install` コマンドでは、パッケージのバージョンを指定できます（**リスト 1.16**）。

リスト 1.16　バージョンを指定したパッケージのインストール

```
(env1) $ conda install -y pandas==0.25.3
```

COLUMN

Anaconda とサードパーティ製パッケージ

Python標準では、サードパーティ製パッケージの配布にPyPI※というサービスが利用されます。いっぽうAnacondaでは、PyPIとは別の独立したリポジトリ※※でAnaconda用のパッケージを管理しています。

Anaconda環境においても、PyPIを利用してサードパーティ製パッケージのインストールを行えます。サードパーティ製パッケージによっては、PyPIに登録されていても、Anaconda用のパッケージリポジトリには登録されていないものが存在します。その場合には、PyPIを利用すると良いでしょう。

※　URL https://pypi.org/
※※　URL https://anaconda.org/anaconda/repo

conda update/remove コマンドでパッケージのアップデートと削除を行う

conda updateは、パッケージのアップデートを行うコマンドです（リスト1.17）。

リスト 1.17　パッケージのアップデート

```
# 古いバージョンのパッケージをインストール
(env1) $ conda install -y jinja2

# update コマンドで最新版にアップデート
(env1) $ conda update jinja2
```

conda updateコマンドは、指定したパッケージを常に最新のバージョンにアップデートします。バージョンを指定したアップデートを行いたい場合はconda installコマンドを利用してください。

conda removeはパッケージを削除するコマンドです（リスト1.18）。

リスト 1.18　パッケージの削除

```
(env1) $ conda remove -y jinja2
```

よく使われるその他の conda コマンド

conda env listコマンドは、作成済みのAnaconda仮想環境の一覧を取得するコマンドです（リスト1.19）。

リスト 1.19　仮想環境一覧の取得

```
$ conda env list
```

実行すると仮想環境名とインストール先のパスの一覧が出力されます（リスト1.20）。

リスト 1.20　仮想環境一覧

```
base                  *  /Users/pydata/anaconda3
jupyterbook              /Users/pydata/anaconda3/envs/jupyterbook
env1                     /Users/pydata/anaconda3/envs/env1
env2                     /Users/pydata/anaconda3/envs/env2
```

conda remove コマンドは「conda update/remove コマンドでパッケージのアップデートと削除を行う」(P.42) で解説した、インストール済みのサードパーティ製パッケージを削除するコマンドです。conda remove コマンドに-nオプションを付与することで、仮想環境を削除できます(リスト1.21)。

リスト 1.21　仮想環境の削除

```
$ conda remove -y -n env2 --all
```

conda remove コマンドで削除した仮想環境は元に戻せません。コマンドの実行には注意してください。

1.4 Anaconda Navigator の使い方

Anacondaには、Anaconda Navigatorが付属します。Anaconda Navigatorとは、Anacondaの環境をGUIで管理するためのツールです。Anaconda NavigatorはWindows 10、macOSどちらのOSにも対応しています。

Anaconda Navigator で仮想環境を作成する

本節では、Anacondaの環境設定のためのツールAnaconda Navigatorの操作方法を解説します。Anaconda NavigatorはGUIツールであるため、CUIに不慣れなユーザでも直感的に扱えます(図1.22)。

図 1.22　Anaconda Navigator

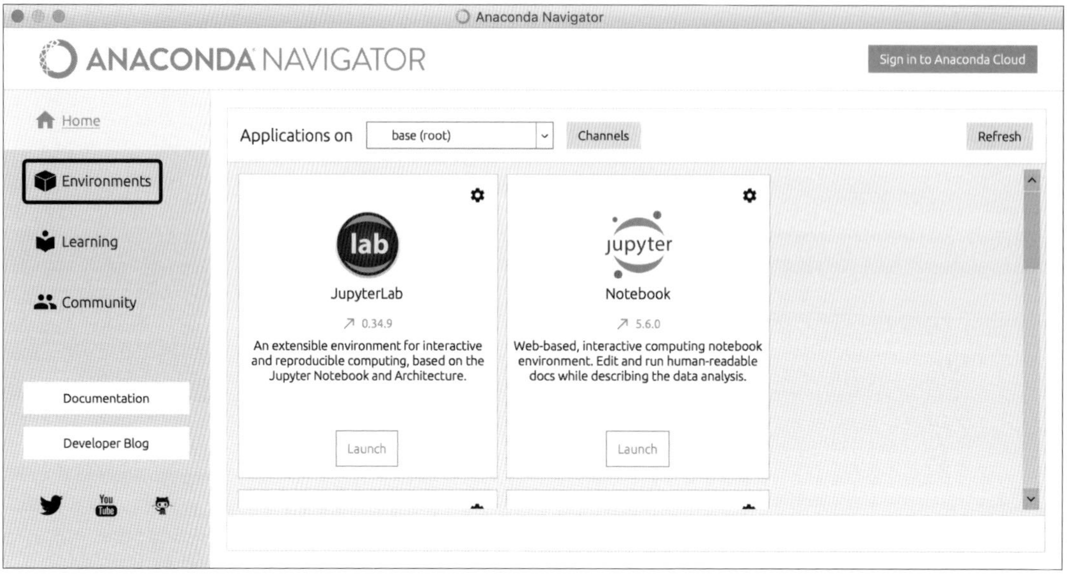

Anaconda Navigatorを起動すると、Home画面が表示されます。左側のメニューから［Environments］を選択します。Environmentsには仮想環境一覧が表示されます（**図1.23**）。Anacondaを新しくインストールした場合、「base(root)」のみが表示されます。「base(root)」はAnacondaをインストールした時点で自動的に用意された環境です。

図 1.23　Anaconda Navigator 仮想環境一覧

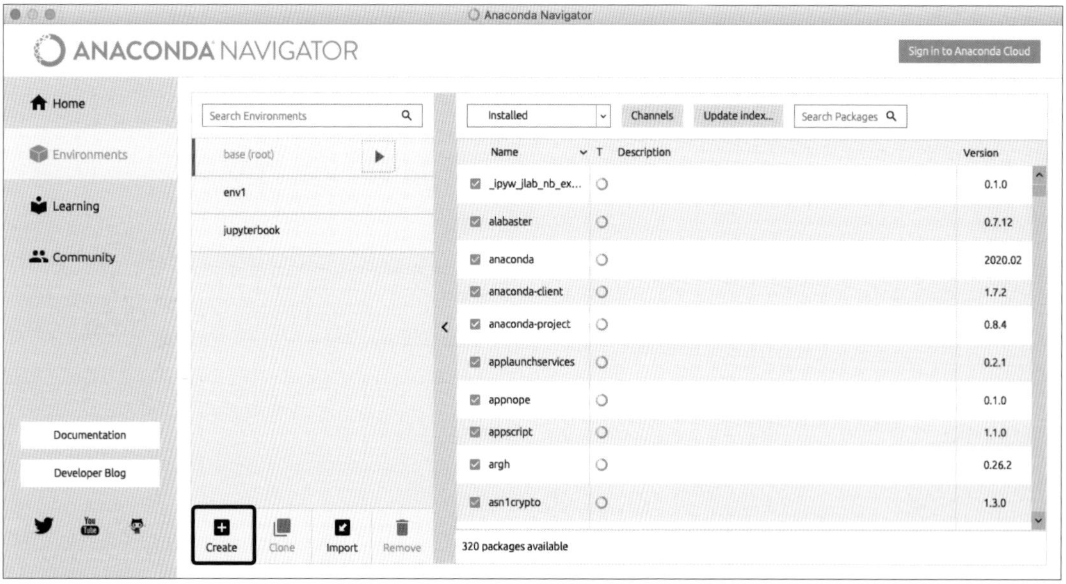

画面の下段にある［Create］ボタンを押すと、仮想環境の新規作成のためのオプションが表示されます（**図1.24**）。

図 1.24　Anaconda Navigator 仮想環境作成のオプション

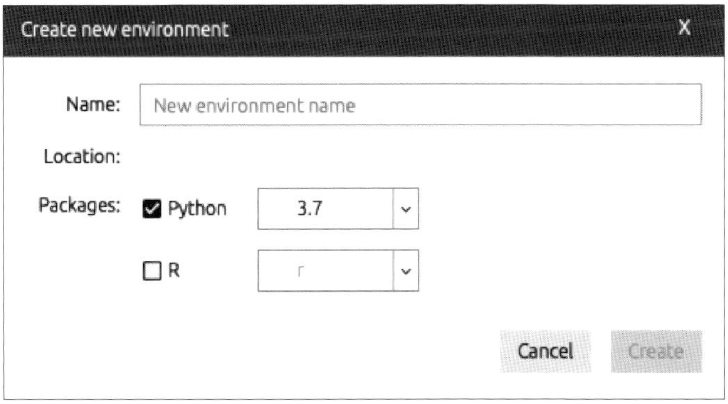

オプションの内容とその指定を**表1.1**に示します。

表 1.1　仮想環境作成のオプション

オプション	選択肢
Name	env2
Python	3.7
R	選択しない

オプションの指定が完了したら、［Create］ボタンを押すと、仮想環境の作成が開始されます。コンピュータの性能やネットワーク環境により、5分程度、あるいはそれ以上かかる場合もあります。

仮想環境の一覧に、新規作成した仮想環境「env2」が追加されていれば成功です。

Anaconda Navigator でパッケージを管理する

Anaconda Navigatorでは、仮想環境の作成に加え、仮想環境にインストールするパッケージの管理もGUIで行えます。先ほど作成した「env2」に、サードパーティ製パッケージpandasをインストールします。

「installed」になっているオプションを「All」にします。右端の検索ボックスに「pandas」と入力すると、検索結果に関連するパッケージ一覧が表示されます。一覧から「pandas」を選択します（**図1.25**）。

図 1.25　Anaconda Navigator で pandas パッケージを追加する

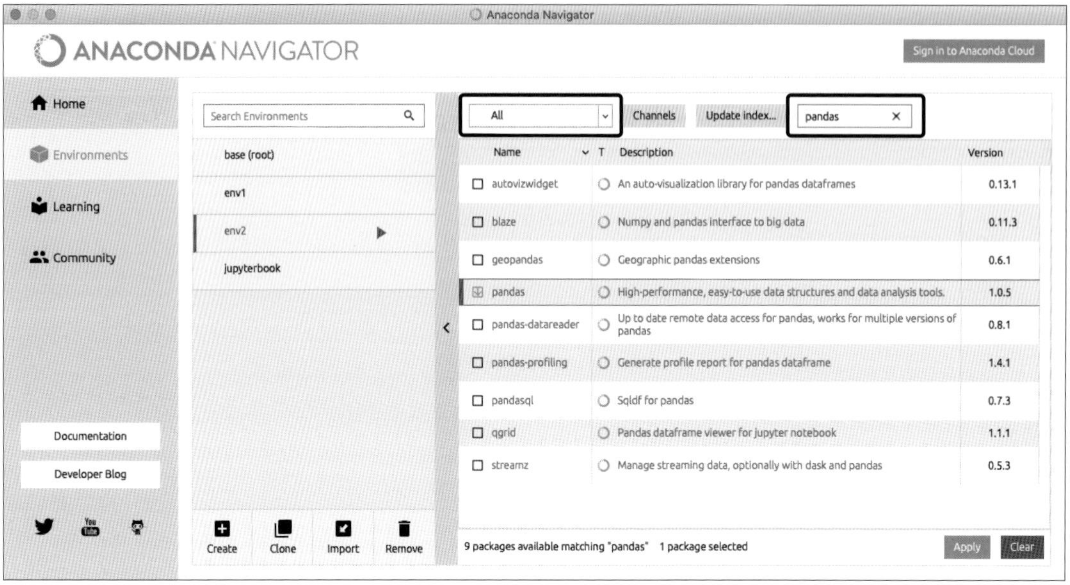

［Apply］ボタンを押すと、パッケージのインストールが開始されます（**図 1.26**）。

図 1.26　Anaconda Navigator でインストール済みパッケージを確認

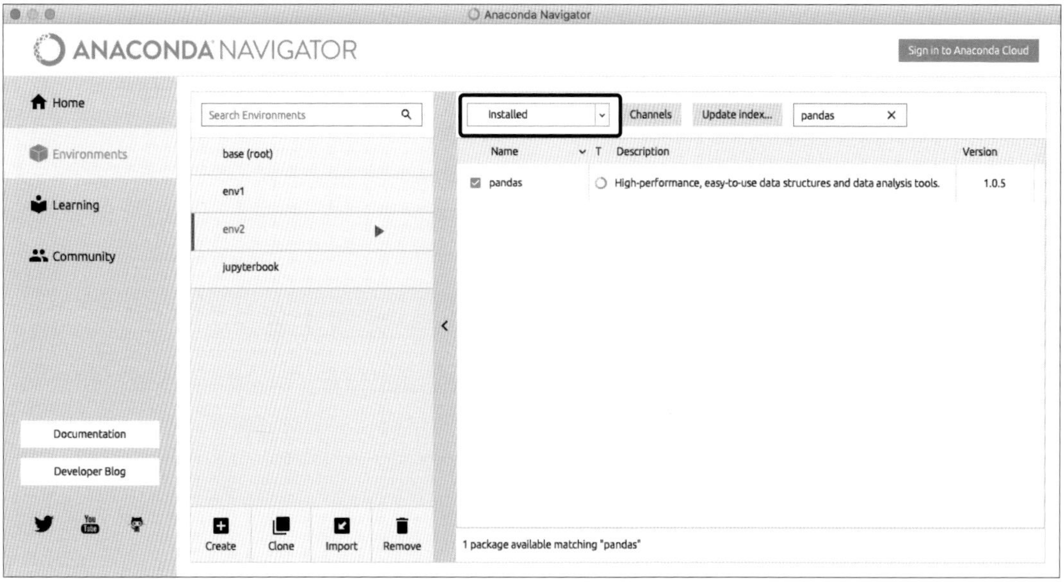

「All」にしたオプションを「installed」に戻し一覧を確認すると、pandas がインストールされ

ていることが確認できます。これでパッケージの導入は完了です。

NOTE

Anaconda Navigatorでサードパーティ製パッケージをインストールする場合、そのバージョンはAnacondaのパッケージリポジトリに登録されている最新バージョンに固定されます。そのため、バージョンを指定してパッケージを導入したい場合、「conda installコマンドでパッケージをインストールする」(P.40) で解説した`conda install`コマンドを利用する必要があります。

Anaconda NavigatorでJupyterLabを起動する

Anaconda Navigatorでは仮想環境やパッケージの管理の他、JupyterLabなど一部のパッケージをGUIで起動できます（**図1.27**）。

図1.27 Anaconda NavigatorでJupyterLabを起動する

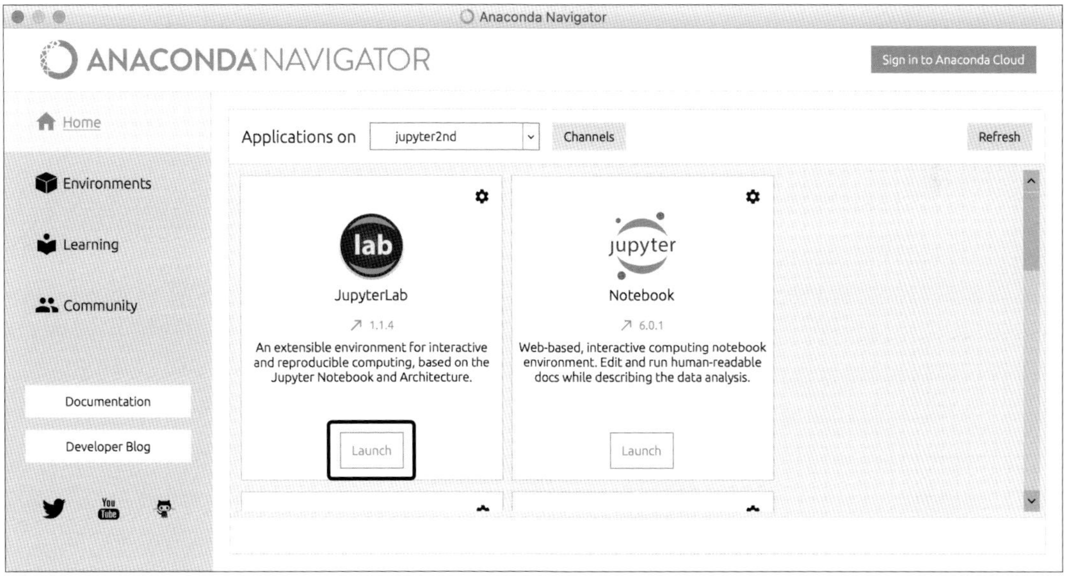

JupyterLabのアイコンの下に表示されている［Launch］ボタンを押すとJupyterLabが起動します。

このとき、「Application on」に続いて表示されているのが、現在利用されているAnaconda仮想環境の名称です。セレクトボックスで別の仮想環境名を選択することで、利用する仮想環境を変更できます。

1.5 日本語フォント環境の準備

ここでは、本書で解説するデータ可視化のためのグラフ描画パッケージMatplotlibで、日本語の文字列を表示する方法について説明します。

グラフ描画における日本語の文字化け

グラフを描画する際、タイトルやラベルなどに数値以外の文字列を出力することがあります。Matplotlibで日本語を扱う際、日本語が正しく表示されない文字化け問題が発生します（**リスト1.22**）。

リスト 1.22　日本語タイトルを出力するグラフ

```
%matplotlib inline

import numpy as np
from matplotlib import pyplot as plt

np.random.seed(0)

x = range(5)
y = 10 + 5 * np.random.randn(5)

fig = plt.figure()
ax = fig.add_subplot(111)

ax.set_title('日本語のタイトル')
ax.bar(x, y);
```

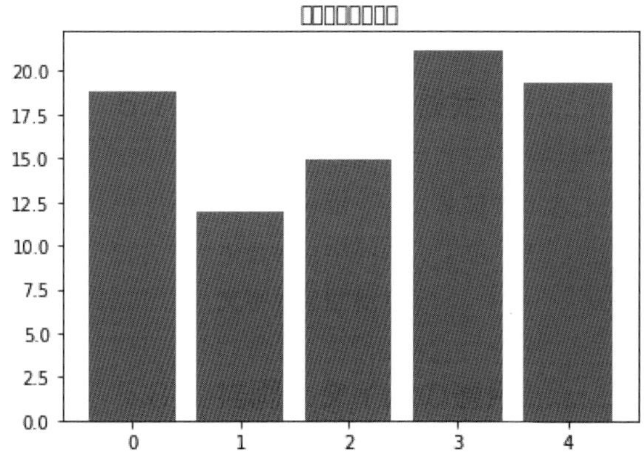

文字化けの解消のためには、Matplotlibが利用可能な日本語フォントをインストールし、インストールした日本語フォントを利用するよう指定する、という手順を踏む必要があります。

インストールしたフォントの利用方法について、本書では、順に3つの方法を紹介します。それぞれの利用方法における違いを**表1.2**にまとめます。

表 1.2 日本語フォント利用方法の比較

設定方法	設定の影響範囲
fontproperties	指定したグラフの各要素
rcParams でページ内	指定したノートブック
matplotlibrc	設定した実行環境

日本語フォントを利用する箇所がごく限られている場合、fontpropertiesの利用が検討できます。fontpropertiesはグラフの要素（タイトルやX軸ラベルなど）ごとに個別にフォント設定を行えるメリットがある反面、都度記述をするデメリットがあります。ノートブック全体で日本語フォントを利用する可能性がある場合、一括指定が可能なrcParamsの利用が便利で、一般的なケースではrcParamsの利用を推奨します。設定ファイルmatplotlibrcを利用する方法はその他の2つと比較して難易度が高いですが、一度設定すれば以後フォントに関する設定をノートブック内に記述しなくて良いというメリットがあります。

日本語フォントのインストール方法から、順に解説を行います。

日本語フォントをインストールする

本書では、日本語用フォントとして「Source Han Code JP」を利用します。Source Han Code JPは、Source Han Sansというフォントを元にして作成されたプログラミングに適したフォントファミリーです。Source Han Sansは、IllustratorやPhotoshopなどのソフトウェアの開発で知られるAdobe社とGoogleが共同で開発したフォントファミリーの名称です。

- Source Han Code JP URL https://github.com/adobe-fonts/source-han-code-jp

Source Han Sansの登場以前、macOS、Windows、Linuxで共通して利用できる日本語フォントの選択肢は限られていました。Source Han Sansは無料で利用できるフォントセットで、OS間でWebページやドキュメントのデザインを統一する目的でも活用されています。

次のURLからフォントファイルをダウンロードします。

URL https://github.com/adobe-fonts/source-han-code-jp/releases/tag/2.011R

ダウンロードしたファイル「source-han-code-jp-2.011.zip」を展開すると、OTFフォルダの中に「SourceHanCodeJP-Medium.otf」や「SourceHanCodeJP-Bold.otf」などのフォントファイルが保存されています。その中から「SourceHanCodeJP-Regular.otf」フォントをインストールします。よく似た名前で「SourceHanCodeJP-RegularIt.otf」がある点に注意します。

Windowsでも macOSでも、基本的なインストール方法は同じです。フォントファイルをダブルクリックするとフォント詳細（**図1.28**、**図1.29**）が表示されるので、フォントのインストールを実行します。ただし、最近のWindows 10では上記手順だとシステム側のフォントフォルダにフォントがインストールされないため、**リスト1.23**がエラーになってしまいます。その場合は、フォントがインストールされたパスを直接指定するか、フォントファイルをインストールする際に右クリックして［すべてのユーザーに対してインストール］を選択します。

図 1.28　Source Han Code JP をインストール（Windows）

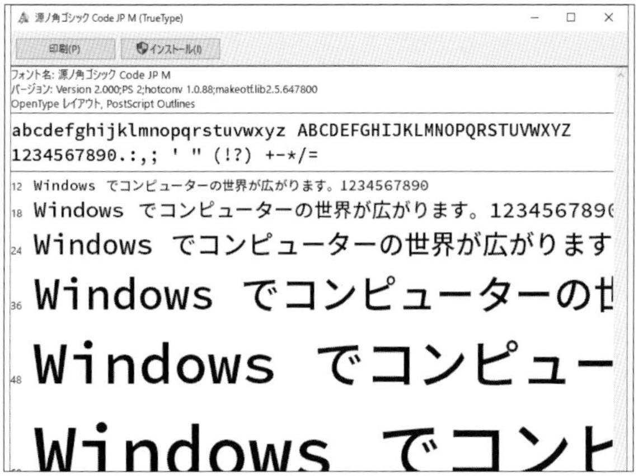

図 1.29　Source Han Code JP をインストール（macOS）

フォントファイルが複数存在するのは、Weight（太さ）や通常書体・イタリック体でファイルが異なるためです。

なお、すでにSource Han Code JPをインストールしている場合、インストール済みフォントをそのまま利用できます。

fontpropertiesを使いフォントを個別に設定する

インストールしたフォントを利用する方法を解説します。

リスト1.23は日本語フォントを利用するコードです。pyplot.font_manager.FontPropertiesクラスに利用したいフォントのパスを与え、インスタンスfontを生成します。併せてフォントサイズを指定しています。日本語を使用する箇所でfontproperties引数に生成したFontPropertiesのインスタンスを指定します。実行すると、文字化けしていた日本語のタイトルが正常に表示されます。

リスト1.23　日本語フォントの利用

```
import os
from pathlib import Path
import numpy as np
from matplotlib import pyplot as plt, font_manager

# フォントキャッシュを再構築します。
font_manager._rebuild()

if os.name == 'nt':
    # OSがWindowsの場合、win32FontDirectory()が利用できます。
    font_dir = font_manager.win32FontDirectory()
else:
    # OSがmacOSの場合はディレクトリを指定してください。
    # パスに含まれるユーザ名は環境に合わせて変更してください。
    font_dir = '/Users/ethan/Library/Fonts/'

font_path = Path(font_dir, 'SourceHanCodeJP-Regular.otf')
font = font_manager.FontProperties(fname=font_path, size=14)

# グラフを描画します。
np.random.seed(0)
x = range(5)

y = 10 + 5 * np.random.randn(5)
fig = plt.figure()
ax = fig.add_subplot(111)
```

```
# ここでfontpropertiesを指定します。
ax.set_title('日本語を指定したタイトル', fontproperties=font)
ax.bar(x, y);
```

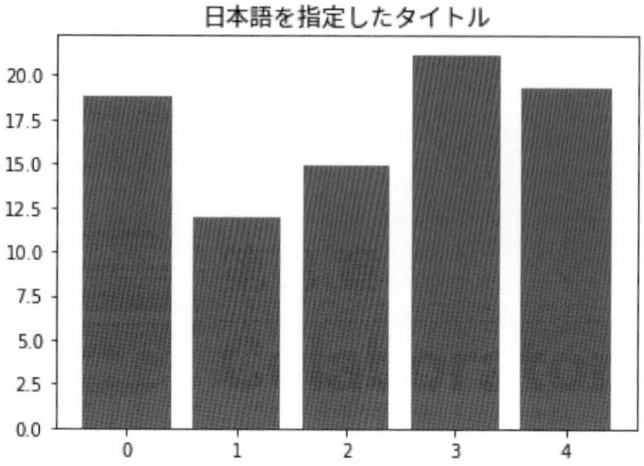

X軸ラベルに日本語を利用する場合も同様に、引数fontpropertiesが利用できます（**リスト 1.24**）。

リスト 1.24　X 軸のラベルで日本語フォントを利用する

```
fig = plt.figure()
ax = fig.add_subplot(111)

ax.set_title('日本語を指定したタイトル', fontproperties=font)
ax.set_xlabel('X軸', fontproperties=font)

ax.bar(x, y);
```

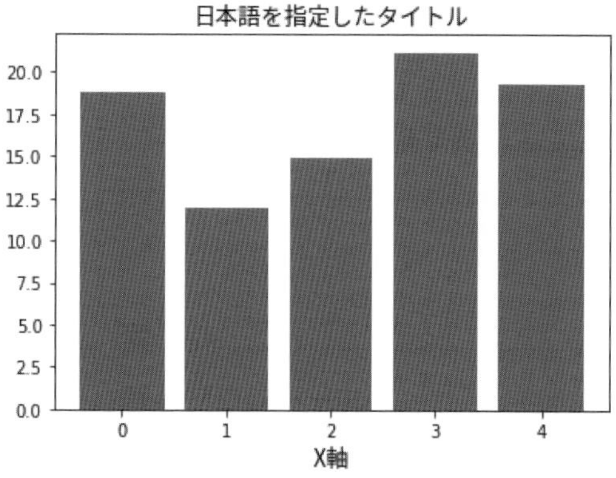

Windowsの場合、フォントフォルダのパスを取得する方法として、pyplot.font_manager.win32FontDirectory()関数が利用できます（**リスト1.25**）。win32FontDirectory()関数を実行すると、パス「C:\Windows\Fonts」が得られます。

● リスト1.25 フォントフォルダのパスを取得する（Windows）

```
# font_dir = font_manager.win32FontDirectory()
# font_dir
```

macOSの場合、matplotlib.font_manager.OSXFontDirectoriesにフォントフォルダ一覧がリストとして格納されています（**リスト1.26**）。リストになっているのは、macOSには標準で複数のフォントフォルダがあるためです。

● リスト1.26 フォントフォルダ一覧を表示

```
from matplotlib import font_manager

font_manager.OSXFontDirectories
```

```
['/Library/Fonts/',
 '/Network/Library/Fonts/',
 '/System/Library/Fonts/',
 '/opt/local/share/fonts',
 '/Users/ethan/Library/Fonts']
```

通常、ユーザがフォントを追加インストールした場合は/Users配下のフォルダに配置されます。

rcParamsを使いフォントを一括で設定する

グラフに日本語を表示するために都度fontpropertiesを指定するのは手間がかかります。rcParamsを利用すると、フォント関連の設定のデフォルト値を変更できます。rcParamsを利用してフォント指定を行うと、都度フォント指定を行う必要がなくなり、**リスト1.24**の実行結果と同様に正常に日本語が表示されます（**リスト1.27**）。

リスト1.27　rcParamsを利用したフォントの指定

```
import os
import numpy as np
from matplotlib import pyplot as plt, rcParams

# ここで指定した設定はデフォルト値として利用されます
rcParams['font.sans-serif'] = 'Source Han Code JP'
rcParams['font.weight'] = 'regular'
rcParams['axes.titlesize'] =  15
rcParams['ytick.labelsize'] =  12
rcParams['xtick.labelsize'] =  12

np.random.seed(0)

x = range(5)
y = 10 + 5 * np.random.randn(5)

fig = plt.figure()
ax = fig.add_subplot(111)

# ここではフォント情報を指定する必要がありません
ax.set_title('日本語を指定したタイトル')
ax.bar(x, y);
```

matplotlibrcで日本語フォントを設定する

日本語フォントを利用する解説の最後に、Pythonのコードではなく、Matplotlibの設定ファイル「matplotlibrc」を編集してフォントを設定する方法を解説します。

matplotlibrcでは、フォントの設定以外に、グラフ描画に関する設定も可能です。設定した値はデフォルト値として採用されるため、ノートブックごとに設定する必要がなくなります（**リスト1.28**）。

リスト1.28　matplotlibrcの設定項目の例

```
### Boxplot
#boxplot.notch       : False
#boxplot.vertical    : True
#boxplot.whiskers    : 1.5
```

現在参照されているmatplotlibrcの場所を確認するには、matplotlib_fname()を利用します（**リスト1.29**）。

リスト 1.29 現在参照されている matplotlibrc の場所を確認

```
from matplotlib import matplotlib_fname
matplotlib_fname()

'/Users/ethan/dev/python/src/gitlab.com/jupyterjp/jupyterbook2nd/source/1_jupyterlab_
install/notebooks/matplotlibrc'
```

matplotlibrcファイルを直接変更しても良いのですが、その場合オリジナルの設定が失われます。そこで、ここではファイルをコピーして利用します。matplotlibrcは、次の優先順位で読み込まれます。

1. 現在のワーキングフォルダにある matplotlibrc
2. $MATPLOTLIBRC/matplotlibrc
3. $HOME/.config/matplotlib/matplotlibrc、または $XDG_CONFIG_HOME/matplotlib/matplotlibrc、または .matplotlib/matplotlibrc（OS や環境により異なる）
4. matplotlib パッケージがインストールされたフォルダの mpl-data/matplotlibrc

そのため、最も優先順位の高い現在のワーキングフォルダ（`jupyter lab`コマンドを実行するフォルダ）に設定ファイルをコピーして利用します。ファイルのコピーは、WindowsのPowershellやmacOSのターミナルを用いて行えますが、Pythonのコードで実行することも可能です（リスト 1.30）。

リスト 1.30 matplotlibrc をコピー

```
import shutil
from matplotlib import matplotlib_fname

# 既存ファイルがある場合は念のためバックアップを作成
# shutil.move('matplotlibrc', 'bk_matplotlibrc')

# 設定ファイルをコピー
shutil.copyfile(matplotlib_fname(), 'matplotlibrc')

'matplotlibrc'
```

コピーしたmatplotlibrcの250行目付近にfont.sans-serifの指定項目があります（リスト 1.31）。

●リスト1.31　matplotlibrcの250行目付近（修正前）

```
#font.size           : 10.0
#font.serif          : DejaVu Serif, Bitstream Vera Serif, Computer Modern Roman, New Century Schoolbook, Century Schoolbook L, Utopia, ITC Bookman, Bookman, Nimbus Roman No9 L, Times New Roman, Times, Palatino, Charter, serif
#font.sans-serif     : DejaVu Sans, Bitstream Vera Sans, Computer Modern Sans Serif, Lucida Grande, Verdana, Geneva, Lucid, Arial, Helvetica, Avant Garde, sans-serif
```

行頭の#を削除（コメントアウトを解除）し、フォント指定の一番先頭にSource Han Code JPを追加します（リスト1.32）。

●リスト1.32　matplotlibrcの257行目（修正後）

```
font.sans-serif     : Source Han Code JP, DejaVu Sans, Bitstream Vera Sans, Lucida Grande, Verdana, Geneva, Lucid, Arial, Helvetica, Avant Garde, sans-serif
```

フォントに関する設定を変更したら、フォントキャッシュをクリアします（リスト1.33）。

●リスト1.33　フォントキャッシュのクリア

```
from matplotlib import font_manager

font_manager._rebuild()
```

ノートブックの再起動またはカーネルをリスタートします[注1.10]。これで、fontpropertiesやrcParamsの指定なしに日本語フォントが利用できるようになりました。

matplotlibrcは、一度設定しておけば複数のノートブックから同一の設定を参照できるため便利です。ノートブックを共有する場合、matplotlibrcの設定も併せて共有する必要がある点に注意してください。

注1.10　カーネルリスタートの方法は第2章の「Kernelメニュー」（P.70）を参照してください。

第2章

JupyterLabの操作を学ぼう

本章では、JupyterLabでPythonのコードを記述し実行するところから解説を始めます。JupyterLabのユーザインターフェイスやキーボードショートカットなど、一通りの操作を覚えることが本章のゴールです。

本章の内容

2.1 JupyterLab でコードを実行

本節では、JupyterLabで新規ノートブックを作成し、Pythonのコードを記述してコードを実行するところまでを解説します。

ノートブックを新規作成する

macOSの場合はターミナルで、Windowsの場合はAnaconda Powershellで**リスト2.1**に示すコマンドを実行すると、JupyterLabが起動します（**図2.1**）。

● リスト 2.1　JupyterLab の起動

```
$ jupyter lab
```

● 図 2.1　JupyterLab のランチャー

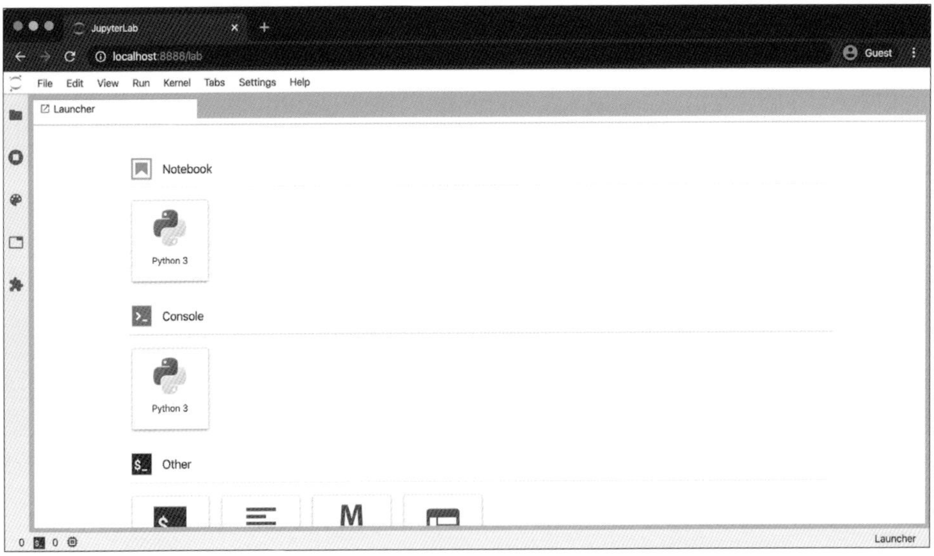

図2.1の画面は「ランチャー」と呼ばれます。ランチャーには、ノートブックを作成するためのアイコンや、ターミナルを起動するためのアイコンなどが配置されています。

新しくノートブックを作成するために、「Notebook」と表示されている下の「Python3」のアイコンを選択します（**図2.2**）。

図2.2　ノートブックの新規作成

アイコンを選択すると、ノートブックが作成されます（図2.3）。

図2.3　新規作成されたノートブック

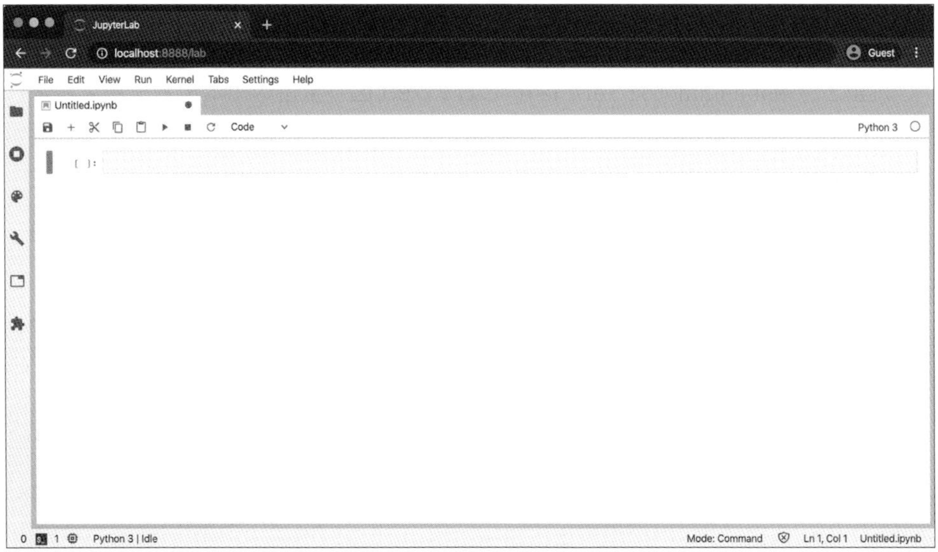

コードを実行する

`[ ]:`と表示されている右側のエリアに、テキストが入力できるようになっています。この入力エリアをコードセルと呼びます。ノートブックでは、このコードセルに対してコードを記述していきます。

コードセルにPythonのprint()関数を含むコード`print('Hello Jupyter!!')`を入力します（図2.4）。

図 2.4　コード print('Hello Jupyter!!') を入力

コードを入力したら、Shiftキーを押しながらEnterキーを同時に押します。入力したコードが実行され、コードセルの下部に文字列「**Hello Jupyter!!**」が出力されます（**図2.5**）。

図 2.5　コード print('Hello Jupyter!!') の実行結果

コードセルに記述したコードが実行され、結果が出力されることが確認できました。

Shift + Enterは JupyterLab で利用できるショートカットキーの1つで、アクティブなコードセル（入力中や選択中の状態にあるコードセル）を実行する、という役割を持ちます。JupyterLab のショートカットキーについては「JupyterLab のインターフェイス名称を知る」（P.64）で解説します。

コードセルには、複数行のコードを入力できます。変数や関数の定義と利用も行えます。パッケージを利用する場合は、通常の Python のコードと同様に import 文を利用します（**リスト 2.2**）。

リスト 2.2 複数行のコード

```
import math

x = 0.8
print(math.ceil(x))
```

コードの実行結果は**図2.6**です。なお、ここからコードの実行結果を図で示す際は、コードセルの部分のみに限定します。

図 2.6 複数行のコードの実行結果

```
[2]: import math

     x = 0.8
     print(math.ceil(x))

     1
```


ここまで、コードの実行結果を表示するためにprint()を使用しましたが、コードセル中で最後に実行するコードの実行結果を表示したい場合、print()は省略できます（**図2.7**）。

図 2.7 print() 関数を省略して標準出力の内容を表示

```
[2]: import math

     x = 0.8
     print(math.ceil(x))

     1

[3]: math.ceil(x)

[3]: 1
```

また、**図2.7**では、2番目のコードセルで定義・代入した変数xが、3番目のコードセルでそのまま利用できていることがわかります。ノートブック上で定義した変数や関数などは、以後、別のコードセルであっても再利用できます。

変数や関数は、コードに記述しただけでは代入や定義をしたことにはなりません。コードセルを実行することで、初めてコードが有効になります。

図2.8は、1番目のコードセルに「y = 0.2」と入力したまま実行せず、次（4番）のコードセルでmath.floor(y)を実行している例です。1番目のコードセルを実行しなかったことで、未定義の変

数を利用しようとした場合のエラー「Name Error」が発生します。

図 2.8　未実行のコードセルに記述された変数を利用（エラー）

```
[ ]: y = 0.2

[4]: math.floor(y)

     ---------------------------------------------------------------------------
     NameError                                 Traceback (most recent call last)
     <ipython-input-4-d0af915cb207> in <module>
     ----> 1 math.floor(y)

     NameError: name 'y' is not defined
```

コードセルが実行済みか、未実行かは、コードセルの左側の**[ ]:**の中に、数字が表示されているかどうかで判別できます。この数字は、ノートブックでコードセルを実行するたびに1ずつ増えていきます。

「y = 0.2」を入力したコードセルを実行後に、再度「math.floor(y)」を入力したコードセルを実行すると、エラーは解消します（**図2.9**）。

図 2.9　エラー表示されたコードセルの再実行

```
[5]: y = 0.2

[6]: math.floor(y)

[6]: 0
```

このようにJupyterLabのノートブックでは、コードの実行と確認、修正をくり返しながらプログラミングを進められます。

コードの補完機能を利用する

プログラミング向けのエディタには、コードの入力をスムーズに行うためのコードの補完機能が搭載されているものがあります。JupyterLabのコードセルも、コードの補完に対応しています。コードの補完は、入力中に Tab キーを押すことで行われます。

図2.10は、コードセルに「math.s」まで入力したあとに Tab キーを入力したときの図です。

「s」から始まる関数sin()、sinh()、sqrt()が候補として列挙されています。続けて「q」を入力すると、候補がsqrt()のみに絞り込まれます（**図2.11**）。

図 2.10 補完候補の表示

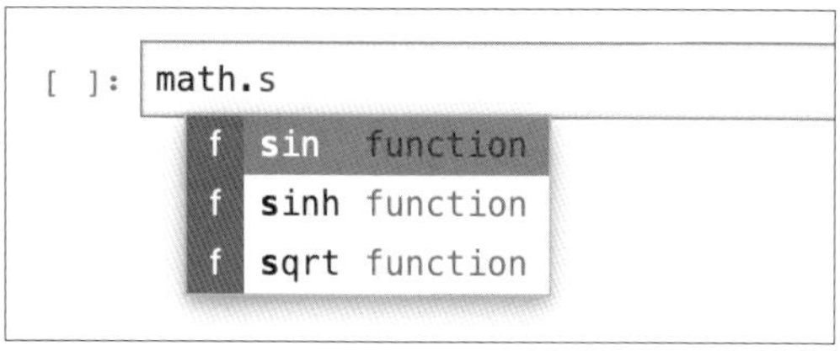

図 2.11 補完候補の表示（絞り込み後）

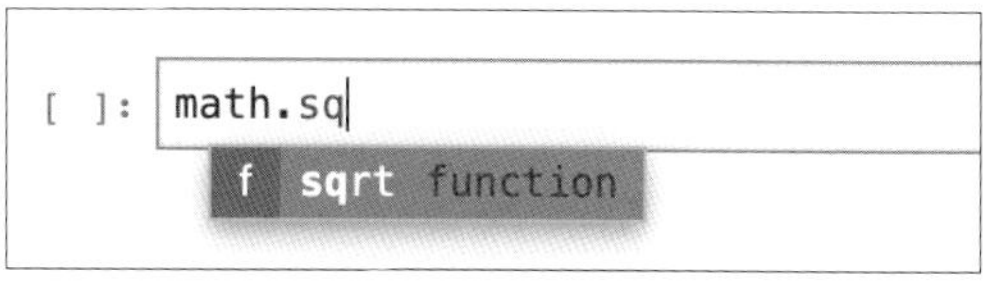

なお、Tab キーを入力した時点で候補が1つしかない場合は、候補は表示されず即座に補完が行われます。

コード補完は、パッケージやクラス、関数、変数などに対して有効です。パッケージに含まれるクラスや関数の補完を行う場合、あらかじめパッケージを読み込むimport文を記述したコードセルを実行しておく必要があります。関数や変数も同様で、コードセルに定義しただけでは、補完の対象にはなりません（図2.12）。

図 2.12 未実行のコードは補完対象にならない

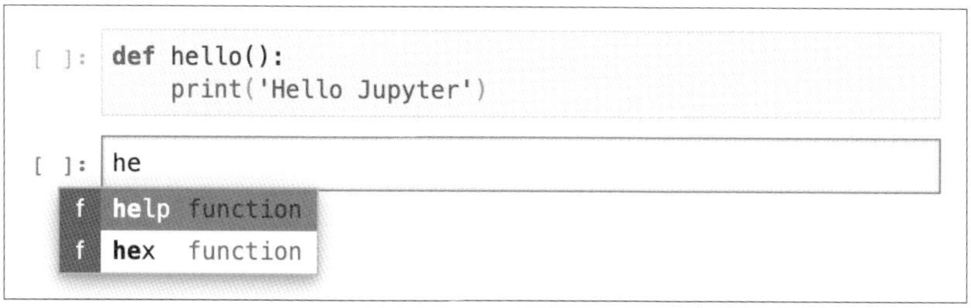

記述したコードはコードセルを実行して、初めてJupyterLabに認識されるためです。独自に定義した変数や関数もコードセルを実行したあとは補完の対象に含まれます（図2.13）。

図 2.13 実行したコードセルに記述した関数は補完対象になる

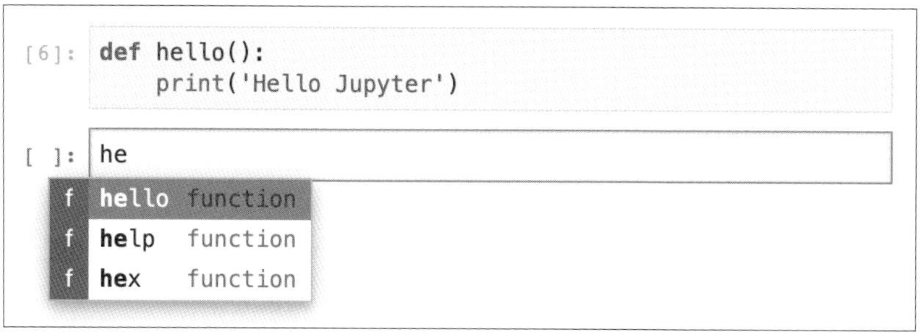

コードの補完は入力効率を高めるために便利な機能です。ぜひ活用してください。

2.2 JupyterLab のインターフェイス

本節では、JupyterLabのインターフェイスについて解説します。

JupyterLab のインターフェイス名称を知る

JupyterLabのインターフェイスの各部名称を**図2.14**に示します。

図 2.14　JupyterLab インターフェイスの名称

Jupyter Notebookにはない JupyterLabの機能の1つに、タブ機能があります。**図2.14**のタブに示す領域が、タブ一覧です。タブ機能の搭載により、複数のノートブックファイルを切り替えながら作業することが容易になりました。

複数のタブは切り替えて使用するだけでなく、縦や横に並べて表示可能です（**図2.15**）。

●図 2.15　タブを横に並べる

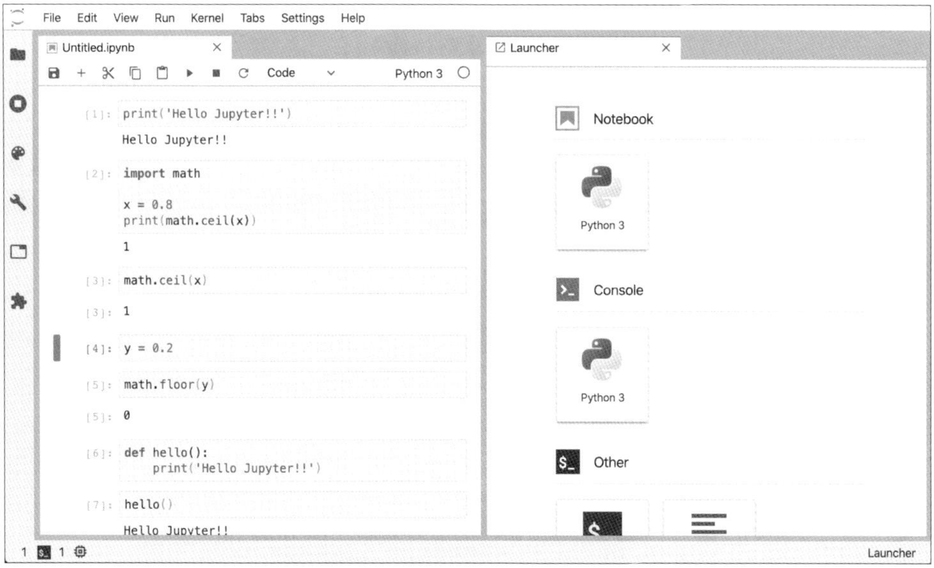

タブの並び位置を調整するには、タブ名（LauncherやUntitled.ipynb）が表示されている部分をドラッグ&ドロップします。タブは3つ以上開くことができ、縦横への配置も自由に行えます（図2.16）。

●図 2.16　タブを縦横に並べる

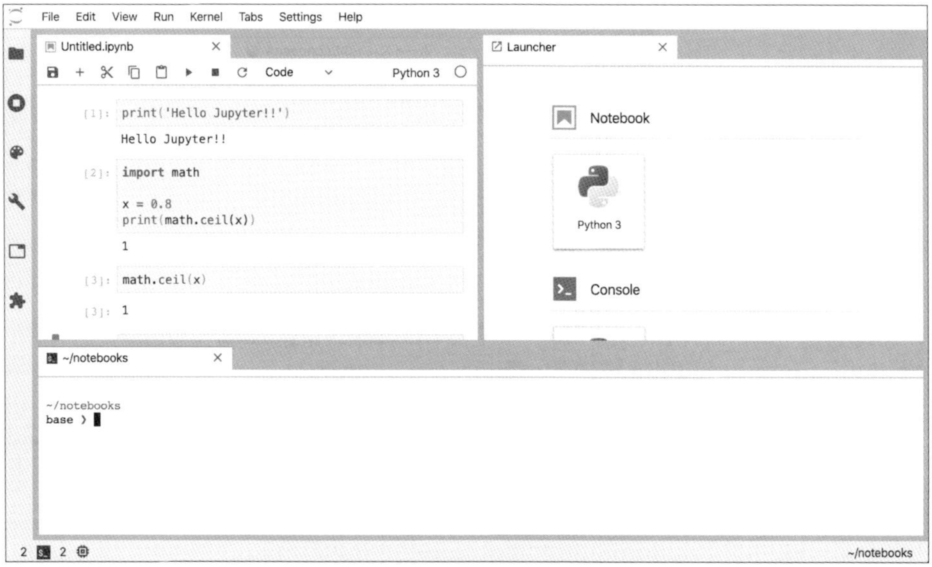

タブを複数開いている場合、タブの状態はアクティブと非アクティブとがあります。タブを縦や横に並べていない場合は、画面に表示されているのがアクティブなタブです。縦や横に並べている場合、アクティブなタブのタブ名の上部に線が入ります（図2.17）。

●図2.17　アクティブなタブ（タブ名の上部に線が表示）

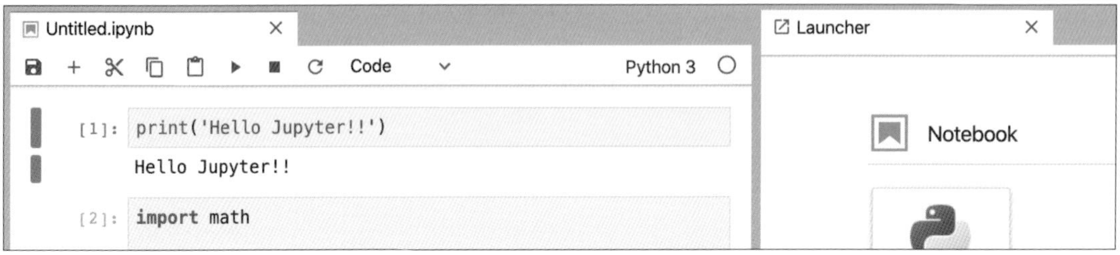

これから解説するメニューの操作は、アクティブなタブに対してのみ影響するものがあります。どのタブがアクティブになっているか把握しておいてください。

ノートブックのインターフェイス名称を知る

JupyterLabのタブとして開かれるノートブックのインターフェイスを図2.18に示します。

●図2.18　ノートブックのインターフェイス

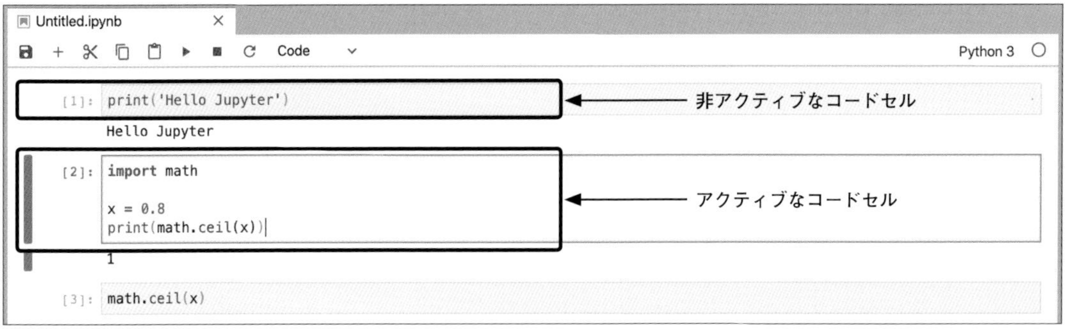

ツールバーには、ノートブックやコードセルに対して操作を行う機能がまとめられています。

ノートブック上でコードやテキストを入力するエリアがコードセルです。コードセルには、アクティブな状態と非アクティブな状態とがあります。アクティブなコードセルは、コードセルの左側に太線が示されます。コードセルの枠線も、青色に変化します。ノートブックの操作は、アクティブなコードセルに対して行われる操作もあります。

また、ノートブックには、コマンドモードとエディットモードとがあります。コマンドモードは、ノードブック全体に対する操作や、複数のコードセルに対する操作を受け付けるモードです。エディットモードは、アクティブになった単一のコードセルに対する操作を受け付けるモードです。モードの違いは、ショートカットキーの動作に影響します[注2.1]。

コマンドモードからエディットモードへの移行は、Enterキーを押すことで行われます。エディットモードからコマンドモードへの移行はEscキーを押すことで行われます。現在どちらのモードになっているかは、JupyterLabの下部の表示で確認できます（**図2.19**および**図2.20**）。

図 2.19　コマンドモード

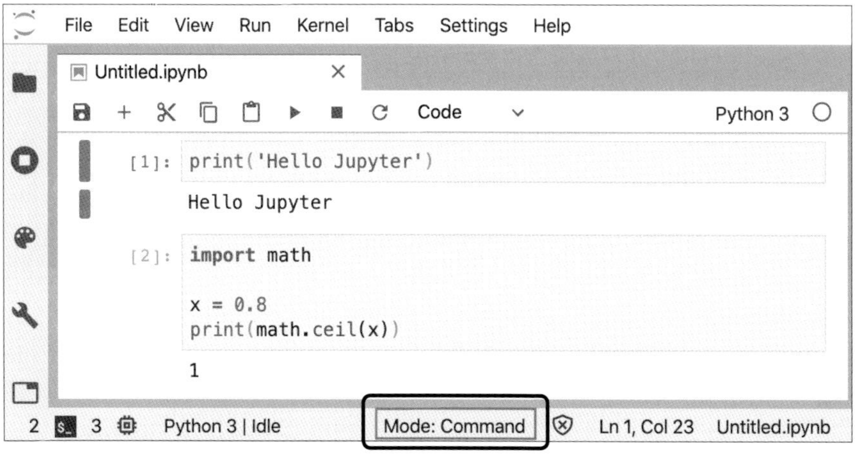

図 2.20　エディットモード

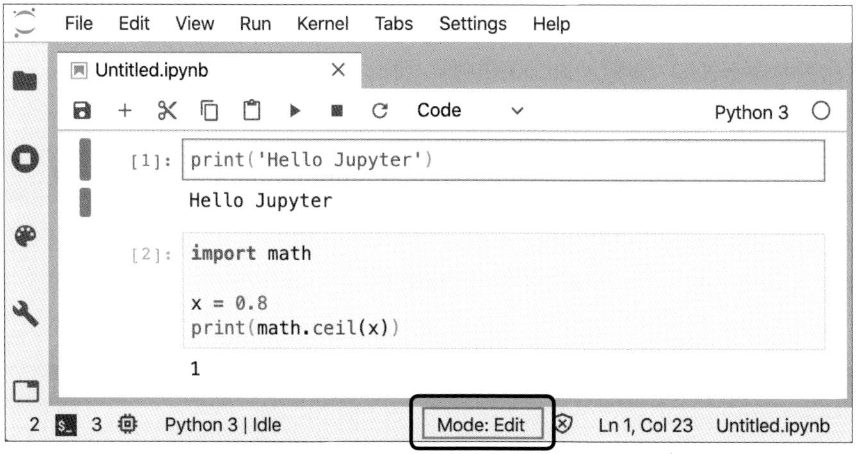

注 2.1　ショートカットキーについては「File メニュー」（P.68）以降で解説します。

File メニュー

ここからは、メニューバーに示される各メニューの詳細を解説します。メニューバーの各メニューを選択すると、各種機能が展開されます（**図2.21**）。

●**図2.21　JupyterLabメニューの各種機能**

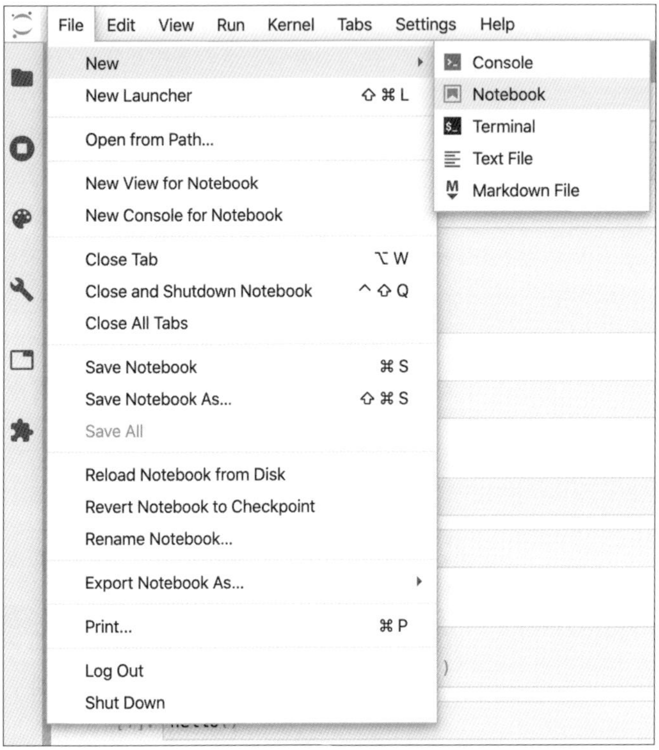

各種機能には、ショートカットキーが割り当てられている場合があります。その場合は、ショートカットキーが併記されています。macOSとWindowsではショートカットキーが異なりますが、本書ではmacOSの表記を優先します。Windowsの場合、**表2.1**に従い読み替えてください。

●**表2.1　macOSとWindowsショートカットキーの対応**

macOS	Windows
Shift	Shift
Control	Control
Command	Control
Option	Alt

Fileメニューから順に、搭載されている機能のうち重要なものを中心に解説を行います。

Fileメニューは、JupyterLabのタブに関する操作や、ノートブックの作成や保存に関する機能を提供します（**表2.2**）。

表 2.2 File メニュー

項目	説明	ショートカットキー
New	新規にタブを作成。タブはコンソール、ノートブック、ターミナル、テキストファイル、Markdown ファイルの中から選択可能	—
New Launcher	ランチャーを新規タブとして開く	Shift + Command + L
Close Tab	選択されているタブを閉じる	Option + W
Close All Tabs	現在開いているすべてのタブを閉じる	—
Save Notebook	選択されているノートブックを上書き保存する	Command + S
Save Notebook As...	ファイル名を指定して選択されているノートブックを保存する	Shift + Command + S
Save All	現在開いているすべてのノートブックを上書き保存する	—
Rename Notebook...	ノートブックの名称を変更する	—
Export Notebook As..	ノートブックのエクスポートを行う。ファイル形式は、HTML、LaTeX、Markdown、PDF などの中から選択可能	—

Edit メニュー

Editメニューは、コードセルをコピーしたり削除したりなど、コードセルを編集する機能を提供します（**表2.3**）。

表 2.3 Edit メニュー

項目	説明	ショートカットキー
Undo	コードセル内のテキスト編集に対してアンドゥ（作業の取り消し）を実行する	Command + Z
Redo	アンドゥの取り消しを実行する	Shift + Command + Z
Undo Cell Operation	コードセルの操作に対してアンドゥを実行する	Z
Redo Cell Operation	コードセルの操作に対するアンドゥの取り消しを行う	Shift + Z
Cut Cells	選択中のコードセルをカット（削除してクリップボードに登録）する	X
Copy Cells	選択中のコードセルをコピー（クリップボードに登録）する	C
Paste Cells	アクティブなコードセルの下に、カットまたはコピーしたコードセルをペースト（貼り付け）する	V
Delete Cells	選択中のコードセルを削除する	D を押してから D
Clear All Outputs	すべてのコードセルの実行結果をクリアする	—
Find...	ノートブック内の文字列を検索する検索フィールドを表示する	Command + F

View メニュー

View メニューは、コードセルの表示設定に関する機能を提供します（**表2.4**）。

表 2.4　View メニュー

項目	説明	ショートカットキー
Show Left Sidebar	サイドバーの表示・非表示を切り替える※	Command + B
Show Line Numbers	コードセルの行番号の表示・非表示を切り替える	―

※　サイドバーについては「ファイルブラウザでファイルを管理する」（P.72）で解説します。

［Show LINE Numbers］を有効にすると、**図2.22**のようにコードセルに行番号が表示されます。

図 2.22　行番号を表示したコードセル

```
[ ]:  1  import math
      2
      3  x = 0.8
      4  print(math.ceil(x))
```

Run メニュー

Run メニューは、コードセルの実行（Run）に関する機能を提供します（**表2.5**）。

表 2.5　Run メニュー

項目	説明	ショートカットキー
Run Selected Cell	選択中のコードセルを実行する。実行後は次（1 つ下）のコードセルをアクティブな状態にする。ノートブック末尾のコードセルだった場合、実行後のコードセルの下に新しいコードセルを挿入する	Shift + Enter
Run Selected Cells and Insert Below	選択中のコードセルを実行する。実行後、コードセルの下に新しいコードセルを挿入する	Option + Enter
Run All Cells	すべてのコードセルを上から順に実行する	―

Kernel メニュー

Kernel メニューは、カーネル（Kernel）に関する機能を提供します（**表2.6**）。

●表 2.6　Kernel メニュー

項目	説明	ショートカットキー
Interrupt Kernel	実行中の処理を中断する	I を押してから I
Restart Kernel	カーネルを再起動する	0 を押してから 0
Restart Kernel and Clear All Outputs...	カーネルを再起動してすべてのコードセルのアウトプットをクリアする	−
Restart Kernel and Run All Cells...	カーネルを再起動してからすべてのコードセルを上から順に実行する	−

カーネルとは、OSの説明にしばしば登場する用語で、OSの基本機能を担うソフトウェア部分を指します。カーネルはプログラムの状態管理やハードウェアの資源管理を行います。

JupyterLabにおけるカーネルとは、まずIPythonカーネルのことを指します。JupyterLab単体ではWebアプリケーションとしてのインターフェイスをユーザに提供しているに過ぎません。JupyterLabのインターフェイスと、プログラミング言語Pythonとの橋渡しをIPythonカーネルが担っています。ごく簡易的な理解としては、JupyterLab上にプログラミング言語の機能を提供するのがカーネルと言えます。

最小構成のJupyterLabではIPythonカーネルのみを利用できますが、IPythonカーネル以外にも、ユーザやコミュニティが公開したカーネルを利用できます。たとえば、分析用途にフォーカスしつつ高い処理性能を誇るJulia言語用のカーネルIJulia[注2.2]があります。他にも、Project JupyterのGitHubにあるWikiには、80以上のカーネルのリストが掲載されています[注2.3]。

カーネルの中断や再起動は、ノートブックやノートブックのコードセルが応答しなくなった場合に、処理を中断する目的で利用されます。また、カーネルを再起動すると、コードセルで定義・実行した関数や変数などの状態はすべて失われ、コードセルの実行番号も初期化されます。ノートブックに記述したコード全体の動作確認をしたい場合、[Restart Kernel and Run All Cells] を実行すると良いでしょう。

Tabs メニュー

Tabs メニューは、タブの操作に関する機能を提供します（**表2.7**）。

●表 2.7　Tab メニュー

項目	説明	ショートカットキー
Activate Next Tab	1 つ右のタブをアクティブにする	Control + Shift +]
Activate Previous Tab	1 つ左のタブをアクティブにする	Control + Shift + [
[ノートブック名].ipynb	ノートブックを開いている場合、選択したノートブックをアクティブにする	−

注 2.2　URL https://github.com/JuliaLang/IJulia.jl
注 2.3　URL https://github.com/jupyter/jupyter/wiki/Jupyter-kernels

Settings メニュー

Settingsメニューは、ノートブックに対する設定を行う機能を提供します（**表2.8**）。

表 2.8　Settings メニュー

項目	説明	ショートカットキー
JupyterLab Theme	Jupyter Lab のテーマ（見た目）を変更する。ダークモードへの切り替えや、フォントサイズの変更などが行える	−
Autosave Document	ノートブックやテキストエディタなどの編集内容を自動的に保存（オートセーブ）するかどうかを切り替える※	−

※　オートセーブについては「ノートブックの保存と再開を行う」（P.77）で解説します。

［JupyterLab Theme］→［JupyterLab Dark］を選択すると、JupyterLabをダークモード（黒基調の配色）に変更できます（**図2.23**）。

図 2.23　JupyterLab のダークモード

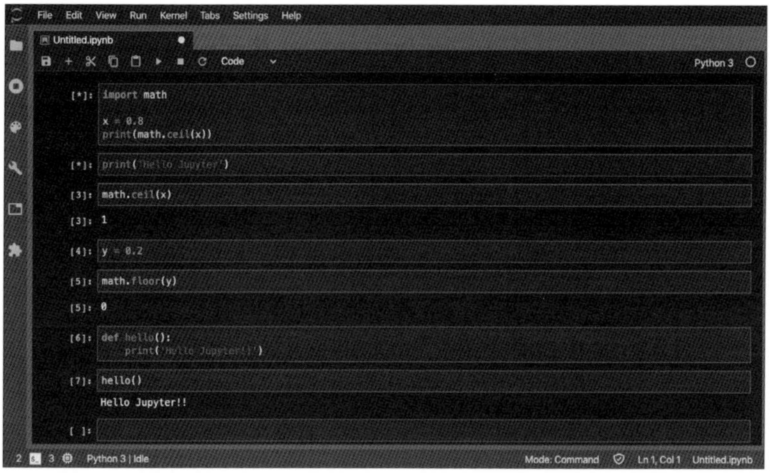

Help メニュー

Helpメニューは、JupyterLabやPython、NumPyなどのリファレンスへのリンクを提供します。Jupyter Notebookを起動する［Launch Classic Notebook］も存在します。

ファイルブラウザでファイルを管理する

ここからは、JupyterLabのサイドバーについて解説します。サイドバーは、「JupyterLabのインターフェイス名称を知る」(P.64) で示した、JupyterLabの画面左側に縦に配置されたメニュー群のことです。

ファイルブラウザは、macOSの「Finder」やWindowsの「エクスプローラー」のように、ファイルの一覧を表示し、ファイルに対する操作を行う機能を提供するインターフェイスです。

サイドバーの一番上のフォルダアイコンを選択すると、ファイルブラウザが開きます (**図2.24**)。

図 2.24　ファイルブラウザに表示されるファイル一覧

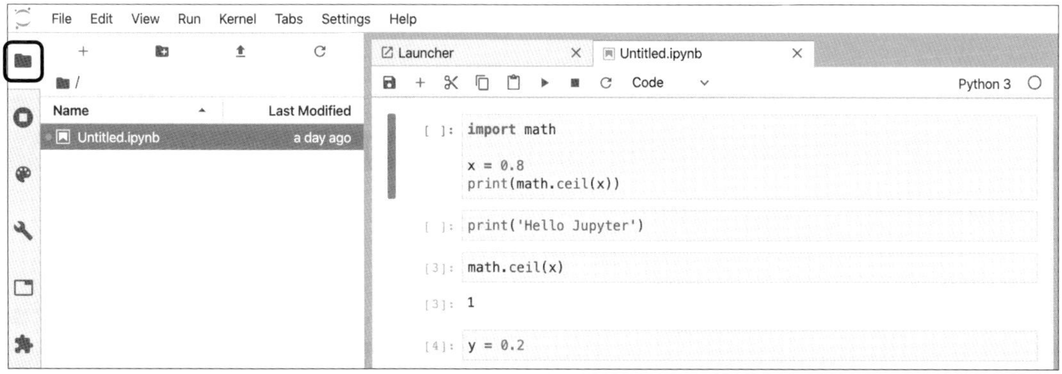

図 2.25　ファイルブラウザのコンテキストメニュー

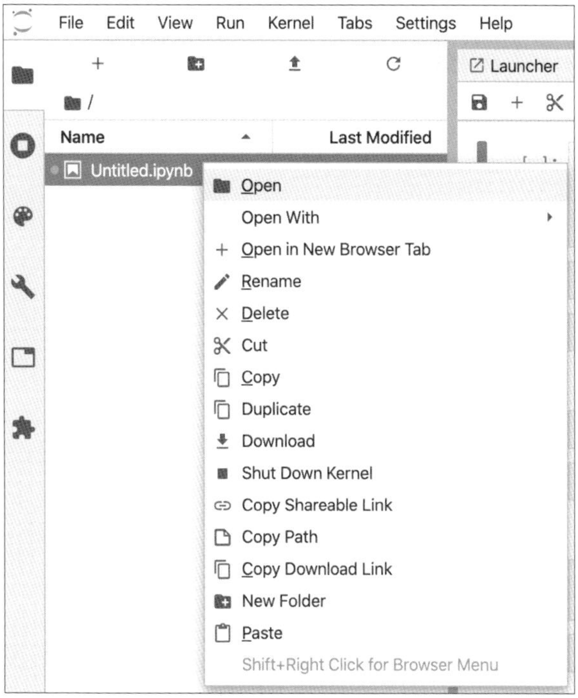

図2.24に表示されている「Untitled.ipynb」というファイルは、新規に作成したノートブックファイルです。.ipynbは、JupyterLabが利用するノートブック形式のファイルで利用される拡張子です。Untitledの部分が、ノートブックの名称として利用されます。ファイルブラウザでノートブックファイルを選択すると、JupyterLabのタブとしてノートブックを開けます。

ファイルブラウザでは、コンテキストメニューを利用してファイルに対するさまざまな操作を行えます (**図2.25**)。

ファイルブラウザのコンテキストメニュー [Rename] を利用して、Untitled.ipynbをhello.ipynbにリネーム (名称変更) してみましょう。リネームすると、ファイルブラウザの表示や、ノートブックのタブ名が変更されていることが確認できます（図2.26）。

●図 2.26　ノートブックファイルをリネーム

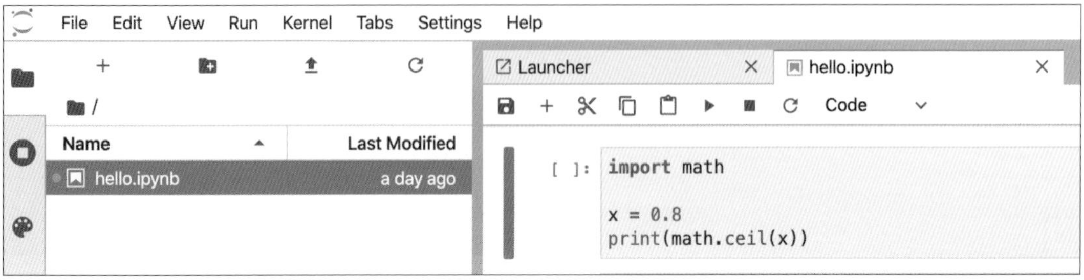

コンテキストメニューでは、リネームの他にファイルのコピーや削除、フォルダの作成なども行えます。「Finder」や「エクスプローラー」と似た操作感のため、直感的に扱えます。

実行中のターミナルとカーネルを管理する

サイドバーの上から2番目のアイコンを選択すると、実行中のターミナルとカーネルが表示されます（図2.27）。

●図 2.27　実行中のターミナルとカーネル

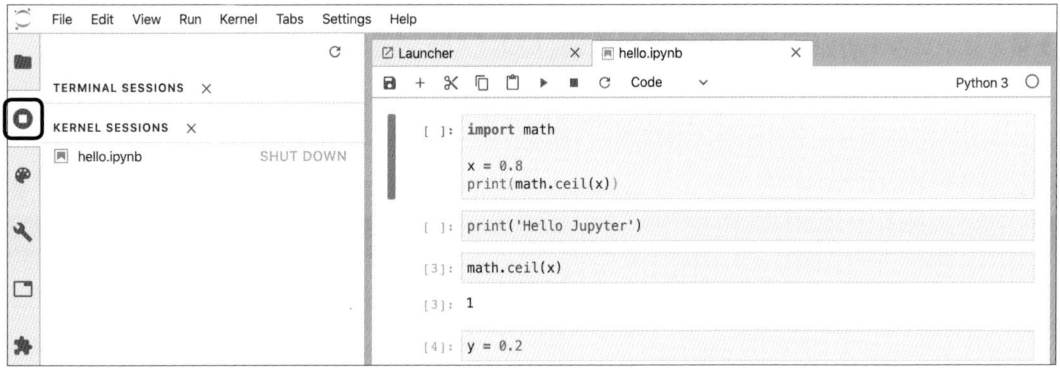

ターミナル[注2.4]やノートブックのカーネルのセッション[注2.5]が表示されます。各セッション（ノートブック名）の右側に表示されている［SHUT DOWN］から、セッションの強制的なシャッ

注 2.4　ターミナルについては P.85 で解説します。

注 2.5　JupyterLab における「セッション」とは、ノートブックのコードセルから送信したコードを IPython カーネルが受け取り、実行結果を戻すための通信のことを指します。

トダウンが行えます。

JupyterLabでは、ノートブックの実行時に確立したセッションはノートブックのタブを閉じたあとも維持されます。大量のセッションを開いたままにするとコンピュータのメモリを圧迫するため、不要なセッションは**図2.27**の一覧からシャットダウンすると良いでしょう。

コマンドパレットでJupyterLabの操作を行う

サイドバーの上から3番目のアイコンを選択すると、コマンドパレットが表示されます（**図2.28**）。

図2.28　コマンドパレット

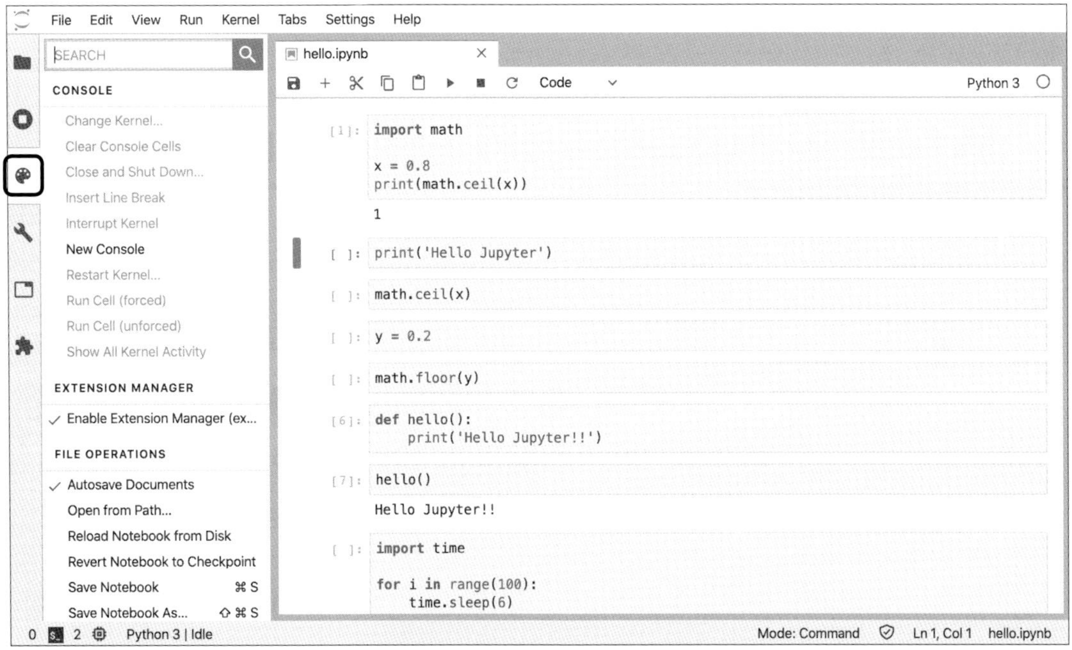

コマンドパレットでは、JupyterLabやノートブックなどに対する操作が、カテゴリごとにまとめられ列挙されています。表示されているコマンド（たとえば［Save Notebook］）を選択することで、実際にコマンドが実行されます。

コマンドパレットでは、上部のテキストエリアにテキストを入力することで、コマンドを絞り込めます。**図2.29**は、文字列Activateを入力してコマンドを絞り込んでいる例です。

コマンドパレット自体を、ショートカットキー Shift + Command + C で呼び出すことができます。コマンドパレットを活用すれば、JupyterLabのメニューに存在する各機能を、キーボードだけで効率的に呼び出せます。

図 2.29　コマンドパレット（絞り込み後）

拡張機能を利用する

サイドバーの一番下のアイコンを選択すると、拡張機能の管理エリアにアクセスできます（**図 2.30**）。

図 2.30　拡張機能の管理

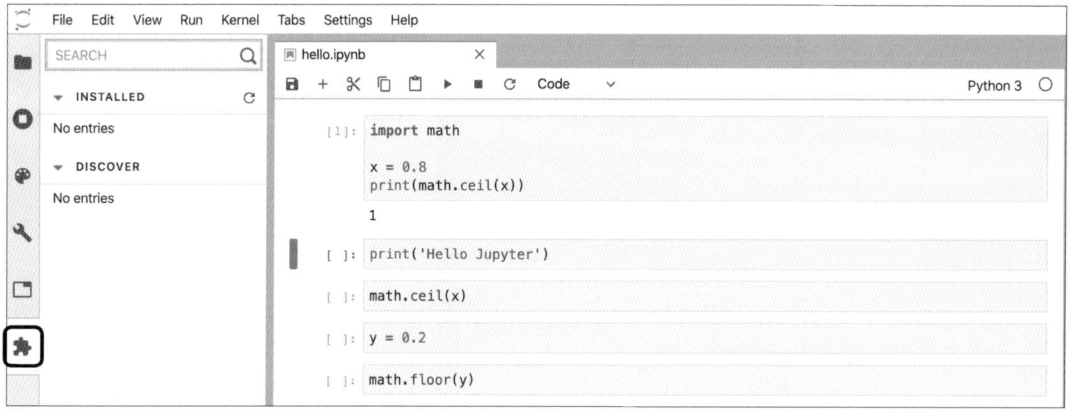

拡張機能の管理では、拡張機能の検索やインストールが行えます[注2.6]。

注 2.6　拡張機能については、公式ドキュメントを参照してください。
URL https://jupyterlab.readthedocs.io/en/stable/user/extensions.html

2.3 JupyterLab の使いこなし

「2.1　JupyterLabでコードを実行」では、JupyterLabで開いたノートブック上でPythonのコードを実行する解説を行いました。本節では、ノートブックをより便利に使いこなすために、一歩進んだ使い方を解説します。

ノートブックの保存と再開を行う

「ファイルブラウザでファイルを管理する」（P.72）で、ノートブックファイルは.ipynbという拡張子を持つファイルであることに触れました。.ipynbファイルは、実態としてはJSONフォーマットでノートブックの状態やコードセルの内容が記述されたテキストファイルです。**リスト2.3**に示すのは、hello.ipynbファイルをテキストエディタで開いた場合に確認できる内容の一部抜粋です。

リスト 2.3　.ipynb 形式のファイルの内容（一部抜粋）

```
{
  "cells":[
    {
      "cell_type":"code",
      "execution_count":1,
      "metadata":{},
      "outputs":[
        {
          "name":"stdout",
          "output_type":"stream",
          "text":[
            "1\n"
          ]
        }
      ],
      "source":[
        "import math¥n",
        "\n",
        "x = 0.8¥n",
        "print(math.ceil(x))"
      ]
    }
  ],
  "nbformat":4,
  "nbformat_minor":4
}
```

「import math」といったコードの一部が見つかります。JupyterLabは、JSONフォーマットで記述されたテキストデータを読み込んで、ノートブックというインターフェイスを提供しています。.ipynb形式のファイルを、以後ノートブックファイルとします。

「Fileメニュー」(P.68) では、Fileメニューの機能およびショートカットキー Command + S でノートブックの保存が行えると解説しました。ノートブックの作成や保存、上書き保存を実行した場合その対象となるファイルがノートブックファイルです。

ノートブックファイルは、最後に保存された状態から更新されているかどうかをタブの状態で確認できます。タブの右上に●印がある場合、ノートブックは更新されています（**図2.31**）。

図2.31　未保存のノートブック

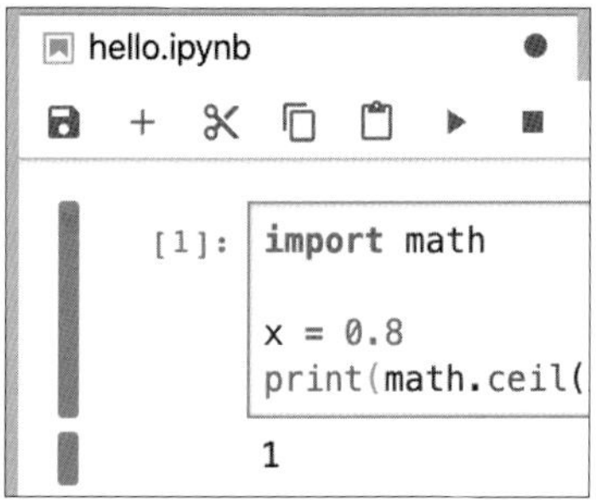

この状態でノートブックを上書き保存すると、●印が消え×印になります（**図2.32**）。

図2.32　保存済みのノートブック

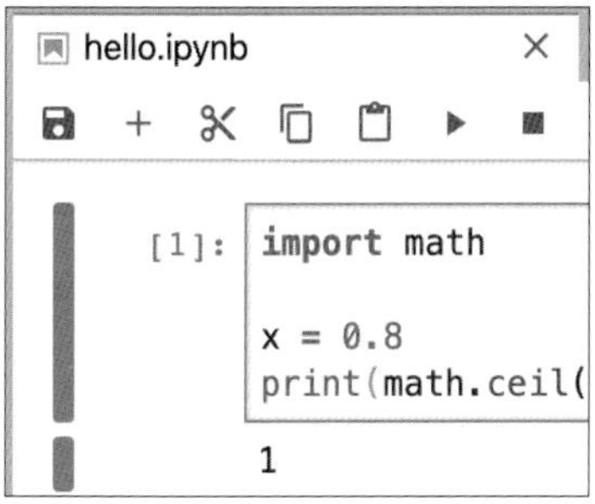

保存したノートブックファイルは、再度JupyterLabでノートブックとして開くことで、保存した状態から作業を再開できます。コードセルに記述したコードの内容や、コードセルの出力内容が維持された状態で、作業を再開できます（**図2.33**）。

図 2.33　保存済みノートブックを再度開いた状態

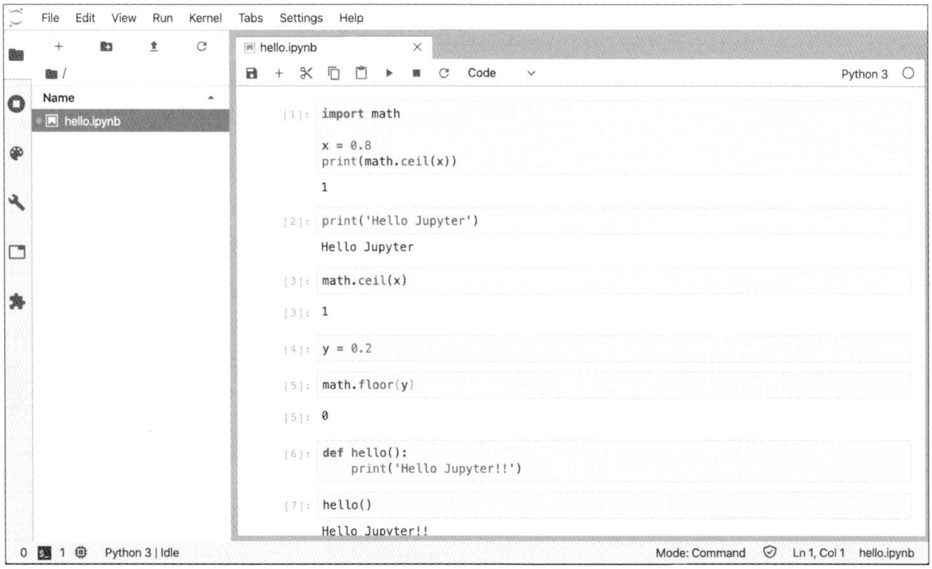

NOTE

ノートブックを終了してから再開した場合、コードセルの入力内容や出力内容は維持されています。しかし、コードを実行した結果のメモリ上に展開された情報は失われています。メモリ上に展開された情報とは、定義した変数や関数、インポートしたパッケージなどが含まれます。各コードセルを改めて実行することで、変数や関数などは再び参照できるようになります。

JupyterLabには、定期的にノートブックを保存するオートセーブ機能が備わっています。オートセーブは120秒に一度行われます。オートセーブ機能の有効・無効は、メニューバーの［Settings］にある［Autosave Document］の設定で指定できます（図2.34）。

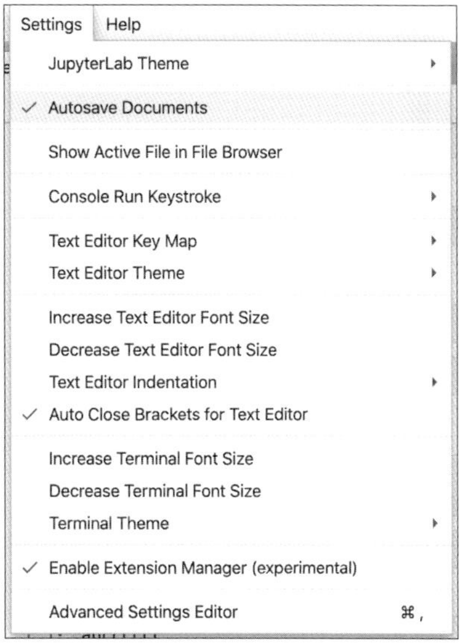

図 2.34　オートセーブ機能の設定

Markdown を記述する

コードセルには、Pythonのコードの他に、Markdown形式のドキュメントを記述・表示できます。コードセルにMarkdown書式のテキストを入力し（図2.35）、コードセルを実行すると、見出しや箇条書きといった定義に応じて見栄えが調整されたテキストが表示されます（図2.36）。

図 2.35　Markdown 書式のテキスト

図 2.36　Markdown の表示

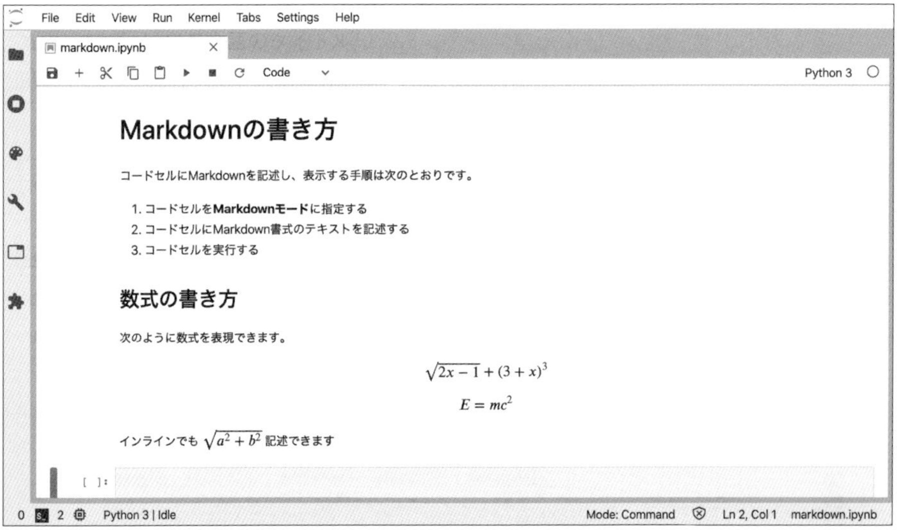

Markdown書式のテキストをMarkdownとして出力するには、コードセルのタイプを「Markdown」に変更する必要があります。デフォルトでは、コードセルのタイプは「Code」になっています。これはPythonのコードを実行するためのタイプです（**図2.37**）。

図2.37　コードセルタイプ

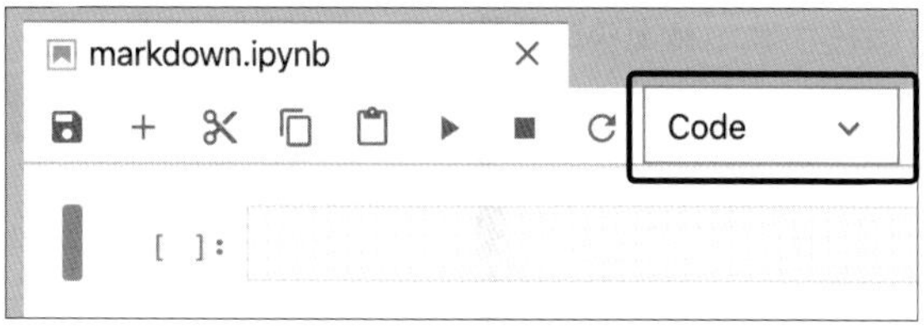

コードセルタイプの名称をクリックすると、タイプを変更できます。Markdownモードに指定後、コードセルを実行します（**図2.38**）。

図2.38　コードセルタイプの選択

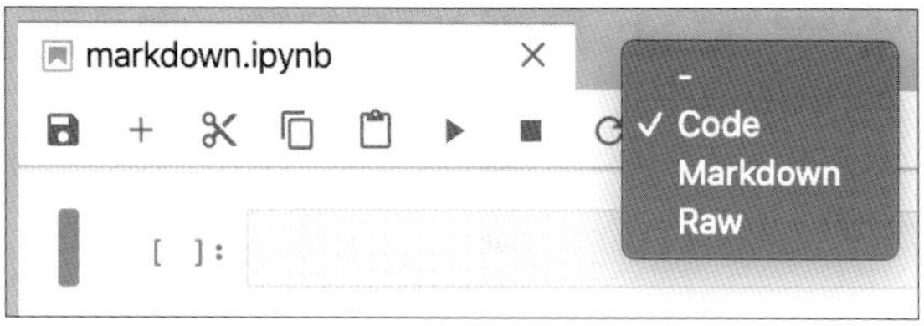

Markdownタイプのコードセルには画像を埋め込めます。コードセルに画像ファイルをドラッグ&ドロップすると、画像が挿入されます（**図2.39**）。

図2.39　画像の挿入

```
JupyterLab のコードセルには、画像を埋め込めます。

![ss_jupyter_org.png](attachment:ss_jupyter_org.png)
```

コードセルを実行すると、画像が表示されます（**図2.40**）。

図 2.40　画像の表示

NOTE

ノートブックで利用できるMarkdownの書式は、GitHub Flavored Markdown（GFM）です。GFMの詳細な書式は公式ドキュメント※を参照してください。また、JupyterLabはノートブック上で数式を表示するために、JavaScriptライブラリMathJaxを採用しています。利用できる書式については公式ドキュメント※※を参照してください。

※　URL https://github.github.com/gfm/
※※　URL https://www.mathjax.org/

グラフを描画する

Pythonには、本書で取り上げているMatplotlibやseabornのような、グラフを出力するためのデータ可視化パッケージがあります。ノートブックには、それらのパッケージが出力するグラフを表示する機能があります（**図2.41**）。

図 2.41　ノートブック上にグラフを描画

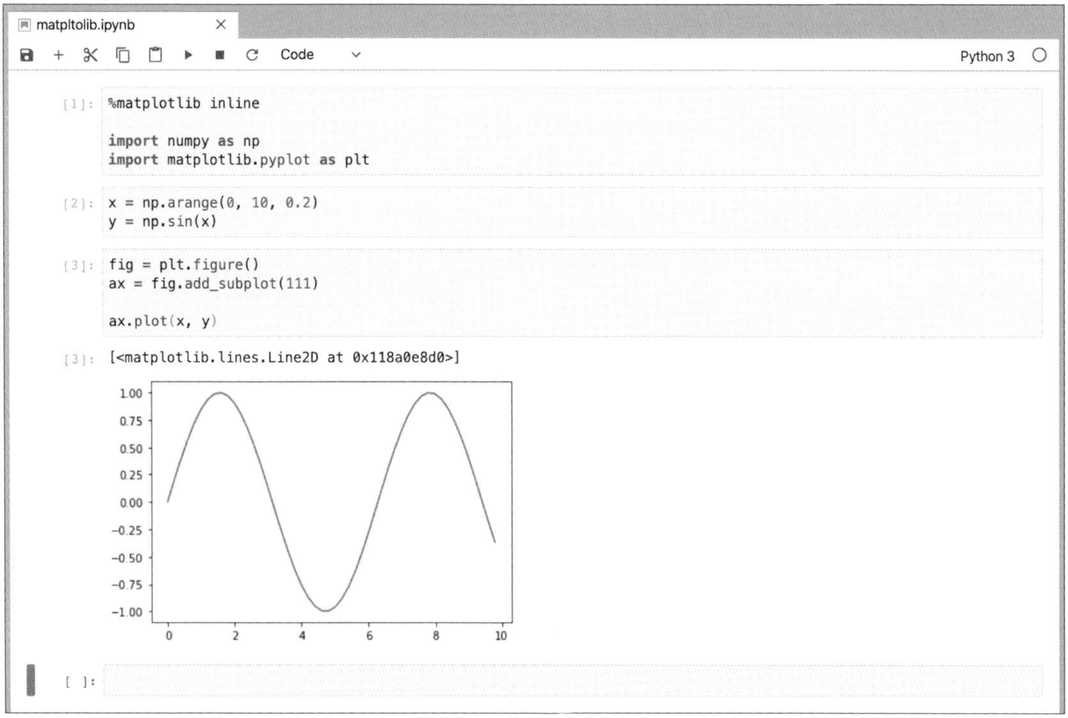

図2.41のグラフを描画するために、コードセルにはグラフ可視化パッケージの1つ、Matplotlibを利用したコードを記述しています（**リスト2.4**）。

リスト 2.4　グラフを描画する Python コード例

```
%matplotlib inline

import numpy as np
import matplotlib.pyplot as plt

x = np.arange(0, 10, 0.2)
y = np.sin(x)

fig = plt.figure()
ax = fig.add_subplot(111)

ax.plot(x, y)
```

Matplotlibを利用したグラフの描画は、第4章と第5章で詳しく解説していますので、ここでは具体的なコードの解説は割愛しますが、「ax.plot(x, y)」の実行の結果生成されたグラフをノートブック上で表示しているという流れです。

本書では次章以降、pandas、Matplotlib、seabornというPythonの代表的なパッケージを用いて、グラフの描画に関するさまざまな解説を行います。

COLUMN

マジックコマンド %matplotlib inline

リスト2.4には、「%」から始まるコード`%matplotlib inline`が含まれています。これは、ノートブックのコードセルで利用できるマジックコマンドです。マジックコマンドには、カレントディレクトリを出力する`%pwd`コマンドのようなOSのシェルコマンドに似た機能を提供するコマンドや、コードの実行時間を計測する`%timeit`コマンドのようなユーティリティ機能を提供するコマンドがあります。`%autosave`のように、ノートブックの動作設定を行うコマンドもあります。

`%matplotlib inline`は、「Matplotlibが出力するグラフをインライン出力する」という設定を行うためのマジックコマンドです。この設定次第ではグラフを別ウィンドウで表示することもできますが、「インライン出力を指定する＝コードセルの直下にグラフを表示する」のが一般的です。本書ではサンプルコード中に`%matplotlib inline`が度々登場しますが、マジックコマンドであることと、グラフ描画のための設定であることだけを押さえておけば大丈夫です。

マジックコマンドの詳細やその他のマジックコマンドについては、以下のURLを参照してください。

URL https://ipython.readthedocs.io/en/stable/interactive/magics.html

ターミナルやテキストエディタを起動する

JupyterLabのランチャーからは、ノートブック以外の機能も起動できます（図2.42）。

●図 2.42　ランチャーの「Other」に並べられた各種機能

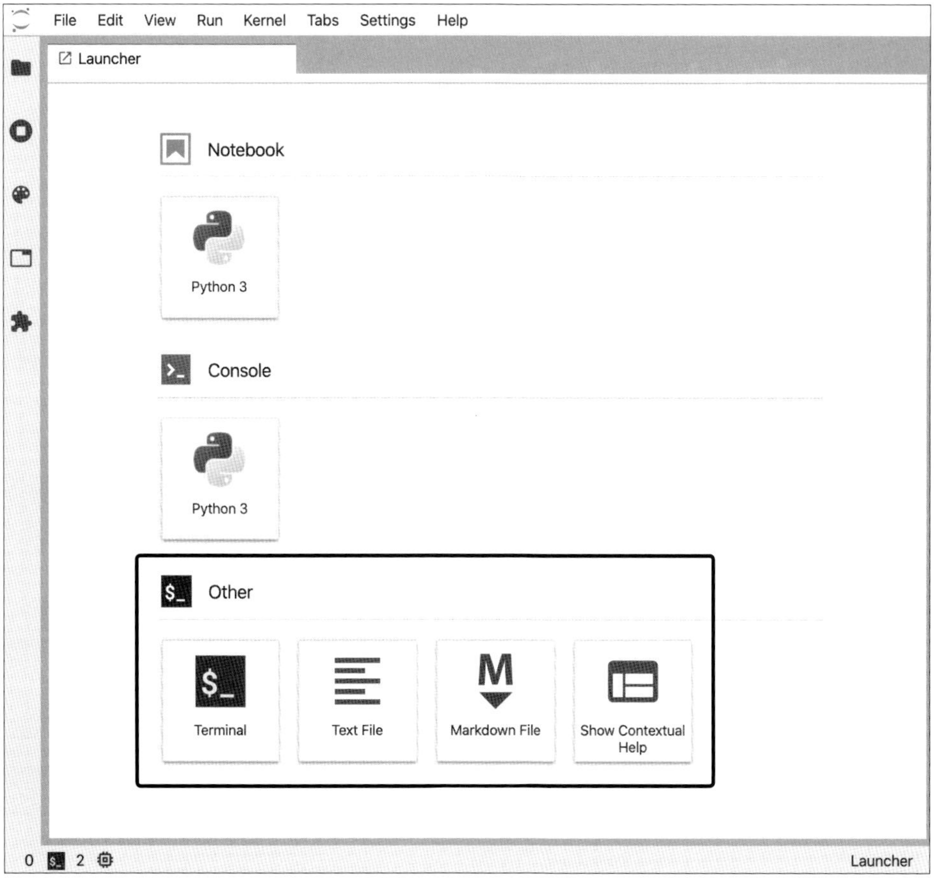

［Terminal］アイコンを選択すると、ターミナルが起動します（図2.43）。

●図 2.43　ターミナル

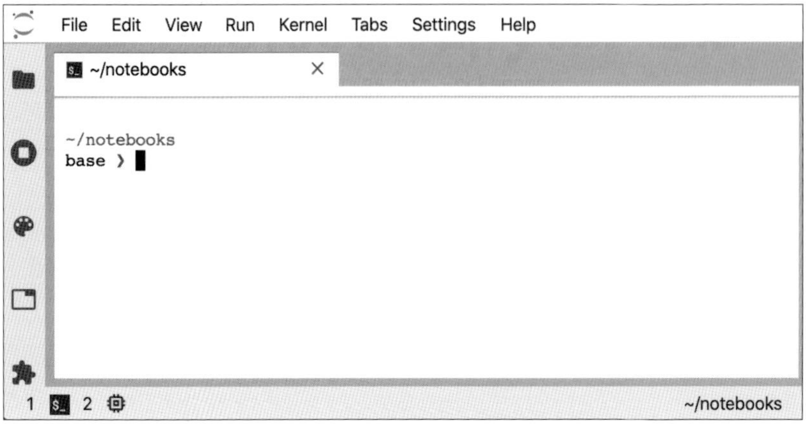

ターミナルは、macOS標準の「ターミナル」アプリケーション、WindowsのPowerShellの機能をブラウザ経由で提供するものです。

［Text File］アイコンを選択すると、テキストエディタが起動します（図2.44）。

●図 2.44　テキストエディタ

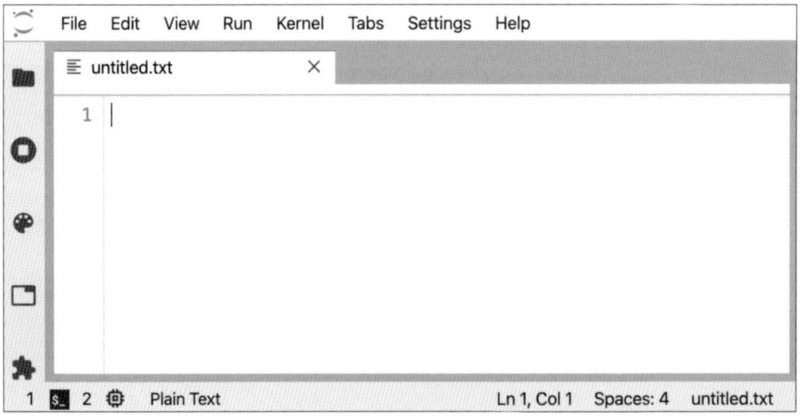

このとき、カレントディレクトリに新規テキストファイルuntitled.txtが作成されています。

エディタのシンタックスハイライトの対象フォーマットは変更できます。図2.45に示す「Plain Text」の箇所を選択すると、シンタックスハイライトのオプションが表示されます。PythonやHTML、SQL、reStructuredText[注2.7]など、多くのフォーマットに対応しています（図2.46）。

注 2.7　URL https://docutils.sourceforge.io/rst.html

●図 2.45 シンタックスハイライトの変更

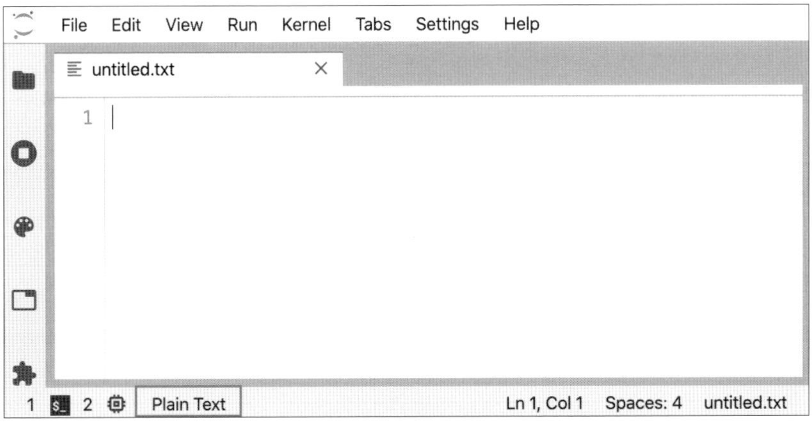

●図 2.46 シンタックスハイライトのオプション

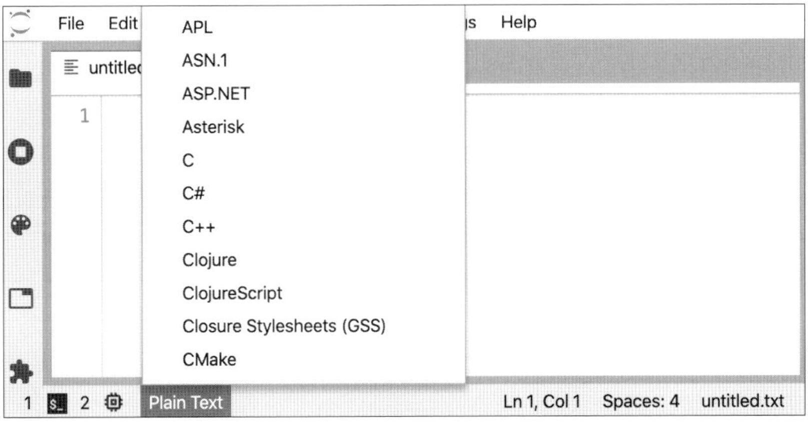

テキストエディタは簡易的なエディタとして利用できます。テキストエディタ上ではコードの実行はできません。

ランチャーの［Markdown］アイコンを選択すると、Markdownエディタが起動します（**図2.47**）。

図 2.47　Markdown エディタ

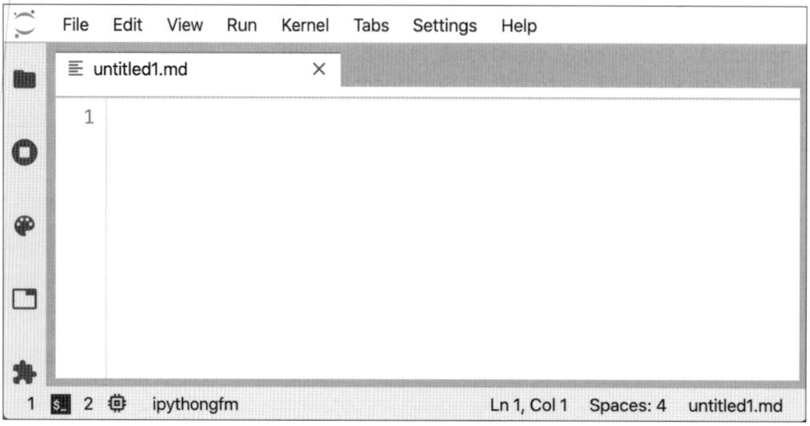

［Text File］アイコンでテキストエディタを起動した場合との違いは、作成されるファイルがMarkdownの拡張子「.md」であることと、シンタックスハイライトがあらかじめ「ipythongfm」[注2.8]に設定されていることです（図2.48）。

図 2.48　Markdown エディタで Markdown 文書を記述

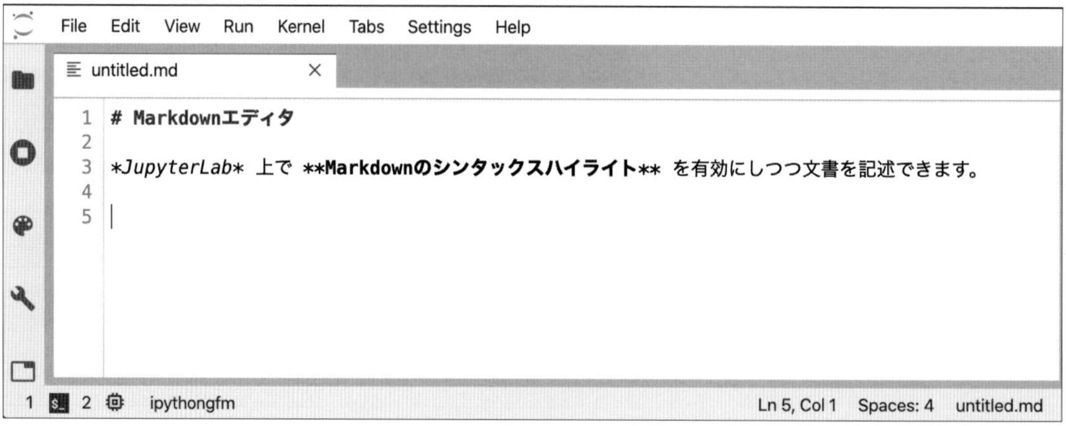

注 2.8　ipythongfm は、GitHub Flavored Markdown のシンタックスハイライトを LaTeX 向けに微調整したものです。

第3章

pandasでデータを処理しよう

本章では、pandasを利用して効率良くデータを処理する方法を学びます。本章で処理したデータは次章以降で可視化のために使われます。

本章の内容

3.1 pandasとは

pandasは、ラベル付けされたデータを容易にかつ直感的に扱えるように設計されたPythonのサードパーティ製パッケージです（**表3.1**）。pandasの2つの主要なデータ構造であるSeries（1次元のデータ）とDataFrame（2次元のデータ）は、金融、統計、社会科学など、多くの分野のデータ処理に適しています。pandasの主な機能を次に挙げます。

- 欠損値の取り扱い
- ラベル位置を自動的・明示的に揃えたデータの作成
- データ集約
- 高度なラベルベースのスライシング、抽出、大きなデータセットのサブセット化
- 直感的なデータセットの結合
- データセットの柔軟な変換および変形
- 軸の階層的なラベル付け
- さまざまなデータ形式に対応した強力なI/O
- 時系列データ固有の処理

表3.1　pandasパッケージ情報

パッケージ名	pandas
解説バージョン	1.0.3
公式サイト	https://pandas.pydata.org
リポジトリ	https://github.com/pandas-dev/pandas
PyPI	https://pypi.org/project/pandas/

3.2 サンプルデータについて

サンプルデータ（**表3.2**）は本書のGitHubリポジトリ[注3.1]から取得できます。

注3.1　URL https://github.com/practical-jupyter/sample-data

表 3.2 サンプルデータの一覧

ファイル名	説明
anime.csv	myanimelist.net の情報を収集した元データ※
anime_master.csv	anime.csv から型変換を行い欠損値を除外したデータ
anime_split_genre.csv	anime_master.csv をジャンルごとに分割したデータ
anime_genre_top10.csv	anime_split_genre.csv からメンバ数上位 10 のジャンルを抽出したデータ
anime_genre_top10_pivoted.csv	anime_genre_top10.csv のジャンルを縦軸、メディア種別を横軸とし、メンバ数の合計でクロス集計したデータ
anime_stock_price.csv	「東映アニメーション株式会社」と「株式会社 IG ポート」の株価データ（終値）
anime_stock_returns.csv	anime_stock_price.csv を累積リターンに変換したデータ
anime.tsv	anime.csv をタブ区切りにしたファイル
anime.xlsx	anime.csv のデータをメディア種別ごとにシート分けした Excel ファイル
4816.csv	東映アニメーション株式会社の株価（4 本値と出来高）
3791.csv	株式会社 IG ポートの株価（4 本値と出来高）
n225.csv	日経平均株価（4 本値と出来高）

※ URL https://www.kaggle.com/CooperUnion/anime-recommendations-database

本書のサンプルコードでは、GitHubリポジトリのURLを直接参照してデータを取得する方法を採用しています。URLとファイル名をurllib.parse.urljoinを利用して結合します(**リスト3.2.1**)。

リスト 3.2.1 URL とファイル名を結合

```
from urllib.parse import urljoin

base_url = (
    "https://raw.githubusercontent.com/practical-jupyter/sample-data/master/anime/"
)
anime_csv = urljoin(base_url, "anime.csv")
print(anime_csv)
```

```
https://raw.githubusercontent.com/practical-jupyter/sample-data/master/anime/anime.csv
```

ネットワーク環境がない場合やURLを直接参照したくない場合は、あらかじめファイルをダウンロードしたうえで、ダウンロードしたファイルのパスを参照してください。その場合、**リスト3.2.2**のように読み替えられます。

リスト 3.2.2 ダウンロードしたファイルのパスを指定する

```
# ローカルファイルのパスを指定(ダウンロードした場所に応じて要変更)
anime_csv = "./anime/anime.csv"
```

ダウンロードは、**リスト3.2.3**のようにgitコマンド[注3.2]を利用して取得もできます。

注 3.2 Git がインストールされている必要があります。

● リスト 3.2.3　gitコマンドによるダウンロード（Windows/macOS）

```
$ git clone https://github.com/practical-jupyter/sample-data.git
```

anime.csvファイル

anime.csvには表3.3のデータが格納されています。

● 表 3.3　anime.csv の列名

列名	説明	例
anime_id	myanimelist.netに登録されている作品のID	113
name	作品の名前	Uchuu no Stellvia
genre	作品のジャンル	Action、Romance、Sci-Fi、Space
type	作品のメディア種別	TV
episodes	作品のエピソード数（映画は1となる）	26
rating	myanimelist.netの会員が採点した作品に対してのレーティング（満点：10点）の平均値	7.49
members	作品のコミュニティに登録されているメンバ数	15471

anime.csvをDataFrameに読み込むには、リスト3.2.4を実行します。

● リスト 3.2.4　anime.csv の取得

```
import pandas as pd

anime_csv = urljoin(base_url, "anime.csv")
pd.read_csv(anime_csv).head()
```

	anime_id	name	genre	type	episodes	rating	members
0	32281	Kimi no Na wa.	Drama, Romance, School, Supernatural	Movie	1	9.37	200630
1	5114	Fullmetal Alchemist: Brotherhood	Action, Adventure, Drama, Fantasy, Magic, Mili...	TV	64	9.26	793665
2	28977	Gintama°	Action, Comedy, Historical, Parody, Samurai, S...	TV	51	9.25	114262
3	9253	Steins;Gate	Sci-Fi, Thriller	TV	24	9.17	673572
4	9969	Gintama'	Action, Comedy, Historical, Parody, Samurai, S...	TV	51	9.16	151266

anime_master.csvファイル

anime_master.csvはanime.csvを加工したデータです。「3.6　データの前処理」（P.110）で実施した前処理の結果が保存されています。データの欠損値などを処理しています。

anime_master.csvをDataFrameに読み込むには**リスト3.2.5**を実行します。一例として、「Gintama'」が「Gintama'」に置き換わっています。

リスト3.2.5　anime_master.csvの取得

```
anime_master_csv = urljoin(base_url, "anime_master.csv")
pd.read_csv(anime_master_csv).head()
```

	anime_id	name	genre	type	episodes	rating	members
0	32281	Kimi no Na wa.	Drama, Romance, School, Supernatural	Movie	1	9.37	200630
1	5114	Fullmetal Alchemist: Brotherhood	Action, Adventure, Drama, Fantasy, Magic, Mili...	TV	64	9.26	793665
2	28977	Gintama°	Action, Comedy, Historical, Parody, Samurai, S...	TV	51	9.25	114262
3	9253	Steins;Gate	Sci-Fi, Thriller	TV	24	9.17	673572
4	9969	Gintama'	Action, Comedy, Historical, Parody, Samurai, S...	TV	51	9.16	151266

anime_split_genre.csvファイル

anime_split_genre.csvはanime_master.csvを加工したデータです。「3.11　データの集計」で実施した前処理の結果が保存されています。anime_master.csvでは複数のジャンルが1つの行にまとまっていましたが、これを分割しています。ジャンルごとのデータを集計する場合に使います。

anime_split_genre.csvをDataFrameに読み込むには**リスト3.2.6**を実行します。

リスト3.2.6　anime_split_genre.csvの取得

```
anime_split_genre_csv = urljoin(base_url, "anime_split_genre.csv")
pd.read_csv(anime_split_genre_csv).head()
```

	anime_id	name	genre	type	episodes	rating	members
0	20707	"0"	Music	Music	1	5.06	1170
1	25627	"Aesop" no Ohanashi yori: Ushi to Kaeru, Yokub...	Kids	Movie	1	5.00	113
2	7669	"Bungaku Shoujo" Kyou no Oyatsu: Hatsukoi	Comedy	OVA	1	7.06	14351
3	7669	"Bungaku Shoujo" Kyou no Oyatsu: Hatsukoi	School	OVA	1	7.06	14351
4	7669	"Bungaku Shoujo" Kyou no Oyatsu: Hatsukoi	Fantasy	OVA	1	7.06	14351

anime_genre_top10.csvファイル

anime_genre_top10.csvはanime_split_genre.csvを加工したデータです。メンバ数上位10の

ジャンルのデータを抽出しています。集計方法は「3.11　データの集計」で解説しています。

anime_genre_top10.csv を DataFrame に読み込むには**リスト 3.2.7** を実行します。

リスト 3.2.7　anime_genre_top10.csv の取得

```
anime_genre_top10_csv = urljoin(base_url, "anime_genre_top10.csv")
pd.read_csv(anime_genre_top10_csv).head()
```

	anime_id	name	genre	type	episodes	rating	members
0	7669	"Bungaku Shoujo" Kyou no Oyatsu: Hatsukoi	Comedy	OVA	1	7.06	14351
1	7669	"Bungaku Shoujo" Kyou no Oyatsu: Hatsukoi	School	OVA	1	7.06	14351
2	7669	"Bungaku Shoujo" Kyou no Oyatsu: Hatsukoi	Fantasy	OVA	1	7.06	14351
3	8481	"Bungaku Shoujo" Memoire	School	OVA	3	7.54	18013
4	8481	"Bungaku Shoujo" Memoire	Drama	OVA	3	7.54	18013

anime_genre_top10_pivoted.csv ファイル

anime_genre_top10_pivoted.csv は anime_genre_top10.csv を加工したデータです。genre列を縦軸、type列を横軸にしたクロス集計を行っています。集計方法は「3.11　データの集計」で解説しています。

anime_genre_top10_pivoted.csv を DataFrame に読み込むには**リスト 3.2.8** を実行します。

リスト 3.2.8　anime_genre_top10_pivoted.csv の取得

```
anime_genre_top10_pivoted_csv = urljoin(base_url, "anime_genre_top10_pivoted.csv")
pd.read_csv(anime_genre_top10_pivoted_csv).head()
```

	genre	Movie	Music	ONA	OVA	Special	TV
0	Comedy	7293127.0	20860.0	1477266.0	5614758.0	6659293.0	65420862.0
1	Action	10224960.0	77054.0	524907.0	5793680.0	3412689.0	63364032.0
2	Drama	9034099.0	100734.0	188427.0	3043374.0	1915578.0	41011557.0
3	Romance	5245386.0	42811.0	411331.0	3143167.0	2015820.0	40703388.0
4	Supernatural	5452779.0	9189.0	192989.0	2696715.0	2336723.0	38956520.0

anime_stock_price.csv ファイル

anime_stock_price.csv は「東映アニメーション株式会社」と「株式会社IGポート」の株価データです。株価は分割調整後の終値です。

anime_stock_price.csv を DataFrame に読み込むには**リスト 3.2.9** を実行します。read_csv() 関

数の引数index_colに列番号を指定することで、対象列をラベルとします。引数parse_datesに列名をリストで指定することで、読み込み時にdatetime型として扱います。

● リスト 3.2.9　anime_stock_price.csv の取得

```
anime_stock_price_csv = urljoin(base_url, "anime_stock_price.csv")
pd.read_csv(anime_stock_price_csv, index_col=0, parse_dates=["Date"]).head()
```

Date	TOEI ANIMATION	IG Port
2015-01-01	3356.86	1201.51
2015-01-02	3356.86	1201.51
2015-01-05	3396.12	1218.44
2015-01-06	3361.77	1201.51
2015-01-07	3297.97	1202.51

anime_stock_returns.csv ファイル

anime_stock_returns.csvはanime_stock_price.csvを加工したデータです。最初のデータを1とした騰落率[注3.3]を算出しています。相対的な比較をする場合に使われる手法です。算出方法は「3.8　時系列データの処理」で解説しています。

anime_stock_returns.csvをDataFrameに読み込むには**リスト3.2.10**を実行します。

● リスト 3.2.10　anime_stock_returns.csv の取得

```
anime_stock_returns_csv = urljoin(base_url, "anime_stock_returns.csv")
pd.read_csv(anime_stock_returns_csv, index_col=0, parse_dates=["Date"]).head()
```

Date	TOEI ANIMATION	IG Port
2015-01-01	1.000000	1.000000
2015-01-02	1.000000	1.000000
2015-01-05	1.011695	1.014082
2015-01-06	1.001463	1.000000
2015-01-07	0.982457	1.000824

4816.csv ファイル、3791.csv ファイル、n225.csv ファイル

次のファイルは各銘柄の株価の4本値[注3.4]と出来高のデータです。

注 3.3　ある一定期間の変化率。
注 3.4　ある一定期間の始値、終値、高値、安値の 4 つの値。

- 4816.csv：東映アニメーション株式会社
- 3791.csv：株式会社 IG ポート
- n225.csv：日経平均株価

例として、4816.csv を DataFrame に読み込むには**リスト 3.2.11** を実行します。

● リスト 3.2.11　4816.csv の取得

```
t4816_csv = urljoin(base_url, "4816.csv")
pd.read_csv(t4816_csv, index_col=0, parse_dates=["Date"]).head()
```

Date	Open	High	Low	Close	Volume
2010-01-04	1600.0	1600.0	1580.0	1597.0	5600.0
2010-01-05	1597.0	1605.0	1590.0	1600.0	14800.0
2010-01-06	1600.0	1602.0	1579.0	1601.0	8300.0
2010-01-07	1600.0	1600.0	1590.0	1595.0	3700.0
2010-01-08	1599.0	1601.0	1595.0	1600.0	32300.0

3.3 Series

Series は、インデックスと呼ばれるラベルを持った同一のデータ型を持つ 1 次元のデータです（**図 3.1**）。次の特徴があります。

- インデックス（ラベル）を持つ 1 次元のデータである
- インデックスは重複できる
- ラベルまたはデータの位置を指定した抽出ができる。インデックスに対してのスライスができる
- 算術演算ができる。統計量を算出するメソッドを持っている

● 図 3.1　Series の構造

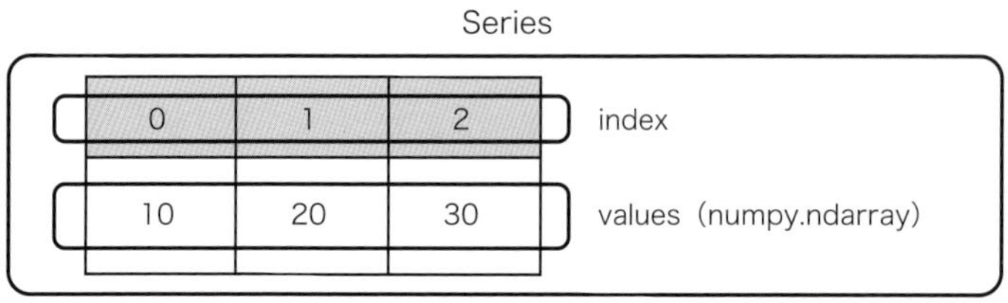

本節ではSeriesの作成方法およびデータの選択方法を学びます。

NOTE

Python標準のリストやタプルなどで用いられるインデックスという言葉との混同を避けるために、本節ではSeriesのインデックスを「ラベル」と表記します。

Seriesを作成する

Seriesの作成にはpandas.Seriesクラスを使用します。第1引数には次のような1次元のデータを渡します。

- リスト
- タプル
- 辞書
- numpy.ndarray

リスト3.3.1のように引数indexにラベルとなる値を渡すことで、データをラベリングします。

リスト 3.3.1　Seriesの作成

```
import pandas as pd

ser = pd.Series([1, 2, 3], index=["a", "b", "c"])
ser
```

```
a    1
b    2
c    3
dtype: int64
```

◆indexを省略した場合

引数indexを省略した場合、ラベルには0から順番に整数が割り当てられます（リスト3.3.2）。

リスト 3.3.2　引数indexを省略したSeriesの作成

```
pd.Series([1, 2, 3])
```

```
0    1
1    2
2    3
dtype: int64
```

ラベルを指定してデータを選択する

Series.locを使用してラベルからデータを選択します（リスト3.3.3）。

●リスト3.3.3　Series.locを使用してラベルからデータを選択する

```
ser.loc["b"]
```

```
2
```

◆添字による指定

添字を指定し、リスト3.3.4のような選択方法もあります。

●リスト3.3.4　添字による指定

```
ser["b"]
```

```
2
```

◆ラベルの範囲を指定

ラベルの範囲を指定してスライスできます（リスト3.3.5）。

●リスト3.3.5　ラベルの範囲を指定

```
ser.loc["b":"c"]
```

```
b    2
c    3
dtype: int64
```

NOTE

ラベルによるスライスは、ラベルの開始位置と終了位置を含みます。Pythonのリストやタプルなどに対するスライスとは挙動が異なることに注意してください。

◆複数の要素をリストにして指定

複数の要素をリストにして指定できます（リスト3.3.6）。

● リスト 3.3.6 複数の要素をリストにして指定

```
ser.loc[["a", "c"]]

a    1
c    3
dtype: int64
```

位置を指定してデータを選択する

Series.ilocを使用して、データの位置を整数値にて指定し、データを選択できます（リスト3.3.7）。

● リスト 3.3.7 位置を指定してデータを選択

```
ser.iloc[1]

2
```

ilocのスライスはPython標準のリストやタプルに対するスライスと同じような動作をします（リスト3.3.8）。

● リスト 3.3.8 位置をスライスで指定

```
ser.iloc[1:3]

b    2
c    3
dtype: int64
```

真偽値を指定してデータを選択する

locには真偽値のリストを渡せます。添字に与えた真偽値のリストは、Seriesのインデックスの位置に対応し、Trueに指定された位置のみが返ります（リスト3.3.9）。

● リスト 3.3.9 真偽値を指定してデータを選択

```
ser.loc[[True, False, True]]

a    1
c    3
dtype: int64
```

Seriesに対して比較演算をすることで真偽値が返ります（**リスト3.3.10**）。

リスト 3.3.10　Series に対する比較演算

```
ser != 2
```

```
a     True
b    False
c     True
dtype: bool
```

この結果を利用してデータを抽出できます（**リスト3.3.11**）。

リスト 3.3.11　比較演算結果を利用したデータの抽出

```
ser.loc[ser != 2]
```

```
a    1
c    3
dtype: int64
```

NOTE

本書では、Series.locおよびSeries.ilocを総称してインデクサと表記します。また、locインデクサなどと表記する場合もあります。

3.4 DataFrame

DataFrameは行と列にラベルを持った2次元のデータです（**図3.2**）。データ型は列ごとに異なる型を持てます。また、1次元のデータであるSeriesの集まりととらえることもできます。Seriesの特徴に加え、DataFrameには次の特徴があります。

- 行と列にラベルを持った 2 次元のデータである
- 列ごとに異なる型を持てる
- テーブル型のデータに対して読み込み、書き込みができる

- さまざまな条件を用いた結合処理ができる
- クロス集計ができる

図 3.2　DataFrame の構造

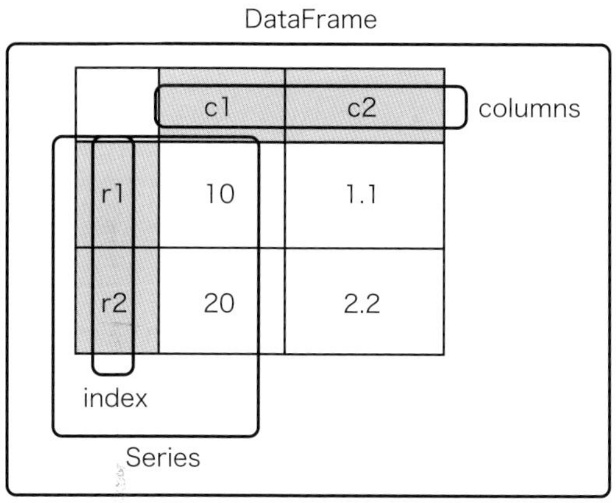

本節ではDataFrameの作成方法およびデータの選択方法を学びます。

NOTE

Python標準のリストやタプルなどで用いられるインデックスという言葉との混同を避けるために、本節ではDataFrameのインデックスを「ラベル」と表記します。

DataFrame を作成する

DataFrameの作成にはpandas.DataFrameクラスを使用します。第1引数には1次元または2次元のデータを渡します。引数index（行）およびcolumns（列）にラベルとなる値を渡すことで、データをラベリングします（**リスト 3.4.1**）。

リスト 3.4.1　DataFrame の作成

```
import pandas as pd

df = pd.DataFrame(
    [[1, 10, 100], [2, 20, 200], [3, 30, 300]],
    index=["r1", "r2", "r3"],
    columns=["c1", "c2", "c3"],
)
df
```

	c1	c2	c3
r1	1	10	100
r2	2	20	200
r3	3	30	300

ラベルを指定してデータを選択する

Seriesと同様にDataFrame.locを使用してデータを抽出します。DataFrameの場合は行と列のラベルをそれぞれ指定します（リスト3.4.2）。

リスト 3.4.2　ラベルによるデータの選択

```
df.loc["r2", "c2"]
```

```
20
```

◆すべての列（行）を指定する場合

すべての列を指定する場合、要素に「:」を渡します（リスト3.4.3）。

リスト 3.4.3　すべての列を指定

```
df.loc["r2", :]
```

```
c1      2
c2     20
c3    200
Name: r2, dtype: int64
```

すべての行を指定する場合も同様です（リスト3.4.4）。

リスト 3.4.4　すべての行を指定

```
df.loc[:, "c2"]
```

```
r1    10
r2    20
r3    30
Name: c2, dtype: int64
```

NOTE

行のデータ数が1で列のデータ数が複数、または行のデータ数が複数で列のデータ数が1の場合、返されるデータ型はSeriesになります。

◆スライスやリストの渡し方

スライスやリストの渡し方はSeriesと同じ方法です（**リスト3.4.5**）。

● リスト 3.4.5　行をリスト・列をスライスで指定して抽出

```
df.loc[["r1", "r3"], "c2":"c3"]
```

	c2	c3
r1	10	100
r3	30	300

行のデータ数と列のデータ数が複数になる場合、返されるデータの形式はDataFrameです。

位置を指定してデータを選択する

Seriesと同様にDataFrame.ilocを使用してデータの位置によるデータ抽出ができます。DataFrameの場合は行と列の位置をそれぞれ指定します（**リスト3.4.6**）

● リスト 3.4.6　位置を指定したデータの選択

```
df.iloc[1:3, [0, 2]]
```

	c1	c3
r2	2	200
r3	3	300

列を指定してデータを選択する

DataFrameに対して**リスト3.4.7**のように添字で指定した場合は列の指定となり、返されるデータ型はSeriesとなります。

リスト3.4.7　列を指定してデータを選択

```
df["c2"]
```

```
r1    10
r2    20
r3    30
Name: c2, dtype: int64
```

真偽値を使ってデータを選択する

Seriesと同様に、比較演算をすると真偽値が返ります（リスト3.4.8）。

リスト3.4.8　DataFrameに対する比較演算

```
df > 10
```

	c1	c2	c3
r1	False	False	True
r2	False	True	True
r3	False	True	True

DataFrameからSeriesを取り出し、比較演算をするとデータを抽出できます。リスト3.4.9では、c2列が10より大きい行を抽出しています。

リスト3.4.9　比較演算によるデータの抽出

```
df.loc[df["c2"] > 10]
```

	c1	c2	c3
r2	2	20	200
r3	3	30	300

◆条件の組み合わせ

真偽値の条件を組み合わせるには、次の演算子を使用します。

- &：and条件
- |：or条件

複数の条件を組み合わせる場合、それぞれの条件を括弧()で括ります（リスト3.4.10）。

リスト 3.4.10　複数の条件を組み合わせたデータの抽出

```
# c1列が1より大きくかつ、c3列が300より小さいデータ
df.loc[(df["c1"] > 1) & (df["c3"] < 300)]
```

	c1	c2	c3
r2	2	20	200

3.5 さまざまなデータの読み込み

pandasは次のようなさまざまな形式のデータを読み込めます[注3.5]。

- CSV
- JSON
- クリップボード
- pickle
- MessagePack
- Excel
- HTML
- SQL（SQLite、PostgreSQL、MySQLなど）
- SQL（Google BigQuery）

本書ではpandasを利用してさまざまな形式のデータをDataFrameに読み込む方法を学びます。

CSVファイルを読み込む

CSVファイルを読み込むにはpandas.read_csv()関数を実行します。第1引数にファイルのパスを渡すことで、DataFrameを返します。ファイルのパスまたはURLの形式から指定できます（**リスト3.5.1**）。

注3.5　本書で取り上げなかったデータ形式は次のURLを参照してください。
URL https://pandas.pydata.org/pandas-docs/stable/user_guide/io.html

●リスト3.5.1　CSVファイルの読み込み

```
from urllib.parse import urljoin

import pandas as pd

base_url = (
    "https://raw.githubusercontent.com/practical-jupyter/sample-data/master/anime/"
)
anime_csv = urljoin(base_url, "anime.csv")

df = pd.read_csv(anime_csv)
df.head()
```

	anime_id	name	genre	type	episodes	rating	members
0	32281	Kimi no Na wa.	Drama, Romance, School, Supernatural	Movie	1	9.37	200630
1	5114	Fullmetal Alchemist: Brotherhood	Action, Adventure, Drama, Fantasy, Magic, Mili...	TV	64	9.26	793665
2	28977	Gintama°	Action, Comedy, Historical, Parody, Samurai, S...	TV	51	9.25	114262
3	9253	Steins;Gate	Sci-Fi, Thriller	TV	24	9.17	673572
4	9969	Gintama'	Action, Comedy, Historical, Parody, Samurai, S...	TV	51	9.16	151266

DataFrame.head()メソッドは先頭から5行分のDataFrameを返します。引数に整数値を渡すことで行数を指定できます。

NOTE

head()メソッドは紙面の都合上、出力を限定する目的で使用しています。

◆指定した列をDataFrameのインデックスにする

引数index_colに数値または列名を指定することで、指定した列をDataFrameのインデックスにします（リスト3.5.2）。

●リスト3.5.2　インデックス列を指定

```
# インデックスにする列を番号で指定
df = pd.read_csv(anime_csv, index_col=0)
df.head()
```

↗

anime_id	name	genre	type	episodes	rating	members
32281	Kimi no Na wa.	Drama, Romance, School, Supernatural	Movie	1	9.37	200630
5114	Fullmetal Alchemist: Brotherhood	Action, Adventure, Drama, Fantasy, Magic, Mili...	TV	64	9.26	793665
28977	Gintama°	Action, Comedy, Historical, Parody, Samurai, S...	TV	51	9.25	114262
9253	Steins;Gate	Sci-Fi, Thriller	TV	24	9.17	673572
9969	Gintama'	Action, Comedy, Historical, Parody, Samurai, S...	TV	51	9.16	151266

◆指定した列を指定したデータ型で読み込む

引数dtypeに列名（キー）とデータ型（値）を辞書型で指定し、指定した列を指定したデータ型で読み込めます（リスト3.5.3）。

●リスト 3.5.3　データ型の指定

```
df = pd.read_csv(anime_csv, dtype={"members": float})
df.dtypes
```

```
anime_id       int64
name          object
genre         object
type          object
episodes      object
rating       float64
members      float64
dtype: object
```

◆datetime 型の列が含まれている場合

datetime型の列が含まれている場合、引数parse_datesに列名をリストで指定することで、読み込み時にデータ型がnumpy.datetime64に変換されます（リスト3.5.4）。

●リスト 3.5.4　読み込み時に型を変換

```
anime_stock_price_csv = urljoin(base_url, "anime_stock_price.csv")
df = pd.read_csv(anime_stock_price_csv, parse_dates=["Date"])
df.dtypes
```

```
Date              datetime64[ns]
TOEI ANIMATION           float64
IG Port                  float64
dtype: object
```

◆区切り文字の変更

デフォルトの区切り文字のカンマ（,）を変更する場合は、引数sepに区切り文字となる文字列を指定します（リスト3.5.5）。

● リスト 3.5.5　区切り文字を変更

```
anime_tsv = urljoin(base_url, "anime.tsv")
df = pd.read_csv(anime_tsv, sep="\t")
```

NOTE

read_csv()関数には多数のオプションが用意されています。詳細については公式ドキュメント※を参照してください。

※　URL https://pandas.pydata.org/pandas-docs/stable/user_guide/io.html#io-read-csv-table

Excelファイルを読み込む

Excelファイルを読み込むにはpandas.read_excel()関数を実行します（リスト3.5.6）。

● リスト 3.5.6　Excelファイルの読み込み

```
anime_xlsx = urljoin(base_url, "anime.xlsx")
df = pd.read_excel(anime_xlsx)
df.head()
```

	anime_id	name	genre	type	episodes	rating	members
0	32281	Kimi no Na wa.	Drama, Romance, School, Supernatural	Movie	1	9.37	200630
1	15335	Gintama Movie: Kanketsu-hen - Yorozuya yo Eien...	Action, Comedy, Historical, Parody, Samurai, S...	Movie	1	9.10	72534
2	28851	Koe no Katachi	Drama, School, Shounen	Movie	1	9.05	102733
3	199	Sen to Chihiro no Kamikakushi	Adventure, Drama, Supernatural	Movie	1	8.93	466254
4	12355	Ookami Kodomo no Ame to Yuki	Fantasy, Slice of Life	Movie	1	8.84	226193

◆読み込むシートの指定

read_excel()関数はデフォルトで1番目のシートを読み込みます。シート名を指定して読み込むには引数sheet_nameにシート名を指定します（リスト3.5.7）。

●リスト 3.5.7 シート名を指定して読み込み

```
df = pd.read_excel(anime_xlsx, sheet_name="TV")
df.head()
```

	anime_id	name	genre	type	episodes	rating	members
0	5114	Fullmetal Alchemist: Brotherhood	Action, Adventure, Drama, Fantasy, Magic, Mili...	TV	64	9.26	793665
1	28977	Gintama°	Action, Comedy, Historical, Parody, Samurai, S...	TV	51	9.25	114262
2	9253	Steins;Gate	Sci-Fi, Thriller	TV	24	9.17	673572
3	9969	Gintama'	Action, Comedy, Historical, Parody, Samurai, S...	TV	51	9.16	151266
4	32935	Haikyuu!!: Karasuno Koukou VS Shiratorizawa Ga...	Comedy, Drama, School, Shounen, Sports	TV	10	9.15	93351

HTMLファイルを読み込む

HTMLファイルを読み込むにはpandas.read_html()関数を実行します。HTMLファイルのtable要素をDataFrameとして読み込みます。read_html()関数ではDataFrameが格納されたリストを返します。例として、Pythonドキュメント[注3.6]のHTML table要素を読み込みます（**リスト3.5.8**）。

●リスト 3.5.8 HTMLファイルの読み込み

```
url = "https://docs.python.org/3/py-modindex.html"
tables = pd.read_html(url, index_col=1)
tables[0].loc[:, 1:].dropna().head(10)  # 1番目のDataFrameから空の列と欠損値を除外
```

__future__	Future statement definitions
__main__	The environment where the top-level script is ...
_dummy_thread	Drop-in replacement for the _thread module.
_thread	Low-level threading API.
abc	Abstract base classes according to :pep:`3119`.
aifc	Read and write audio files in AIFF or AIFC for...
argparse	Command-line option and argument parsing library.
array	Space efficient arrays of uniformly typed nume...
ast	Abstract Syntax Tree classes and manipulation.
asynchat	Support for asynchronous command/response prot...

この手法を用いることで、pandasをスクレイピングのツールとして活用できます。

注3.6 URL https://docs.python.org/

3.6 データの前処理

本節ではデータの抽出や欠損値の処理などを学びながら、本書で扱うデータの前処理を実施します。

条件を指定してデータを抽出する

条件を指定してデータを抽出する方法はいくつかありますが、本項ではインデクサに真偽値を渡します。例として、anime.csv ファイルから読み込んだDataFrameのepisodes列がUnknownであるデータを抽出します。**リスト3.6.1**では、Series（episodes列）に対して比較演算子を使用し、得られた真偽値からTrueのデータのみを抽出しています。

リスト 3.6.1　条件を指定してデータを抽出

```
from urllib.parse import urljoin

import pandas as pd

base_url = (
    "https://raw.githubusercontent.com/practical-jupyter/sample-data/master/anime/"
)
anime_csv = urljoin(base_url, "anime.csv")
df = pd.read_csv(anime_csv)
df.loc[df["episodes"] == "Unknown"].head()
```

	anime_id	name	genre	type	episodes	rating	members
73	21	One Piece	Action, Adventure, Comedy, Drama, Fantasy, Sho...	TV	Unknown	8.58	504862
248	235	Detective Conan	Adventure, Comedy, Mystery, Police, Shounen	TV	Unknown	8.25	114702
607	1735	Naruto: Shippuuden	Action, Comedy, Martial Arts, Shounen, Super P...	TV	Unknown	7.94	533578
993	33157	Tanaka-kun wa Itsumo Kedaruge Specials	Comedy, School, Slice of Life	Special	Unknown	7.72	5400
1226	21639	Yu ☆ Gi ☆ Oh! Arc-V	Action, Fantasy, Game, Shounen	TV	Unknown	7.61	17571

要素数を維持してデータを抽出する

先ほどのラベルを使った方法では、検索条件に合致しなかった行は除外されていました。DataFrame.where()メソッドは該当しないデータを「NaN」[注3.7]で埋めたDataFrameを返します。**リスト3.6.2**では、rating列が9.2より小さいデータを抽出し、条件にマッチしないデータは「NaN」で埋めたDataFrameを返しています。

リスト 3.6.2　要素数を維持してデータを抽出

```
df.where(df["rating"] < 9.2).head()
```

	anime_id	name	genre	type	episodes	rating	members
0	NaN	NaN	NaN	NaN	NaN	NaN	NaN
1	NaN	NaN	NaN	NaN	NaN	NaN	NaN
2	NaN	NaN	NaN	NaN	NaN	NaN	NaN
3	9253.0	Steins;Gate	Sci-Fi, Thriller	TV	24	9.17	673572.0
4	9969.0	Gintama'	Action, Comedy, Historical, Parody, Samurai, S...	TV	51	9.16	151266.0

値を変更する

DataFrameのラベルを指定し、値を代入することで指定された範囲の値が書き換わります。**リスト3.6.3**は、行と列のラベルを指定し、値を「NaN」に変更する例です。

リスト 3.6.3　値の変更

```
import numpy as np

df.loc[74, "episodes"] = np.nan
df.loc[74, "episodes"]
```

```
nan
```

複数の値を変更する

複数の範囲を代入した場合、指定された範囲に同じ値が代入されます。**リスト3.6.4**では、episodes列の値がUnknownである場合に、値を「NaN」に変更しています。

注 3.7　Not a Number の略で、非数を意味します。NaN に対する演算結果は IEEE 754 の浮動小数点規格によって定められています。

●リスト3.6.4　複数の値を変更

```
df.loc[df["episodes"] == "Unknown", "episodes"] = np.nan
```

欠損値を抽出・除外する

◆欠損値が含まれているデータを抽出する

「NaN」は欠損値として扱われます。isnull()メソッドは欠損値である場合にTrueを返します。リスト3.6.5では、isnull()メソッドを利用してepisodes列に欠損値がある値を抽出しています。

●リスト3.6.5　欠損値が含まれているデータの抽出

```
df.loc[df["episodes"].isnull()].head()
```

	anime_id	name	genre	type	episodes	rating	members
73	21	One Piece	Action, Adventure, Comedy, Drama, Fantasy, Sho...	TV	NaN	8.58	504862
74	801	Ghost in the Shell: Stand Alone Complex 2nd GIG	Action, Mecha, Military, Mystery, Police, Sci-...	TV	NaN	8.57	113993
248	235	Detective Conan	Adventure, Comedy, Mystery, Police, Shounen	TV	NaN	8.25	114702
607	1735	Naruto: Shippuuden	Action, Comedy, Martial Arts, Shounen, Super P...	TV	NaN	7.94	533578
993	33157	Tanaka-kun wa Itsumo Kedaruge Specials	Comedy, School, Slice of Life	Special	NaN	7.72	5400

◆欠損値が含まれているデータを除外する

DataFrame.dropna()メソッドを使用し、欠損値が含まれているデータを除外できます。行ラベル73～74の行が除外されていることが確認できます（リスト3.6.6）。

●リスト3.6.6　欠損値が含まれているデータを除外

```
df.dropna().loc[70:].head()
```

	anime_id	name	genre	type	episodes	rating	members
70	578	Hotaru no Haka	Drama, Historical	Movie	1	8.58	174878
71	16894	Kuroko no Basket 2nd Season	Comedy, School, Shounen, Sports	TV	25	8.58	243325
72	5028	Major S5	Comedy, Drama, Romance, Sports	TV	25	8.58	28653

➚

75	31933	JoJo no Kimyou na Bouken: Diamond wa Kudakenai	Action, Adventure, Comedy, Drama, Shounen, Sup...	TV	39	8.57	74074
76	5205	Kara no Kyoukai 7: Satsujin Kousatsu (Kou)	Action, Mystery, Romance, Supernatural, Thriller	Movie	1	8.57	95658

dropna()メソッドはデフォルトでは非破壊的な操作です。再度、元のDataFrameを参照した場合に、除外した値が残っていることが確認できます（**リスト3.6.7**）。

NOTE

破壊的操作とは元のオブジェクトを書き換える操作、非破壊的操作とは元のオブジェクトを維持し、新しいオブジェクトを作成する操作を指します。

●リスト 3.6.7　元のオブジェクトを確認

```
df.loc[70:].head()
```

	anime_id	name	genre	type	episodes	rating	members
70	578	Hotaru no Haka	Drama, Historical	Movie	1	8.58	174878
71	16894	Kuroko no Basket 2nd Season	Comedy, School, Shounen, Sports	TV	25	8.58	243325
72	5028	Major S5	Comedy, Drama, Romance, Sports	TV	25	8.58	28653
73	21	One Piece	Action, Adventure, Comedy, Drama, Fantasy, Sho...	TV	NaN	8.58	504862
74	801	Ghost in the Shell: Stand Alone Complex 2nd GIG	Action, Mecha, Military, Mystery, Police, Sci-...	TV	NaN	8.57	113993

◆DataFrameの内容を破壊的に書き換える

破壊的にDataFrameの内容を書き換える場合、dropna()メソッドの引数inplaceにTrueを渡します（**リスト3.6.8**）。

NOTE

破壊的な操作を行うと、対象のオブジェクトを参照している他の処理に対しても影響を与えるため注意が必要です。

● リスト 3.6.8　DataFrame の内容を破壊的に変更

```
df.dropna(inplace=True)
df.loc[70:].head()
```

	anime_id	name	genre	type	episodes	rating	members
70	578	Hotaru no Haka	Drama, Historical	Movie	1	8.58	174878
71	16894	Kuroko no Basket 2nd Season	Comedy, School, Shounen, Sports	TV	25	8.58	243325
72	5028	Major S5	Comedy, Drama, Romance, Sports	TV	25	8.58	28653
75	31933	JoJo no Kimyou na Bouken: Diamond wa Kudakenai	Action, Adventure, Comedy, Drama, Shounen, Sup...	TV	39	8.57	74074
76	5205	Kara no Kyoukai 7: Satsujin Kousatsu (Kou)	Action, Mystery, Romance, Supernatural, Thriller	Movie	1	8.57	95658

データの型を確認・変更する

SeriesやDataFrameは作成された時点でデータ型が自動的に設定されます。数値データはNumPy[注3.8]のデータ型が格納され、文字列などのデータはobject型として扱われます。

◆ Series のデータ型を確認

Seriesのデータ型を確認する場合にはdtype属性を参照します（リスト3.6.9）。

● リスト 3.6.9　Series のデータ型を確認

```
df["anime_id"].dtype
```

```
dtype('int64')
```

◆ DataFrame のデータ型を確認

DataFrameのデータ型を確認する場合にはdtypes属性を参照します（リスト3.6.10）。

● リスト 3.6.10　DataFrame のデータ型を確認

```
df.dtypes
```

注 3.8　URL https://docs.scipy.org/doc/numpy/user/basics.types.html

```
anime_id      int64
name         object
genre        object
type         object
episodes     object
rating      float64
members       int64
dtype: object
```

◆データ型の変換

DataFrameは列ごとにデータ型を持っています。データ型を変換する場合にはastype()メソッドを実行します。引数にはtype型またはNumPyのデータ型を指定します。データ型は文字列でも指定できます（リスト3.6.11）。

●リスト 3.6.11　データ型を文字列で指定して変換

```
# df['episodes'].astype(np.int32) と同じ
df["episodes"].astype("int32")
```

```
0         1
1        64
2        51
3        24
4        51
         ..
10272     1
10273    23
10274     1
10275     1
10276    32
Name: episodes, Length: 10075, dtype: int32
```

◆複数列のデータ型を変更

複数列のデータ型を変換する場合には、引数に辞書を指定します（リスト3.6.12）。

●リスト 3.6.12　複数列のデータ型を変換

```
df.astype({"episodes": np.int32, "rating": np.float32}).dtypes
```

```
anime_id      int64
name         object
genre        object
type         object
episodes      int32
rating      float32
members       int64
dtype: object
```

astype() メソッドは非破壊的な操作であることが確認できます（リスト 3.6.13）。

●リスト 3.6.13　元のオブジェクトを確認

```
df.dtypes
```

```
anime_id      int64
name         object
genre        object
type         object
episodes     object
rating      float64
members       int64
dtype: object
```

◆型変換したデータで DataFrame を書き換え

DataFrame を書き換える場合は、列を指定して代入をします（リスト 3.6.14）。

●リスト 3.6.14　列を指定して代入

```
df["episodes"] = df["episodes"].astype(np.int64)
df.dtypes
```

```
anime_id      int64
name         object
genre        object
type         object
episodes      int64
rating      float64
members       int64
dtype: object
```

ソートする

データを並び替えるには、sort_values() メソッドを実行します。対象がDataFrameの場合は引数に列名を指定します。デフォルトでは昇順でソートします。降順でソートする場合には引数ascendingにFalseを指定します。**リスト3.6.15**では、rating列が降順になるようにデータをソートしています。

NOTE

sort_values() メソッドは非破壊的な操作です。元のデータを書き換える場合には「`df.sort_values("rating", inplace=True)`」のように、引数inplaceにTrueを渡します。

リスト 3.6.15　降順にソート

```
df.sort_values("rating", ascending=False).head()
```

	anime_id	name	genre	type	episodes	rating	members
9846	33662	Taka no Tsume 8: Yoshida-kun no X-Files	Comedy, Parody	Movie	1	10.00	13
8985	23005	Mogura no Motoro	Slice of Life	Movie	1	9.50	62
0	32281	Kimi no Na wa.	Drama, Romance, School, Supernatural	Movie	1	9.37	200630
8474	33607	Kahei no Umi	Historical	Movie	1	9.33	44
1	5114	Fullmetal Alchemist: Brotherhood	Action, Adventure, Drama, Fantasy, Magic, Mili...	TV	64	9.26	793665

関数を適用する

SeriesまたはDataFrameから**表3.4**のメソッドを使うことで、任意の関数を適用できます。applymap() メソッドはDataFrameのみ使用できます。

表 3.4　関数の適用メソッドと対象

メソッド	適用対象	戻り値
map	Series（値ごと）	Series
apply	DataFrame（列または行ごと）	Series/DataFrame
applymap	DataFrame（値ごと）	DataFrame

◆mapメソッドによる関数の適用

リスト3.6.16ではmap()メソッドを実行し、name列（Series）に対してhtml.unescape()関数を適用しています。作品名「Gintama'」のHTML特殊文字が変換されます。

●リスト3.6.16　mapメソッドによる関数の適用

```
import html

print(df["name"].head())
print(df["name"].map(html.unescape).head())
```

```
0                       Kimi no Na wa.
1    Fullmetal Alchemist: Brotherhood
2                             Gintama°
3                           Steins;Gate
4                        Gintama&#039;
Name: name, dtype: object
0                       Kimi no Na wa.
1    Fullmetal Alchemist: Brotherhood
2                             Gintama°
3                           Steins;Gate
4                              Gintama'
Name: name, dtype: object
```

◆applyメソッドによる関数の適用

リスト3.6.17ではapply()メソッドを使用し、DataFrameの各列に対して組込み関数のlen()を適用しています。

●リスト3.6.17　applyメソッドによる関数の適用

```
df.apply(len)
```

```
anime_id    10075
name        10075
genre       10075
type        10075
episodes    10075
rating      10075
members     10075
dtype: int64
```

◆各行に対して関数を適用

各行に対して関数を適用する場合、引数axisに1を渡します（リスト3.6.18）。

●リスト 3.6.18　各行に対して関数を適用

```
df.apply(len, axis=1).head()
```

```
0    7
1    7
2    7
3    7
4    7
dtype: int64
```

◆applyメソッドに渡した関数の引数にラベルを指定

apply()メソッドに渡された関数には、列を抽出したSeries型が渡されます（リスト3.6.19）。行に対して実施（引数axisに1を指定）した場合も同様です。

●リスト 3.6.19　applyメソッドに渡されるデータ型

```
df.apply(type)
```

```
anime_id    <class 'pandas.core.series.Series'>
name        <class 'pandas.core.series.Series'>
genre       <class 'pandas.core.series.Series'>
type        <class 'pandas.core.series.Series'>
episodes    <class 'pandas.core.series.Series'>
rating      <class 'pandas.core.series.Series'>
members     <class 'pandas.core.series.Series'>
dtype: object
```

リスト3.6.20では、name列とgenre列の文字数を合計しています。

●リスト 3.6.20　name列とgenre列の文字数を合計

```
def func(x):
    return len(x["name"]) + len(x["genre"])

df.apply(func, axis=1).head()

# 下記のようにも記述できる
# df.apply(lambda x: len(x["name"]) + len(x["genre"]), axis=1).head()
```

```
0    50
1    91
2    68
3    27
4    73
dtype: int64
```

◆applymap メソッドによる関数の適用

リスト3.6.21ではapplymap()メソッドを使用し、DataFrameの各値に対して組込みのlen()関数を適用しています。

● リスト 3.6.21　applymap メソッドによる関数の適用

```
df[["name", "genre"]].applymap(len).head()
```

	name	genre
0	14	36
1	32	59
2	8	60
3	11	16
4	13	60

NOTE

本節で処理したDataFrameはanime_master.csvとしてサンプルデータに登録されています。

3.7 テキストデータの処理

pandasではさまざまなテキストデータを処理する機能を有しています。本節では後述するstrアクセサを利用して、テキストを効率よく処理する方法を学びます。

Seriesには、文字列型のすべてのデータに対して一括して処理ができる次のようなメソッドが用意されています。メソッドはSeries.str属性（アクセサ）から呼び出せます。たとえば、Pythonの組込み型であるstr型のlower()メソッドと同等の機能がSeries.str.lower()メソッドから行えます。

- startswith, endswith：引数に渡された文字列で始まる（終わる）場合に True を返す
- uppser, lower：引数に渡された文字列を大文字（小文字）に変換する
- split：引数に渡された文字（デフォルトは空白文字）で分割する
- replace：第 1 引数に渡された文字列を第 2 引数に渡された文字列へ置換する

NOTE

本書ではSeries.str属性を「strアクセサ」と表記します※。

※ URL https://pandas.pydata.org/pandas-docs/stable/user_guide/text.html#string-methods

本節ではanime_master.csvをDataFrameに読み込み、テキスト処理をします（リスト3.7.1）。

● リスト 3.7.1　anime_master.csv の読み込み

```
from urllib.parse import urljoin

import pandas as pd

base_url = (
    "https://raw.githubusercontent.com/practical-jupyter/sample-data/master/anime/"
)
anime_master_csv = urljoin(base_url, "anime_master.csv")
df = pd.read_csv(anime_master_csv)
df.head()
```

	anime_id	name	genre	type	episodes	rating	members
0	32281	Kimi no Na wa.	Drama, Romance, School, Supernatural	Movie	1	9.37	200630
1	5114	Fullmetal Alchemist: Brotherhood	Action, Adventure, Drama, Fantasy, Magic, Mili...	TV	64	9.26	793665
2	28977	Gintama°	Action, Comedy, Historical, Parody, Samurai, S...	TV	51	9.25	114262
3	9253	Steins;Gate	Sci-Fi, Thriller	TV	24	9.17	673572
4	9969	Gintama'	Action, Comedy, Historical, Parody, Samurai, S...	TV	51	9.16	151266

テキストを小文字に変換する

リスト3.7.2ではlower()メソッドを実行し、文字列を小文字に変換しています。

● リスト 3.7.2　テキストを小文字に変換

```
df["name"].str.lower().head()
```

```
0                        kimi no na wa.
1    fullmetal alchemist: brotherhood
2                              gintama°
3                            steins;gate
4                              gintama'
Name: name, dtype: object
```

テキストを分割する

split()メソッドは文字列を分割します。分割した文字列はリストで返ります（リスト3.7.3）。

● リスト 3.7.3　テキストの分割

```
df["genre"].str.split().head()
```

```
0              [Drama,, Romance,, School,, Supernatural]
1    [Action,, Adventure,, Drama,, Fantasy,, Magic,...
2    [Action,, Comedy,, Historical,, Parody,, Samur...
3                                    [Sci-Fi,, Thriller]
4    [Action,, Comedy,, Historical,, Parody,, Samur...
Name: genre, dtype: object
```

引数expandにTrueを渡すと、分割した文字列が列となるDataFrameを返します（リスト3.7.4）。

● リスト 3.7.4　引数 expand に True を渡してテキストを分割

```
df["genre"].str.split(expand=True).iloc[:3, :5]
```

	0	1	2	3	4
0	Drama,	Romance,	School,	Supernatural	None
1	Action,	Adventure,	Drama,	Fantasy,	Magic,
2	Action,	Comedy,	Historical,	Parody,	Samurai,

3.8 時系列データの処理

pandasではさまざまな時系列データ注3.9を処理する機能を有しています。本節ではラベルの参照方法や時系列データに特化した関数やメソッドなどを利用して時系列データの処理方法を学びます。

本節では時系列データのサンプルとして、株価であるanime_stock_price.csvをDataFrameに読み込みます（リスト3.8.1）。

リスト 3.8.1 株価の取得

```
from urllib.parse import urljoin

import pandas as pd

base_url = (
    "https://raw.githubusercontent.com/practical-jupyter/sample-data/master/anime/"
)
anime_stock_price_csv = urljoin(base_url, "anime_stock_price.csv")
df = pd.read_csv(anime_stock_price_csv, index_col=0, parse_dates=["Date"])
df.head()
```

Date	TOEI ANIMATION	IG Port
2015-01-01	3356.86	1201.51
2015-01-02	3356.86	1201.51
2015-01-05	3396.12	1218.44
2015-01-06	3361.77	1201.51
2015-01-07	3297.97	1202.51

時系列データで使用される関数を利用する

pct_change()メソッドを実行することで、1つ前の値からの変化率を算出します。リスト3.8.2では1日ごとの騰落率を算出しています。

リスト 3.8.2 1日ごとの騰落率を算出

```
pct_change = df["TOEI ANIMATION"].pct_change()
pct_change
```

注3.9 気温の推移など時間的に変化した情報を持つデータ。

```
Date
2015-01-01         NaN
2015-01-02    0.000000
2015-01-05    0.011695
2015-01-06   -0.010114
2015-01-07   -0.018978
                ...
2016-12-26    0.001725
2016-12-27    0.010326
2016-12-28    0.015333
2016-12-29    0.013422
2016-12-30    0.000000
Name: TOEI ANIMATION, Length: 522, dtype: float64
```

cumprod() メソッドを実行することで、累積積を算出できます。**リスト 3.8.3** では初日の株価を1とした株価の累積リターンを算出しています。

● リスト 3.8.3　株価の累積リターンを算出

```
cumulative_returns = (pct_change + 1).cumprod()
cumulative_returns[0] = 1
cumulative_returns
```

```
Date
2015-01-01    1.000000
2015-01-02    1.000000
2015-01-05    1.011695
2015-01-06    1.001463
2015-01-07    0.982457
                ...
2016-12-26    1.722833
2016-12-27    1.740624
2016-12-28    1.767312
2016-12-29    1.791034
2016-12-30    1.791034
Name: TOEI ANIMATION, Length: 522, dtype: float64
```

NOTE

ここまで処理したDataFrameは「株式会社IGポート」の株価を加え、anime_stock_returns.csv ファイルとしてサンプルデータに登録されています。

rolling() メソッドを実行することで、データの範囲を移動させながら関数を適用できます。第1

引数に区間を整数で指定することで、この区間に対して関数を適用します。**リスト3.8.4**では5日間の移動平均を算出しています。過去5日間の平均を算出しているため、最初の4日間は「NaN」となります。

NOTE

rolling() はpandas.core.window.Rollingオブジェクトを返します。

リスト 3.8.4　5日間の移動平均を算出

```
df["TOEI ANIMATION"].rolling(5).mean()

Date
2015-01-01         NaN
2015-01-02         NaN
2015-01-05         NaN
2015-01-06         NaN
2015-01-07    3353.916
                ...
2016-12-26    5793.260
2016-12-27    5799.232
2016-12-28    5821.132
2016-12-29    5868.912
2016-12-30    5916.692
Name: TOEI ANIMATION, Length: 522, dtype: float64
```

pandas.core.window.Rollingオブジェクトはapply()メソッドから任意の関数を適用できます。**リスト3.8.5**では、20日間のヒストリカルボラティリティ[注3.10]を算出する関数を作成し、適用しています。

リスト 3.8.5　20日間のヒストリカルボラティリティを算出

```
import numpy as np

def historical_volatility(x):
    logreturns = np.diff(np.log(x))  # 対数収益率
    return np.sqrt(365 * logreturns.var())

df["TOEI ANIMATION"].rolling(20).apply(historical_volatility, raw=True)

Date
2015-01-01         NaN
2015-01-02         NaN
```

注3.10　1年換算の変動率。本書では1年を365日としていますが、営業日数を用いることもあります。

```
2015-01-05          NaN
2015-01-06          NaN
2015-01-07          NaN
                    ...
2016-12-26     0.158355
2016-12-27     0.163235
2016-12-28     0.170891
2016-12-29     0.172681
2016-12-30     0.151983
Name: TOEI ANIMATION, Length: 522, dtype: float64
```

DatetimeIndexを操作する

pandasのDatetimeIndexは、datetime型に特化した処理ができるIndexオブジェクトです。pandas.date_range()関数は指定した周期（デフォルトでは1日）のDatetimeIndexを作成します。**表3.5**のような引数をとります。

表3.5　date_range()関数の引数

start	DatetimeIndex開始日時を文字列またはdatetime型で指定する
end	DatetimeIndex終了日時を文字列またはdatetime型で指定する
periods	期間の長さを整数値で指定する
freq	周期を文字列で指定する※
tz	タイムゾーンを文字列で指定する
normalize	Trueを指定することで時刻部分を丸める
name	DatetimeIndexの名前を文字列で指定する
closed	指定した側の期間を閉じる。leftを指定することで最後の日時が除外されたDatetime Indexが作成される。rightを指定することで最初の日時が除外されたDatetimeIndexが作成される

※　DateOffset objects　URL https://pandas.pydata.org/pandas-docs/stable/user_guide/timeseries.html#dateoffset-objects

リスト3.8.6では、2017年1月1日から2017年2月1日までの期間について1時間の周期でDatetimeIndexを作成しています。

リスト3.8.6　1時間の頻度でDatetimeIndexを作成

```
ix = pd.date_range("2017-01", "2017-02", freq="1H")
ix
```

```
DatetimeIndex(['2017-01-01 00:00:00', '2017-01-01 01:00:00',
               '2017-01-01 02:00:00', '2017-01-01 03:00:00',
               '2017-01-01 04:00:00', '2017-01-01 05:00:00',
               '2017-01-01 06:00:00', '2017-01-01 07:00:00',
```

```
               '2017-01-01 08:00:00', '2017-01-01 09:00:00',
               ...
               '2017-01-31 15:00:00', '2017-01-31 16:00:00',
               '2017-01-31 17:00:00', '2017-01-31 18:00:00',
               '2017-01-31 19:00:00', '2017-01-31 20:00:00',
               '2017-01-31 21:00:00', '2017-01-31 22:00:00',
               '2017-01-31 23:00:00', '2017-02-01 00:00:00'],
              dtype='datetime64[ns]', length=745, freq='H')
```

◆Series のインデックスとして使用

DatetimeIndexはSeriesやDataFrameのインデックスとして使用できます（リスト3.8.7）。

●リスト 3.8.7　Series のインデックスとして使用

```
time_series = pd.Series(np.arange(len(ix)), index=ix)
time_series
```

```
2017-01-01 00:00:00      0
2017-01-01 01:00:00      1
2017-01-01 02:00:00      2
2017-01-01 03:00:00      3
2017-01-01 04:00:00      4
                       ...
2017-01-31 20:00:00    740
2017-01-31 21:00:00    741
2017-01-31 22:00:00    742
2017-01-31 23:00:00    743
2017-02-01 00:00:00    744
Freq: H, Length: 745, dtype: int64
```

時系列データを抽出する

DatetimeIndexのインデクサにはdatetime型と文字列型の両方が指定できます。リスト3.8.8ではdatetime型でデータを選択しています。

●リスト 3.8.8　時系列データを抽出

```
from datetime import datetime

df.loc[datetime(2016, 1, 4)]
```

```
TOEI ANIMATION    5699.74
IG Port            822.66
Name: 2016-01-04 00:00:00, dtype: float64
```

◆インデクサに文字列を指定

インデクサに文字列を指定する場合には、リスト3.8.9、リスト3.8.10のように指定します。

● リスト 3.8.9　インデクサに文字列を指定①

```
df.loc["2016-01-04"]
```

```
TOEI ANIMATION    5699.74
IG Port            822.66
Name: 2016-01-04 00:00:00, dtype: float64
```

● リスト 3.8.10　インデクサに文字列を指定②

```
df.loc["Jan-04-2016"]
```

```
TOEI ANIMATION    5699.74
IG Port            822.66
Name: 2016-01-04 00:00:00, dtype: float64
```

◆特定の年や月のデータのみを抽出

インデクサに年や月を指定し、特定の年や月のデータのみを抽出できます（リスト3.8.11、リスト3.8.12）。

● リスト 3.8.11　特定の年のデータのみを抽出

```
df.loc["2015"].head()  # 年を指定した抽出
```

Date	TOEI ANIMATION	IG Port
2015-01-01	3356.86	1201.51
2015-01-02	3356.86	1201.51
2015-01-05	3396.12	1218.44
2015-01-06	3361.77	1201.51
2015-01-07	3297.97	1202.51

● リスト 3.8.12　特定の月のデータのみを抽出

```
df.loc["2016-05"].head()  # 月を指定した抽出
```

Date	TOEI ANIMATION	IG Port
2016-05-02	4703.29	933.34
2016-05-03	4703.29	933.34
2016-05-04	4703.29	933.34
2016-05-05	4703.29	933.34
2016-05-06	4678.41	953.28

◆年や月などを指定してスライス

年や月などを指定してスライスできます（リスト3.8.13）。

リスト 3.8.13　年や月などを指定してスライス

```
pd.options.display.max_rows = 10  # pandasで表示する行数を設定
df.loc["2015-12":"2016-01"]
```

Date	TOEI ANIMATION	IG Port
2015-12-01	5947.13	910.41
2015-12-02	5917.44	896.45
2015-12-03	5917.44	893.46
2015-12-04	5867.97	888.47
2015-12-07	5917.44	892.46
...	...	...
2016-01-25	5452.36	704.99
2016-01-26	5491.94	702.00
2016-01-27	5521.63	721.94
2016-01-28	5679.95	733.91
2016-01-29	5670.06	739.89

44 rows × 2 columns

◆指定した時刻のみのデータを抽出

datetime.time型で指定した時刻のみのデータを抽出できます（リスト3.8.14）。

リスト 3.8.14　指定した時刻のみのデータを抽出

```
from datetime import time

time_series.loc[time(9, 0)]
```

```
2017-01-01 09:00:00      9
2017-01-02 09:00:00     33
2017-01-03 09:00:00     57
2017-01-04 09:00:00     81
2017-01-05 09:00:00    105
                       ...
2017-01-27 09:00:00    633
2017-01-28 09:00:00    657
2017-01-29 09:00:00    681
2017-01-30 09:00:00    705
2017-01-31 09:00:00    729
Freq: 24H, Length: 31, dtype: int64
```

◆指定した時間帯のみを抽出

between_time()メソッドを実行することで、指定した時間帯のみを抽出できます（**リスト3.8.15**）。

リスト3.8.15　指定した時間帯のみを抽出

```
time_series.between_time(time(9, 0), time(12, 0))

2017-01-01 09:00:00      9
2017-01-01 10:00:00     10
2017-01-01 11:00:00     11
2017-01-01 12:00:00     12
2017-01-02 09:00:00     33
                       ...
2017-01-30 12:00:00    708
2017-01-31 09:00:00    729
2017-01-31 10:00:00    730
2017-01-31 11:00:00    731
2017-01-31 12:00:00    732
Length: 124, dtype: int64
```

リサンプリングする

resample()メソッドを実行すると、時系列データの周期[注3.11]を変換できます。日次のデータを週次や月次などのデータに変換できます（**リスト3.8.16**）。

リスト3.8.16　日次データを月次データに変換

```
df["TOEI ANIMATION"].resample("M").mean().head()

Date
2015-01-31    3647.080000
2015-02-28    3612.302500
2015-03-31    3625.770455
2015-04-30    3477.555455
2015-05-31    3653.990476
Freq: M, Name: TOEI ANIMATION, dtype: float64
```

ohlc()メソッドを実行することで、4本値[注3.12]に変換できます。**リスト3.8.17**では日次のデータ

注3.11　DateOffset objectss
URL https://pandas.pydata.org/pandas-docs/stable/user_guide/timeseries.html#dateoffset-objects
注3.12　ある一定期間の始値、終値、高値、安値の4つの値。

から、週次の4本値（週足と呼ばれます）に変換しています。

● リスト 3.8.17 日次データを週次の 4 本値に変換

```
df["TOEI ANIMATION"].resample("W").ohlc().head()
```

Date	open	high	low	close
2015-01-04	3356.86	3356.86	3356.86	3356.86
2015-01-11	3396.12	3513.90	3297.97	3513.90
2015-01-18	3513.90	3872.16	3435.38	3872.16
2015-01-25	3877.07	3877.07	3739.66	3739.66
2015-02-01	3774.01	3965.41	3774.01	3965.41

時系列データの属性を参照する

Seriesにはdatetime型データの情報を一括して得るための表3.6のような属性（メソッド）が用意されています。この属性はSeries.dt属性（アクセサ）からアクセス（メソッドの場合は実行）できます。たとえば、datetime型のyear属性を参照する場合にはSeries.dt.yearから参照できます。

● 表 3.6 datetime 型データの情報を一括して得るための属性（メソッド）

year, month, day, hour, minute, second, nanosecond	年、月、日、時、分、秒、ナノ秒の属性
day_name	曜日名を返すメソッド
is_month_start, is_month_end, is_year_start, is_year_end, is_quarter_start, is_quarter_end, is_leap_year	月初、月末、年初、年末、期初、期末、うるう年であるかの bool 値

◆day 属性で「日」を取得

リスト3.8.18ではday属性を参照し、「日」を取得しています。

● リスト 3.8.18 day 属性で「日」を取得

```
datetime_ser = df.reset_index()["Date"]
datetime_ser.dt.day.head()
```

```
0    1
1    2
2    5
3    6
4    7
Name: Date, dtype: int64
```

◆day_nameメソッドで曜日名を取得

リスト3.8.19ではday_name()メソッドを実行し、曜日名を取得しています。

●リスト3.8.19　day_nameメソッドで曜日名を取得

```
datetime_ser.dt.day_name().head()
```

```
0     Thursday
1       Friday
2       Monday
3      Tuesday
4    Wednesday
Name: Date, dtype: object
```

3.9 基本統計量の算出

本節ではデータの代表値や基本統計量などを算出する方法を学びます。

SeriesやDataFrameには一般的な数学的、統計的な計算を行うメソッドが利用できます。リスト3.9.1ではDataFrameに対して列ごとの平均値を算出します。

●リスト3.9.1　列ごとの平均値を算出

```
from urllib.parse import urljoin

import pandas as pd

base_url = (
    "https://raw.githubusercontent.com/practical-jupyter/sample-data/master/anime/"
)
anime_master_csv = urljoin(base_url, "anime_master.csv")
df = pd.read_csv(anime_master_csv)

df.mean()  # 列ごとの平均値を算出
```

```
anime_id    14055.982035
episodes       13.939156
rating          6.507956
members     18924.950769
dtype: float64
```

Seriesにおいても同様のメソッドが使えます。**リスト3.9.2**ではSeriesの合計値を算出しています。

リスト 3.9.2　Series の合計値を算出

```
df["members"].sum()
```

```
190668879
```

合計値や平均値の他、さまざまな統計的メソッドが用意されています。**表3.7**は代表的なメソッドです。詳細についてはAPIリファレンス[注3.13]を参照してください。

表 3.7　統計的なメソッドの例

メソッド	説明
count	欠損値を除外したデータ数
sum	合計値
mean	平均値
median	中央値
min	最小値
max	最大値
std	標準偏差
var	分散
skew	歪度
kurt	尖度
quantile	分位数（パーセンタイル値）
cov	共分散
corr	相関

基本統計量を算出する

describe()メソッドを実行すると、基本統計量を算出できます。**リスト3.9.3**ではdescribe()メソッドの実行結果に対して、round()メソッドを実行して小数部2桁を丸めています。パーセント表示はパーセンタイル値[注3.14]です。

注 3.13　Computations/descriptive stats
URL https://pandas.pydata.org/pandas-docs/stable/reference/series.html#computations-descriptive-stats
URL https://pandas.pydata.org/pandas-docs/stable/reference/frame.html#computations-descriptive-stats
注 3.14　全体を 100 として小さいほうから数えて何番目になるのかを示す数値です。50 パーセンタイルが中央値です。

リスト 3.9.3　基本統計量の算出

```
df.describe().round(1)
```

	anime_id	episodes	rating	members
count	10075.0	10075.0	10075.0	10075.0
mean	14056.0	13.9	6.5	18925.0
std	11294.9	50.8	1.1	57117.5
min	1.0	1.0	1.7	12.0
25%	3431.0	1.0	5.9	177.0
50%	10526.0	1.0	6.6	1227.0
75%	24438.0	13.0	7.3	10254.0
max	34519.0	1818.0	10.0	1013917.0

パーセンタイル値を変更する場合には引数percentilesに、リストの要素に1以下の小数値を指定します。**リスト3.9.4**ではリスト内に2つの値を指定していますが、3つ以上の指定もできます。

リスト 3.9.4　パーセンタイル値の変更

```
df.describe(percentiles=[0.1, 0.9]).round(1)
```

	anime_id	episodes	rating	members
count	10075.0	10075.0	10075.0	10075.0
mean	14056.0	13.9	6.5	18925.0
std	11294.9	50.8	1.1	57117.5
min	1.0	1.0	1.7	12.0
10%	1259.4	1.0	5.1	74.0
50%	10526.0	1.0	6.6	1227.0
90%	31190.0	37.0	7.8	47587.6
max	34519.0	1818.0	10.0	1013917.0

DataFrameに対して統計的な演算をするメソッドを実行した場合は、数値型の列が対象となります。非数値の列に対してdescribe()メソッドを実行した場合は、次のような基本統計量が算出されます（**リスト3.9.5**）。

- count：欠損値を除いたデータ数
- unique：ユニークなデータ数
- top：データ数が最も多い値
- freq：topのデータ数

● リスト 3.9.5　文字列型の基本統計量の算出

```
df[["genre", "type"]].describe()
```

	genre	type
count	10075	10075
unique	2735	6
top	Comedy	TV
freq	500	3330

3.10 データの結合

本節では複数のDataFrameを結合する手法を学びます。結合元のデータとして、**表3.8**～**表3.10**の3つのDataFrameを使用します（**リスト3.10.1**）。

● リスト 3.10.1　結合元の DataFrame

```
import numpy as np
import pandas as pd
from IPython import display

idx = ["R1", "R2"]
col = ["C1", "C2"]
a = pd.DataFrame([[1, 3], [2, 4]], index=idx, columns=col)
b = pd.DataFrame([[1, 5], [2, 6]], index=idx, columns=col)
c = pd.DataFrame(
    [[1, 3, 7], [3, 4, 8], [5, 6, 9]], index=idx + ["R3"], columns=col + ["C3"]
)
display.display(a)
display.display(b)
display.display(c)
```

● 表 3.8　結合元の DataFrame「a」

	C1	C2
R1	1	3
R2	2	4

表3.9　結合元のDataFrame「b」

	C1	C2
R1	1	5
R2	2	6

表3.10　結合元のDataFrame「c」

	C1	C2	C3
R1	1	3	7
R2	3	4	8
R3	5	6	9

DataFrameを追加する

DataFrameのappend()メソッドを実行すると、メソッドを実行したDataFrameの最終行のあとに、引数に渡されたDataFrameが追加されます（リスト3.10.2）。

リスト3.10.2　appendメソッドによるDataFrameの追加

```
a.append(b)
```

	C1	C2
R1	1	3
R2	2	4
R1	1	5
R2	2	6

◆列に差分がある場合

列に差分がある場合、データが存在しない位置は欠損値で埋められます（リスト3.10.3）。

リスト3.10.3　列に差分がある場合

```
a.append(c)
```

	C1	C2	C3
R1	1	3	NaN
R2	2	4	NaN
R1	1	3	7.0
R2	3	4	8.0
R3	5	6	9.0

◆インデックスの振り直し

DataFrameのインデックスを振り直す場合は、引数ignore_indexにTrueを渡します（**リスト3.10.4**）。

リスト3.10.4 インデックスの振り直し

```
a.append(b, ignore_index=True)
```

	C1	C2
0	1	3
1	2	4
2	1	5
3	2	6

DataFrameを結合する

concat()メソッドを実行すると、引数に渡したリスト内のDataFrameを結合して返します。デフォルト（axis=0）では縦方向に結合します（**リスト3.10.5**）。

リスト3.10.5 concatメソッドで縦方向に結合

```
pd.concat([a, b])
```

	C1	C2
R1	1	3
R2	2	4
R1	1	5
R2	2	6

◆横方向に結合

引数axisに1を渡すと、インデックスをキーとして横方向に結合します（**リスト3.10.6**）。

リスト3.10.6 concatメソッドで横方向に結合

```
pd.concat([a, b], axis=1)
```

	C1	C2	C1	C2
R1	1	3	1	5
R2	2	4	2	6

◆行または列に差分がある場合

行または列に差分がある場合、データが存在しない位置は欠損値で埋められます（**リスト3.10.7**、**リスト3.10.8**）。

リスト3.10.7　行に差分がある場合の結合

```
pd.concat([a, c], axis=0)
```

	C1	C2	C3
R1	1	3	NaN
R2	2	4	NaN
R1	1	3	7.0
R2	3	4	8.0
R3	5	6	9.0

リスト3.10.8　列に差分がある場合の結合

```
pd.concat([a, c], axis=1)
```

	C1	C2	C1	C2	C3
R1	1.0	3.0	1	3	7
R2	2.0	4.0	3	4	8
R3	NaN	NaN	5	6	9

◆Series同士の結合

concat()メソッドはSeries同士やSeriesとDataFrameの結合ができます。**リスト3.10.9**では2つのSeriesを結合しています。

リスト3.10.9　2つのSeriesを結合

```
pd.concat([pd.Series(["a", "b"]), pd.Series(["A", "B"])], axis=1)
```

	0	1
0	a	A
1	b	B

◆SeriesとDataFrameの結合

リスト3.10.10ではSeriesとDataFrameを結合しています。データが存在しない位置は欠損値で埋められます。

● リスト 3.10.10 Series と DataFrame の結合

```
pd.concat([pd.Series(["a", "b"]), pd.DataFrame([["A", "C"], ["B", "D"]])])
```

	0	1
0	a	NaN
1	b	NaN
0	A	C
1	B	D

特定の列をキーにして DataFrame を結合する

merge() メソッドを実行すると、第1引数（left）と第2引数（right）に渡したDataFrameを結合します。引数onに渡した列名がキーとなり結合されます。**リスト3.10.11**ではC1列をキーとしてDataFrameを結合しています。列名が重複した場合、列名の接尾辞に_x（leftに渡したDataFrameの列）および_y（rightに渡したDataFrameの列）が付与されます。

● リスト 3.10.11 merge メソッドによる結合

```
pd.merge(a, b, on="C1")
```

	C1	C2_x	C2_y
0	1	3	5
1	2	4	6

接尾辞を変更する場合、引数suffixesに接尾辞となる文字列を格納したタプルを渡します（**リスト3.10.12**）。

● リスト 3.10.12 接尾辞を変更する場合

```
pd.merge(a, b, on="C1", suffixes=("_a", "_b"))
```

	C1	C2_a	C2_b
0	1	3	5
1	2	4	6

デフォルトでは内部結合となります。結合方法を指定するには引数howに**表3.11**の文字列を渡します。

表 3.11　引数 how に指定する文字列

値	結合方法	ベン図
inner	内部結合（デフォルト）	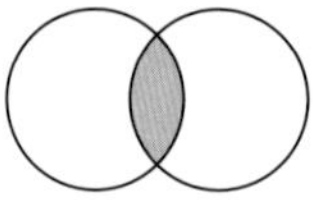
outer	外部結合	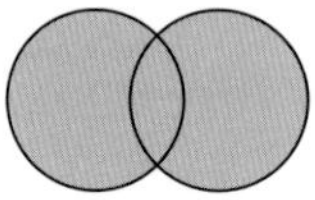
left	左外部結合	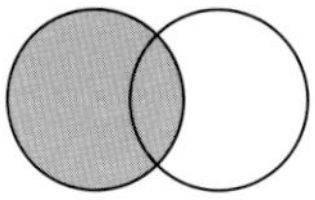
right	右外部結合	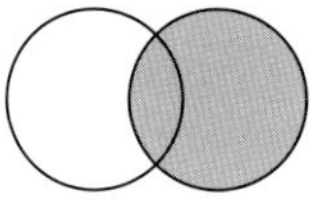

◆左外部結合の使用

リスト 3.10.13 では、左外部結合を使用して DataFrame を結合しています。データが存在しない位置は欠損値で埋められます。

リスト 3.10.13　左外部結合

```
pd.merge(a, c, on="C1", how="left", suffixes=("_a", "_c"))
```

	C1	C2_a	C2_c	C3
0	1	3	3.0	7.0
1	2	4	NaN	NaN

◆右外部結合の使用

リスト 3.10.14 では、右外部結合を使用して DataFrame を結合しています。

リスト 3.10.14　右外部結合

```
pd.merge(a, c, on="C1", how="right", suffixes=("_a", "_c"))
```

	C1	C2_a	C2_c	C3
0	1	3.0	3	7
1	3	NaN	4	8
2	5	NaN	6	9

◆外部結合の使用

リスト3.10.15では、外部結合を使用してDataFrameを結合しています。

リスト 3.10.15　外部結合

```
pd.merge(a, c, on="C1", how="outer", suffixes=("_a", "_c"))
```

	C1	C2_a	C2_c	C3
0	1	3.0	3.0	7.0
1	2	4.0	NaN	NaN
2	3	NaN	4.0	8.0
3	5	NaN	6.0	9.0

3.11 データの集計

本節ではデータを集計する次の方法について学びます。

- データのグループ化
- グループ化したデータの基本統計量などを算出
- クロス集計

DataFrameをグループ化する

DataFrameを集約する例として、groupby()メソッドを実行してDataFrameをグループ化します。groupby()メソッドを実行すると、指定された列でグループ化されたオブジェクトDataFrameGroupByが返されます。**リスト3.11.1**ではtype列で集約したオブジェクトを作成しています。

リスト 3.11.1　DataFrameのグループ化

```
from urllib.parse import urljoin

import pandas as pd

base_url = (
    "https://raw.githubusercontent.com/practical-jupyter/sample-data/master/anime/"
```

```
)
anime_master_csv = urljoin(base_url, "anime_master.csv")
df = pd.read_csv(anime_master_csv)
grouped = df.groupby("type")
type(grouped)
```

```
pandas.core.groupby.generic.DataFrameGroupBy
```

DataFrameGroupBy オブジェクトはさまざまなメソッドが用意されています。リスト 3.11.2 では get_group() メソッドを実行し、type 列が "Movie" である DataFrame を抽出しています。

リスト 3.11.2　get_group メソッドの実行

```
grouped.get_group("Movie").head()
```

	anime_id	name	genre	type	episodes	rating	members
0	32281	Kimi no Na wa.	Drama, Romance, School, Supernatural	Movie	1	9.37	200630
8	15335	Gintama Movie: Kanketsu-hen - Yorozuya yo Eien...	Action, Comedy, Historical, Parody, Samurai, S...	Movie	1	9.10	72534
11	28851	Koe no Katachi	Drama, School, Shounen	Movie	1	9.05	102733
15	199	Sen to Chihiro no Kamikakushi	Adventure, Drama, Supernatural	Movie	1	8.93	466254
18	12355	Ookami Kodomo no Ame to Yuki	Fantasy, Slice of Life	Movie	1	8.84	226193

size() メソッドではグループ化されたデータの要素数を返します（リスト 3.11.3）。

リスト 3.11.3　グループ化されたデータの要素数

```
grouped.size()
```

```
type
Movie      2220
Music       485
ONA         591
OVA        1932
Special    1517
TV         3330
dtype: int64
```

「3.9　基本統計量の算出」同様の数学的、統計的なメソッドが使用できます。詳細は API リファレンス[注3.15]を参照してください。

注 3.15　URL https://pandas.pydata.org/pandas-docs/stable/reference/groupby.html

リスト3.11.4ではグループ化されたデータの平均値を算出しています。

リスト 3.11.4　グループ化されたデータの平均値

```
grouped.mean().round(1)
```

type	anime_id	episodes	rating	members
Movie	14322.5	1.1	6.3	10654.0
Music	22495.1	1.1	5.6	1273.0
ONA	22738.0	6.8	5.6	4401.8
OVA	12207.7	2.5	6.5	6849.5
Special	16802.3	2.5	6.5	7424.6
TV	10929.6	37.5	6.9	41832.3

複数の要素で集約する場合、groupby()メソッドの引数にリストを渡します。**リスト3.11.5**ではtype列とepisodes列に基づいてデータを集約し、平均値を算出しています。

リスト 3.11.5　複数の要素で集約

```
df.groupby(["type", "episodes"]).mean().round(1).head(20)
```

type	episodes	anime_id	rating	members
Movie	1	14320.0	6.3	10588.6
	2	13802.0	6.9	6638.9
	3	11339.3	6.7	53598.1
	4	15723.5	7.3	3566.5
	5	12558.3	6.1	3641.0
	6	8433.5	6.0	178.5
	7	13602.5	6.9	11989.5
	9	8928.0	6.2	267.0
	10	31020.0	6.9	57.0
	12	20908.0	5.4	790.7
	14	13817.0	6.0	137.0
	100	29924.0	7.0	56.0
Music	1	22576.2	5.6	1200.0
	2	28390.8	6.0	404.8
	4	1998.0	6.7	6650.0
	5	14359.0	6.2	1582.0
	7	8348.0	7.1	13361.0
	8	4705.0	7.3	22213.0
	14	5016.0	6.7	2240.0
	24	32633.0	7.6	560.0

関数を利用して集約する

DataFrameGroupByオブジェクトからagg()メソッドを実行して、任意の関数で集計が行えます。リスト3.11.6ではnumpy.median関数を渡し、集計する関数に中央値を使用しています。

● リスト 3.11.6　numpy.median 関数で集計

```
import numpy as np

grouped.agg(np.median)
```

type	anime_id	episodes	rating	members
Movie	10677.5	1.0	6.480	489.5
Music	24903.0	1.0	5.610	226.0
ONA	25241.0	2.0	5.700	336.0
OVA	8965.5	1.0	6.460	1027.0
Special	15815.0	1.0	6.630	1906.0
TV	6511.5	25.0	6.955	5617.0

複数の関数で集計する場合は、agg()メソッドの引数に関数を格納したリストを渡します。リスト3.11.7では中央値と標準偏差で集計しています。

● リスト 3.11.7　複数の関数で集計

```
grouped.agg([np.median, np.std])
```

type	anime_id		episodes		rating		members	
	median	std	median	std	median	std	median	std
Movie	10677.5	10925.715480	1	2.193788	6.480	1.208533	489.5	31603.559844
Music	24903.0	10175.013671	1	1.289923	5.610	0.957952	226.0	4488.991137
ONA	25241.0	10345.999342	2	11.465347	5.700	1.130579	336.0	12994.914495
OVA	8965.5	10718.690234	1	3.914296	6.460	0.924797	1027.0	17479.744656
Special	15815.0	10838.834569	1	3.781396	6.630	0.910067	1906.0	15666.063523
TV	6511.5	10645.424927	25	83.326301	6.955	0.845396	5617.0	89925.648168

agg()メソッドでは列ごとに集計する関数を指定できます。引数にはキーを列名、値を関数とした辞書を渡します。リスト3.11.8ではepisode列を中央値、rating列を平均値で集計しています。

● リスト 3.11.8　列ごとに集計する関数を指定

```
grouped.agg({"episodes": np.median, "rating": np.mean})
```

↗

type	episodes	rating
Movie	1	6.328599
Music	1	5.583918
ONA	2	5.629628
OVA	1	6.475217
Special	1	6.525577
TV	25	6.928961

groupby()メソッドと同様な処理を、pivot_table()メソッドでも実施できます。引数indexに集約対象の列名、aggfuncに集計する関数を指定します。**リスト3.11.9**と**リスト3.11.10**では前述のgroupby()メソッドと同じ処理をしています。

リスト 3.11.9　pivot_table メソッドによる集計

```
df.pivot_table(index="type", aggfunc=np.mean)
```

type	anime_id	episodes	members	rating
Movie	14322.477928	1.100901	10654.022072	6.328599
Music	22495.111340	1.125773	1273.028866	5.583918
ONA	22738.000000	6.778342	4401.822335	5.629628
OVA	12207.692547	2.549689	6849.526398	6.475217
Special	16802.341463	2.495715	7424.628873	6.525577
TV	10929.554655	37.456156	41832.314414	6.928961

リスト 3.11.10　pivot_table メソッドによる複数列の集計

```
df.pivot_table(index=["type", "episodes"], aggfunc=np.mean)
```

type	episodes	anime_id	members	rating
Movie	1	14320.010507	10588.556418	6.325464
	2	13802.000000	6638.875000	6.930000
	3	11339.285714	53598.142857	6.661429
	4	15723.500000	3566.500000	7.260000
	5	12558.333333	3641.000000	6.063333
...	...	...	...	...
TV	1428	8213.000000	194.000000	6.050000
	1471	6277.000000	406.000000	6.480000
	1565	23349.000000	116.000000	5.560000
	1787	2471.000000	14233.000000	7.760000
	1818	12393.000000	160.000000	6.180000

291 rows × 3 columns

クロス集計する

これまでは主にtype列に対して集計してきました。ここからはtype列とgenre列の2項目によるクロス集計をします。まず、次の前処理を実施します。

1. カンマ区切りで入力されていた genre 列をユニークにして取り出す
2. 元の DataFrame から 1 のデータを抽出
3. 2 を結合

リスト3.11.11では前処理として、カンマ区切りで入力されていたgenre列を1行ごとに分割してユニークにします。

● リスト 3.11.11　カンマ区切りの genre 列を 1 行ごとに分割①

```
unique_genres = np.sort(
    pd.Series(
        # 2次元から1次元のデータに変換
        np.hstack(
            # genres列のカンマ区切りのデータを分割
            df["genre"]
            .str.split(",", expand=True)
            .values  # numpy.ndarrayのデータ型で取得
        )
    )
    .str.strip()  # 前後の空白文字を除去
    .dropna()  # 欠損値を除外
    .unique()  # 一意なデータに変換
)
```

```
unique_genres
```

```
array(['Action', 'Adventure', 'Cars', 'Comedy', 'Dementia', 'Demons',
       'Drama', 'Fantasy', 'Game', 'Harem', 'Historical', 'Horror',
       'Josei', 'Kids', 'Magic', 'Martial Arts', 'Mecha', 'Military',
       'Music', 'Mystery', 'Parody', 'Police', 'Psychological', 'Romance',
       'Samurai', 'School', 'Sci-Fi', 'Seinen', 'Shoujo', 'Shoujo Ai',
       'Shounen', 'Shounen Ai', 'Slice of Life', 'Space', 'Sports',
       'Super Power', 'Supernatural', 'Thriller', 'Vampire'], dtype=object)
```

次に、genre列ごとのDataFrameを結合します（**リスト3.11.12**）。

● リスト 3.11.12 genre 列ごとの DataFrame を結合

```
# 指定したジャンル名をDataFrameから抽出
def filter_df_by_genre(df, genre):
    genre_df = df.loc[df["genre"].str.contains(genre)].copy()
    genre_df["genre"] = genre
    return genre_df

# 上記の関数をすべてのジャンルに対して実行
genre_df_list = [filter_df_by_genre(df, genre) for genre in unique_genres]
# 上記dataを結合
tidy_df = pd.concat(genre_df_list)
# name列でソート
tidy_df.sort_values("name", inplace=True)
```

NOTE

この時点まで処理したDataFrameは、anime_split_genre.csvファイルとしてサンプルデータに登録されています。

次に、合計メンバ数上位10のgenre列のデータを抽出します（**リスト3.11.13**）。

● リスト 3.11.13 メンバ数上位 10 の genre 列のデータを抽出

```
# メンバ数が多いジャンルトップ10
top10 = tidy_df.groupby("genre")["members"].sum().nlargest(10).index
# top10からデータを抽出
tidy_top10_df = tidy_df.loc[tidy_df["genre"].isin(top10)]
```

NOTE

この時点まで処理したDataFrameは、anime_genre_top10.csvファイルとしてサンプルデータに登録されています。

複数のジャンルが登録されている作品は次のようにDataFrameへ格納されます（**リスト3.11.14**）。

● リスト 3.11.14 複数のジャンルが登録された作品

```
# 「君の名は。」の抽出
tidy_top10_df.loc[tidy_top10_df["name"] == "Kimi no Na wa."]
```

	anime_id	name	genre	type	episodes	rating	members
0	32281	Kimi no Na wa.	Supernatural	Movie	1	9.37	200630
0	32281	Kimi no Na wa.	Drama	Movie	1	9.37	200630
0	32281	Kimi no Na wa.	Romance	Movie	1	9.37	200630
0	32281	Kimi no Na wa.	School	Movie	1	9.37	200630

次に、pivot_table()メソッドを実行してクロス集計をします。**リスト3.11.15**では、genre列を縦軸、type列を横軸にし、members列の合計をクロス集計しています。

●リスト3.11.15　クロス集計

```
tidy_top10_df.pivot_table(
    index="genre", columns="type", values=["members"], aggfunc=np.sum
).head()
```

	members					
type	Movie	Music	ONA	OVA	Special	TV
genre						
Action	10224960.0	77054.0	524907.0	5793680.0	3412689.0	63364032.0
Adventure	9485223.0	42829.0	70431.0	2373765.0	2052024.0	27529975.0
Comedy	7293127.0	20860.0	1477266.0	5614758.0	6659293.0	65420862.0
Drama	9034099.0	100734.0	188427.0	3043374.0	1915578.0	41011557.0
Fantasy	8019406.0	43962.0	188937.0	2754224.0	2504131.0	34932563.0

NOTE

この時点まで処理したDataFrameは、anime_genre_top10_pivoted.csvファイルとしてサンプルデータに登録されています。

3.12 データの可視化

本節ではpandasを使用してデータを可視化します。pandasのSeriesまたはDataFrameからグラフを出力するメソッドを実行することで容易に可視化できます。グラフを出力するメソッドは、内部でMatplotlibを使用しています。各グラフの意味や詳細なグラフを描画する方法は、「第4章　Matplotlibでグラフを描画しよう」(P.157) で説明します。

ノートブックにグラフを描画する

本書ではノートブック上にグラフを出力する方法として、マジックコマンドを使用します。コードセルに`%matplotlib inline`を記述すると、Matplotlibのグラフがノートブック上に出力されます（リスト3.12.1）[注3.16]。

●リスト 3.12.1　ノートブックにグラフを表示

```
%matplotlib inline

import pandas as pd

ax = pd.Series([1, 2, 3]).plot()
ax.set_title("Line Chart")
```

```
Text(0, 0.5, 'Count(rating)')
```

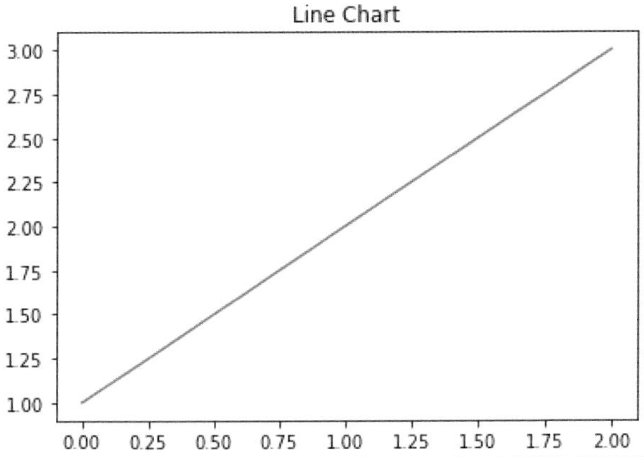

注3.16　第4章の「4.2　グラフの描画」(P.159) を参照してください。

Series からグラフを出力する

Seriesからplot()を実行すると、折れ線グラフが出力されます（**リスト3.12.2**）。デフォルトではSeriesのインデックスがX値、値（データ）がY値となります。

● リスト 3.12.2　Series からグラフを出力

```
ser = pd.Series([1, 2, 3])
ax = ser.plot()
ax.set_title("Line Chart")
```

```
Text(0.5, 1.0, 'Line Chart')
```

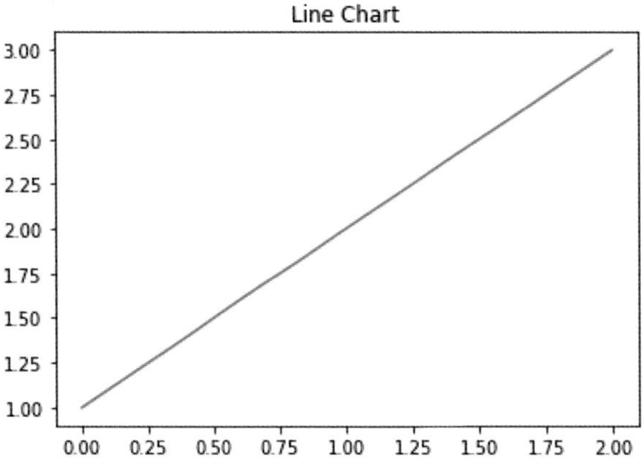

DataFrame からグラフを出力する

DataFrameからplot()を実行した場合、基本的にはSeriesと同じ挙動をしますが、各列がグラフの要素となります（**リスト3.12.3**）。インデックスがX値、各列の値がY値になります。

● リスト 3.12.3　DataFrame からグラフを出力

```
df = pd.DataFrame({"a": [1, 2, 3], "b": [3, 2, 1]})
ax = df.plot()
ax.set_title("Line Chart")
```

```
Text(0.5, 1.0, 'Line Chart')
```

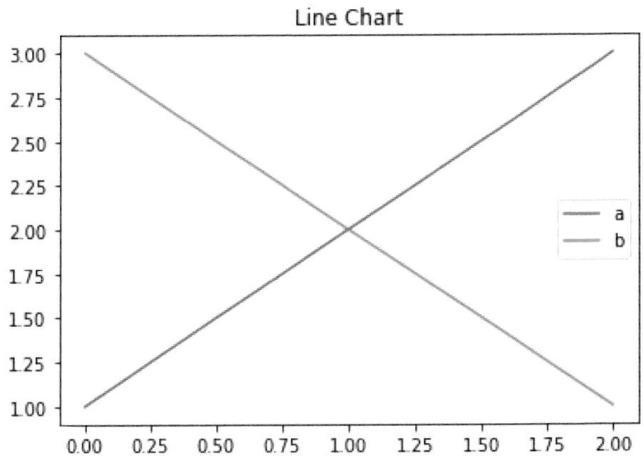

折れ線グラフを描画する

折れ線グラフを描画するにはplot()を実行します。リスト3.12.4では折れ線グラフを描画し、グラフタイトルを設定しています[注3.17]。

リスト 3.12.4　折れ線グラフの描画

```
from urllib.parse import urljoin

base_url = (
    "https://raw.githubusercontent.com/practical-jupyter/sample-data/master/anime/"
)
anime_stock_returns_csv = urljoin(base_url, "anime_stock_returns.csv")
anime_stock_returns_df = pd.read_csv(anime_stock_returns_csv, index_col=0)

ax = anime_stock_returns_df.plot()
ax.set_title("stock returns")
```

```
Text(0.5, 1.0, 'stock returns')
```

注3.17　第5章の「サブプロットのタイトルを設定する」（P.231）を参照してください。

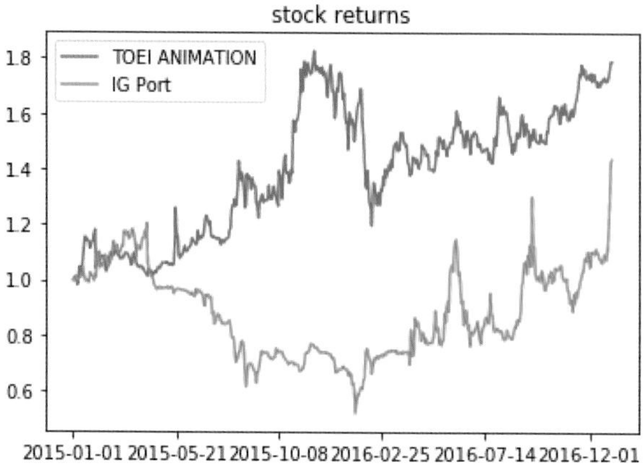

Y軸の範囲が異なるグラフを描画する

Y軸の範囲が異なる場合には、plot()の引数secondary_yに2軸目となる列名をリスト型で指定します。Y軸のラベルはset_ylabel()メソッド、right_ax.set_ylabel()メソッドの引数にそれぞれの名前を渡します（リスト3.12.5）。

● リスト3.12.5　Y軸の範囲が異なるグラフを描画

```
anime_stock_price_csv = urljoin(base_url, "anime_stock_price.csv")
anime_stock_price_df = pd.read_csv(anime_stock_price_csv, index_col=0)
ax = anime_stock_price_df.plot(secondary_y=["IG Port"])
ax.set_title("secondary_y")
ax.set_ylabel("TOEI ANIMATION")
ax.right_ax.set_ylabel("IG Port")
```

```
Text(0, 0.5, 'IG Port')
```

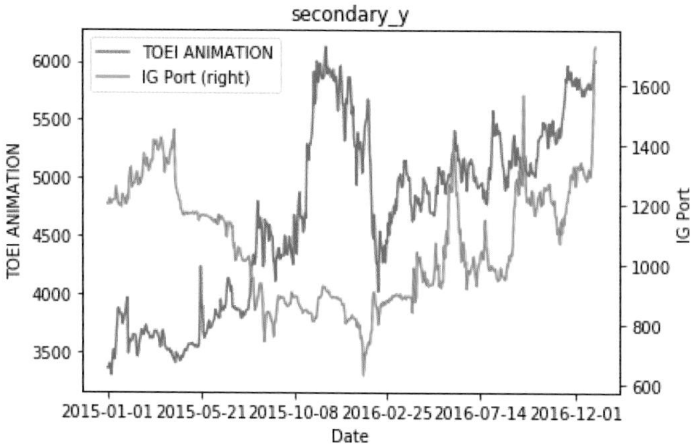

複数のサブプロットに分割する

列データを複数のグラフに分割するには、plot()の引数subplotsにTrueを指定します（**リスト3.12.6**）。

● **リスト 3.12.6　複数のサブプロットに分割**

```
ax1, ax2 = anime_stock_price_df.plot(subplots=True)
ax1.set_title("subplot1")
ax2.set_title("subplot2")
```

```
Text(0.5, 1.0, 'subplot2')
```

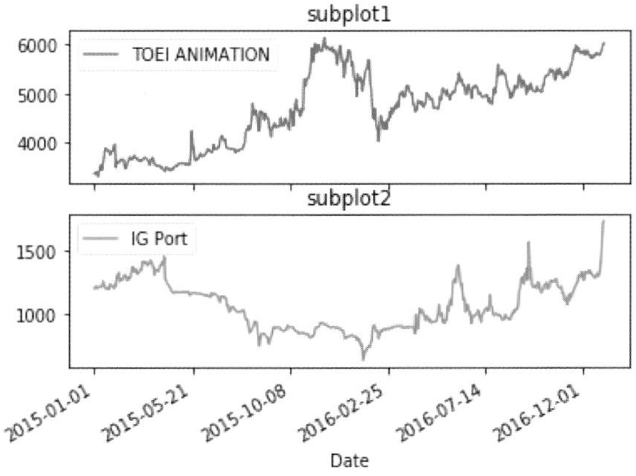

散布図を描画する

散布図を描画するにはplot.scatter()メソッドを実行します。引数xにX値となる列名、引数yにY値となる列名を指定します（**リスト3.12.7**）。

● **リスト 3.12.7　散布図の描画**

```
anime_master_csv = urljoin(base_url, "anime_master.csv")
anime_master_df = pd.read_csv(anime_master_csv)
ax = anime_master_df.plot.scatter(x="members", y="rating")
ax.set_title("Scatter")
```

```
Text(0.5, 1.0, 'Scatter')
```

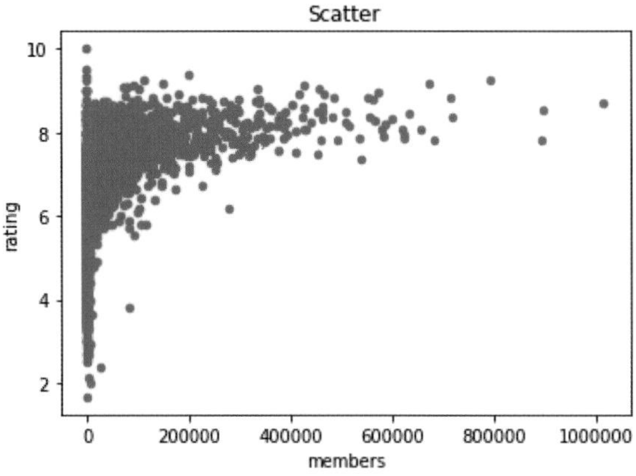

棒グラフを描画する

棒グラフを描画するにはplot.bar()メソッドを実行します。**リスト3.12.8**ではtype列でグループ化した棒グラフを描画しています。

● リスト 3.12.8　棒グラフの描画

```
anime_genre_top10_pivoted_csv = urljoin(base_url, "anime_genre_top10_pivoted.csv")
anime_genre_top10_pivoted_df = pd.read_csv(anime_genre_top10_pivoted_csv, index_col=0)
ax = anime_genre_top10_pivoted_df.plot.bar()
```

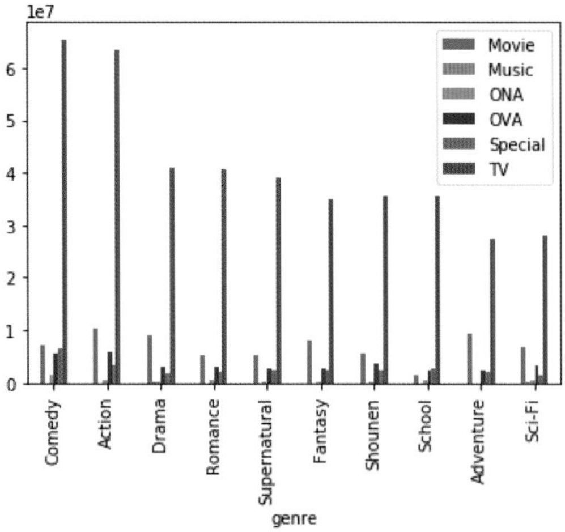

グラフを対数軸にする

plot.bar()メソッドの引数logyにTrueを指定することでY軸が対数になります。リスト3.12.9では対数軸を使用し、凡例の配置を変更しています。legend()メソッドの引数bbox_to_anchorを指定することで、凡例の位置を調整できます[注3.18]。

●リスト3.12.9　対数軸の使用

```
ax = anime_genre_top10_pivoted_df.plot.bar(logy=True)
ax.legend(bbox_to_anchor=(1, 1))
```

```
<matplotlib.legend.Legend at 0x7f8b668a4970>
```

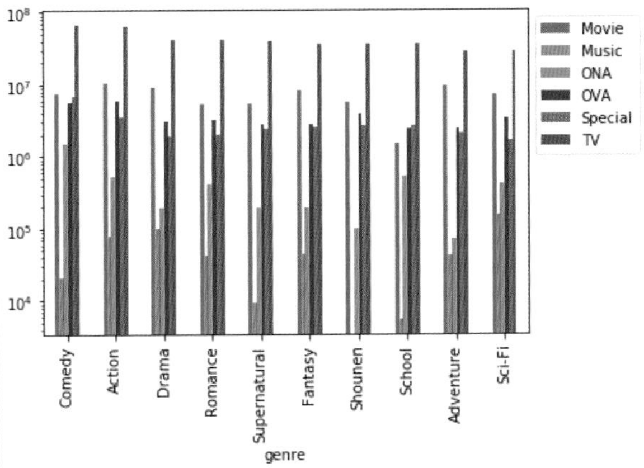

積み上げ棒グラフを描画する

積み上げ棒グラフを描画するには、plot.bar()メソッドの引数stackedにTrueを指定します（リスト3.12.10）。

●リスト3.12.10　積み上げ棒グラフの描画

```
ax = anime_genre_top10_pivoted_df.plot.bar(stacked=True)
ax.set_title("stacked")
```

```
Text(0.5, 1.0, 'stacked')
```

注3.18　第5章の「サブプロットに凡例を描画する」（P.253）を参照してください。

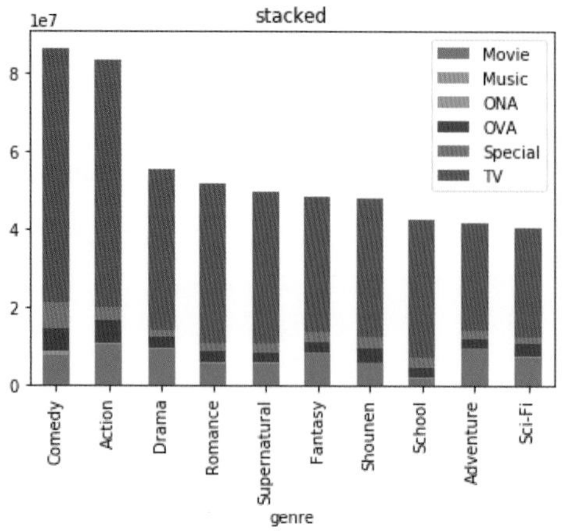

COLUMN

OOP-styleのもうひとつの利点

本書で紹介するpandas、Matplotlib、seabornの使い方を学ぶと、**リスト3.12.11**のようなグラフを作成できます。

● リスト 3.12.11　pandas と seaborn を組み合わせたグラフ

```
import matplotlib.pyplot as plt
import seaborn as sns

tips = sns.load_dataset("tips")
fig, (ax1, ax2) = plt.subplots(nrows=1, ncols=2, figsize=(10, 4))
tips.groupby("day").mean().plot.bar(ax=ax1)
sns.violinplot(data=tips, y="tip", x="day", hue="smoker", split=True, ax=ax2)
ax1.legend(bbox_to_anchor=(0.6, 1.25))
ax2.legend(title="smoker", bbox_to_anchor=(0.6, 1.25));
```

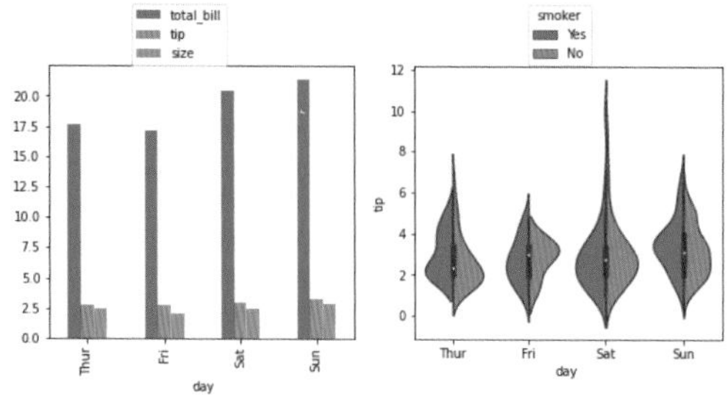

本書ではMatplotlibのコードを記述するうえで、OOP-styleというアプローチを採用しています。詳しくは第5章の「5.10　Matplotlibでグラフを描画する2つのアプローチ」(P.292) に譲りますが、OOP-styleで記述することにより、Matplotlibからpandasやseabornの連携をスムーズに行えます。OOP-styleは本書のこだわりのひとつであり、ぜひとも身に付けたい手法です。

第4章

Matplotlibで
グラフを描画しよう

本章では、主に2次元データを可視化できるMatplotlibで「折れ線グラフ」「散布図」「棒グラフ」「ヒストグラム」「箱ひげ図」「円グラフ」の基本的な描画方法を説明します。

本章の内容

4.1 Matplotlibとは

Matplotlib（**表4.1**）はデータ可視化のためのサードパーティ製パッケージです。以下のような特徴を持つことから、Pythonにおける定番の可視化ツールとして広く使われています（**図4.1**）。

- 主要なオペレーティングシステムで動作可能
- グラフの種類や図の要素の詳細な書式設定が可能
- さまざまな出力形式（PNG、SVG、JPGなど）での図の保存が可能

最初のリリースは2003年と古く、歴史あるツール[注4.1]であることから、前章で紹介したpandasや、第6章と第7章で紹介するseabornをはじめとする多くのパッケージにおいて可視化の際のベースとして利用されています。そのため、Matplotlibの機能を理解することはこれらのツールを使いこなす助けとなります。

表4.1　Matplotlibパッケージ情報

パッケージ名	Matplotlib
解説バージョン	3.2.2
公式サイト	https://matplotlib.org/
リポジトリ	https://github.com/matplotlib/matplotlib
PyPI	https://pypi.python.org/pypi/matplotlib/

図4.1　Matplotlibの描画イメージ

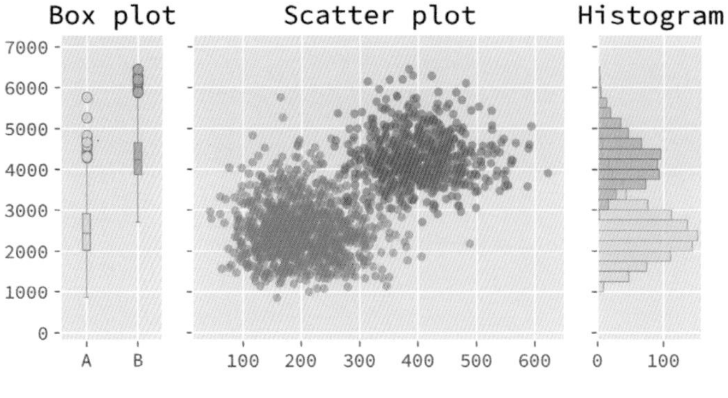

注4.1　Matplotlib's History
URL https://jakevdp.github.io/blog/2013/03/23/matplotlib-and-the-future-of-visualization-in-python/

NOTE

Matplotlibが広く普及した理由の1つにMATLAB[※]と同様の描画をPythonで行える点が挙げられます。MATLABライクなユーザインターフェイスはMATLABユーザのMatplotlibへの移行を促しました。

※ MATLABは産業界・教育界で広く使われてきた数値解析ソフトウェアです。
URL https://jp.mathworks.com/products/matlab.html

4.2 グラフの描画

まず、Matplotlibを利用してグラフを描画するための準備やグラフの描画領域について説明します。

グラフ描画の準備をする

Matplotlibでグラフを描画するために、matplotlib.pyplotモジュールをインポートします。Matplotlib公式ページ[注4.2]と同様にモジュールの別名（エイリアス名）を「plt」に指定します（**リスト4.2.1**）。この方法は広く使われているので、本書でも採用します。

● リスト 4.2.1　matplotlib.pyplot モジュールのインポート

```
import matplotlib.pyplot as plt
```

ノートブック上にMatplotlibのグラフを出力するために、**リスト4.2.2**のマジックコマンドを使用します。

● リスト 4.2.2　ノートブック上に Matplotlib のグラフを出力するためのマジックコマンド

```
%matplotlib inline
```

次に例として、シンプルなグラフを描画します。図の描画方法の詳細については、次節以降で解説します。ここでは**リスト4.2.3**のコードを入力したセルの直下に図がインライン表示されることだけを確認してください。

注4.2 URL https://matplotlib.org/

リスト 4.2.3　図を描画（インライン表示）

```
# 図を描画(インライン表示)

fig, ax = plt.subplots(1, 1)
ax.plot([0, 1]);
```

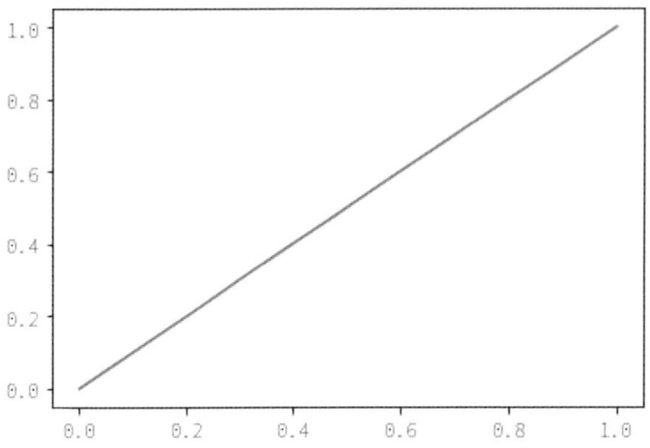

NOTE

JupyterLabは、仕様により、コードセル最終行の実行結果を出力します。たとえば上記のコードを、最終行末尾のセミコロン「;」を書かずに実行すると、「[<matplotlib.lines.Line2D at 0x15d71bb6808>]」というオブジェクトの情報が出力されます（「0x15d71bb6808」部分は実行ごとに異なります）。場合によってはこの表示が冗長であるため、本書ではその表示を抑制するために、最終行の末尾に「;」を追加しています。

フィギュアとサブプロット、および座標(0.0, 0.0)と(1.0, 1.0)を結ぶ直線が描画されたら成功です。

リスト4.2.3のコードではY値としてリスト型のデータを渡しましたが、plot()メソッドには、X値、Y値として次のようなデータ型が渡せます。

- リスト
- タプル
- numpy.ndarray
- pandas.Series
- pandas.DataFrame
- スカラ（数量）

本書ではこれらのデータ型を、便宜上、リスト-ライク・オブジェクト（list-like objects）と称します。

NOTE

リスト-ライク・オブジェクトという呼称は、pandasの公式ドキュメント※を元にしています。当該ページでは引数dataの解説としてlist-like objectsの用語が使われています。

※　URL https://pandas.pydata.org/pandas-docs/stable/reference/api/pandas.DataFrame.html

フィギュアとサブプロットを生成する

Matplotlibではグラフの描画に先立ち、「フィギュア（フィギュアオブジェクト）」と「サブプロット（サブプロットオブジェクト）」を生成する必要があります。フィギュアはグラフに関するすべての要素を描画する領域であり、サブプロットは軸や目盛り、折れ線、テキストなど、グラフに関する要素を格納する領域です（**図4.2**）。グラフを描画する際はフィギュアオブジェクト、サブプロットオブジェクトをそれぞれ最低1つずつ生成する必要があります。

図4.2　フィギュアとサブプロット

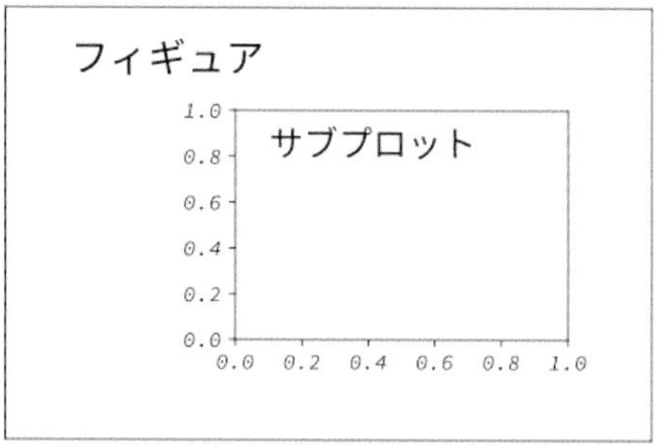

フィギュアとサブプロットを生成する方法はいくつかありますが、ここではOOP-style的な3つのメソッドによる書き方を説明します。3つのメソッドと用途は**表4.2**に示す通りです。

●表 4.2　フィギュアとサブプロットを作成する方法

メソッド	説明	用途
Figure.add_axes()	サブプロットのサイズと位置を指定してサブプロットオブジェクトを生成する	サブプロットをフィギュアの中の任意の位置に配置するときに利用する。サブプロットの重複も可能
Figure.add_subplot()	総行数と総列数およびサブプロットを配置する位置を指定してサブプロットオブジェクトを生成する	縦横に整列したサブプロットオブジェクトを生成する際に利用する
Figure.subplots()	いちどにフィギュアオブジェクトと複数のサブプロットオブジェクトを生成する	縦横に整列したサブプロットを一括生成する際に利用する

表4.2に示したいずれのメソッドにおいても、以下の手順をとります。

1. figure() 関数でフィギュアオブジェクトを生成する
2. 各メソッドを用いて生成したフィギュアオブジェクトにサブプロットを配置（サブプロットオブジェクトを生成）する

NOTE

この2つの手順を1つにまとめたpyplot.subplots() 関数もあります。簡潔に記述できることから、本書ではこの関数を採用しています。pyplot.subplots() 関数については「subplots() 関数でサブプロットを配置する」(P.167) に詳述してあります。

add_axes() メソッドでサブプロットを配置する

add_axes() メソッドは、サブプロットのサイズと位置を指定してサブプロットオブジェクトを配置します。**リスト4.2.4**のコードでは、フィギュアオブジェクトにサブプロットオブジェクトを2つ配置しています。

●リスト 4.2.4　add_axes() メソッドでサブプロットを配置

```
fig = plt.figure(linewidth=5, edgecolor="k")

# left, bottom, width, height
rect1 = 0.2, 0.2, 0.3, 0.3
rect2 = 0.5, 0.5, 0.4, 0.4

# サブプロットオブジェクトを配置
ax1 = fig.add_axes(rect1)
ax2 = fig.add_axes(rect2)

fig.savefig("add_axes.png", linewidth=5, edgecolor="k")
```

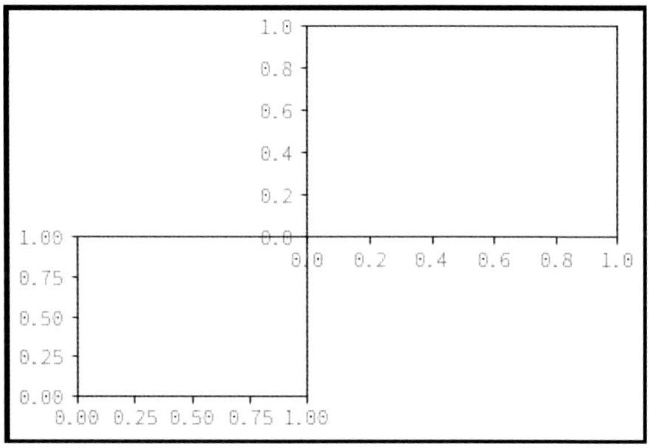

ノートブック上のインライン表示ではフィギュアとサブプロットの位置関係がわかりにくいため、引数linewidthを5に、edgecolorをk（黒）に指定して描画し、図をsavefig()メソッドでpngファイルとして出力しています。出力した図は**リスト4.2.5**のコードでノートブック上に表示できます。

NOTE

フィギュアオブジェクトの書式設定については第5章の「フィギュアオブジェクトの書式を設定する」(P.233) に、savefig() メソッドの引数については第5章の「5.9　グラフをファイルに出力」(P.288) にて解説しています。

● リスト 4.2.5　出力した図をノートブック上に表示

```
from IPython.display import Image

Image("add_axes.png")
```

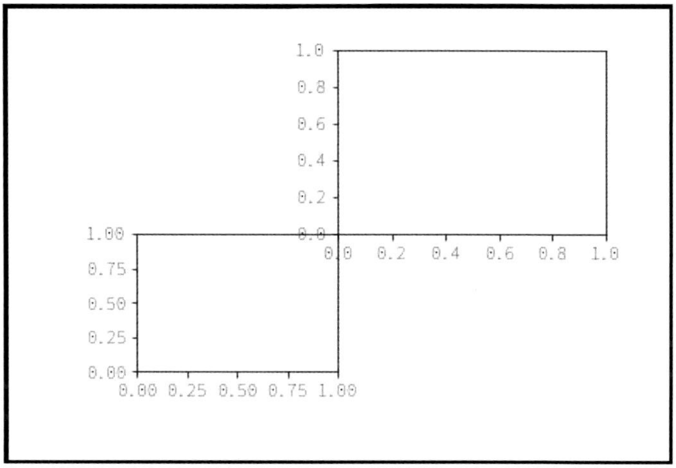

add_axes()メソッドでは、フィギュアの左端および下端を0、右端および上端を1として、左側の余白の幅をleft、下側の余白の高さをbottom、サブプロットの幅をwidth、サブプロットの高さをheightとしてこれら4つをタプルもしくはリストで与えることによりサブプロットオブジェクトを描画します（**図4.3**）。

図4.3　add_axes()を描画する際のleft, bottom, width, height

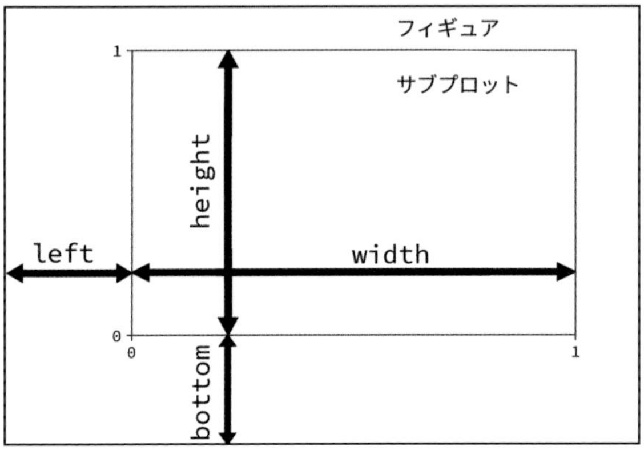

インライン表示の結果はフィギュアの余白が調整されているため、比率がわかりにくいかもしれませんが、savefig()メソッドによって出力し、IPython.display.Image()クラスによって表示された**リスト4.2.5**の結果を見ると、rect1およびrect2で指定した比率でサブプロットが描画されていることがわかります。

add_subplot()メソッドでサブプロットを配置する

縦横に整列したサブプロットを描画する際は、add_subplot()メソッドを使うのが便利です。add_subplot()メソッドでは、サブプロットを描画する際の総行数と総列数およびサブプロットを配置する位置を指定してサブプロットを描画します。

add_subplot()メソッドの引数（**リスト4.2.6**のコードにおいては、たとえば「2, 2, 1」）は左から順に「総行数」「総列数」「サブプロット番号」を示しています。**リスト4.2.6**ではサブプロットax1、ax2、ax3の描画と併せて、サブプロット番号がどのような順番で振られるのかを確認するために、text()メソッドを用いて各サブプロットにサブプロット番号を描画しています。

リスト 4.2.6　add_subplots() メソッドによるサブプロットの配置

```
# フィギュアオブジェクトの生成
fig = plt.figure()

# フィギュア内にサブプロットを3つ配置
ax1 = fig.add_subplot(2, 2, 1)  # 2行2列の1番
ax2 = fig.add_subplot(2, 2, 2)  # 2行2列の2番
ax3 = fig.add_subplot(2, 2, 3)  # 2行2列の3番

# サブプロット名とサブプロット番号をサブプロット内に描画
for i, ax in enumerate([ax1, ax2, ax3], start=1):
    txt = f"ax{i}¥n(2, 2, {i})"
    ax.text(0.2, 0.5, txt);
```

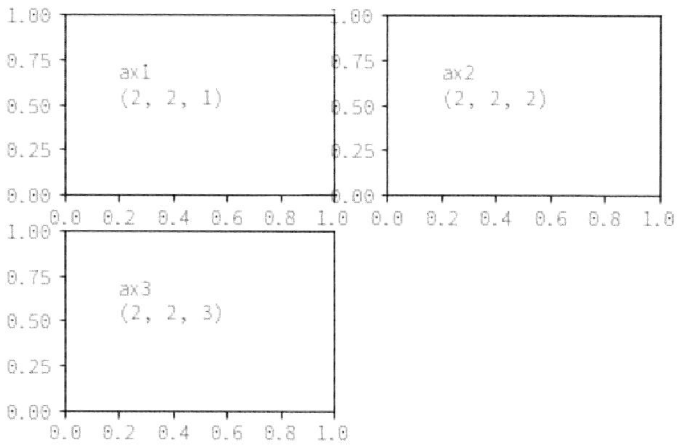

この結果より、番号は配置されたサブプロットの行（横）方向に向かって順番に振られ、行末までできたら次行の左端のサブプロットに振られることがわかります。

NOTE

add_subplot() メソッドを用いてサブプロットの配置を指定する際、**リスト 4.2.6** のように整数をカンマ区切りで3つ指定する方法（ここでは「カンマ区切り記法」とします）の他に、「221」や「223」のように3桁の整数を1つ指定する方法（ここでは「カンマなし記法」とします）があります。本書では、次の理由からカンマ区切り記法を採用します。

- カンマ区切り記法の方がよりPythonらしい記述である
- カンマ区切り記法を使うと繰り返し処理などで変数を利用してサブプロットを描画できる
- 行数、列数、サブプロット数のいずれかが10以上の場合、カンマなし記法は使えない

subplots() メソッドでサブプロットを配置する

add_axes() メソッドおよびadd_subplot() メソッドを用いる方法ではサブプロットオブジェクトを1つずつ生成していましたが、subplots() メソッドを用いるといちどに複数のサブプロットオブジェクトを生成できます。2行3列といった行列型にサブプロットを配置したい場合、subplots() メソッドはadd_axes() メソッドやadd_subplot() メソッドと比較して簡潔にコードを記述できます。

リスト4.2.7では、subplots() メソッドで2行3列の6つのサブプロットを配置しています。subplots() メソッドを利用してサブプロットを配置した場合は、axesに対して、［1, 0］のように行番号と列番号を指定してサブプロットを参照できます。**リスト4.2.7**のコードでは、text() メソッドを用いてサブプロット内に位置情報を描画する際に、この特徴を利用しています。

● リスト 4.2.7　subplots() メソッドによるサブプロットの配置

```
import itertools

# フィギュアオブジェクトの生成
fig = plt.figure()

# subplots()による2行3列のサブプロットオブジェクトの生成
lines, columns = 2, 3
axes = fig.subplots(lines, columns)

# サブプロットの位置をサブプロット内に描画
# 行番号を「l」、列番号を「c」で指定
for l, c in itertools.product(range(lines), range(columns)):
    axes[l, c].text(0.1, 0.5, f"axes[{l}, {c}]")
```

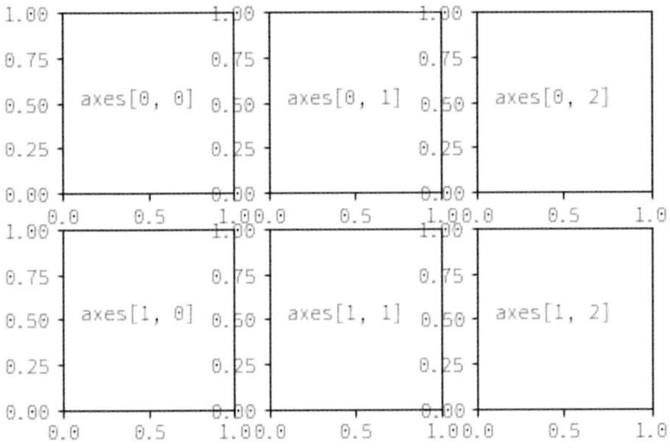

COLUMN

itertools

itertoolsは、効率的にループを実行するのに便利なPythonの標準モジュールです。itertoolsのproduct関数は引数に与えられた各イテラブルから要素を1つずつ取り出して組み合わせたすべての組み合わせを返します。たとえば、上述のコードにおいては以下のように記述していますが、

```
for l, c in itertools.product(range(line_num), range(column_num)):
```

これは以下と等しくなります。

```
for l in range(line_num):
    for c in range(column_num):
```

この出力結果より、[0, 2]は1行3列目、[1, 0]は2行1列目であり、行列の指定は1ではなく0から始まることが確認できます。

リスト4.2.8のコードでaxesインスタンスに格納されている値を確認すると、2次元のnumpy.arrayが格納されていることがわかります。前述のように[1, 0]のような[行, 列]形式でサブプロットを指定できるのは、このような形でサブプロットが格納されているためです。

リスト 4.2.8 axes インスタンスに格納された値を確認

```
axes
```

```
array([[<matplotlib.axes._subplots.AxesSubplot object at 0x000001856A6B1B48>,
        <matplotlib.axes._subplots.AxesSubplot object at 0x000001856A6CC348>,
        <matplotlib.axes._subplots.AxesSubplot object at 0x000001856A700B08>],
       [<matplotlib.axes._subplots.AxesSubplot object at 0x000001856A73C348>,
        <matplotlib.axes._subplots.AxesSubplot object at 0x000001856A771AC8>,
        <matplotlib.axes._subplots.AxesSubplot object at 0x000001856A7AC2C8>]],
      dtype=object)
```

subplots() 関数でサブプロットを配置する

リスト4.2.7のコードではfigure.Figure.subplotsメソッド[注4.3]を利用していますが、figure()メソッドによるフィギュアオブジェクトの生成とsubplots()メソッドによるサブプロットの生成を

注 4.3 URL https://matplotlib.org/api/_as_gen/matplotlib.figure.Figure.html?highlight=subplots#matplotlib.figure.Figure.subplots

同時に行うための関数pyplot.subplots()関数も存在します[注4.4]。

pyplot.subplots()関数は、**リスト4.2.9**の1行でフィギュアオブジェクトと複数のサブプロットオブジェクト（ここでは2行2列、4つのサブプロット）を生成できます。

● リスト4.2.9　pyplot.subplots()でサブプロットを配置

```
fig, axes = plt.subplots(2, 2)
```

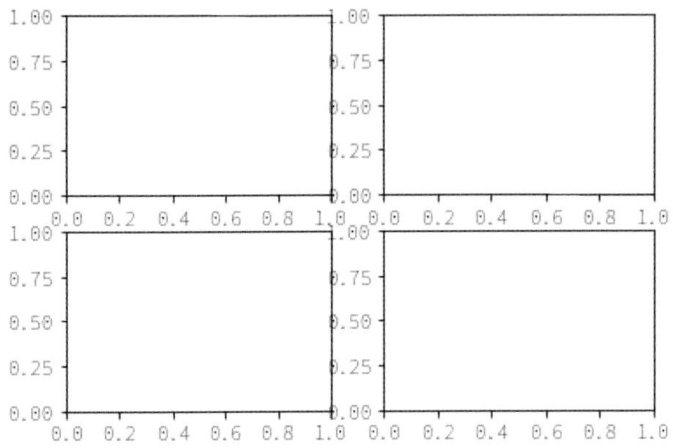

subplots()関数を利用してサブプロットを生成した場合も、subplots()メソッドを利用した場合と同様、axesに対して、[1, 0]のように行列の位置を指定してサブプロットを参照できます。

本節の最初にも書きましたが、コードをより簡潔に記述できることから、本書では基本的にsubplots()関数を利用してサブプロットを生成しています。

NOTE

subplots()関数を受ける変数としてfig、axesという2つの変数を指定しているのは、subplots()関数が戻り値としてフィギュアオブジェクトとサブプロットオブジェクトの2つを返すためです。

注4.4　URL https://matplotlib.org/api/_as_gen/matplotlib.pyplot.subplots.html?highlight=subplots#matplotlib-pyplot-subplots

4.3 折れ線グラフ

折れ線グラフ（**図4.4**）は、プロットされた点と点を線分で接続（線形補間）したグラフです。

図 4.4 折れ線グラフ

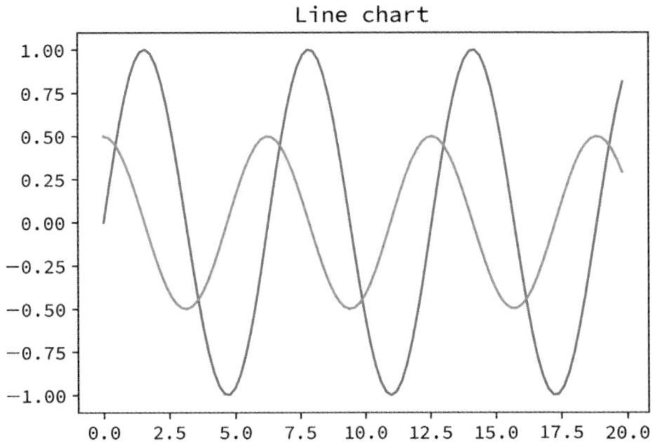

折れ線グラフの基本的な描画方法

折れ線グラフはAxes.plot()メソッドを使用して描画します。**リスト4.3.1**のコードでは、plot()メソッドの引数としてリスト[1, 3]を与えて折れ線グラフを描画しています。plot()メソッドの引数が1つのみの場合、与えられた引数はY値として設定され、X値は自動的に「最小値＝0」、「最大値＝リストの要素数－1」の整数列（この例の場合はrange(len([1, 3]))に等しい）が指定されます。

リスト 4.3.1 折れ線グラフの描画

```
import matplotlib.pyplot as plt
%matplotlib inline
# 折れ線グラフの描画
fig, ax = plt.subplots(1, 1)
ax.plot([1, 3]);
```

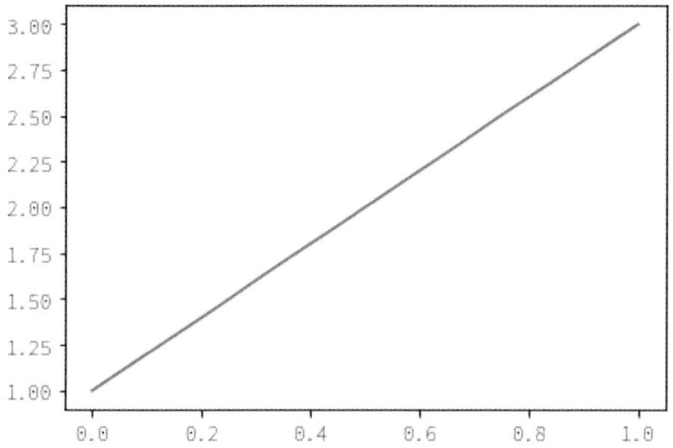

X値とY値の両方に値を与える際は、plot()メソッドの第1、第2引数にそれぞれX値とY値を与えます（**リスト4.3.2**）。

●リスト4.3.2　X値とY値を指定した折れ線グラフの描画

```
fig, ax = plt.subplots(1, 1)

x = [0, 2, 4]
y = [0, 4, 2]

ax.plot(x, y);
```

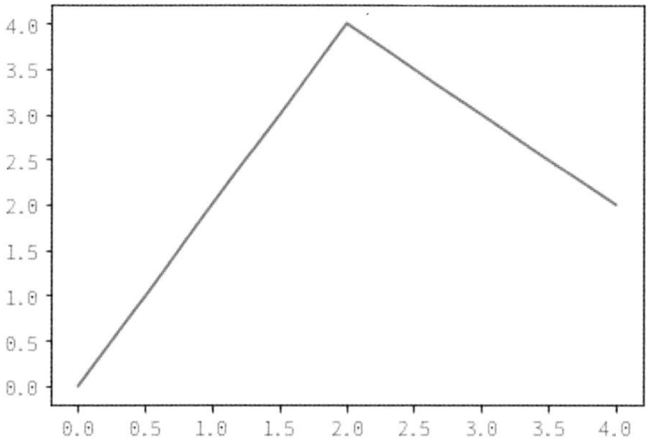

複数の線を描画する

複数の線を描画する際は、plot()メソッドを複数回実行します。**リスト4.3.3**を実行すると2本の線が描画されます。

● リスト 4.3.3　複数の線の描画①

```
fig, ax = plt.subplots(1, 1)

x = [0, 10, 20]
y1 = [0, 4, 2.5]
y2 = [4, 0, 1.5]

# 2本の線を描画
ax.plot(x, y1)
ax.plot(x, y2);
```

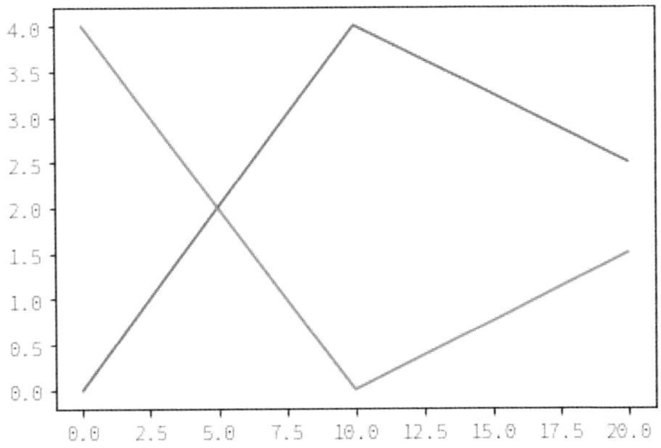

また、plot()メソッドには2次元データを渡すことができるため、**リスト4.3.4**のコードによっても2本の線を描画することができます。**リスト4.3.4**を実行すると、**リスト4.3.3**と同じ図が出力されます。

NOTE

X値、Y値に与えている値が前述のコードとは異なることに注意してください。

● リスト 4.3.4　複数の線の描画②

```
fig, ax = plt.subplots(1, 1)

values = [[0, 4], [4, 0], [2.5, 1.5]]

# 2本の線を描画
ax.plot(values);
```

折れ線グラフを活用する

実際のデータを利用してグラフを描画します。データはanime_stock_returns.csvファイルを利用します。anime_stock_returns.csvには、TOEI ANIMATIONおよび、IG Portの株価騰落率が時系列（日単位）で記録されています。

pandasを使用し、**リスト4.3.5**のコードでデータを読み込みます。以後、ここで読み込んだデータを使用します。

NOTE

本節以降で利用するCSVファイルの内容、およびpandasでファイルを読み込む方法は第3章の「3.2　サンプルデータについて」（P.90）を参照してください。

● リスト 4.3.5　anime_stock_returns.csv ファイルの読み込み

```
from urllib.parse import urljoin

import pandas as pd

base_url = (
    "https://raw.githubusercontent.com/practical-jupyter/sample-data/master/anime/"
)
anime_stock_returns_csv = urljoin(base_url, "anime_stock_returns.csv")

df = pd.read_csv(anime_stock_returns_csv, index_col=0, parse_dates=["Date"])
df.head()
```

Date	TOEI ANIMATION	IG Port
2015-01-01	1.000000	1.000000
2015-01-02	1.000000	1.000000
2015-01-05	1.011695	1.014082
2015-01-06	1.001463	1.000000
2015-01-07	0.982457	1.000824

時系列の情報を含むデータを表現するには、折れ線グラフが適しています。Matplotlibで折れ線グラフを出力します（**リスト4.3.6**）。

NOTE

本章ではあらかじめ日本語フォントのインストールと、設定ファイルmatplotlibrcでの日本語フォントの指定が完了していることを前提としています。日本語フォントの設定方法は第1章の「1.5　日本語フォント環境の準備」（P.48）に詳述されています。

リスト 4.3.6 anime_stock_returns.csv の折れ線グラフ

```
fig, ax = plt.subplots(1, 1, figsize=(15, 3))

# データと凡例を指定
ax.plot(df.index, df["TOEI ANIMATION"], label="TOEI ANIMATION")
ax.plot(df.index, df["IG Port"], label="IG Port")

# タイトル、軸ラベルを指定
ax.set_title("株価騰落率 2年間の推移")
ax.set_ylabel("株価騰落率")
ax.set_xlabel("年月")

# 凡例を描画
ax.legend();
```

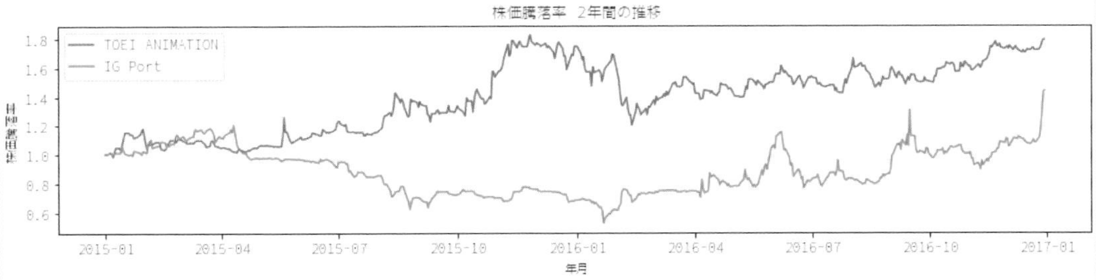

リスト4.3.6のコードでは、DataFrame dfから得たSeries df['TOEI ANIMATION']およびdf['IG Port']を、plot()メソッドの引数に指定し、TOEI ANIMATIONおよびIG Portの株価騰落率を折れ線グラフで描画しています。X値はいずれも日付を指定しています。同一のサブプロットに対する処理のため、2つのグラフは重なって描画されます。データを可視化したことで、2社の株価騰落率の推移が見えるようになりました。

NOTE

時系列データの扱い方は第3章の「3.8　時系列データの処理」(P.123) を参照してください。

NOTE

フィギュアサイズfigsizeについては「フィギュアオブジェクトの書式を設定する」(P.233)、サブプロットタイトルset_title()については「サブプロットのタイトルを設定する」(P.231)、軸ラベルset_ylabel()とset_xlabel()については「軸ラベルを設定する」(P.245) で解説しています (いずれも第5章)。

Matplotlibで X 軸を共有して2つの Y 軸を持つ図を作成する場合は、twinx()メソッドを使用します。Y 軸を共有して2つの X 軸を持つ図を描画する場合はtwiny()メソッドを使用します。**リス**

ト 4.3.7 のコードでは、twinx() メソッドを使用して株価（Close）と出来高（Volume）を 1 つのグラフに示しています。株価は折れ線グラフで、出来高は棒グラフで示すのが一般的です。

NOTE

折れ線グラフと同時に示した棒グラフの描画方法については「4.5　棒グラフ」(P.182) を参照してください。

● リスト 4.3.7　2 つの Y 軸を持つグラフ

```
import numpy as np

t4816_csv = urljoin(base_url, "4816.csv")
df2 = pd.read_csv(t4816_csv, index_col=0, parse_dates=["Date"])

fig, ax1 = plt.subplots(figsize=(15, 3))

ax1.plot(df2.index, df2["Close"], color="b", label="株価")

# X軸を共有しY軸を2つ使用する設定
ax2 = ax1.twinx()
ax2.bar(df2.index, df2["Volume"], color="g", label="出来高", width=2)

# 軸と軸ラベルの設定
ax1.set_yticks(np.linspace(0, 8000, 5))
ax1.set_ylabel("株価")

ax2.set_yticks(np.linspace(0, 200000, 5))
ax2.set_ylabel("出来高")

ax1.set_xlabel("年月")

# グラフタイトルの設定
ax1.set_title("株価と出来高")

# 凡例の設定
ax1.legend(loc=1)
ax2.legend(loc=2);
```

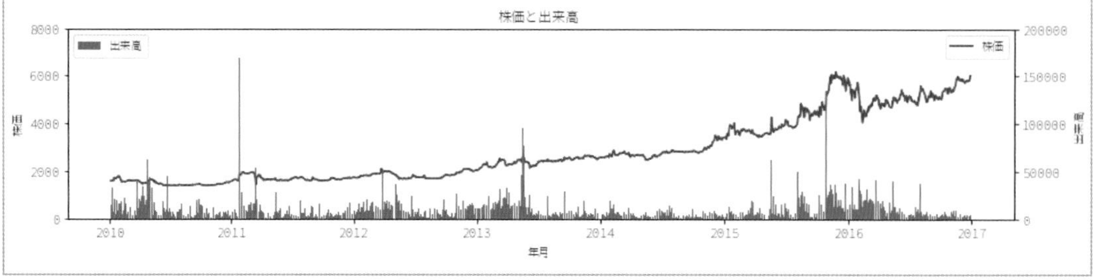

リスト4.3.7のコードでは、1つめのグラフとして折れ線グラフとX軸および左側のY軸を描画したのち、2つめのグラフとして棒グラフと右側のY軸を描画しています。twinx()メソッドでax1とax2のX軸を共有する設定をしているため、2つのグラフは1つのサブプロットに重ねて描画されます。描画した内容がわかりやすいようにY軸の目盛りを設定し（set_yticks()）、軸タイトル（set_ylabel()）と凡例（legend()）を表示しています。設定の詳細は次章で解説しています。

4.4 散布図

散布図（図4.5）は、X軸とY軸に数量や大きさなどを対応させ、当てはまる点にデータをプロットしたグラフです。散布図はX軸とY軸にとった2つの値（Z軸がある場合は3つの値）に関係があるかどうかを見るのに役立ちます。また、データの分布状況の確認にも活用できます。

●図4.5　散布図

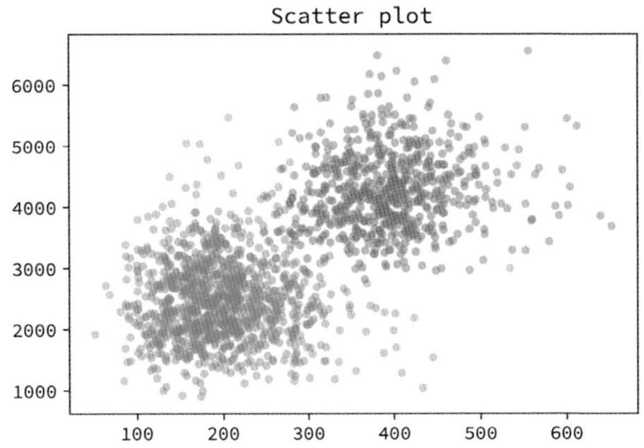

散布図の基本的な描画方法

散布図はAxes.scatter()メソッドを用いて描画します。リスト4.4.1のコードでは、scatter()メソッドの第1、第2引数にX値、Y値としてそれぞれx、yを与えて散布図を描画しています。x、yはいずれも0から1までのランダムな100個のデータです。

NOTE

numpy.random.seed() メソッドによって乱数の seed を指定することにより、実行を繰り返しても常に同じ乱数を発生させることができます。本書では読者が同じ図を再現できるように当該メソッドを実行しています。

リスト 4.4.1　散布図の描画

```
import matplotlib.pyplot as plt
import numpy as np

np.random.seed(12345)

# 散布図の描画
# 入力値の生成
x = np.random.random(100)
y = np.random.random(100)

# 散布図の描画
fig, ax = plt.subplots(1, 1)

ax.scatter(x, y);
```

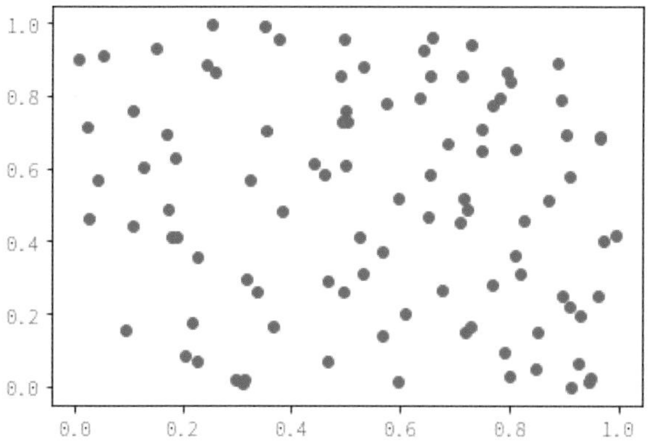

複数グループの散布図を描画する

複数グループの散布図を描画する際は、折れ線グラフ同様、scatter() メソッドを複数回実行します。リスト 4.4.2 を実行すると 2 つのグループの散布図が描画されます。

リスト 4.4.2　複数グループの散布図の描画

```
# 入力値の生成
np.random.seed(12345)
x1, y1 = np.random.gamma(10, 5, 100), np.random.gamma(10, 5, 100)
x2, y2 = np.random.gamma(20, 5, 100), np.random.gamma(20, 5, 100)

# 散布図の描画
fig, ax = plt.subplots(1, 1)

ax.scatter(x1, y1)
ax.scatter(x2, y2);
```

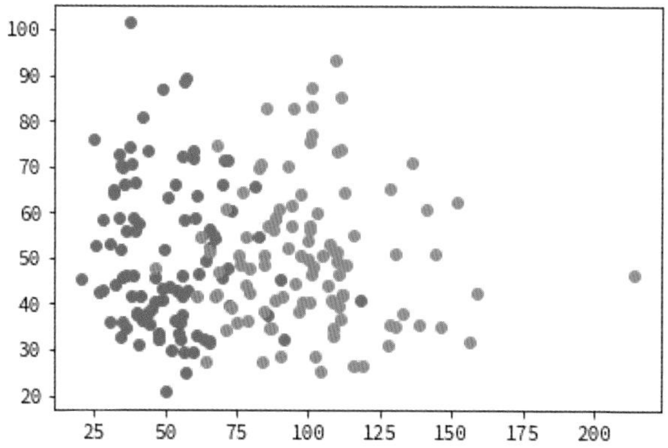

散布図を活用する

実際のデータを利用してグラフを描画します。データはanime_master.csvファイルを利用します。リスト4.4.3のコードでデータを読み込みます。

リスト 4.4.3　anime_master_csv データの読み込み

```
from urllib.parse import urljoin

import pandas as pd

base_url = (
    "https://raw.githubusercontent.com/practical-jupyter/sample-data/master/anime/"
)
anime_master_csv = urljoin(base_url, "anime_master.csv")

df = pd.read_csv(anime_master_csv)
df.head()
```

	anime_id	name	genre	type	episodes	rating	members
0	32281	Kimi no Na wa.	Drama, Romance, School, Supernatural	Movie	1	9.37	200630
1	5114	Fullmetal Alchemist: Brotherhood	Action, Adventure, Drama, Fantasy, Magic, Mili...	TV	64	9.26	793665
2	28977	Gintama°	Action, Comedy, Historical, Parody, Samurai, S...	TV	51	9.25	114262
3	9253	Steins;Gate	Sci-Fi, Thriller	TV	24	9.17	673572
4	9969	Gintama'	Action, Comedy, Historical, Parody, Samurai, S...	TV	51	9.16	151266

df.head()で読み込んだデータを出力しています。出力結果を見るとアニメの名前やジャンル、エピソード数やレーティングのデータが含まれているのがわかります。インデックスには自動的にゼロから始まる整数値が付与されています。以後は、このデータを使用していきます。

dfを利用して散布図を作成していきます。**リスト4.4.4**のようにX値としてdfのmembersを、Y値としてratingを指定することにより散布図を作成できます。プロットを見やすくするために、引数alphaに0.5を与えて、マーカーを半透明にしています。

NOTE

不透明度alphaの設定については第5章の「5.6　色の設定」(P.267) を参照してください。

● リスト 4.4.4　members と rating の値で散布図を描画

```
fig, ax = plt.subplots(1, 1)

ax.scatter(df["members"], df["rating"], alpha=0.5);
```

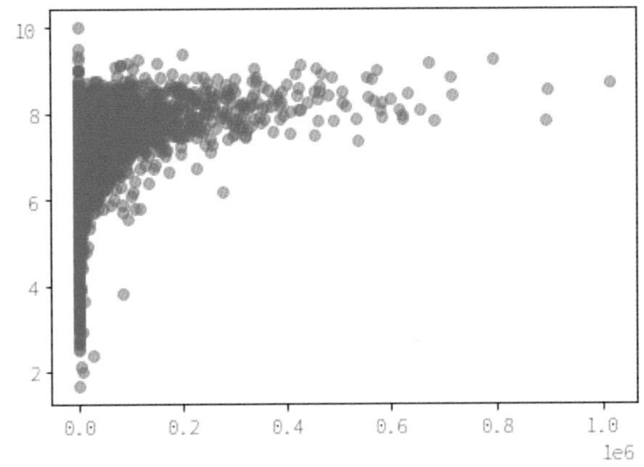

出力結果の「1e6」の表示は、軸ラベルの数値に10の6乗を乗じた数値であることを示しています。メンバ数（members）とレーティング（rating）の間に明確な相関関係[注4.5]はなかったものの、メンバ数の増加に従いレーティングが8付近に収束していく傾向が見て取れました。

◆メンバ数80万以上の作品

リスト4.4.4では、メンバ数80万（X軸の表記が0.8）以上の位置にいくつかのアニメがプロットされています。どのような作品か確認します（**リスト4.4.5**）。

●リスト4.4.5　メンバ数80万人以上の作品

```
# membersの値でデータを絞り込み
df.loc[df["members"] >= 800000, ["name", "members"]]
```

	name	members
40	Death Note	1013917
83	Shingeki no Kyojin	896229
785	Sword Art Online	893100

抽出の結果、メンバ数が多いのは「Death Note[注4.6]」、「Shingeki no Kyojin[注4.7]」、「Sword Art Online[注4.8]」の3作品であることが確認できました。

◆メンバ数60万以上かつレーティングが8.5以上の作品

複数条件で検索する場合は、**リスト4.4.6**のように「&」で条件をつなぎます。メンバ数の条件を60万以上に広げ、かつレーティングが8.5以上の作品を抽出します。

●リスト4.4.6　メンバ数60万人以上かつレーティング8.5以上のデータ

```
# membersとratingの値でデータを絞り込み
df.loc[(df["members"] >= 600000) & (df["rating"] >= 8.5), ["name", "rating"]]
```

	name	rating
1	Fullmetal Alchemist: Brotherhood	9.26
3	Steins;Gate	9.17
19	Code Geass: Hangyaku no Lelouch	8.83
40	Death Note	8.71
83	Shingeki no Kyojin	8.54

注4.5　Xの値が増加するとYの値が増加する、あるいは減少するといった線形の関係があること。
注4.6　DEATH NOTE：週刊少年ジャンプで連載された少年漫画が原作で、アニメの他に実写映画化もされヒットしました。
注4.7　進撃の巨人：別冊少年マガジンで連載中（2020年4月時点）の原作漫画は累計1億部を超える大ヒット作品です。
注4.8　ソードアート・オンライン：オンライン小説が原作。アニメ化作品が人気となり、映画化も行われました。

抽出の結果、「Fullmetal Alchemist: Brotherhood[注4.9]」、「Steins;Gate[注4.10]」、「Code Geass: Hangyaku no Lelouch[注4.11]」などが確認できました。

グループ化した散布図を描画する

次にメディア種別ごとにグループ化した散布図を描画します。前述のDataFrame dfを引き続き利用します。このデータは、typeという列を持っています。typeは、アニメ作品のメディア種別を意味します。type列を用いてデータをグループ化したgroupedを生成します（**リスト4.4.7**）。

NOTE

groupby()メソッドについては第３章の「3.11　データの集計」（P.141）を参照してください。

● リスト4.4.7　type列を用いてデータをグループ化

```
grouped = df.groupby("type")
```

生成したgroupedを用いて描画します。メディア種別は6種あるため、出力された図には6つの散布図が描画されます（**リスト4.4.8**）。

● リスト4.4.8　メディア種別ごとにグループ化されたデータの散布図の作成①

```
fig, ax = plt.subplots(1, 1, figsize=(10, 5))

for type_, data in grouped:
    ax.scatter(data["members"], data["rating"], alpha=0.5, label=type_)

ax.set_title("メディア種別ごとにグループ化した散布図")
ax.set_xlabel("Members")
ax.set_ylabel("Rating")

ax.legend(loc="lower right", fontsize=12);
```

↗

注4.9　鋼の錬金術師：月刊少年ガンガンで連載された漫画原作のアニメ。国内外で根強い人気があります。

注4.10　シュタインズ・ゲート：原作のノベルゲームが人気を博し、アニメ化。スピンオフ作品や続編ゲームなどその世界観は大きく広がりました。

注4.11　コードギアス 反逆のルルーシュ：機動戦士ガンダムシリーズ制作で有名なサンライズのオリジナル作品。映画化や舞台化も行われ熱烈なファンを抱える作品です。

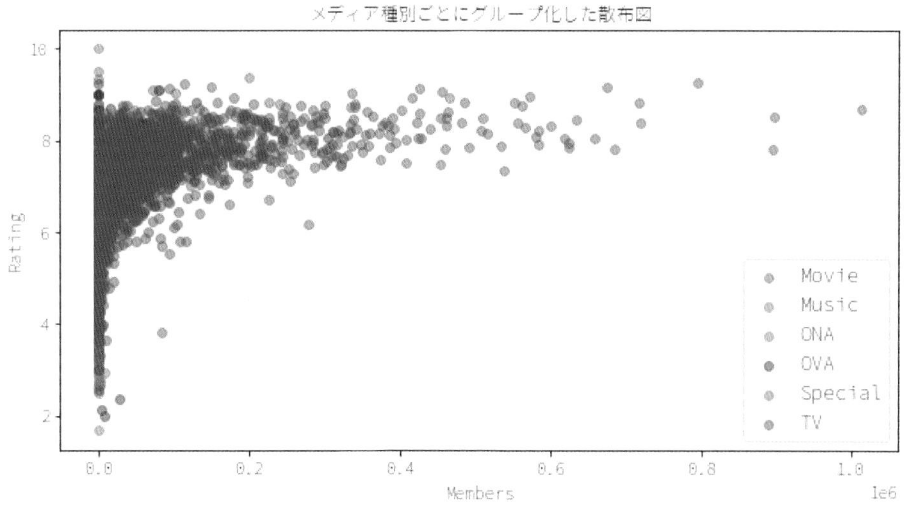

◆メディア種別ごとに描画

リスト4.4.8では、出力の結果、TVのマーカーに他のメディア種別のマーカーが覆われてどの種別が多いのか判別が難しくなっています。各メディア種別のデータの分布状況がわかりやすいように、6つのサブプロットを生成してメディア種別ごとに描画します（**リスト4.4.9**）。

NOTE

suptitle()はフィギュアオブジェクトにタイトルを描画するメソッドです。

● リスト 4.4.9　メディア種別ごとにグループ化されたデータの散布図の作成②

```
fig, axes = plt.subplots(2, 3, figsize=(10, 5), sharex=True, sharey=True)

for i, (type_, data) in enumerate(grouped):
    if i <= 2:
        axes[0, i].scatter(data["members"], data["rating"], alpha=0.5, label=type_)
        axes[0, i].legend(loc="lower right")
    else:
        axes[1, i - 3].scatter(data["members"], data["rating"], alpha=0.5, label=type_)
        axes[1, i - 3].legend(loc="lower right")
        axes[1, i - 3].set_xlabel("Members")

axes[0, 0].set_ylabel("Rating")
axes[1, 0].set_ylabel("Rating")

fig.suptitle("メディア種別ごとにグループ化した散布図");
```

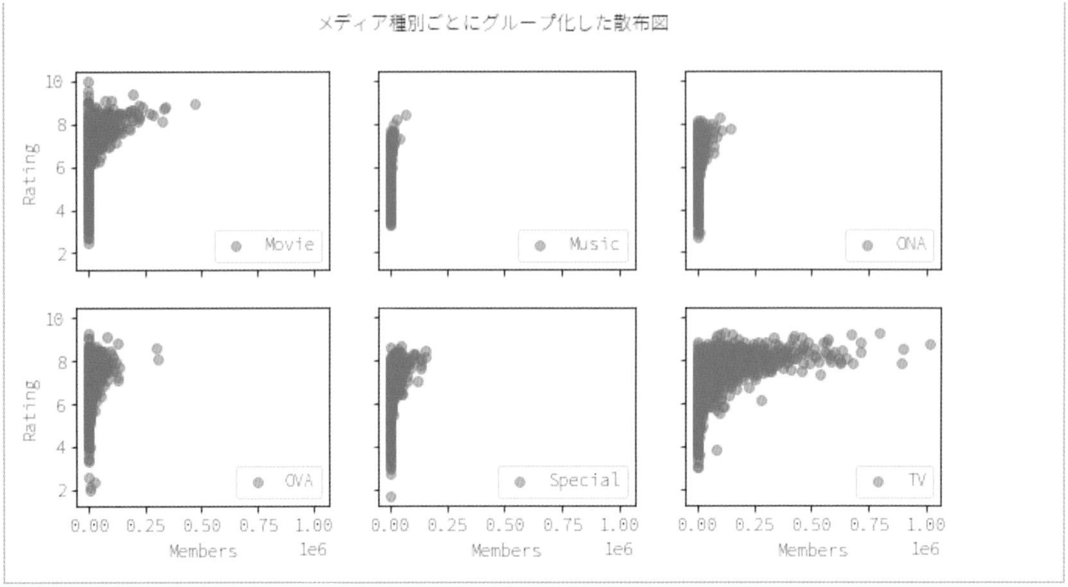

出力の結果、各メディア種別のメンバ数とレーティングの関係がわかりやすくなりました。

4.5 棒グラフ

棒グラフ（**図4.6**）は数量を棒の長さで示したグラフです。2つ以上の値を比較する際に使われます。

図 4.6　棒グラフ

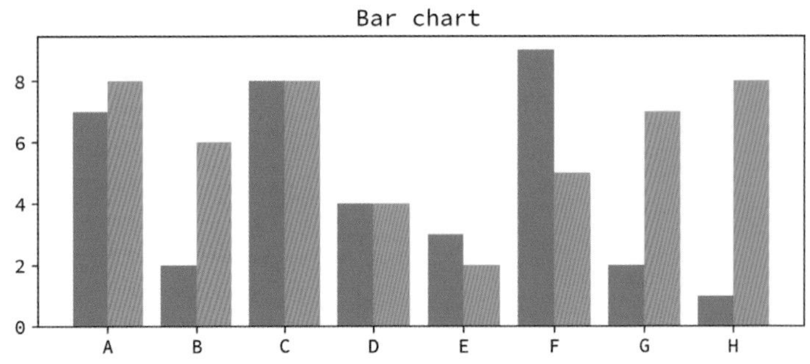

棒グラフの基本的な描画方法

棒グラフはAxes.bar()メソッドを使用して描画します。**リスト4.5.1**では、bar()メソッドの第1、第2引数にX値・Y値（棒の高さ）としてそれぞれticks、valuesを与えて棒グラフを描画しています。

リスト4.5.1　棒グラフの描画

```
import matplotlib.pyplot as plt

%matplotlib inline

# 棒グラフの描画

fig, ax = plt.subplots(1, 1)

ticks = [1, 2, 3]
values = [100, 200, 250]

ax.bar(ticks, values);
```

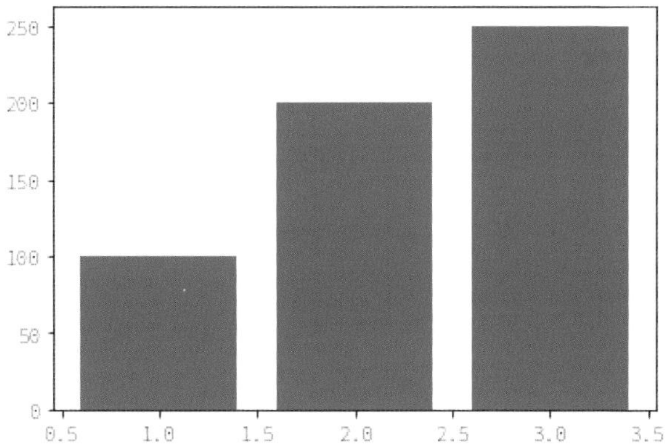

◆目盛ラベルを付ける場合

リスト4.5.1のコードではX軸の主目盛りラベルを指定しなかったため、X軸の主目盛りが0.5刻みで描画されています。棒に対応した主目盛りのみを描画するためにはtick_labelを指定します。**リスト4.5.2**ではtick_labelにX値を与えて描画することにより、棒の中央にのみ主目盛りが描画されています。

●リスト 4.5.2　目盛りラベルを設定した棒グラフの描画

```
fig, ax = plt.subplots(1, 1)

ax.bar(ticks, values, tick_label=ticks);
```

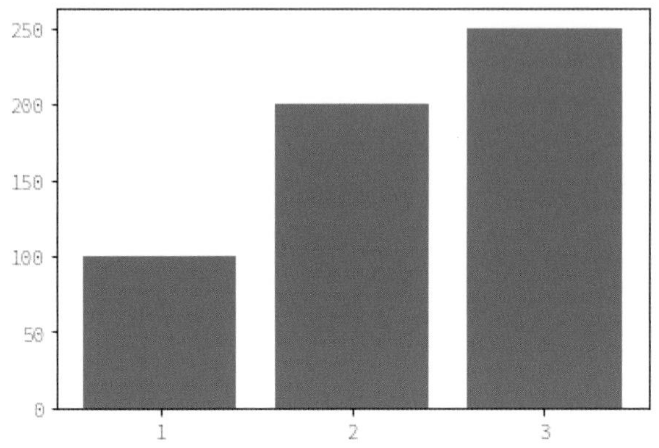

◆横向きの棒グラフを作成する場合

棒グラフを横向きにする場合はAxes.barh()メソッドを用いて描画します。barh()メソッドの引数は基本的にbar()と同じですが、第1引数がY値、第2引数がX値（棒の幅）となる点がbar()メソッドと異なります。**リスト4.5.1**のticks、valuesを使って横向きの棒グラフを描画するコードが**リスト4.5.3**になります。

●リスト 4.5.3　横向きの棒グラフの描画

```
fig, ax = plt.subplots(1, 1)

ax.barh(ticks, values, tick_label=ticks);
```

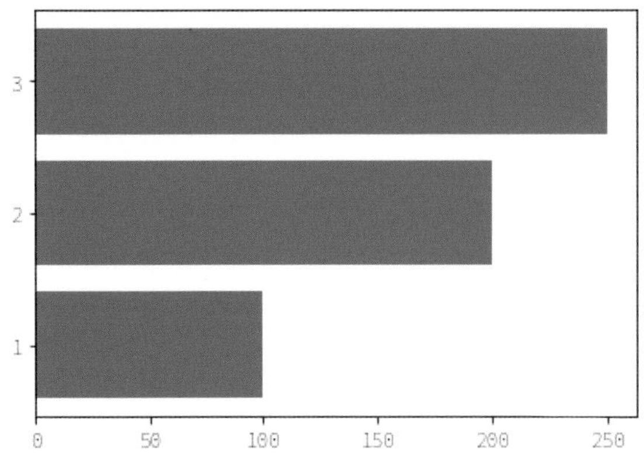

文字列をX値として棒グラフを描画する

文字列をX値として与えることもできます。**リスト4.5.4**の例では文字列のリストであるlabelsをX値として与えて描画しています。

NOTE

Matplotlib 2.0まではX値に数値を与えて描画し、文字列ラベルは引数labelで別途指定する必要がありましたが、Matplotlib 2.1.0以降は文字列を直接X値として与えられるようになりました。なお、2.1.0以降は目盛りラベルの指定に引数tick_labelとlabelのいずれも利用できます。

リスト4.5.4　X値として文字列を指定して棒グラフを描画

```
fig, ax = plt.subplots(1, 1)

labels = ["Orange", "Lemon", "Lime"]
values = [100, 200, 250]

ax.bar(labels, values);
```

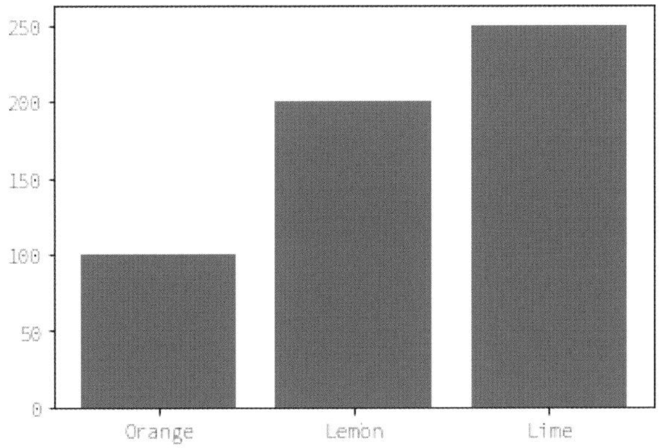

辞書形式のデータも引数として使用できます。**リスト4.5.5**も、前述の**リスト4.5.4**と同じ出力結果を返します。

リスト4.5.5　辞書形式のデータを使ってラベルを指定

```
fig, ax = plt.subplots(1, 1)

data = {"Orange": 100, "Lemon": 200, "Lime": 250}

ax.bar(data.keys(), data.values());
```

複数グループの棒グラフを描画する

複数グループの棒グラフを描画する際、以下の2種類の方法があります。

- 横に並べて描画する方法
- 縦に積み上げて描画する方法

前者はグループ間の差を見たいときに、後者は複数グループの合計とその内訳を確認したいときに有効な方法です。

いずれの場合もMatplotlibで描画する際にはちょっとした手間をかける必要があります。たとえば**リスト4.5.6**のように、単純に繰り返し棒グラフを描画すると、X値が同じY値はあとから描画されたオブジェクトに上書きされるからです。

NOTE

凡例が棒グラフにかぶらないように、ここでは引数bbox_to_anchorを指定しています。bbox_to_anchorについては第5章の「凡例の位置を指定して描画する」(P.255)を参照してください。

リスト4.5.6　複数グループの棒グラフを描画（失敗例）

```
import numpy as np

# データセットの作成
x = [1, 2]
y1 = [1, 4]
y2 = [2, 5]
y3 = [3, 6]
labels = ["A", "B"]

# 複数グループの棒グラフの描画
fig, ax = plt.subplots(1, 1)

ax.bar(x, y1, label="y1", tick_label=labels)
ax.bar(x, y2, label="y2")
```

```
ax.bar(x, y3, label="y3")

ax.legend(bbox_to_anchor=(1, 1));
```

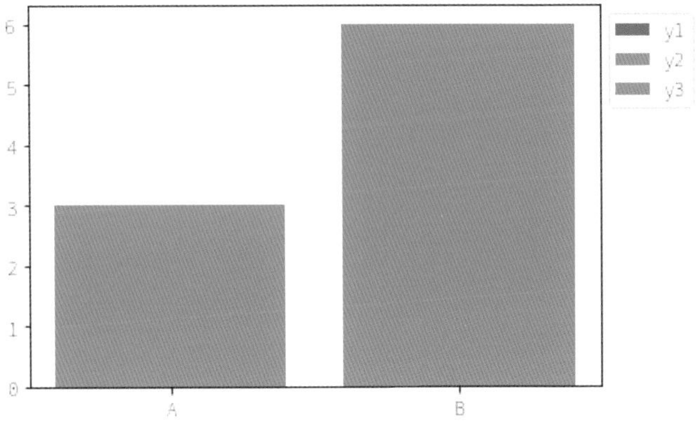

この上書きを回避し、異なるグループの棒グラフを横に並べて描画する方法について説明します。異なるグループの棒を横に並べた図を出力したい場合は、以下の例のように引数widthに棒の幅bar_widthを指定し、新規にグループを描画するたびにX値にbar_widthを加えて棒の幅分ずらしながら描画していきます。**リスト4.5.7**では、棒グラフの横幅bar_widthを0.3に設定し、X値を0.3ずつずらしながら描画しています。

リスト 4.5.7　複数グループの棒グラフの描画

```
fig, ax = plt.subplots(1, 1)

# データセットの作成
array_x = np.array(x)
array_y1 = np.array(y1)
array_y2 = np.array(y2)
array_y3 = np.array(y3)
labels = ["A", "B"]

# 棒の幅
bar_width = 0.3

# 棒グラフの描画
ax.bar(array_x, array_y1, width=bar_width, label="y1")
ax.bar(array_x + bar_width, array_y2, width=bar_width, label="y2", tick_label=labels)
ax.bar(array_x + bar_width * 2, array_y3, width=bar_width, label="y3")

ax.legend();
```

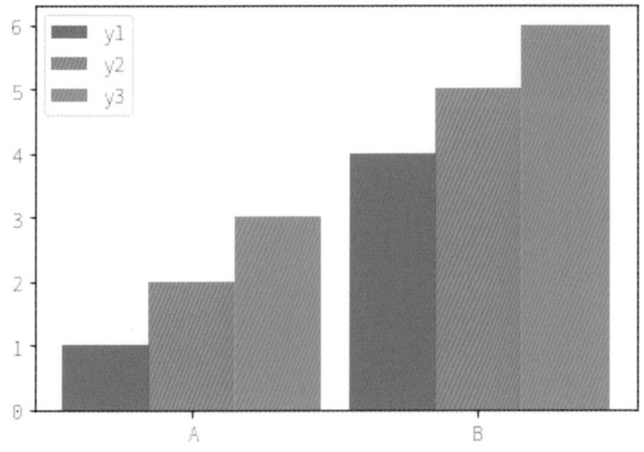

NOTE

ここではarray_xの要素のすべてに幅bar_widthを加算するために、データセットをnumpy.array()関数を用いてndarray型にしています。Pythonのリスト同士の加算とは挙動が異なるので注意してください。

NOTE

グループの中央に目盛りラベルを付けるため、array_y2を描画する際にtick_labelにlabelsを指定しましたが、グループが偶数の場合は少し別の工夫が必要です。詳しくは「複数グループの棒グラフを活用する」(P.192) や公式ホームページのExample内にあるGrouped bar chart with labels※を参照してください。

※　URL https://matplotlib.org/gallery/lines_bars_and_markers/barchart.html#sphx-glr-gallery-lines-bars-and-markers-barchart-py

NOTE

pandasのplot.bar()メソッドやseabornのbarplot()関数を用いることで、簡単に複数グループの棒グラフが描画できます。詳しくは第3章の「棒グラフを描画する」(P.154) もしくは第7章の「棒グラフを描画する」(P.379) を参照してください。

次に、異なるグループの棒グラフを上に積み上げて描画する方法について説明します。
異なるグループの棒を横に並べた場合、array_xにbar_widthを加えながら描画しましたが、積み上げ棒グラフを描画する場合は、Y値を積算し、積算量の多い方から順に描画するという作業をします。つまり、以下の手順で描画します。

1. array_y1 と array_y2、array_y3 の和を描画する
2. 1 に array_y1 と array_y2 の和を重ねて描画する
3. 2 に array_y1 を重ねて描画する

リスト4.5.8が、実際に積み上げ棒グラフを描画するためのコードです。

リスト 4.5.8　積み上げ棒グラフの描画

```
# 積み上げ棒グラフの描画
fig, ax = plt.subplots(1, 1)

sum_y1y2 = array_y1 + array_y2
sum_y1y2y3 = sum_y1y2 + array_y3

ax.bar(array_x, sum_y1y2y3, label="y3", tick_label=x)
ax.bar(array_x, sum_y1y2, label="y2")
ax.bar(array_x, array_y1, label="y1")

ax.legend();
```

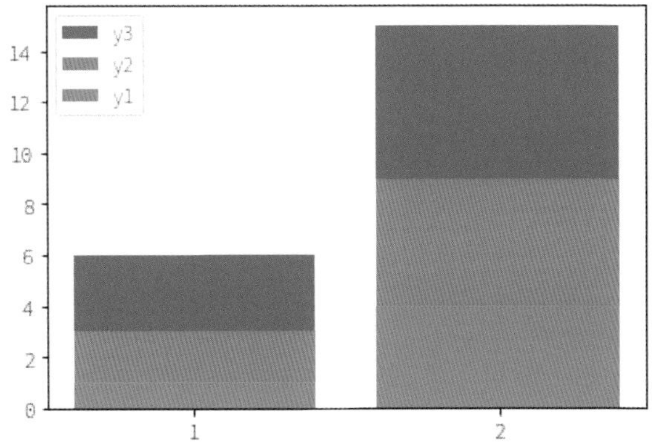

リスト4.5.8の他、引数bottomに下段にくるリスト-ライク・オブジェクトを指定することにより、積み上げ表示を行う方法もあります。**リスト4.5.9**の出力結果は、**リスト4.5.8**と同じになります。しかし、コードを見てわかる通り、3グループ以上を積み上げる場合は、前述と同様の積算処理をする必要があります。

● **リスト 4.5.9　bottom オプションを用いて積み上げ棒グラフを描画**

```
figure, ax = plt.subplots(1, 1)

ax.bar(array_x, sum_y1y2y3, label="y3", tick_label=x)
ax.bar(array_x, array_y2, bottom=y1, label="y2")
ax.bar(array_x, array_y1, label="y1")

ax.legend();
```

NOTE

pandasのplot.bar()メソッドでは、引数stackedにTrueを指定することで、簡潔に積み上げ棒グラフが描画できます。詳しくは第3章の「積み上げ棒グラフを描画する」(P.155) を参照してください。

棒グラフを活用する

実際のデータを利用してグラフを描画します。**リスト 4.5.10**のコードでanime_master.csvファイルを読み込みます。

● **リスト 4.5.10　anime_master.csv ファイルの読み込み**

```
from urllib.parse import urljoin

import pandas as pd

base_url = (
    "https://raw.githubusercontent.com/practical-jupyter/sample-data/master/anime/"
)
anime_master_csv = urljoin(base_url, "anime_master.csv")

df_master = pd.read_csv(anime_master_csv)
df_master.head()
```

	anime_id	name	genre	type	episodes	rating	members
0	32281	Kimi no Na wa.	Drama, Romance, School, Supernatural	Movie	1	9.37	200630
1	5114	Fullmetal Alchemist: Brotherhood Action, Adventure, Drama, Fantasy, Magic, Mili...	TV	64	9.26	793665	

2	28977	Gintama°	Action, Comedy, Historical, Parody, Samurai, S...	TV	51	9.25	114262
3	9253	Steins;Gate	Sci-Fi, Thriller	TV	24	9.17	673572
4	9969	Gintama'	Action, Comedy, Historical, Parody, Samurai, S...	TV	51	9.16	151266

棒グラフは数量の大小を可視化するのに適しています。ここでは作品のメディア種別ごとにメンバ数の合計値を算出し、棒グラフとして描画します。Matplotlibは、pandasのDataFrameやSeriesを利用してグラフを描画できます。**リスト4.5.11**では、Y値にメディア種別ごとの合計メンバ数membersのSeries[注4.12]を、X値にY値のインデックス（メディア種別）を与えて描画しています。出力結果の「1e8」の表示は、軸ラベルの数値に10の8乗を乗じた数値であることを示しています。このようにデータを可視化したことで、メディア種別ではテレビ作品の合計のべメンバ数が突出していることが確認できます。

リスト4.5.11 メディア種別ごとの合計メンバ数の棒グラフを描画

```
fig, ax = plt.subplots(1, 1)

y = df_master.groupby("type")["members"].sum()
x = y.index

ax.bar(x, y)
ax.set_ylabel("合計のべメンバ数");
```

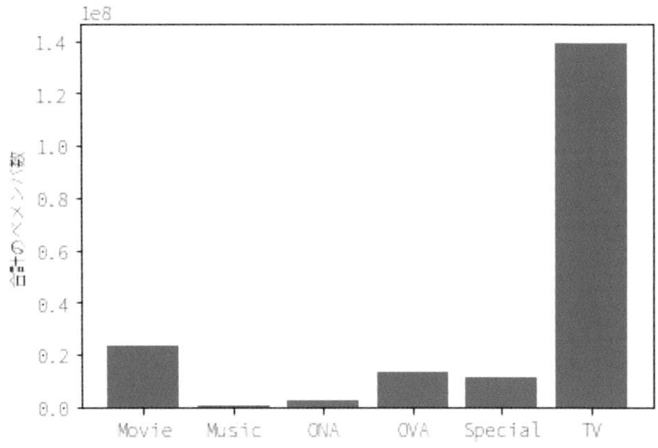

注4.12 元のデータはDataFrameですが、単一の列を指定するとSeriesになります。

複数グループの棒グラフを活用する

実際のデータを利用してグラフを描画します。データはanime_genre_top10_pivoted.csvファイルを利用します。ここでは読み込む際にgenreをインデックスとして指定しています（**リスト4.5.12**）。

リスト 4.5.12　anime_genre_top10_pivoted.csv ファイルの読み込み

```
base_url = (
    "https://raw.githubusercontent.com/practical-jupyter/sample-data/master/anime/"
)
anime_genre_top10_pivoted_csv = urljoin(base_url, "anime_genre_top10_pivoted.csv")
df_master_genre = pd.read_csv(anime_genre_top10_pivoted_csv, index_col="genre")

df_master_genre
```

	Movie	Music	ONA	OVA	Special	TV
genre						
Comedy	7293127.0	20860.0	1477266.0	5614758.0	6659293.0	65420862.0
Action	10224960.0	77054.0	524907.0	5793680.0	3412689.0	63364032.0
Drama	9034099.0	100734.0	188427.0	3043374.0	1915578.0	41011557.0
Romance	5245386.0	42811.0	411331.0	3143167.0	2015820.0	40703388.0
Supernatural	5452779.0	9189.0	192989.0	2696715.0	2336723.0	38956520.0
Fantasy	8019406.0	43962.0	188937.0	2754224.0	2504131.0	34932563.0
Shounen	5698808.0	NaN	97833.0	3861296.0	2591988.0	35532847.0
School	1512533.0	5496.0	523223.0	2417660.0	2661425.0	35489099.0
Adventure	9485223.0	42829.0	70431.0	2373765.0	2052024.0	27529975.0
Sci-Fi	6967146.0	154801.0	415311.0	3358525.0	1616450.0	28072322.0

まず、読み込んだデータdf_master_genreをメディア種別（Movie, Music, ONA等）ごとに色分けし、ジャンル別（Comedy, Action, Drama等）にグループ化して横に並べた棒グラフを描画します（**リスト4.5.13**）。

リスト 4.5.13　メディア種別・ジャンル別棒グラフの描画

```
genres = df_master_genre.index  # ジャンルリスト
types = df_master_genre.columns  # メディア種別リスト

genre_number = len(genres)  # ジャンル数
type_number = len(types)  # メディア種別数

fig, ax = plt.subplots(1, 1, figsize=(16, 3))
```

```
total_bar_width = 0.8  # ジャンルグループ全体の棒の幅
bar_width = total_bar_width / type_number  # 各メディア種別の棒の幅

x = np.arange(1, genre_number + 1)  # 各ジャンルのX基準位置

for type_ in types:
    data = df_master_genre[type_]
    ax.bar(x, data, width=bar_width, align="edge", label=type_)
    x = x + bar_width

ax.set_xticks(x - total_bar_width / 2)
ax.set_xticklabels(genres)
ax.set_ylabel("のべメンバ数")
ax.legend();
```

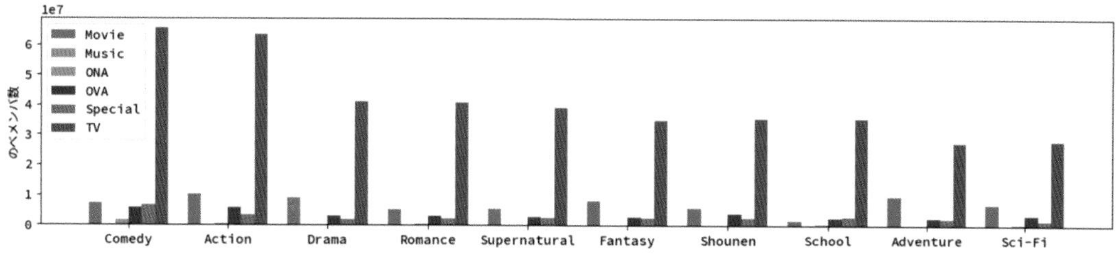

この結果から、TVののべメンバ数が突出しており、次にMovieのメンバ数が多いとわかります。しかし、MusicやONAの値が相対的に小さいため、視認するのが難しくなっています。このような場合に対数軸を用いると、視認性が向上します。Y軸を対数軸に設定する場合は、**リスト4.5.14**のように、set_yscale()メソッドにlogを指定します。

● リスト 4.5.14 メディア種別・ジャンル別棒グラフの描画（対数軸）

```
fig, ax = plt.subplots(1, 1, figsize=(16, 3))

for type_ in types:
    data = df_master_genre[type_]
    ax.bar(x, data, width=bar_width, align="edge", label=type_)
    x = x + bar_width

ax.set_yscale("log")
ax.set_xticks(x - total_bar_width / 2)
ax.set_xticklabels(genres)
ax.set_ylabel("のべメンバ数")
ax.legend(bbox_to_anchor=(1, 1));
```

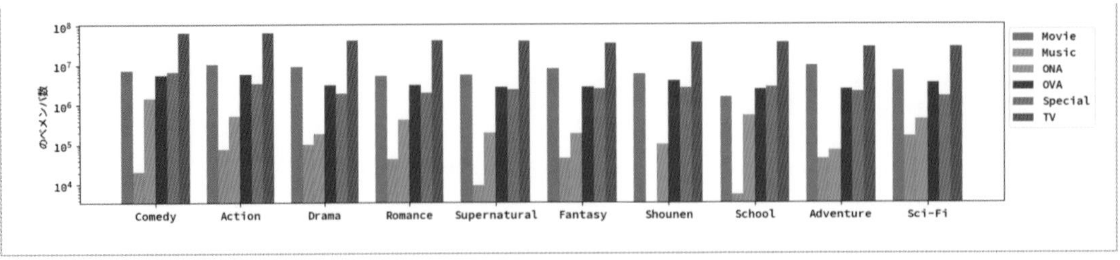

set_yscale()メソッドにlogを指定した結果、小さい値のグループも視認できるようになりMusicが他のジャンルより特に少ない傾向があることがわかりました。

NOTE

凡例が棒グラフにかぶらないように、ここでは引数bbox_to_anchorを指定しています。詳しくはP.255を参照してください。

次に、同じデータを用いて積み上げ棒グラフを描画します（**リスト4.5.15**）。

● リスト4.5.15　メディア種別・ジャンル別積み上げ棒グラフの描画

```
fig, ax = plt.subplots(1, 1, figsize=(15, 3))

for i, type_ in enumerate(types):
    # i列目から最終列までの和を計算
    values = df_master_genre.iloc[:, i:type_number].sum(axis=1)
    ax.bar(genres, values, label=type_)

ax.set_ylabel("のベメンバ数")
ax.legend(bbox_to_anchor=(1, 1));
```

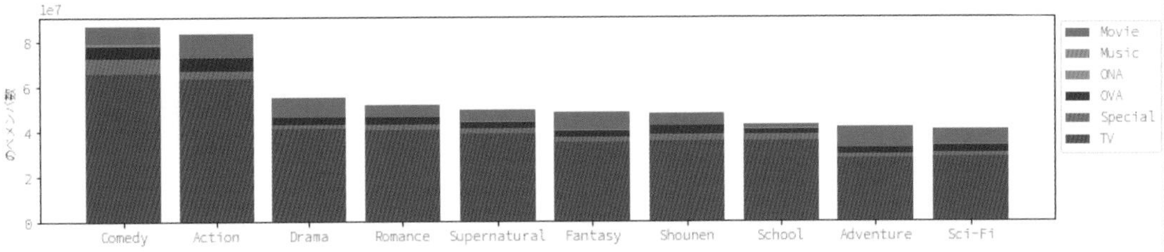

ここでは各列から最後の列までの合計値をvaluesに格納し、Y値として描画しています。このグラフからは、配給タイプ別ではいずれのジャンルもTVの割合が多いことに加え、ジャンル別ではComedyとActionののベメンバ数が特に多いことが確認できます。

4.6 ヒストグラム

ヒストグラムは、縦軸に度数（値の出現頻度）、横軸に階級（値の上限値～下限値の幅）をとったグラフで、データの分布の形状を視覚的に認識するために用います（**図4.7**）。データの分布の形状（分布型）は統計学的に重要な意味を持ちます。

図 4.7　ヒストグラム

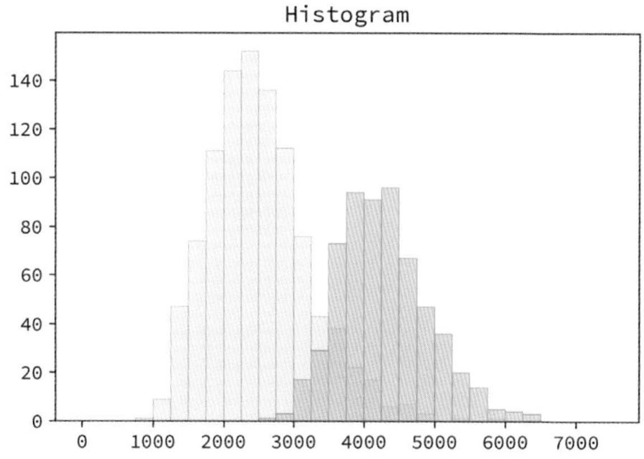

ヒストグラムの基本的な描画方法

ヒストグラムはAxes.hist()メソッドを使用して描画します[注4.13]。メソッドに渡すデータにはリスト-ライク・オブジェクトが利用できます。**リスト4.6.1**のコードでは、hist()メソッドの引数としてxを与えてヒストグラムを描画しています。xは平均が100、標準偏差が20の正規分布に従う1万個のデータです。

NOTE

numpy.random.seed()メソッドは、読者が本書の図を再現できるように実行しています。

NOTE

リスト-ライク・オブジェクトについては「グラフ描画の準備をする」（P.159）で詳述しています。

注4.13　Matplotlib histogram
URL https://matplotlib.org/3.1.3/api/_as_gen/matplotlib.axes.Axes.hist.html

リスト 4.6.1　ヒストグラムの描画

```
import numpy as np
import matplotlib.pyplot as plt
np.random.seed(12345)

%matplotlib inline

x = np.random.normal(100, 20, 10000)

# ヒストグラムの描画
fig, ax = plt.subplots(1, 1)
ax.hist(x)
```

```
(array([  22.,  129.,  577., 1834., 2805., 2674., 1468.,  424.,   60.,
           7.]),
 array([ 25.09288245,  40.43865029,  55.78441813,  71.13018596,
         86.4759538 , 101.82172163, 117.16748947, 132.51325731,
        147.85902514, 163.20479298, 178.55056082]),
 <a list of 10 Patch objects>)
```

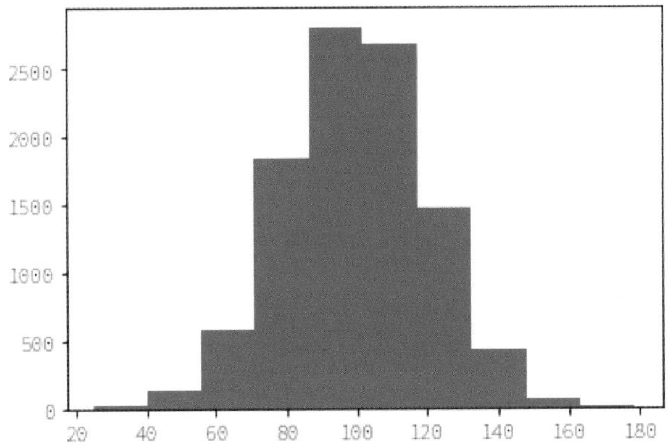

グラフが描画される前にnumpy.arrayが出力されています。これはhist()クラスの戻り値です。戻り値の1つめのarrayには各階級の度数が、2つめのarrayには階級の区切り位置が格納されています。

hist()メソッドにはデータの他に、ヒストグラムの描画に関する引数を与えられます。**リスト4.6.2**のコードでは引数binsにビンの本数を、引数rangeにビン全体の最小値と最大値を指定しています。また、ビンの幅がわかりやすいように、引数edgecolorでビンの枠線を黒に指定しています。

● リスト 4.6.2 引数を指定したヒストグラムの描画

```
fig, ax = plt.subplots(1, 1)

ax.hist(x, bins=32, range=(0, 200), edgecolor="black");
```

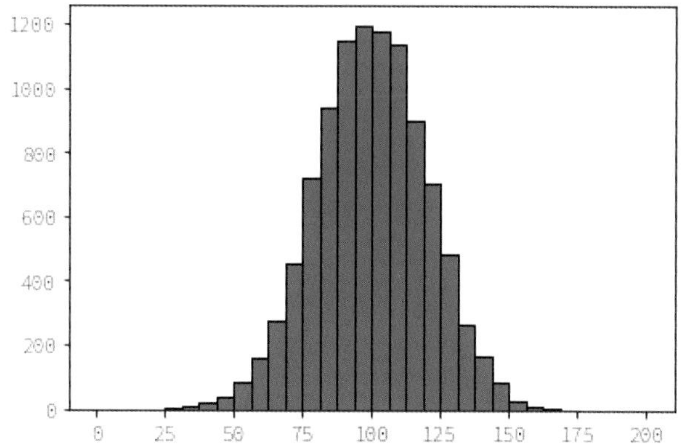

binsやrangeの指定により、階級幅が狭く、描画範囲が0から200に広がったグラフが描画されました。また、黒い枠線により、ビンの幅がわかりやすくなりました。

NOTE

ビンの塗りつぶしや枠線の色、枠線の線種はそれぞれ「5.6 色の設定」および「5.5 線の書式設定」に示す方法で指定できます。

以上は縦向きのヒストグラムの描画方法でしたが、横向きのヒストグラムは引数orientationにhorizontal（デフォルトはvertical）を指定することにより描画できます。前述のデータと同じデータを使って横向きのヒストグラムを描画するコードが**リスト4.6.3**になります。

● リスト 4.6.3 横向きのヒストグラムの描画

```
fig, ax = plt.subplots(1, 1)

ax.hist(x, bins=32, range=(0, 200), orientation="horizontal", edgecolor="black");
```

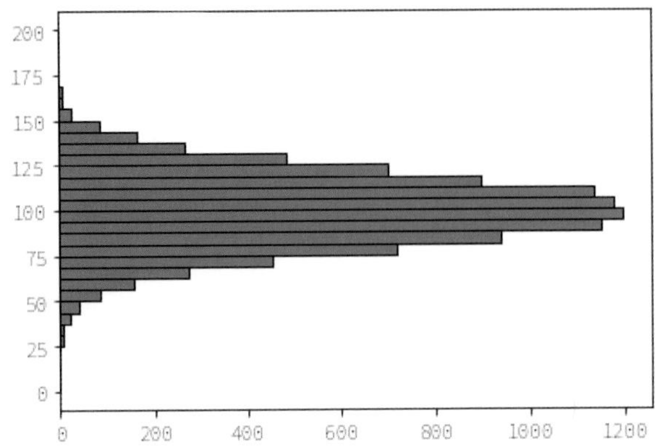

ヒストグラムを活用する

実際のデータを利用してグラフを描画します。データはanime_master.csvファイルを利用します。リスト4.6.4のコードで読み込んだデータを利用します。

リスト 4.6.4　anime_master.csv ファイルの読み込み

```
from urllib.parse import urljoin

import pandas as pd

base_url = (
    "https://raw.githubusercontent.com/practical-jupyter/sample-data/master/anime/"
)
anime_master_csv = urljoin(base_url, "anime_master.csv")

df_master = pd.read_csv(anime_master_csv, index_col="anime_id")
df_master.head()
```

anime_id	name	genre	type	episodes	rating	members
32281	Kimi no Na wa.	Drama, Romance, School, Supernatural	Movie	1	9.37	200630
5114	Fullmetal Alchemist: Brotherhood	Action, Adventure, Drama, Fantasy, Magic, Mili...	TV	64	9.26	793665
28977	Gintama°	Action, Comedy, Historical, Parody, Samurai, S...	TV	51	9.25	114262
9253	Steins;Gate	Sci-Fi, Thriller	TV	24	9.17	673572
9969	Gintama'	Action, Comedy, Historical, Parody, Samurai, S...	TV	51	9.16	151266

まず、エピソード数（episodes）の分布を可視化します。ここでは、エピソード数[注4.14]のばらつきが大きいと期待されるTVに限定して可視化します。ビンとX軸目盛りの区切りを整えるために、まずは記述統計量を出力します（**リスト4.6.5**）。

リスト 4.6.5　エピソード数の記述統計量を出力

```
df_tv = df_master[df_master["type"] == "TV"]
episode_number = df_tv["episodes"]

episode_number.describe()
```

```
count    3330.000000
mean       37.456156
std        83.326301
min         3.000000
25%        13.000000
50%        25.000000
75%        43.000000
max      1818.000000
Name: episodes, dtype: float64
```

出力結果より、エピソード数の最小値minが3、最大値maxが1818であることがわかりました。この範囲が含まれるように、X軸の範囲を0から2000、ビンの数を16（ビンの幅は125となる）として描画します（**リスト4.6.6**）。

リスト 4.6.6　エピソード数の可視化

```
fig, ax = plt.subplots(1, 1)

ax.hist(episode_number, bins=16, range=(0, 2000), edgecolor="black")
ax.set_title("Episodes");
```

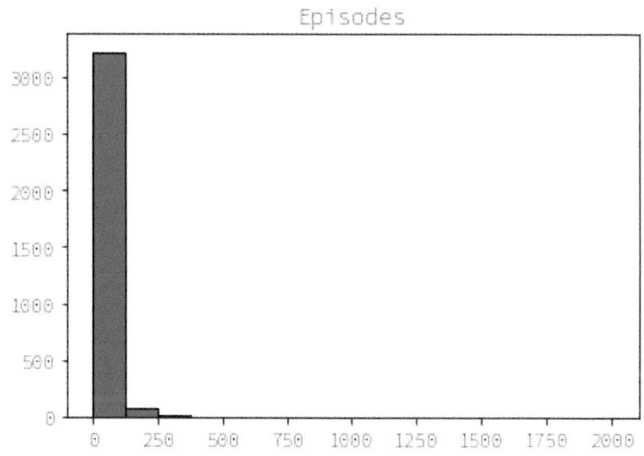

注4.14　エピソード数はテレビアニメの○○話を1エピソードと数えます。映画の場合は基本的に値は1になります。

出力結果を見ると、ほとんどのデータが最初の階級にまとまっています。テレビアニメはテレビ放映枠の都合上、1クール（10～13話程度）または2クール（23～25話程度）の作品が多いという背景があります。実際、この分布図を見るとほとんどのデータが0～125話に収まっていることから、この仮説はある程度確からしいことが推察されます。

仮説の確からしさを確認するため、エピソード数の多い0～390に描画範囲を絞り、ビンの数を15（ビンの幅は26となる）に設定して描画します（**リスト4.6.7**）。

● リスト4.6.7　エピソード数の可視化（描画範囲を制限）

```
fig, ax = plt.subplots(1, 1)

ax.hist(episode_number, bins=15, range=(0, 390), edgecolor="black")
ax.set_xticks(np.arange(0, 391, 26).astype("int64"))
ax.set_title("Episodes");
```

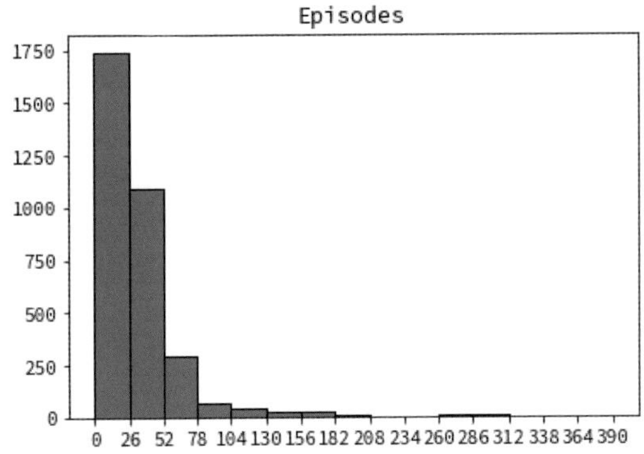

描画の結果、実際、エピソード数0～25話の作品が最も多いという、仮説を裏付ける結果となりました。

描画範囲の制限により、エピソード数が少ない範囲の分布状況がわかりました。次はエピソード数が多い範囲の分布状況を確認します。今回のデータのように、分布が大きく偏っている場合は、Y軸を対数軸にすることによりデータの分布が見やすくなります。対数軸はhist()メソッドの引数logをTrueにすることにより設定できます（**リスト4.6.8**）。

● リスト4.6.8　エピソード数の可視化（対数軸）

```
fig, ax = plt.subplots(1, 1)

ax.hist(episode_number, bins=16, range=(0, 2000), log=True, edgecolor="black")
ax.set_title("Episodes");
```

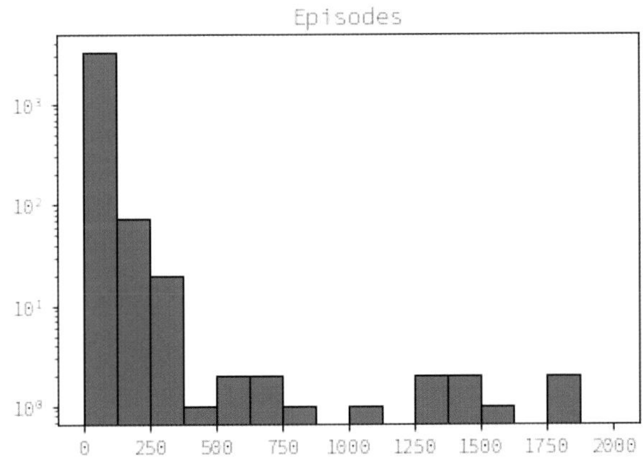

出力結果より、1階級当たり1～2作品程度ではあるものの、エピソード数の多い作品があることがわかりました。

次にレーティングratingの分布を可視化します。ここではpandasのSeriesをhist()メソッドの引数として渡しています。また、レーティングが0～10の範囲で行われているため、値の範囲を引数rangeで0～10に指定します（**リスト4.6.9**）。

リスト4.6.9　レーティングの可視化

```
df_rating = df_master["rating"]
rating_range = (0, 10)

fig, ax = plt.subplots(1, 1)

ax.hist(df_rating, range=rating_range, edgecolor="black")
ax.set_title("Rating");
```

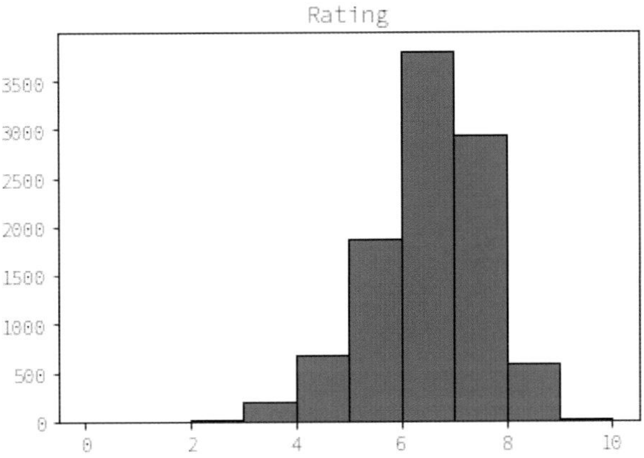

出力結果より、レーティングが6～7の間のデータが最も多いこと、0～3や9～10のデータは極端に少ないことが確認できます。

積算度数を確認する場合は、累積ヒストグラム（累積度数図）を用います。累積ヒストグラムを描画する場合は、hist()メソッドの引数cumulativeにTrueを指定します。**リスト4.6.10**は、**リスト4.6.9**のコードと同じデータを用いて相対度数[注4.15]の累積ヒストグラムを描画しています。

● リスト 4.6.10　相対度数の累積ヒストグラムの描画

```
fig, ax = plt.subplots(1, 1)

# cumulativeをTrueに指定
ax.hist(df_rating, range=rating_range, density=True, cumulative=True, edgecolor="black")
ax.set_title("Rating (cumulated)");
```

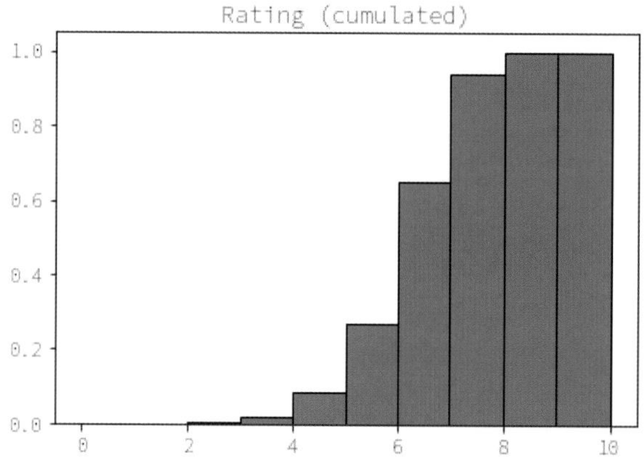

ratingのデータを使ったもう1つの例として、相対度数のヒストグラムと近似曲線を描画する例を示します。ここではデータを相対度数に変換し、正規分布を用いて近似した曲線を描画します（**リスト4.6.11**）。

● リスト 4.6.11　近似曲線の追加

```
from scipy.stats import norm

# 階級数
bins = 50
```

↗

注4.15　ヒストグラムにおいて、度数全体に対する個々の階級の占める割合のこと。すべての階級の度数を合計すると1となる。

```
# 平均と標準偏差
mu, sigma = df_rating.mean(), df_rating.std()

# ヒストグラムの描画
fig, ax = plt.subplots(1, 1)
ax.hist(df_rating, bins=bins, range=rating_range, density=True)

# X値(ビンの区切りの値)
x = np.linspace(rating_range[0], rating_range[1], bins)

# Y値(近似的な確率密度関数を使用して生成)
y=norm.pdf(x, mu, sigma)

# 近似曲線の描画
ax.plot(x, y)

ax.set_title("Rating (normed) with approximate curve");
```

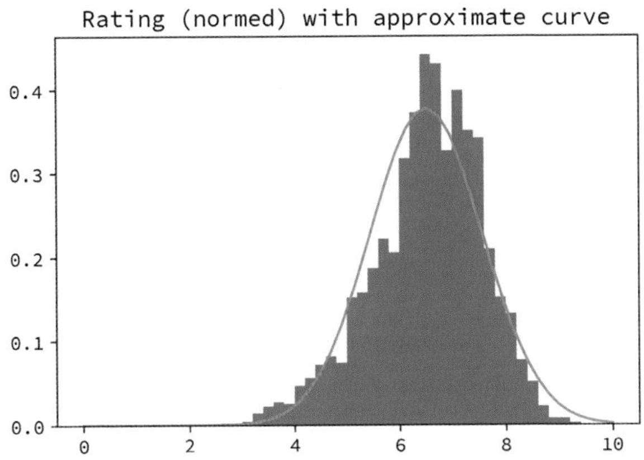

ここまではメディア種別typeで分類をせず、全体の値の分布について見てきましたが、次に各メディア種別について、データがどのように分布しているのかを見ます。

まず複数グループのヒストグラムを重ねて描画します。同じサブプロットにヒストグラムを繰り返し描画することにより、複数グループを重ねて描くことができます（**リスト4.6.12**）。

ヒストグラムが重なって描かれるので、**リスト4.6.12**の例では引数alphaに0.5を与えて不透明度を下げています。

●リスト4.6.12　複数グループのヒストグラムを重ねて描画

```
fig, ax = plt.subplots(1, 1)

for type_, data in df_master.groupby("type"):
    ax.hist(data["rating"], range=rating_range, alpha=0.5, label=type_)

ax.legend()
ax.set_xlabel("Rating")
ax.set_ylabel("Count(rating)");
```

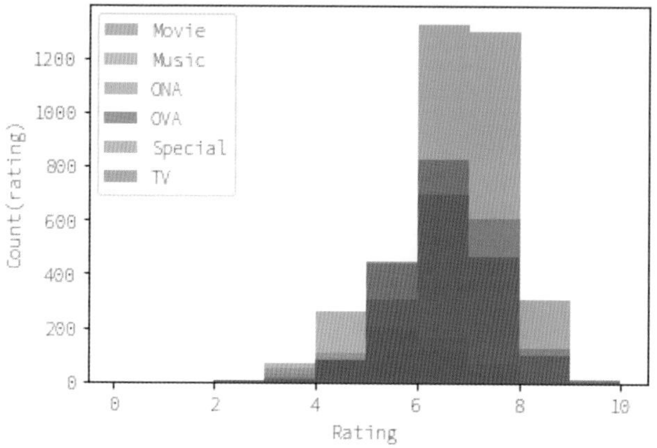

詳細はわかりませんが、どうやらテレビのレーティングの多くが高い範囲に分布しているようです。

この例のように、複数グループのヒストグラムを重ねて描画すると視認性に欠ける場合は、複数グループを横に並べて描画します。入れ子のリストを作成してから描画すると、複数グループを横に並べたヒストグラムが描画できます（リスト4.6.13）。

●リスト4.6.13　複数グループのヒストグラムを並べて描画

```
# データセットの作成

types = df_master["type"].unique()
dataset = [df_master.loc[df_master["type"] == type_, "rating"] for type_ in types]

fig, ax = plt.subplots(1, 1)

ax.hist(dataset, range=rating_range, label=types)

ax.legend()
ax.set_xlabel("rating")
ax.set_ylabel("Count(rating)");
```

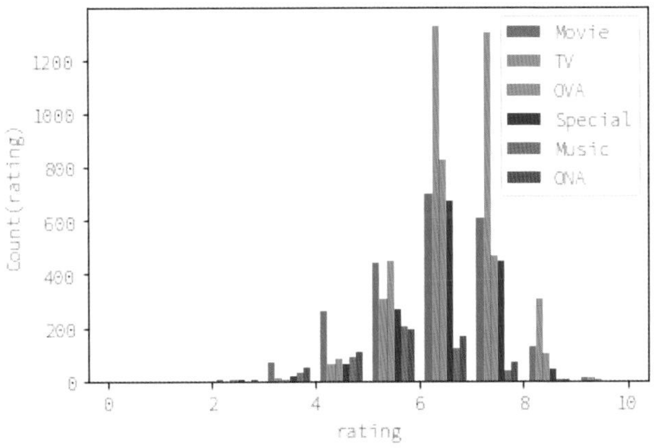

この結果より、TVのカウント数が他に比べて多く、特に6～8に多く分布していることがわかりました。

全体の分布とその内訳を確認する場合は積み上げヒストグラムも有効です。複数グループを並べて描画した方法と同様に、データセットを作成してからhist()メソッドの引数stackedにTrueを指定して描画すると、積み上げヒストグラムが描画されます（**リスト4.6.14**）。

● リスト4.6.14　積み上げヒストグラムの描画

```
# dataset, labelsは「並べて描画」で作成したものを使用
fig, ax = plt.subplots(1, 1)

ax.hist(dataset, range=rating_range, label=types, stacked=True)

ax.legend()
ax.set_xlabel("rating")
ax.set_ylabel("Count(rating)");
```

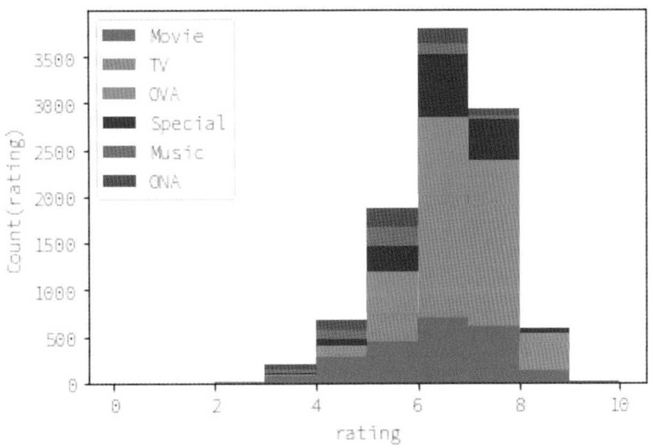

このグラフは、複数グループを並べて描画した場合と比較して、煩雑で情報が判断しにくいため、グラフとしてはあまり良いものとはいえません。しかし、グループ数が少ない場合には有用な方法です。

4.7 箱ひげ図

箱ひげ図はデータのばらつきをわかりやすく表現するためのグラフです（**図4.8**）。

図 4.8　箱ひげ図

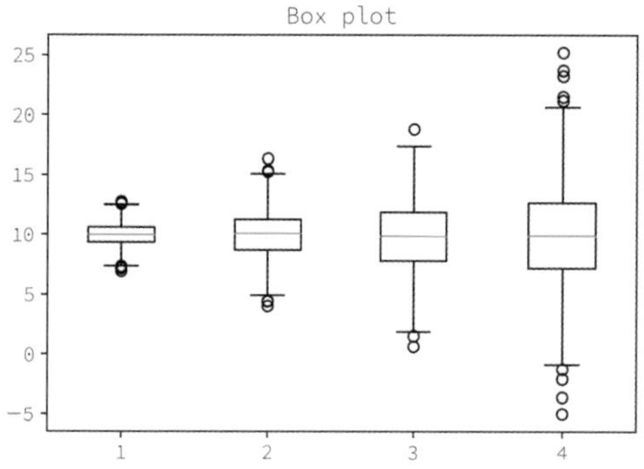

箱ひげ図の要素は**図4.9**と**表4.3**の通りです。

図 4.9　箱ひげ図の要素

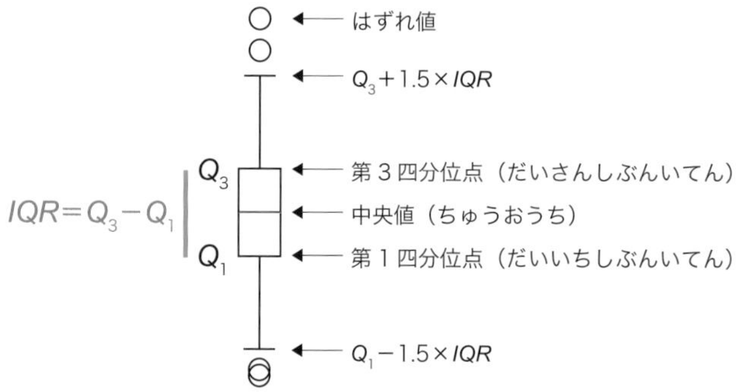

表 4.3　箱ひげ図の要素

要素	説明
第 1 四分位点	全データの下位から 1/4 で分割する値（= Q_1）、25% 値、箱の下端
中央値	全データを下位から 1/2 で分割する値（=第 2 四分位点）、50% 値
第 3 四分位点	全データを下位から 3/4 で分割する値（= Q_3）、75% 値、箱の上端
ひげの下端	$Q_1 - 1.5 \times IQR$
ひげの上端	$Q_3 + 1.5 \times IQR$
IQR	四分位範囲（= $Q_3 - Q_1$; IQR は interquartile range の略）
はずれ値	ひげの下端〜上端の範囲外にあるデータ

NOTE

表4.3に示したひげの下端および上端の値の算出方法は、箱ひげ図を提唱したジョン・ワイルダー・テューキーの定義に基づきます。Matplotlibもデフォルト値としてこの算出方法を採用しています。ひげの下端および上端の値の算出方法は他にも「下端の値を5%値、上端の値を95%値とする方法」「下端の値を最小値、上端の値を最大値とする方法」があります。

箱ひげ図の基本的な描画方法

箱ひげ図はAxes.boxplot()メソッドを使用して描画します。メソッドに渡すデータにはリスト-ライク・オブジェクトが利用できます。**リスト4.7.1**では、boxplot()メソッドの引数としてvaluesを与えて箱ひげ図を描画しています。valuesは平均が100、標準偏差が10の正規分布に従う1000個のデータです。

リスト 4.7.1　箱ひげ図の描画

```
import numpy as np
import matplotlib.pyplot as plt
np.random.seed(12345)

%matplotlib inline

# 箱ひげ図の描画
values = np.random.normal(100, 10, 1000)

fig, ax = plt.subplots(1, 1)
ax.boxplot(values);
```

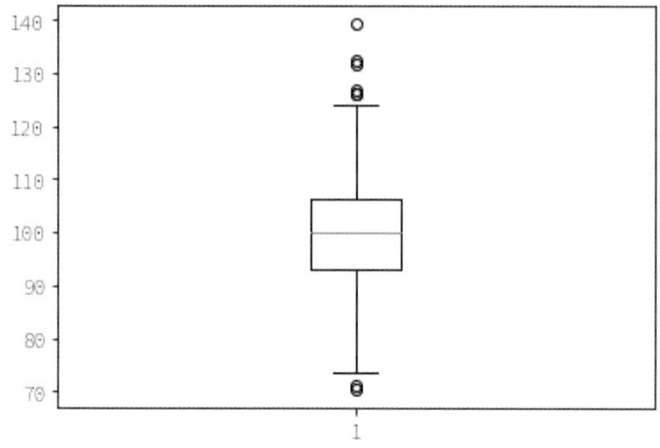

boxplot()メソッドの引数として入れ子のリストを与えると、1つのサブプロットに複数の箱ひげ図が描画できます。**リスト4.7.2**の例では、1つのサブプロットにリストvalues_ABの0番目および1番目の要素（それぞれvalues_A、values_B）を用いた箱ひげ図が2つ描画されます。

リスト 4.7.2　複数の箱ひげ図の描画

```
# データ作成
values_A = np.random.normal(100, 10, 1000)
values_B = np.random.normal(120, 20, 1000)
values_AB = [values_A, values_B]
labels = ["A", "B"]

fig, ax = plt.subplots(1, 1)

# データとラベルを指定
ax.boxplot(values_AB, labels=labels)
```

```
{'whiskers': [<matplotlib.lines.Line2D at 0x15278e269c8>,
  <matplotlib.lines.Line2D at 0x15278e29788>,
  <matplotlib.lines.Line2D at 0x15278e36d48>,
  <matplotlib.lines.Line2D at 0x15278e2fc48>],
 'caps': [<matplotlib.lines.Line2D at 0x15278e29e88>,
  <matplotlib.lines.Line2D at 0x15278e29fc8>,
  <matplotlib.lines.Line2D at 0x15278e3cc08>,
  <matplotlib.lines.Line2D at 0x15278e41a48>],
 'boxes': [<matplotlib.lines.Line2D at 0x15278e267c8>,
  <matplotlib.lines.Line2D at 0x15278e36c08>],
 'medians': [<matplotlib.lines.Line2D at 0x15278e2fd08>,
  <matplotlib.lines.Line2D at 0x15278e41bc8>],
 'fliers': [<matplotlib.lines.Line2D at 0x15278e2fe48>,
  <matplotlib.lines.Line2D at 0x15278e45a08>],
 'means': []}
```

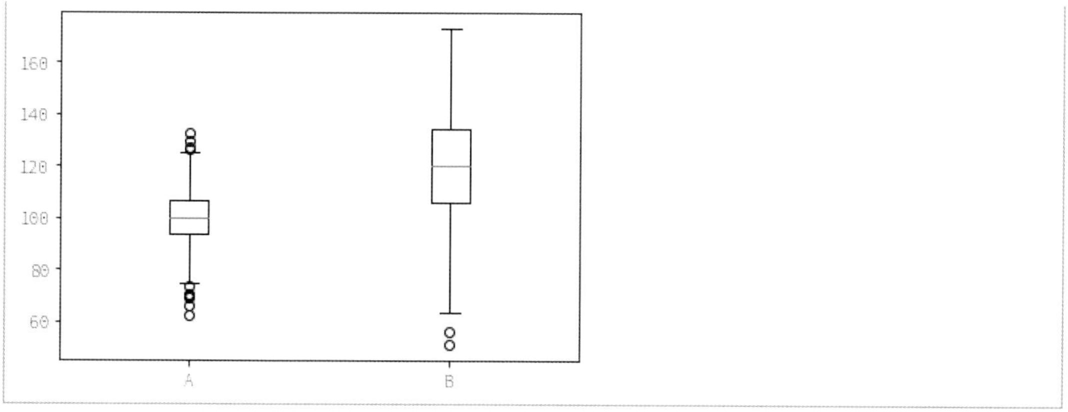

この例では、グラフが描画される前にboxplot()インスタンスの戻り値である辞書を出力しています。辞書に格納されているキーとグラフ要素の対応は、**図4.10**に示す通りです。戻り値にはwhiskers（ひげ）、caps（ひげ末端キャップ）、boxes（箱）、medians（中央値）、fliers（はずれ値）、means（平均値）のLine2Dインスタンスがリスト型で格納されています。ひげ、ひげ末端キャップは上下に要素が分かれているため、boxes、medians、fliersの2倍の要素がリストに格納されています。また、平均値meansは描画していないため、要素のないリストになっています。

図4.10　箱ひげ図の辞書に格納されているキーと各要素の対応

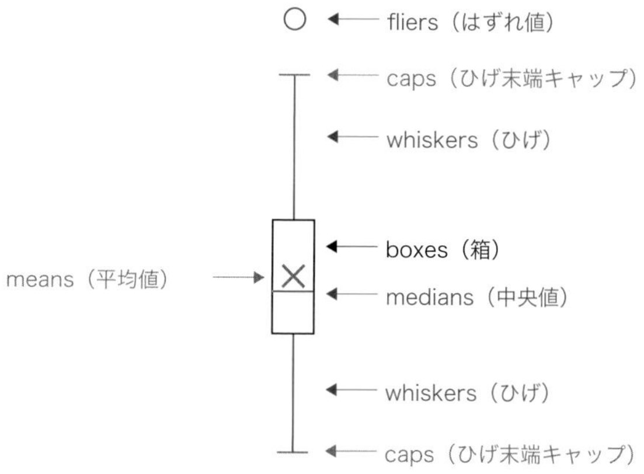

箱ひげ図を活用する

実際のデータを利用してグラフを描画します。データはヒストグラムの節と同じく、anime_master.csv ファイルを利用し、エピソード数の分布を可視化します（**リスト 4.7.3**）。

リスト 4.7.3　anime_master.csv ファイルの読み込み

```
from urllib.parse import urljoin
import pandas as pd

base_url = (
    "https://raw.githubusercontent.com/practical-jupyter/sample-data/master/anime/"
)
anime_master_csv = urljoin(base_url, "anime_master.csv")

df = pd.read_csv(anime_master_csv, index_col="anime_id")
df.head(3)
```

anime_id	name	genre	type	episodes	rating	members
32281	Kimi no Na wa.	Drama, Romance, School, Supernatural	Movie	1	9.37	200630
5114	Fullmetal Alchemist: Brotherhood	Action, Adventure, Drama, Fantasy, Magic, Mili...	TV	64	9.26	793665
28977	Gintama°	Action, Comedy, Historical, Parody, Samurai, S...	TV	51	9.25	114262

まず、メディア種別ごとにエピソード数の箱ひげ図を描画します。1つのサブプロットに全メディア種別の結果を描画するため、各メディア種別の種類と対応するメディア種別の各作品のエピソード数をリスト化してから描画します（**リスト 4.7.4**）。

リスト 4.7.4　メディア種別ごとのエピソード数を可視化

```
labels = []
types = []

# メディア種別ごとのエピソード数の情報をリスト化
for label, df_per_type in df.groupby("type"):
    labels.append(label)
    types.append(df_per_type["episodes"].tolist())

fig, ax = plt.subplots(1, 1)

ax.boxplot(types, labels=labels)
ax.set_ylabel("Episodes");
```

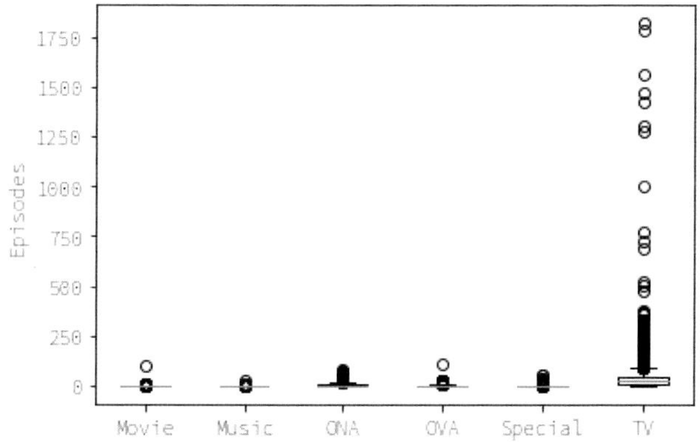

メディア種別は6種類あるため、1つのサブプロットに6つの箱ひげ図が描画されます。この図から、テレビアニメを意味する「TV」にのみ、大きな値が含まれ、他の種別は250エピソード未満であることが確認できます。TV以外のメディア種別の詳細を確認するために、set_ylim()メソッドで箱ひげ図の描画範囲をエピソード数0から100までに限定して描画します（**リスト4.7.5**）。

● リスト 4.7.5　描画範囲を限定した箱ひげ図

```
fig, ax = plt.subplots(1, 1)

ax.boxplot(types, labels=labels)

# Y軸の描画範囲を0から100までに限定
ax.set_ylim(0, 100)

ax.set_ylabel("Episodes");
```

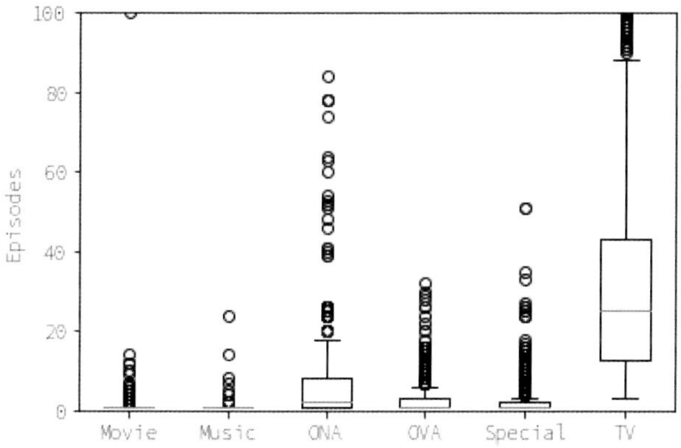

描画範囲を0から100までに限定することにより、TVのエピソード数の中央値が25話付近であることや、90話以上の値は外れ値として検討できることがわかります。また、他のメディア種別については中央値が5エピソード以下のようです。

四分位点の具体的な値を知りたい場合は、pandasのDataFrameクラスのdescribe()メソッドを利用します（**リスト4.7.6**）。

● リスト 4.7.6　四分位点の値を describe() で確認

```
df.groupby("type")["episodes"].describe().T.round(1)
```

type	Movie	Music	ONA	OVA	Special	TV
count	2220.0	485.0	591.0	1932.0	1517.0	3330.0
mean	1.1	1.1	6.8	2.5	2.5	37.5
std	2.2	1.3	11.5	3.9	3.8	83.3
min	1.0	1.0	1.0	1.0	1.0	3.0
25%	1.0	1.0	1.0	1.0	1.0	13.0
50%	1.0	1.0	2.0	1.0	1.0	25.0
75%	1.0	1.0	8.0	3.0	2.0	43.0
max	100.0	24.0	84.0	110.0	51.0	1818.0

表を見ると、TVのエピソード数の中央値（50%値）が25であるのに対し、ONAは2、それ以外は1であることがわかります。また、TV以外は25%値と75%値（箱ひげ図の箱の下端と上端）の値にほとんど差がないことがわかります。

箱ひげ図の書式を設定する

グラフに共通する書式の設定方法については基本的に次章で解説しますが、箱ひげ図は**図4.10**に示す要素の組み合わせで描画されているため、その設定方法がやや複雑です。そのため、ここでは箱ひげ図の書式設定について解説します。

箱ひげ図の書式を設定する方法には以下の2つがあります。本節においてはグループはメディア種別を指します。

1. すべてのグループに同じ書式を与える方法
2. グループごとに異なる書式を与える方法

すべてのグループに同じ書式を与える方法では、**表4.4**に示す書式を辞書形式で与えます。辞書を渡すboxplot()クラスの引数は**表4.5**に示す通りです。

表 4.4　箱ひげ図の主な書式設定項目

引数	説明
color	色
facecolor	塗りつぶし色
linestyle	線種
linewidth	線の太さ
marker	マーカー
markerfacecolor	マーカーの塗りつぶし色
markeredgecolor	マーカーの枠線の色
markersize	マーカーの大きさ

表 4.5　箱ひげ図の書式設定の引数

引数	要素
capprops	ヒゲ末端キャップ
boxprops	箱
whiskerprops	ヒゲ
flierprops	はずれ値
medianprops	中央値
meanprops	平均値

すべての要素はlines.Line2D()クラスのインスタンスで描画されているため、Line2D()クラスの書式設定が適用できます。ボックス部分もlines.Line2D()クラスのインスタンスですが、boxplot()メソッドの引数patch_artistに"Patch"を設定することにより、patches.PathPatch()クラス[注4.16]のインスタンスで描画されるようになり、patches.PathPatch()クラスの書式が適用できるようになります。箱部分の塗りつぶし色を指定したい場合は、この設定を行います。

NOTE

patches.PathPatch()クラスは直線とパスからなる図形を生成するクラスです。

NOTE

色や線の書式設定については、それぞれ第5章の「5.6　色の設定」(P.267)、「5.5　線の書式設定」(P.260)を参照してください。

また、ヒゲ末端キャップ、箱、はずれ値、平均値の表示・非表示はそれぞれ**表4.6**に示すboxplot()メソッドの引数にTrue（表示）もしくはFalse（非表示）を与えることで切り替えることができます。

注4.16　URL https://matplotlib.org/api/_as_gen/matplotlib.patches.PathPatch.html#matplotlib.patches.PathPatch

●表4.6　箱ひげ図の要素の表示・非表示を切り替えるboxplotメソッドの引数

引数	要素
showcaps	ヒゲ末端キャップ
showbox	箱
showfliers	はずれ値
showmeans	平均値

リスト4.7.7のコードは、「箱ひげ図を活用する」（P.210）の最後に実行したコードに書式設定辞書を与えたものです。箱を塗りつぶすために引数patch_artistに"Patch"を設定し、また、平均値を描画するために引数showmeansにTrueを設定しています。

●リスト4.7.7　書式を一括設定して箱ひげ図を描画

```
# 書式辞書の作成
# はずれ値の書式辞書
flierprop = {
    "color": "#EC407A",
    "marker": "o",
    "markerfacecolor": "#2196F3",
    "markeredgecolor": "white",
    "markersize": 5,
    "linestyle": "None",
    "linewidth": 0.1,
}

# 箱の書式辞書
boxprop = {"color": "#2196F3", "facecolor": "#BBDEFB", "linewidth": 1, "linestyle": "-"}

# ヒゲの書式辞書
whiskerprop = {"color": "#2196F3", "linewidth": 1, "linestyle": "-"}

# ヒゲ末端キャップの書式辞書
capprop = {"color": "#2196F3", "linewidth": 1, "linestyle": "-"}

# 中央値の書式辞書
medianprop = {"color": "#2196F3", "linewidth": 2, "linestyle": "-"}

# 平均値の書式辞書
meanprop = {
    "color": "#2196F3",
    "marker": "x",
    "markerfacecolor": "#2196F3",
    "markeredgecolor": "#2196F3",
    "markersize": 10,
    "linewidth": 1,
```

```
    "linestyle": "",
}

# 書式を設定して箱ひげ図を描画
fig, ax = plt.subplots(1, 1)

ax.boxplot(
    types,
    patch_artist="Patch",
    labels=labels,
    showmeans=True,
    flierprops=flierprop,
    boxprops=boxprop,
    whiskerprops=whiskerprop,
    capprops=capprop,
    medianprops=medianprop,
    meanprops=meanprop,
)

# Y軸の描画範囲を0から100までに限定
ax.set_ylim(0, 100)

# Y軸ラベルを設定
ax.set_ylabel("Episodes");
```

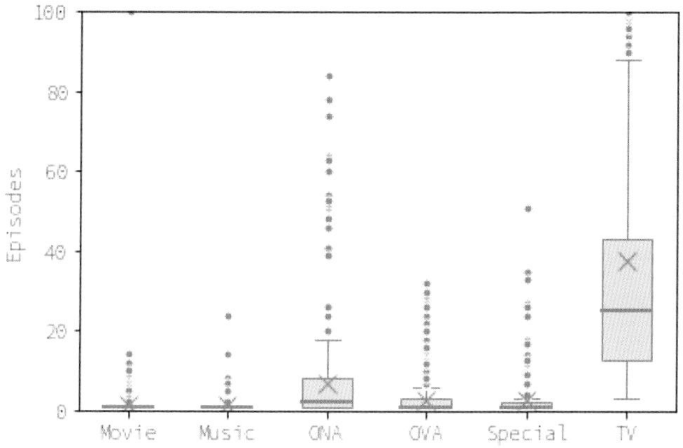

次に、グループごとに異なる書式を与える方法について説明します。この場合は、先に箱ひげ図を描画してから、書式を設定します。書式設定の際は**表4.4**の項目に接頭辞set_を付けたメソッドの形で用います。

以下の例では、次の手順で書式を設定して描画しています。

1. 図を描画する
2. ボックスの要素数と同じ要素数の色のセット（カラーセット）（deep_colors と pale_colors）を作成する
3. 上側と下側に分かれている要素の書式設定用に数列のリスト n を作成する
4. 箱とはずれ値、中央値、平均値（要素が上下に分かれていないもの、あるいは上下で同じ色を与えるもの）の書式設定をする
5. ヒゲとヒゲの末端キャップ(要素が上下に分かれており、上下で異なる色を設定できるもの)の書式を設定する

「箱ひげ図の基本的な描画方法」（P.207）で説明したように、boxplot() メソッドの戻り値は辞書型です。そのため、boxplot() メソッドのインスタンスに bp["boxes"] のように**図 4.10** に示したキーを指定することにより、特定の要素の書式を設定することができます。

なお、書式を一括設定する場合と同様、**リスト 4.7.8** の例では箱を塗りつぶすために boxplot() メソッドの引数 patch_artist に "Patch" を与え、また、平均値を描画するために引数 showmeans に True を設定しています。

● リスト 4.7.8　グループごとに異なる書式を設定する

```
# カラーセット作成用にインポート
import matplotlib.cm as cm

# 図の描画
fig, ax = plt.subplots(1, 1)

bp = ax.boxplot(types, patch_artist="Patch", labels=labels, showmeans=True)

# Y軸の描画範囲を0から100までに限定
ax.set_ylim(0, 100)

# Y軸ラベルを設定
ax.set_ylabel("Episodes")

# 書式設定
# カラーセットを作成
deep_colors = [cm.tab20(i * 2 / 20) for i in range(6)]
pale_colors = [cm.tab20((i * 2 + 1) / 20) for i in range(6)]

# 上下に分かれた要素に設定するための用の数列
n = [0, 0, 1, 1, 2, 2, 3, 3, 4, 4, 5, 5, 6, 6]
```

```
# 箱とはずれ値、中央値、平均値の書式設定
for params in zip(
    bp["boxes"], bp["fliers"], bp["medians"], bp["means"], deep_colors, pale_colors
):

    bpbox, bpflier, bpmedian, bpmean, dcolor, pcolor = params

    # 箱の書式設定
    bpbox.set_color(dcolor)
    bpbox.set_facecolor(pcolor)
    bpbox.set_linewidth(1)

    # 外れ値の書式設定
    bpflier.set(marker="o", color=pcolor, markersize=4)
    bpflier.set_markeredgecolor(dcolor)
    bpflier.set_markerfacecolor(pcolor)
    bpflier.set_linewidth(0.1)

    # 中央値の書式設定
    bpmedian.set_color(dcolor)
    bpmedian.set_linewidth(1.5)

    # 平均値の書式設定
    bpmean.set(marker="x")
    bpmean.set_markeredgecolor(dcolor)

# ヒゲとヒゲの末端キャップの書式設定
for bpcap, bpwhisker, m in zip(bp["caps"], bp["whiskers"], n):
    bpcap.set_color(deep_colors[m])
    bpcap.set_linewidth(1)
    bpwhisker.set_color(deep_colors[m])
    bpwhisker.set_linewidth(1);
```

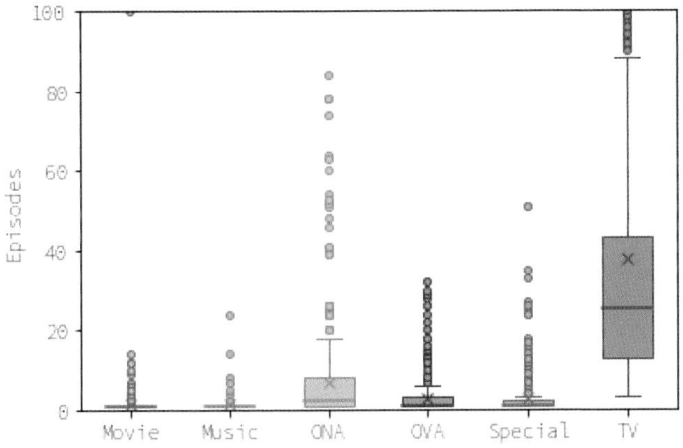

4.8 円グラフ

円グラフは全体における各要素の割合を算出し、算出した割合に応じて円形を扇形に分割したグラフです（**図4.11**）。円グラフは各要素の割合を比較するのに用いられます。

図4.11　円グラフ

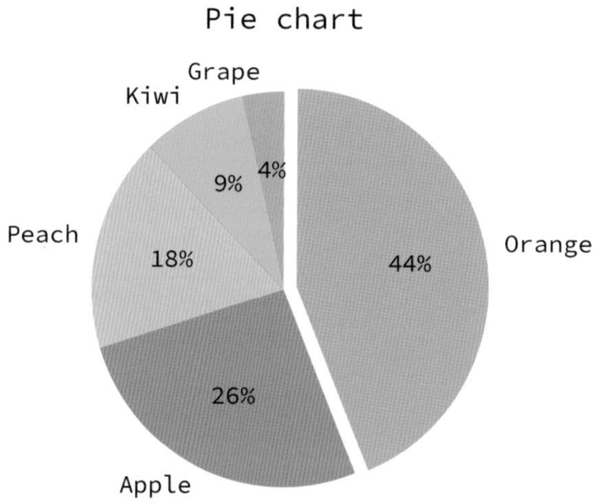

円グラフの基本的な描画方法

円グラフはAxes.pie()メソッドを使用して描画します。データとしてリスト-ライク・オブジェクトが利用できます。**リスト4.8.1**では、pie()メソッドの第1引数としてsizesを、引数labelsにlabelsを与えて円グラフを描画しています。sizes、labelsともにリスト型のデータです。

リスト4.8.1　円グラフの描画

```
import matplotlib.pyplot as plt

%matplotlib inline

# データの作成
labels = ["バス", "車", "自転車"]
```

```
sizes = [320, 270, 150]

fig, ax = plt.subplots(1, 1)

# 円グラフの描画
ax.pie(sizes, labels=labels);
```

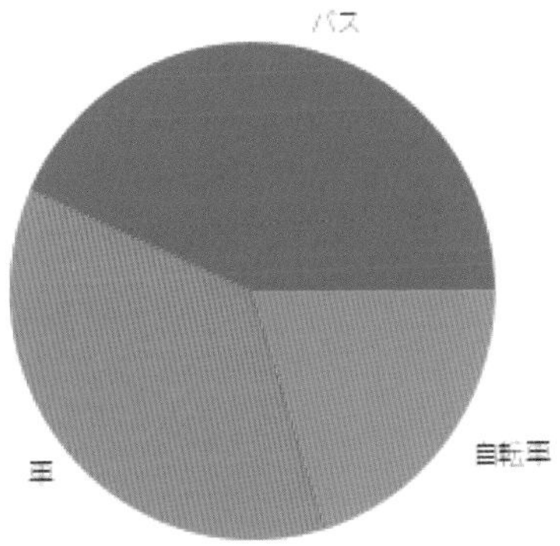

NOTE

Matplotlib 2.2.0までは、デフォルト設定のままの場合は楕円形の円グラフが出力されていましたが、3.0からは正円形がデフォルトとなりました。

Matplotlibのデフォルトでは、度数法で0°の位置（時計の3時の位置）から反時計回りに要素を描画します。また、中心座標は（0, 0）、半径は1に設定されています。引数frameにTrueを設定し、軸とともにグラフを描画すると、このことが確認できます（**リスト4.8.2**）。

● リスト 4.8.2　円グラフと軸の関係を描画

```
fig, ax = plt.subplots(1, 1)

ax.pie(sizes, labels=labels, frame=True)
ax.text(-0.3, 0, "(0, 0)", fontsize=9);
```

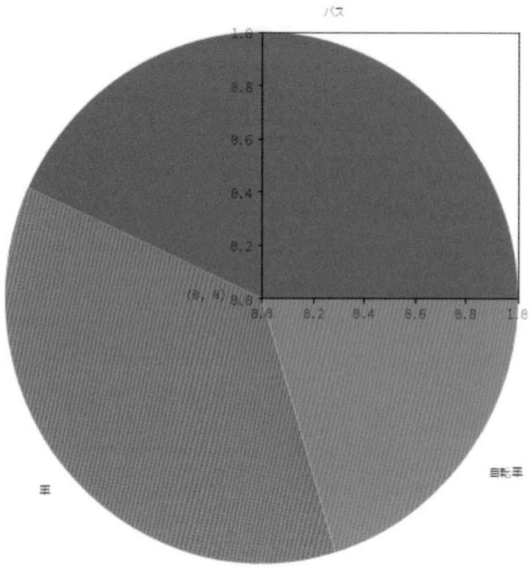

出力結果より、円の中心座標が（0, 0）、最初の要素「自転車」が座標（1, 0）から開始して扇形を描画しているのが確認できます。続いて2番目の要素「バス」が座標（0, 1）から開始して扇形を描画しています。

このような描画のデフォルト値を覚えておくことは、円グラフの書式を設定する際に役立ちます。

円グラフを活用する

実際のデータを利用してグラフを描画します。データはanime_genre_top10_pivoted.csvファイルを利用します。**リスト4.8.3**のコードのdfには、メンバ数をジャンルと配給種別でクロス集計した結果（のべメンバ数）が格納されます。

● リスト 4.8.3　anime_genre_top10_pivoted.csv ファイルの読み込み

```
from urllib.parse import urljoin

import pandas as pd

base_url = (
    "https://raw.githubusercontent.com/practical-jupyter/sample-data/master/anime/"
)
anime_genre_top10_pivoted_csv = urljoin(base_url, "anime_genre_top10_pivoted.csv")
df = pd.read_csv(anime_genre_top10_pivoted_csv, index_col="genre")
df
```

genre	Movie	Music	ONA	OVA	Special	TV
Comedy	7293127.0	20860.0	1477266.0	5614758.0	6659293.0	65420862.0
Action	10224960.0	77054.0	524907.0	5793680.0	3412689.0	63364032.0
Drama	9034099.0	100734.0	188427.0	3043374.0	1915578.0	41011557.0
Romance	5245386.0	42811.0	411331.0	3143167.0	2015820.0	40703388.0
Supernatural	5452779.0	9189.0	192989.0	2696715.0	2336723.0	38956520.0
Fantasy	8019406.0	43962.0	188937.0	2754224.0	2504131.0	34932563.0
Shounen	5698808.0	NaN	97833.0	3861296.0	2591988.0	35532847.0
School	1512533.0	5496.0	523223.0	2417660.0	2661425.0	35489099.0
Adventure	9485223.0	42829.0	70431.0	2373765.0	2052024.0	27529975.0
Sci-Fi	6967146.0	154801.0	415311.0	3358525.0	1616450.0	28072322.0

円グラフはデータの割合を比較するのに役立つグラフです。ここではMovieとTVののべメンバ数内訳を円グラフにして、ジャンルの内訳比率を比較します。

円グラフは90°の位置から時計回りで降順に要素を並べるのが一般的です。この形式に倣ってデータを描画します。まず、TVとMovieのデータをそれぞれ降順に並べ替えたSeriesを作成します。**リスト4.8.4**のコードにおいて、sort_values()の引数ascendingにFalseを指定することで、指定した列が降順にソートされます。

リスト 4.8.4　データの並べ替え

```
# TV
df_tv = df["TV"].sort_values(ascending=False)

# Movie
df_movie = df["Movie"].sort_values(ascending=False)
```

並べ替えたデータを出力します（**リスト4.8.5**）。

リスト 4.8.5　データを降順に並べ替え（TV および Movie）

```
df_tv, df_movie
```

```
(genre
 Comedy          65420862.0
 Action          63364032.0
 Drama           41011557.0
 Romance         40703388.0
 Supernatural    38956520.0
 Shounen         35532847.0
 School          35489099.0
```

```
Fantasy          34932563.0
Sci-Fi           28072322.0
Adventure        27529975.0
Name: TV, dtype: float64,
genre
Action           10224960.0
Adventure         9485223.0
Drama             9034099.0
Fantasy           8019406.0
Comedy            7293127.0
Sci-Fi            6967146.0
Shounen           5698808.0
Supernatural      5452779.0
Romance           5245386.0
School            1512533.0
Name: Movie, dtype: float64)
```

このデータを使ってグラフを描画します。**表4.7**に示したように、円グラフにおいてはさまざまな書式を設定できますが、まずは、90°の位置から時計回りに降順に要素を並べるという点以外の体裁を整えずに円グラフを描画します（**リスト4.8.6**）。

表 4.7　円グラフに設定できる書式

項目	説明	デフォルト値
explode	各要素を切り離して表示する場合に設定する。リスト型またはタプル型で指定。要素が 4 つあり、3 番目の要素を切り離す場合には「(0, 0, 0.5, 0)」のように指定する	None
labels	ラベルを表示する。リスト型またはタプル型で指定	None
colors	各要素の色を設定する。リスト型またはタプル型で指定	None
autopct	数値ラベルの書式設定をする。表示形式を文字列で指定	None
pctdistance	数値ラベルの位置を設定する。数値型で指定。数値は各要素の中心からの距離になり、explode を設定している場合にはこの距離も加算される	0.6
shadow	影の表示・非表示を設定する。真偽値で指定	False
labeldistance	ラベルの位置を設定する。数値型で指定。数値は各要素の中心からの距離になり、explode を設定している場合にはこの距離も加算される	1.1
startangle	開始角度を設定する。単位は度数法で数値型で指定	None
radius	半径を設定する。数値型で指定	1
counterclock	表示順を設定する。真偽値で指定。True：反時計回り、False：時計回り	True
wedgeprops	各要素の書式を設定する。書式を登録した辞書で指定	None
textprops	テキストの書式を設定する。書式を登録した辞書で指定	None
center	円グラフの中心座標を設定する。タプル型で指定	(0, 0)
frame	軸・枠線の有無を設定する。真偽値で指定。True：表示する、False：表示しない	False

リスト 4.8.6 TV と Movie とのジャンル内訳比較のための円グラフを描画（デフォルト）

```
fig, axes = plt.subplots(1, 2)

# TVの円グラフ
axes[0].pie(df_tv, labels=df_tv.index, startangle=90, counterclock=False)

# Movieの円グラフ
axes[1].pie(df_movie, labels=df_movie.index, startangle=90, counterclock=False)

axes[0].set_title("TV")
axes[1].set_title("Movie");
```

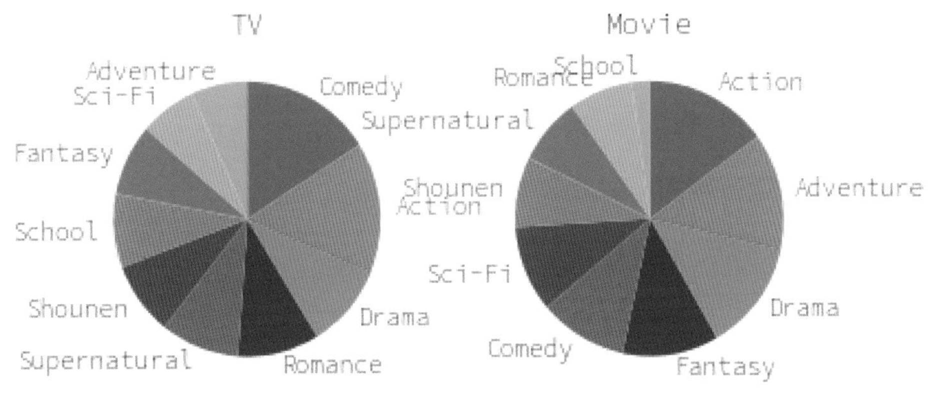

描画はできましたが、同じジャンルに異なる色が適用されているため、両者の対応がわかりにくくなっています。グラフを見やすくするために、dfにColor列を追加して、ジャンルごとの色を設定します（リスト4.8.7）。

リスト 4.8.7 Color 列の追加

```
df["Color"] = [
    "gold",
    "orangered",
    "plum",
    "pink",
    "orchid",
    "lightseagreen",
    "lightskyblue",
    "yellowgreen",
    "coral",
    "cornflowerblue",
]
df
```

genre	Movie	Music	ONA	OVA	Special	TV	Color
Comedy	7293127.0	20860.0	1477266.0	5614758.0	6659293.0	65420862.0	gold
Action	10224960.0	77054.0	524907.0	5793680.0	3412689.0	63364032.0	orangered
Drama	9034099.0	100734.0	188427.0	3043374.0	1915578.0	41011557.0	plum
Romance	5245386.0	42811.0	411331.0	3143167.0	2015820.0	40703388.0	pink
Supernatural	5452779.0	9189.0	192989.0	2696715.0	2336723.0	38956520.0	orchid
Fantasy	8019406.0	43962.0	188937.0	2754224.0	2504131.0	34932563.0	lightseagreen
Shounen	5698808.0	NaN	97833.0	3861296.0	2591988.0	35532847.0	lightskyblue
School	1512533.0	5496.0	523223.0	2417660.0	2661425.0	35489099.0	yellowgreen
Adventure	9485223.0	42829.0	70431.0	2373765.0	2052024.0	27529975.0	coral
Sci-Fi	6967146.0	154801.0	415311.0	3358525.0	1616450.0	28072322.0	cornflowerblue

次に、TVとMovieのデータと併せてColorのデータも抽出し、先ほどと同じくデータを降順にソートします（**リスト4.8.8**）。sort_valuesで並べ替える際は、並べ替えのキーをbyで指定します。

リスト 4.8.8　データを降順にソート

```
# TV
df_tv_color = df[["TV", "Color"]].sort_values(by="TV", ascending=False)

# Movie
df_movie_color = df[["Movie", "Color"]].sort_values(by="Movie", ascending=False)
```

pie()メソッドの引数colorsにdf_tv_colorもしくはdf_movie_colorのColor列のデータを与えることにより、ジャンルの色を揃えて描画します（**リスト4.8.9**）。併せて、各ジャンルの占める割合がわかるように引数autopctで数値ラベルの書式を指定して、パーセント値を表示します。

リスト 4.8.9　TV と Movie とのジャンル内訳比較のための円グラフを描画

```
fig, axes = plt.subplots(1, 2)

# TVの円グラフ
axes[0].pie(
    df_tv_color["TV"],
    labels=df_tv_color.index,
    colors=df_tv_color["Color"],
    autopct="%1.0f%%",
    startangle=90,
    counterclock=False,
)
```

```
# Movieの円グラフ
axes[1].pie(
    df_movie_color["Movie"],
    labels=df_movie_color.index,
    colors=df_movie_color["Color"],
    autopct="%1.0f%%",
    startangle=90,
    counterclock=False,
)

axes[0].set_title("TV")
axes[1].set_title("Movie")

# サブプロット間のスペース調整
fig.subplots_adjust(wspace=0.7);
```

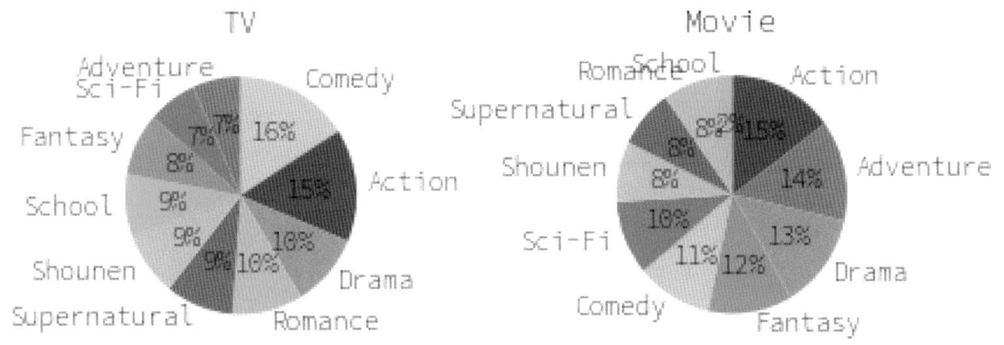

描画結果を見ると、Adventure（冒険もの）とSchool（学園もの）の2つのジャンルについて、次のようなことがわかります。

- Adventure（冒険もの）：
  TVでは7%と最ものべメンバ数が少ないが、Movieでは14%で2番目に多い。
- School（学園もの）：
  Movieでは2%で他のジャンルに比べてのべメンバ数が極端に少ないが、TVでは9%で他のジャンルと同程度。

この結果から、映画については非日常的な冒険の場面が描かれた作品を好むメンバが多く、学園生活のような日常を描いたものを好むメンバの割合は少ないことが推測されます[注4.17]。

注4.17　作品数の多さがメンバ数の多さの理由となっている可能性もありますが、このデータから判断することはできません。

COLUMN

Jupyterと学術研究

Pythonは学術的な研究に広く使われています。たとえば2019年4月10日、史上初のブラックホール撮影に成功したことを公表した[※1]国際プロジェクト「イベント・ホライズン・テレスコープ（EHT）」[※2]があります。当該プロジェクトの公式GitHubページ[※3]を見ると、このプロジェクトではデータの解析と可視化にPythonを利用していることがわかります。

また、2017年のノーベル物理学賞を受賞したRainer Weiss氏、Barry C. Barish氏、Kip S. Thorne氏らによる「レーザー干渉計LIGOを用いた重力波観測に関する研究」[※4]でもPythonは利用されています。LIGOの制御とデータ収集には専用に開発されたadvligortsというシステムが使われています[※5]。当該システムのモジュールの一部にPythonが利用されています。また、Gravitational Wave Open Science Centerのチュートリアルページ[※6]では、収集したデータと併せて解析手順の例がJupyter Notebook形式で公開されています。なおJupyterの公式ブログではこの受賞を祝福する投稿がされました[※7]。

2018年にノーベル経済学賞を受賞したPaul M. Romer氏[※8]もPythonを活用しています。Romer氏は科学研究が信頼を得るためには研究成果をオープンにし、方法を明示することが重要であると考えていました。しかし、Mathematicaではそれが困難であったこと、PythonのフロントエンドとしてJupyter Notebookを使うことによりそれが可能になったことを自身のブログで述べています[※9]。

以上に挙げたのはごくわずかな事例であり、それ以外の研究分野においてもPythonは広く活用されています。

※１　史上初、ブラックホールの撮影に成功！
URL https://www.miz.nao.ac.jp/eht-j/c/pr/pr20190410

※２　Event Hrizon Telescope (ETH)
URL https://eventhorizontelescope.org/

※３　URL https://github.com/eventhorizontelescope

※４　The Nobel Prize in Physics 2017. NobelPrize.org. Nobel Media AB 2020. Sun. 26 Jul 2020.
URL https://www.nobelprize.org/prizes/physics/2017/summary/

※５　advligorts: The Advanced LIGO Real-Time Digital Control and Data Acquisition System
URL https://arxiv.org/abs/2005.00219v2

※６　Gravitational Wave Open Science Center
URL https://www.gw-openscience.org/tutorials/

※７　Congratulations to the LIGO and VIRGO Collaborations from Project Jupyter
URL https://blog.jupyter.org/congratulations-to-the-ligo-and-virgo-collaborations-from-project-jupyter-5923247be019

※８　MLA style: The Prize in Economic Sciences 2018. NobelPrize.org. Nobel Media AB 2020. Sun. 26 Jul 2020.
URL https://www.nobelprize.org/prizes/economic-sciences/2018/summary/

※９　Jupyter, Mathematica, and the Future of the Research Paper, April 14, 2018
URL https://paulromer.net/jupyter-mathematica-and-the-future-of-the-research-paper

第5章

Matplotlibを使いこなそう

Matplotlibはきわめて多機能なグラフ描画ライブラリで、細かくグラフの書式を設定できます。本章ではMatplotlibのさまざまな機能を使って、グラフを描画する方法を紹介します。また、章末では本書で推奨するオブジェクト指向スタイル（OOP-style）について説明します。

本章の内容

5.1 グラフの構成要素

各要素の書式の設定方法について詳述する前に、まず、グラフの各要素について説明します。Matplotlibで描画される図表の主要な要素を**図5.1**および**表5.1**に示します。

図 5.1　Matplotlib におけるグラフの要素

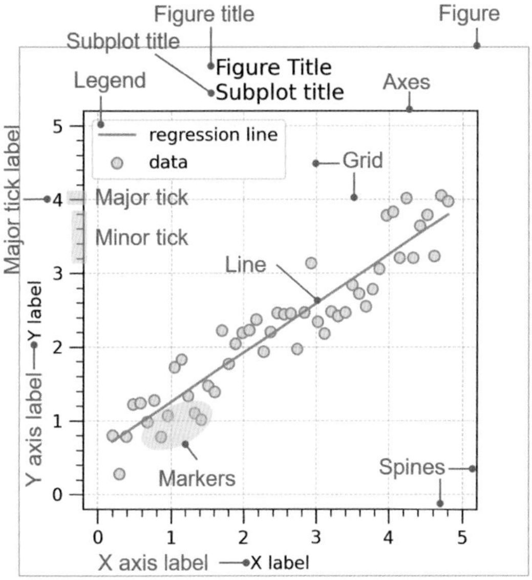

表 5.1　Matplotlib におけるグラフの要素

要素の名前	本書での呼び方	説明
Figure	フィギュア	図のすべてを描画する基本領域
Axes	サブプロット	図のほぼすべての要素を描画する領域
Figure title	フィギュアタイトル	フィギュアのタイトル
Subplot title	サブプロットタイトル	サブプロットのタイトル
Major tick	主目盛り	X 軸と Y 軸の主目盛り
Minor tick	補助目盛り	X 軸と Y 軸の補助目盛り
Major tick label	主目盛りラベル	X 軸と Y 軸の主目盛りラベル
Axis label	軸ラベル	X 軸と Y 軸の軸ラベル
Spine	軸線	サブプロット周囲の境界線
Grid	罫線	X 軸と Y 軸の罫線
Line	線	サブプロットに描画される線（折れ線グラフ、線のオブジェクトなど）
Marker	マーカー	サブプロットに描画されるマーカー（散布図など）
Legend	凡例	グラフ要素の説明

図5.1、**表5.1**を見てわかるように、すべての要素は線、面、文字列の組み合わせで描画されています。たとえば、主目盛り、補助目盛り、軸線、罫線、データを描画する線（この図では折れ線グラフの線）は線のみで構成されています。フィギュアやサブプロット、マーカーは線と面を組み合わせて描画されています。タイトルや軸ラベルは文字列です。凡例は線、面、文字列の組み合わせです。

描画の際、**表5.1**に示した要素のうち、線、面、文字列のいずれの書式を設定したいのかを意識することは、思い通りのグラフを書くうえで役立ちます。

NOTE

より本質的な描画のしくみについては、公式ページのArtist tutorial※に詳しく書かれていますので、そちらを一読することをお勧めします。

※ URL https://matplotlib.org/3.1.1/tutorials/intermediate/artists.html

5.2 フィギュアとサブプロットの書式設定

ここでは、フィギュアとサブプロットのタイトルおよび書式の設定、およびサブプロット配置の調整方法について説明します。

フィギュアのタイトルを設定する

フィギュアのタイトル設定にはFigure.suptitle()メソッドを使います。設定できる引数を**表5.2**に示します。

表5.2 suptitleの主な引数

引数	引数略称※	説明	デフォルト値
t	–	タイトルに設定する文字列	–
x	–	フィギュアにおけるX軸方向の相対位置	0.5
y	–	フィギュアにおけるY軸方向の相対位置	0.98
horizontalalignment	ha	アンカの座標(x, y)に対する相対的なX軸方向の位置（"center"中寄せ;"left"左寄せ;"right"右寄せ）	"center"

※引数略称はキーワードとして使うことができます。

verticalalignment	va	アンカの座標 (x, y) に対する相対的な Y 軸方向の位置（"top" 上寄せ ;"center" 中寄せ ;"bottom" 下寄せ ;"baseline" ベースライン合わせ）	"top"
fontsize	size	文字列のフォントサイズ。フォントのポイント数もしくは文字列（"xx-small", "x-small", "small", "medium", "large", "x-large", "xx-large"）で指定。	"large"
fontweight	weight	文字列のフォントの太さ。0 から 1000 の間の数字、もしくは文字列（"ultralight", "light", "normal", "regular", "book", "medium", "roman", "semibold", "demibold", "demi", "bold", "heavy", "extra bold", "black"）	"normal"

フィギュアタイトルの書式を設定して描画するコードを**リスト5.2.1**に示します。この例ではタイトルのフォントサイズを20に、フォントの太さを太字に変更しています。

● リスト 5.2.1　フィギュアタイトルの設定

```
import matplotlib.pyplot as plt

%matplotlib inline

fig, axes = plt.subplots(1, 2)

# フィギュアのタイトルの設定
fig.suptitle("フィギュアのタイトル", fontsize=20, fontweight="bold");
```

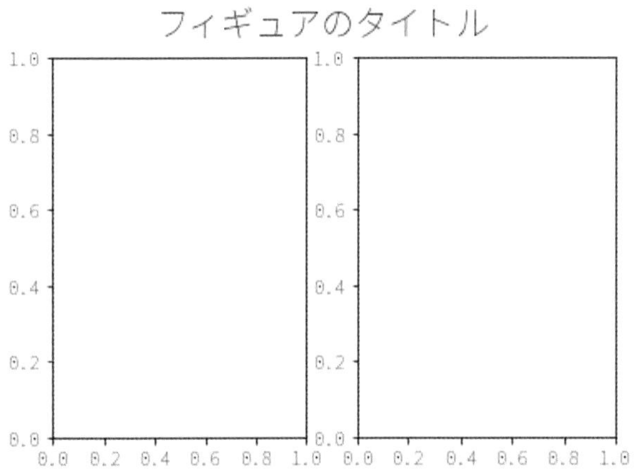

suptitle() メソッドに与えられた文字列は、座標 (x, y) をアンカとして位置が設定されています。デフォルトのアンカの座標は、(0.5, 0.98) です。この座標は**図5.2**に示すようなフィギュアオブジェクトの左下角の座標を (0, 0)、右上の角の座標を (1, 1) とした場合の相対座標です。

図 5.2　フィギュアオブジェクトの座標

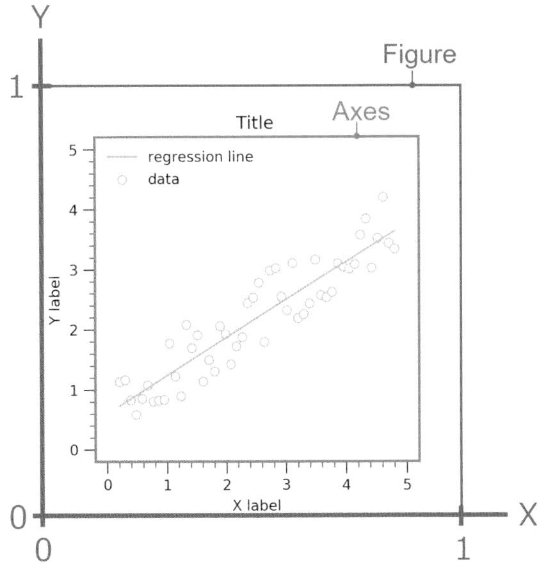

NOTE

suptitle() には他にも文字列に関する設定ができます。文字列の設定については「5.7　文字列の書式設定」(P.273) を参照してください。

サブプロットのタイトルを設定する

サブプロットのタイトル設定には Axes.set_title() メソッドを使用します。設定できる引数を以下の**表 5.3** に示します。

表 5.3　set_title の引数

引数	説明	デフォルト値
label	タイトルに設定する文字列	—
fontdict	文字列設定（フォントの大きさ、太さ、位置など）に関する辞書	{"fontsize": rcParams["axes.titlesize"], "fontweight": rcParams["axes.titleweight"], "color": rcParams["axes.titlecolor"], "verticalalignment": baseline, "horizontalalignment": loc}
loc	サブプロットに対する相対的な X 軸方向の位置（中寄せ "center"、左寄せ "left"、右寄せ "right"）	"center"
pad	サブプロット上端からのタイトル位置のオフセット	6.0

リスト5.2.1のコードに、サブプロットタイトルを描画するコードを追加したものが**リスト5.2.2**です。

左側のサブプロットはフォントサイズのみを変更しています。デフォルトでは垂直方向の位置の基準が"baseline"、水平方向の位置の基準が"center"に設定されているため、サブプロットの上側中央に文字列が配置されます。また、デフォルトでは引数padに6.0が与えられているため、サブプロットとサブプロットタイトルの間には少し隙間があります。いっぽう、右側のサブプロットでは引数locとpadにそれぞれ"right"、0を与えてサブプロットタイトルを描画しています。この指定により、文字列が右寄せ（サブプロットと右側を揃えた形）かつサブプロットの上端に文字列のベースラインがくるように描画されています。

● リスト5.2.2　サブプロットタイトルの設定

```
fig, axes = plt.subplots(1, 2)

# フィギュアのタイトルの設定
fig.suptitle("フィギュアのタイトル")

# サブプロットタイトルの設定
axes[0].set_title("axes[0]のタイトル", {"fontsize": 16})
axes[1].set_title("axes[1]のタイトル", loc="right", pad=0);
```

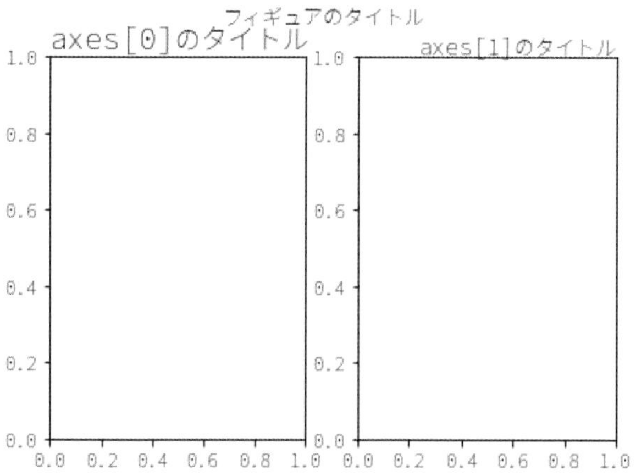

なお、フィギュアオブジェクト（fig）に対するメソッドであるsuptitle()はフィギュアオブジェクトの座標（**図5.2**）を基準としていましたが、サブプロットオブジェクト（axes[0]およびaxes[1]）に対するメソッドであるset_title()は、サブプロットオブジェクトの座標（**図5.3**）を基準としています。

NOTE

サブプロットの軸の座標ではなく、サブプロットオブジェクトの座標であることに注意してください。

●図 5.3　サブプロットオブジェクトの座標

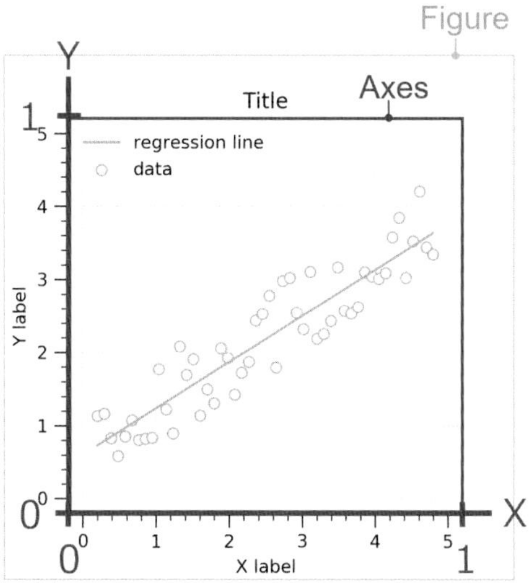

NOTE

set_title() には他にも文字列に関する設定ができます。文字列の設定については「5.7　文字列の書式設定」(P.273) を参照してください。

フィギュアオブジェクトの書式を設定する

描画領域となるフィギュアオブジェクトをfigure()関数で生成する際は、**表5.4**に示す引数が設定できます。

●表 5.4　フィギュアオブジェクトに設定できる引数

引数	説明
figsize	フィギュアオブジェクトの幅と高さ（単位：インチ）
dpi	フィギュアオブジェクトの解像度
facecolor	フィギュアオブジェクトの塗りつぶし色
edgecolor	フィギュアオブジェクトの枠線の色
linewidth	フィギュアオブジェクトの枠線の太さ
frameon	フィギュアオブジェクトの枠線描画の有無（True ＝描画する、False ＝描画しない）
subplotpars	左右・上下・サブプロット間の余白の設定
tight_layout	False ＝ subplotpars の設定を使用、True ＝デフォルト設定を使用

具体的には**リスト 5.2.3**のように設定します。

●リスト 5.2.3　フィギュアオブジェクトの引数設定

```
import matplotlib.pyplot as plt

%matplotlib inline

fig = plt.figure(
    figsize=(3, 3),    # サイズ
    dpi=100,           # 解像度
    facecolor="grey",  # 塗りつぶし色
    edgecolor="k",     # 枠線の色
    linewidth=10,      # 枠線の太さ
    frameon=True,     # 枠線を表示する
    tight_layout=False,
)

fig.add_subplot(1, 1, 1);
```

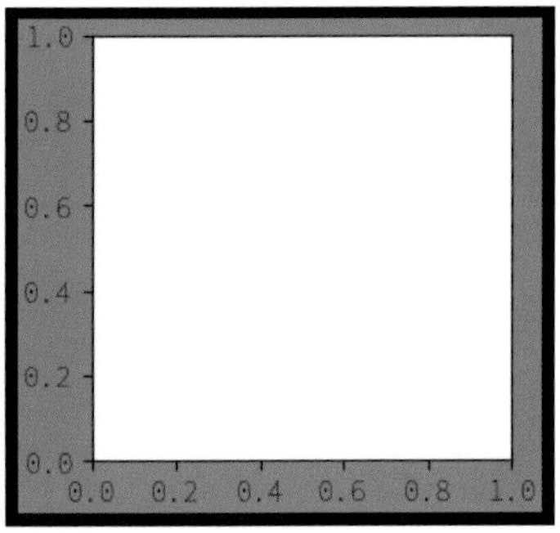

NOTE

リスト 5.2.3の結果をファイルに出力した場合、出力された画像には設定が反映されません。出力する画像に書式を反映する方法については「5.9　グラフをファイルに出力」内の「ファイルに出力するフィギュアオブジェクトの書式を設定する」(P.289) を参照してください。

NOTE

表 5.4の設定項目は matplotlibrc ファイルに含まれています。matplotlibrc ファイル内の各パラメータを修正することにより、デフォルト値が変更できます。matplotlibrc については第 1 章の「1.5　日本語フォント環境の準備」(P.48) を参照してください。

サブプロット間の余白を設定する

リスト5.2.4のように、余白の調整をせずにサブプロットを描画すると、右側のY軸目盛りラベルが左側のサブプロットに重なります。

リスト 5.2.4　余白の設定をしなかった場合

```
fig, axes = plt.subplots(2, 2)
```

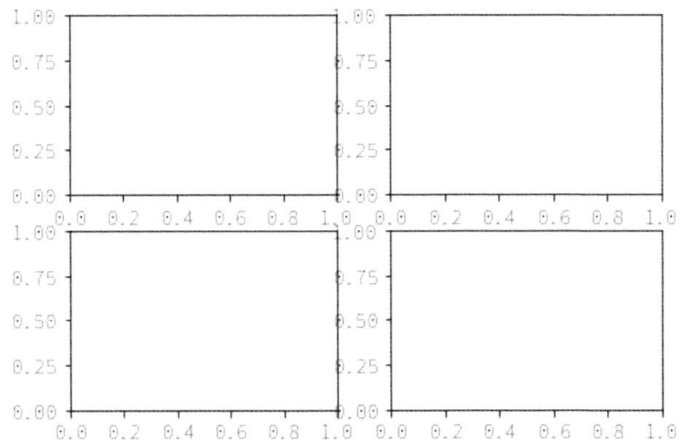

subplots_adjust()関数を使うことで、このような重複を回避できます。subplots_adjust()関数に設定できる引数を**表5.5**に示します。

表 5.5　subplots_adjust() 関数に設定できる引数

引数	説明
left	左端のサブプロットの左側にある余白の幅。フィギュアオブジェクトの幅を「1」とした場合の割合で与える
bottom	下端のサブプロットの下側にある余白の幅。フィギュアオブジェクトの高さを「1」とした場合の割合で与える
right	右端のサブプロットの右側にある余白の幅。フィギュアオブジェクトの幅を「1」とした場合の割合で与える
top	上端のサブプロットの上側にある余白の幅。フィギュアオブジェクトの高さを「1」とした場合の割合で与える
wspace	サブプロットの列間の余白の幅。軸幅の平均値を「1」とした場合の割合で値を与える
hspace	サブプロットの行間の余白の幅。軸の高さの平均値を「1」とした場合の割合で値を与える

引数"left"、"right"、"top"、"bottom"が実際にどこにあたるのか、位置関係を示したのが**図5.4**になります。フィギュアオブジェクトの左下角の座標は（0, 0)、右上角の座標は（1, 1）であり、"left"、"right"はX座標を、"top"、"bottom"はY座標を指定することになります。"right"は必ず

"left"より大きく、"top"は必ず"bottom"より大きくなります。

●図5.4　引数"left"、"right"、"top"、"bottom"の位置関係

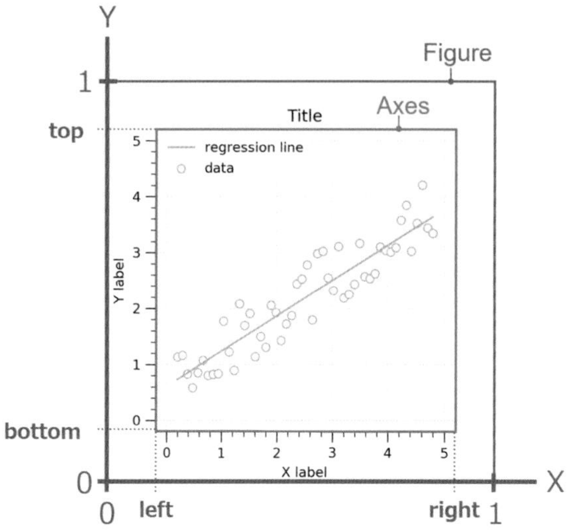

◆引数で余白を設定

リスト5.2.5に、6つの引数すべてを設定した例を示します。**リスト5.2.5**では、subplots_adjust()関数の引数"left"、"right"、"top"、"bottom"、"wspace"、"hspace"にそれぞれ0.2、0.2、0.7、0.7、0.5、0.5を指定しています。

NOTE

出力結果を確認するため、subplots()関数の引数linewidthに2を、frameonにTrueを設定し、また、savefig()メソッドの引数linewidthに2を、引数edgecolorにgreyを設定してファイルを保存しています。ファイルの保存方法は「5.9　グラフをファイルに出力」(P.288)を参照してください。

●リスト5.2.5　サブプロットの余白調整

```
fig, axes = plt.subplots(2, 2, linewidth=2, frameon=True)

fig.subplots_adjust(left=0.2, bottom=0.2, right=0.7, top=0.7, wspace=0.5, hspace=0.5)

fname = "subplots_adjust.png"
fig.savefig(fname, linewidth=2, edgecolor="grey")
```

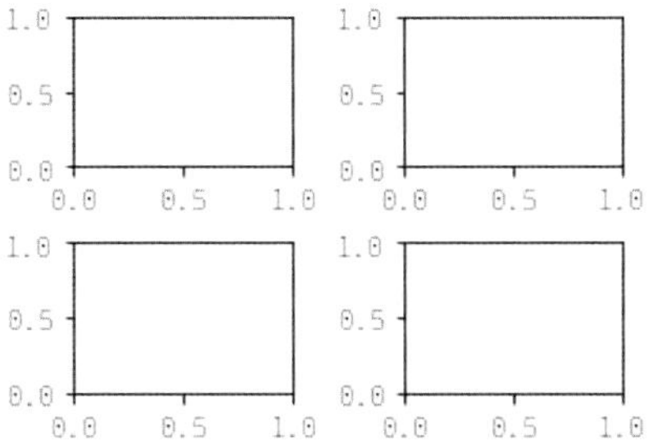

◆出力したファイルを読み込んで確認

出力結果を見ると、サブプロット間のスペースがデフォルトの場合より広くなっていることがわかります。サブプロット周りの調整の結果はJupyterLab上の出力ではわかりにくいので、出力したファイルを読み込んで確認します（**リスト5.2.6**）。

リスト 5.2.6　出力したファイルを読み込んで確認

```
from IPython.display import Image

Image(fname)
```

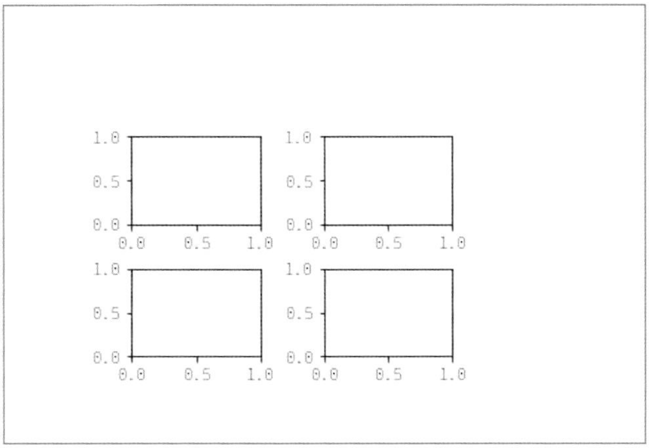

出力の結果、左と下側に対し、右と上側に広い余白がとられていることが確認できました。

サブプロットの書式を設定する

サブプロットオブジェクトを生成する際には、サブプロットオブジェクト自体の書式と併せて、軸や軸目盛り、ラベルなどサブプロットにひも付くさまざまな要素の書式を設定できます。サブプロットに設定できる引数のうち、サブプロット自体の書式に関する引数を**表5.6**に、X軸およびY軸の書式に関する引数を**表5.7**に挙げます。

表5.6　サブプロットに設定できる主な引数

引数	説明
alpha	不透明度
facecolor	描画エリアの色
title	サブプロットタイトル

表5.7　サブプロットに設定できる軸に関連した主な引数

X軸の引数	Y軸の引数	説明
sharex	sharey	サブプロット間で軸の範囲、目盛り、目盛りの形式を共有する
xlim	ylim	軸の範囲（下限値と上限値）
xlabel	ylabel	軸ラベル
xscale	yscale	軸目盛りの形式
xticklabels	yticklabels	軸目盛りラベル
xticks	yticks	軸目盛り

NOTE

軸線はサブプロットインスタンスに含まれますが、軸と軸目盛りの説明とともに次節「5.3　グラフの軸と目盛りの設定」(P.239)で説明しています。軸線、軸、軸目盛りを設定する詳細な方法についてはそちらを参照してください。

設定の一例を**リスト5.2.7**に示します。**リスト5.2.7**では、ax1とax2で同じデータを、書式を変えて描画しています。ax1ではY軸ラベルとサブプロットタイトルのみを設定しているのに対し、ax2についてはそれらに加えてサブプロットの塗りつぶし色、X軸目盛りとX軸目盛りラベル、Y軸の範囲、Y軸目盛りの形式を指定しています。

リスト5.2.7　サブプロットの書式設定

```
# 描画する値
y = [1, 10, 100, 1000, 10000]
x = range(len(y))

fig = plt.figure()

# サブプロットの書式設定
ax1 = fig.add_subplot(1, 2, 1, title="ax1", ylabel="linear values")

ax2 = fig.add_subplot(
    1, 2, 2,
    facecolor="lightblue",  # 塗りつぶし色
    title="ax2",  # サブプロットタイトル
```

```
    xticks=x,  # X軸目盛り
    xticklabels=list("abcde"),  # X軸目盛りラベル
    ylabel="log values",  # Y軸ラベル
    ylim=(1, 10000),  # Y軸範囲
    yscale="log",  # Y軸目盛りの形式
)

ax1.plot(x, y)
ax2.plot(x, y)

# サブプロット間のスペース調整
fig.subplots_adjust(wspace=0.4)
```

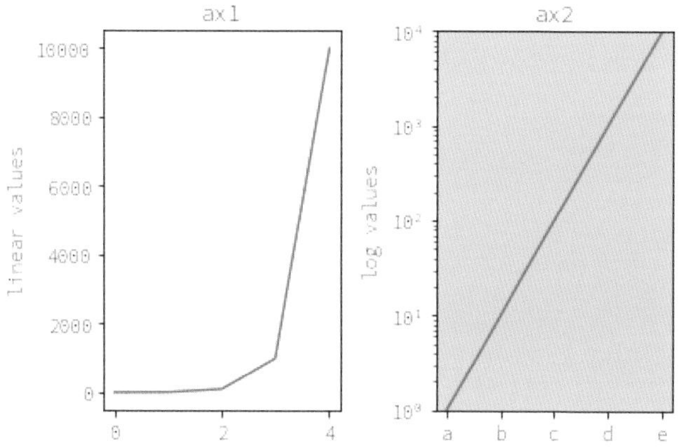

5.3 グラフの軸と目盛りの設定

グラフの目盛り、目盛りラベル、軸線といった軸に関する設定方法を説明します。

軸を揃える

Matplotlibは、リスト5.3.1のように軸の設定を行わずに描画すると、データに適した範囲の軸が自動的に設定されます。サブプロットごとに最適化しているため、サブプロット間の軸範囲はばらばらです。

● リスト 5.3.1　軸の書式を設定せずに描画（デフォルト）

```
import matplotlib.pyplot as plt
import numpy as np

%matplotlib inline

x1 = np.arange(0, 10, 0.2)
x2 = np.arange(0, 20, 0.2)
x3 = np.arange(0, 30, 0.2)
x4 = np.arange(0, 40, 0.2)

y1 = np.sin(x1)
y2 = np.sin(x2) * 1.5
y3 = np.cos(x3) * 2
y4 = np.cos(x4)

fig, axes = plt.subplots(2, 2)

axes[0, 0].plot(x1, y1)
axes[0, 1].plot(x2, y2)
axes[1, 0].plot(x3, y3)
axes[1, 1].plot(x4, y4);
```

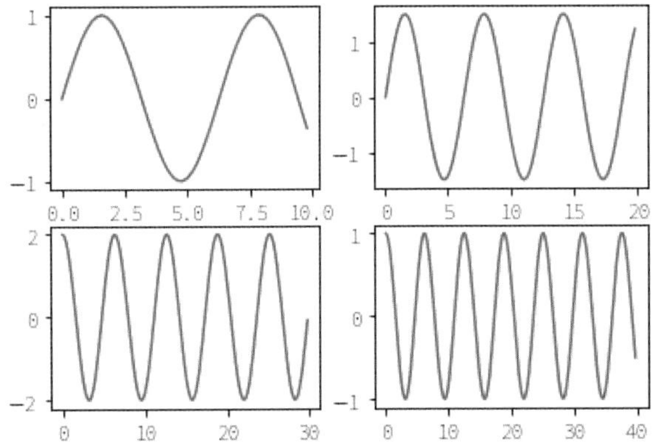

◆ 軸範囲の統一

軸範囲を統一した図を描画したい場合は、サブプロットオブジェクトを生成する際にsubplots()関数を用い、引数sharex、shareyに値を設定します。引数sharex、shareyに設定できる値を**表5.8**に示します。

表 5.8 sharex、sharey に設定できる値

値	説明
True	すべてのサブプロット間でX軸もしくはY軸を共有
False	軸共有を行わない（すべてのサブプロットは独立したX軸もしくはY軸を持つ；デフォルト値）
"all"	True と同じ
"none"	False と同じ
"row"	すべての行方向のサブプロットでX軸もしくはY軸を共有
"col"	すべての列方向のサブプロットでX軸もしくはY軸を共有

リスト5.3.2の例では、sharexにTrueを、shareyに"col"を設定しています。sharexにTrueを設定することにより、全サブプロットのX軸の範囲が統一され、また、shareyに"col"を設定することにより、列方向（縦方向）のグラフのY軸が統一されます。

リスト 5.3.2 sharex, sharey 引数を設定して描画

```
fig, axes = plt.subplots(2, 2, sharex=True, sharey="col")

axes[0, 0].plot(x1, y1)
axes[0, 1].plot(x2, y2)
axes[1, 0].plot(x3, y3)
axes[1, 1].plot(x4, y4);
```

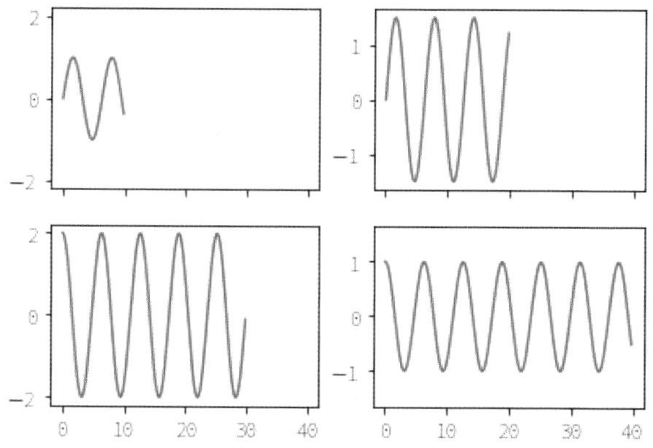

軸の範囲を設定する

サブプロットごとに軸範囲を設定したい場合はAxes.set_xlim()メソッド（X軸）、Axes.set_ylim()メソッド（Y軸）を用います。これらのメソッドにおいて、1番目の引数（X軸の場合はleft、Y軸の場合はbottom）に軸の下限値を、2番目の引数（X軸の場合はright、Y軸の場合はtop）に軸の上限値を与えます（**リスト5.3.3**）。

set_xlim()、set_ylim() メソッドで軸の範囲を与える際、下限値を上限値より大きくすることもできます。下限値を上限値より大きくした場合は、X 軸なら左右が、Y 軸ならば上下が反転して描画されます。

● リスト 5.3.3　軸の範囲設定

```
fig, axes = plt.subplots(2, 2)

# 折れ線グラフの描画
axes[0, 0].plot(x1, y1)
axes[0, 1].plot(x2, y2)
axes[1, 0].plot(x3, y3)
axes[1, 1].plot(x4, y4)

# X軸の範囲の設定
axes[0, 0].set_xlim(0, 10)
axes[0, 1].set_xlim(10, 20)
axes[1, 0].set_xlim(20, 10)
axes[1, 1].set_xlim(10, 0)

# Y軸の範囲の設定
axes[0, 0].set_ylim(0, 1)
axes[0, 1].set_ylim(0, -1)
axes[1, 0].set_ylim(-1, 0)
axes[1, 1].set_ylim(1, 0)

# サブプロット間スペースの調整
fig.subplots_adjust(hspace=0.3, wspace=0.3)
```

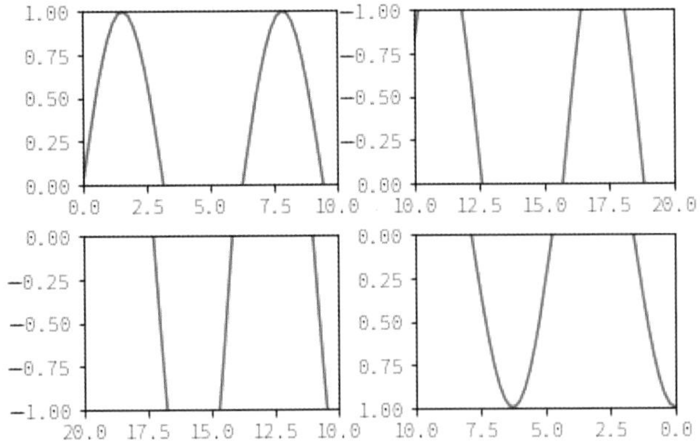

NOTE

サブプロット間スペースの調整については「サブプロット間の余白を設定する」（P.235）を参照してください。

軸の形式を設定する

デフォルトでは線形の軸が表示されますが、Axes.set_xscale()メソッド（X軸）、Axes.set_yscale()メソッド（Y軸）に文字列"log"を指定することにより、対数軸を表示できます（**リスト5.3.4**）。

● **リスト 5.3.4　対数目盛りの設定**

```
a = np.linspace(0, 100, 100)
b = np.linspace(0, 1000000, 100)

fig, axes = plt.subplots(1, 2)

axes[0].plot(a, b)
axes[1].plot(b, a)

# 軸を対数に設定
axes[0].set_yscale("log")
axes[1].set_xscale("log")

axes[0].set_title("Y軸が対数軸")
axes[1].set_title("X軸が対数軸");
```

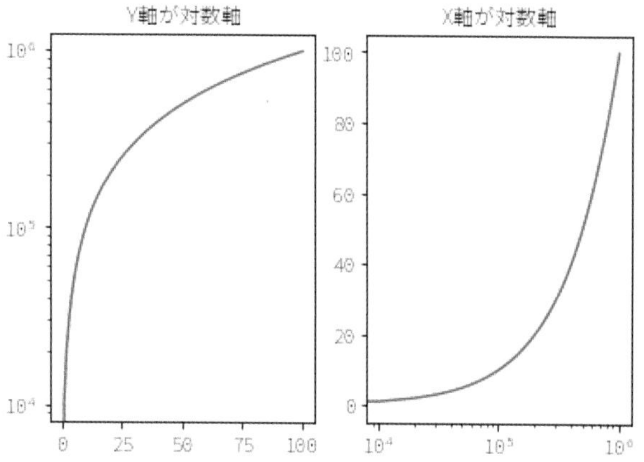

複数軸を設定する

2つの軸を持ったサブプロットを描画する場合はAxes.twinx()メソッド、Axes.twiny()メソッドを利用します。twinx()はX軸を、twiny()はY軸を2つのサブプロットで共有する方法であるため、twinx()を使うとX軸が1つでY軸が2つの、twiny()を使うとY軸が1つでX軸が2つのグラフが描画されます。

リスト 5.3.5 のコードによって生成されたグラフのうち、左図はtwinx()を使って2つのY軸を、右図はtwiny()を使って2つのX軸を1つのサブプロットに描画しています。

● リスト 5.3.5　複数軸を設定

```
p = np.linspace(-10, 10, 20)
q = np.linspace(0, 10, 20)
r = np.linspace(-10, 10, 50)
s = [(np.tanh(ss / 2) + 1) / 2 for ss in r]

fig, axes = plt.subplots(1, 2, figsize=(13, 4))

# 左図の描画
# 左軸を持つデータを描画
axes[0].scatter(p, q, color="blue", label="axes[0]")

# 右軸を持つデータを描画
ax2 = axes[0].twinx()
ax2.plot(r, s, color="blue", label="ax2")

# 右図の描画
# 下軸を持つデータを描画
axes[1].scatter(q, p, color="red", label="axes[1]")

# 上軸を持つデータを描画
ax3 = axes[1].twiny()
ax3.plot(s, r, color="red", label="ax3")

# サブプロットタイトルの設定
axes[0].set_title("2つのY軸")
axes[1].set_title("2つのX軸")

# 凡例の設定
fig.legend();
```

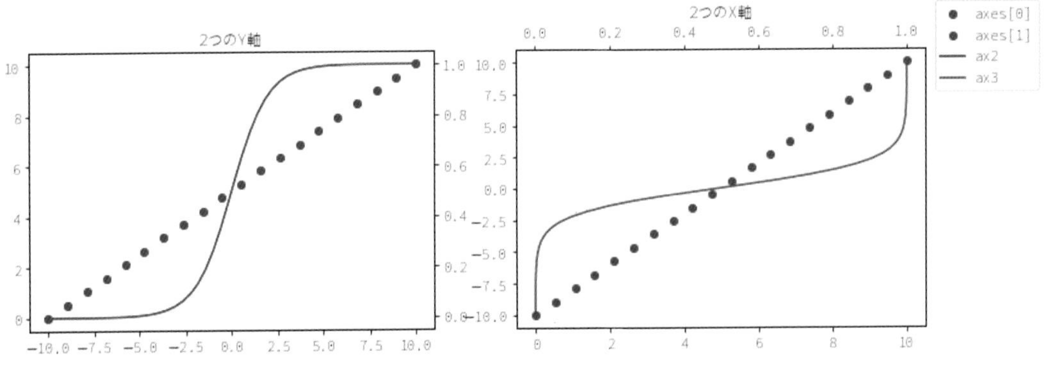

NOTE

凡例の設定方法については「5.4　凡例の設定」(P.253) に詳述されています。

軸ラベルを設定する

軸ラベルを設定する場合はAxes.set_xlabel()メソッド (X軸)、Axes.set_ylabel()メソッド (Y軸) を利用します。ラベルの軸からの距離は引数labelpadで調整できます。また、第2引数以降に文字列の書式を設定できます。書式はキーワード引数として指定することも辞書型で指定することもできます。

リスト5.3.6の例では、左軸の軸ラベルをキーワード引数で、右軸の軸ラベルを辞書型で与えています。

NOTE

文字列の書式は「5.7　文字列の書式設定」(P.273) に示した方法で設定できます。

● リスト 5.3.6　軸ラベルの設定

```
fig, ax1 = plt.subplots(1, 1)

ax1.plot(p, q, color="blue", label="ax1")
ax2 = ax1.twinx()
ax2.plot(r, s, color="red", label="ax2")

ax1.set_ylabel("ax1", labelpad=-5, fontsize=20, color="blue")
ax2.set_ylabel("ax2", {"fontsize": 20, "color": "red"})

fig.legend(bbox_to_anchor=(0.85, 0.25));
```

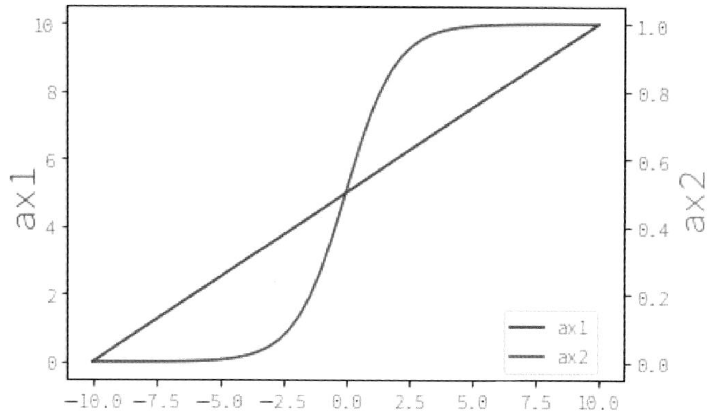

主目盛りと主目盛りラベルを設定する

主目盛りと主目盛りラベルを設定する場合は、**表5.9**に示すメソッドを利用します。

● **表 5.9　主目盛りと主目盛りラベルを設定するメソッド**

項目	X 軸	Y 軸	設定可能な値
主目盛り	set_xticks()	set_yticks()	任意の要素数のリスト（数値もしくは真偽値）
主目盛りラベル	set_xticklabels()	set_yticklabels()	主目盛りと同じ要素数のリスト（数値、真偽値、テキスト）

リスト5.3.7では、左軸に文字列を、X軸に要素のないリスト[]を渡して描画しています。要素のないリスト[]を渡すことにより、主目盛りラベルを非表示にできます。

● **リスト 5.3.7　主目盛りと主目盛りラベルを設定**

```
fig, ax1 = plt.subplots(1, 1)

ax1.plot(p, q, color="blue", label="ax1")
ax2 = ax1.twinx()
ax2.plot(r, s, color="red", label="ax2")

# 主目盛りの設定
ax1.set_xticks([-10, 0, 10])
ax1.set_yticks(np.linspace(0, 10, 3))
ax2.set_yticks(np.linspace(0, 1, 3))

# 主目盛りラベルの設定
ax1.set_yticklabels(["zero", "five", "ten"])
ax1.set_xticklabels([])

fig.legend(bbox_to_anchor=(0.85, 0.25));
```

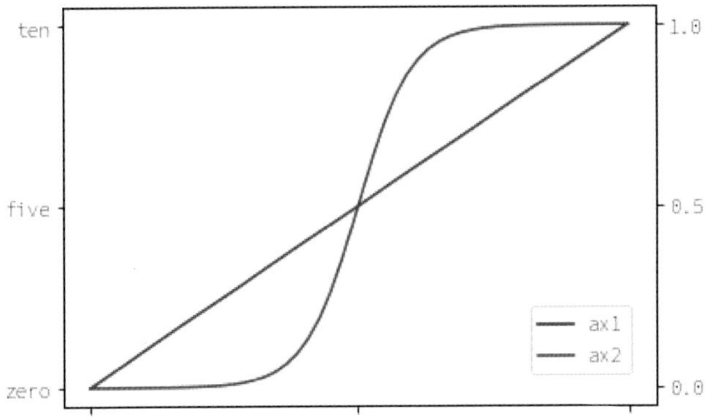

目盛りの書式を設定する

目盛りの書式はAxes.tick_params()メソッドを使います。設定できる引数を表5.10に挙げます。

表 5.10　tick_params の主な引数

引数	説明
axis	X軸（"x"）、Y軸（"y"）、両軸（"both"）
reset	False の場合、キーワード引数すべての設定を行う前にデフォルト値にリセット（デフォルト値は True）
which	主目盛り（"major"）、補助目盛り（"minor"）、両目盛り（"both"）
direction	内側（"in"）、外側（"out"）、両側（"inout"）
length	目盛りの長さ
width	目盛りの太さ
color	目盛りの色
pad	目盛りと目盛りラベルの距離
labelsize	目盛りラベルのサイズ
labelcolor	目盛りラベルの色
colors	目盛りと目盛りラベルの色
zorder	描画順
bottom	下軸目盛り（"on"、"off"）
top	上軸目盛り（"on"、"off"）
left	左軸目盛り（"on"、"off"）
right	右軸目盛り（"on"、"off"）
labelbottom	下軸目盛りラベル（"on"、"off"）
labeltop	上軸目盛りラベル（"on"、"off"）
labelleft	左軸目盛りラベル（"on"、"off"）
labelright	右軸目盛りラベル（"on"、"off"）
labelrotation	目盛りラベルの回転（指定した度数に半時周りで回転）
grid_color	目盛り線の色
grid_alpha	目盛り線の不透明度
grid_linewidth	目盛り線の太さ
grid_linestyle	目盛り線の線種

NOTE

目盛り線の色、不透明度、太さ、線種等の設定方法については「5.5　線の書式設定」(P.260) に詳述しています。

リスト5.3.8では、主目盛りの長さを10ポイントに設定し、また、主目盛り・補助目盛りを内側と外側の両方向に描画しています。また、Y軸（左軸・右軸）の目盛り線および目盛りラベルの色は対応するプロットの色と揃えています。さらにY軸の主目盛り線を描画し、左軸のラベルを反時計回りに90°、右軸のラベルを時計回りに90°回転させています。

● リスト 5.3.8　目盛りの書式設定①

```
fig, ax1 = plt.subplots(1, 1)

ax1.plot(p, q, color="blue", label="ax1")
ax2 = ax1.twinx()
ax2.plot(r, s, color="red", label="ax2")

# X軸の主目盛りを設定
ax1.set_xticks([-10, 0, 10])

# 補助目盛りの描画
ax1.minorticks_on()

# 目盛り線の描画
ax1.grid()

# Y軸(左軸)の主目盛りを設定
ax1.tick_params(
    axis="y",
    which="major",
    direction="inout",
    length=10,
    width=3,
    color="blue",
    labelcolor="blue",
    labelrotation=90,
)

# Y軸(右軸)の主目盛りを設定
ax2.tick_params(
    axis="y",
    which="major",
    direction="inout",
    length=10,
    width=3,
    color="red",
    labelcolor="red",
    labelrotation=-90,
)

# 左軸の補助目盛りを設定
ax1.tick_params(
    axis="y",
    which="minor",
    direction="inout",
    length=10,
    color="blue",
    bottom="on",
```

```
    grid_color="blue",
    grid_linewidth=1,
    grid_linestyle="-",
)

# X軸の主目盛りを設定
ax1.tick_params(
    axis="x",
    which="major",
    direction="inout",
    length=10,
    width=3,
    right="on",
    grid_linewidth=0,
)

# X軸の補助目盛りを設定
ax1.tick_params(axis="x", which="minor", direction="inout", length=5, right="on")

fig.legend(bbox_to_anchor=(0.8, 0.3));
```

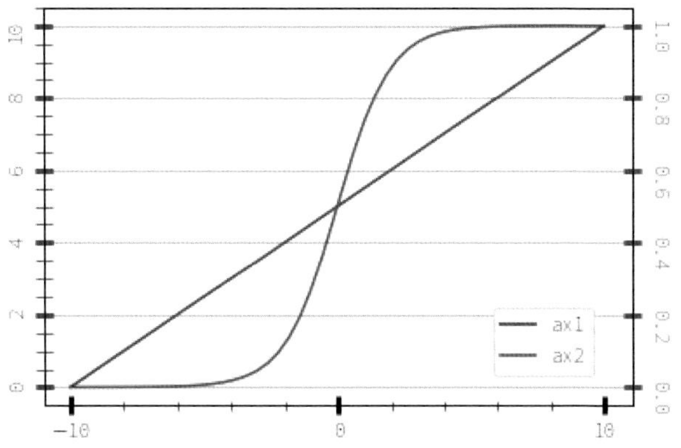

NOTE

minorticks_on()が実行されていない場合、補助目盛りの書式を設定しても描画されません。また、grid()が実行されていない場合は目盛り線の書式を設定しても描画されません。

◆Axes.grid() メソッドに引数を渡す

リスト5.3.8ではtick_params()を用いて目盛り線の設定を行いましたが、Axes.grid()メソッドにはtick_params()の次の引数が渡せます。

- which
- axis
- 線の書式設定にかかる引数

リスト 5.3.9 では、X 軸の主目盛り線を黒色の実線で、Y 軸および X 軸の補助目盛り線を灰色の破線で描画しています。

リスト 5.3.9　目盛りの書式設定②

```
fig, ax1 = plt.subplots(1, 1)

ax1.plot(p, q, color="blue", label="ax1")
ax2 = ax1.twinx()
ax2.plot(r, s, color="red", label="ax2")

# 補助目盛りの描画
ax1.minorticks_on()
ax2.minorticks_on()

# X軸の主目盛りを設定
ax1.set_xticks([-10, 0, 10])

# 目盛り線の描画
ax1.grid(which="major", axis="x", color="black", linestyle="-", linewidth=1)
ax1.grid(which="minor", axis="x", color="grey", linestyle="--", linewidth=1)
ax1.grid(which="major", axis="y", color="grey", linestyle="--", linewidth=1)
```

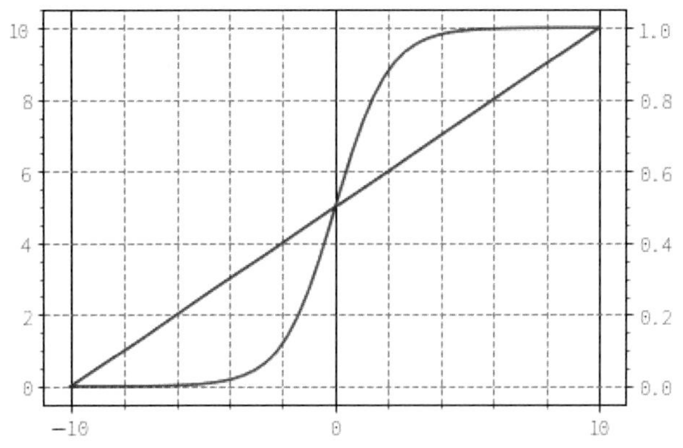

軸線を設定する

軸線はサブプロット周囲の境界線であり、軸目盛りをつなぐ線です。軸線はサブプロットインスタンスに順序付きの辞書型で含まれているため、左右上下について**表5.11**に示す形で参照して個別に設定できます。また、書式の設定は**表5.12**に示す関数で設定できます。set_position()の引数に指定できる値は**表5.13**の通りです。

表 5.11　軸線の参照

軸線の位置	参照方法
左	spines["left"]
右	spines["right"]
下	spines["bottom"]
上	spines["top"]

表 5.12　軸線の書式設定のための関数

関数	説明
set_bounds	軸線の描画範囲の最小値と最大値を引数 "low" と "high" にそれぞれ指定（デフォルト値は None）
set_color	軸線の色を指定
set_position	軸線の位置をタプル型（(位置タイプ , 数値)）で指定（詳細は表 5.13 参照）

表 5.13　set_position に指定できる位置タイプ

位置タイプ	説明
"outward"	指定した数値の分だけ軸線をずらして描画（正の数値のとき外側に、負の数値のとき内側にずらす）
"axes"	指定したサブプロットオブジェクトを基準として描画（図 5.3 に示すサブプロット自体の座標を基準とするため数値は 0 から 1 の範囲で指定）
"data"	データを基準として描画（データの軸範囲を基準として数値を指定）
"center"	("axes", 0.5) に等しい
"zero"	("data", 0.0) に等しい

リスト5.3.10の例では以下に示す設定をしています。

- 色の設定
  - 左図、右図共に右側・上側の軸線の色を None に指定して軸線を非表示に設定
  - 左図の左側・下側の軸線の色を "blue" に設定
  - 右図の左側・下側の軸線の色を "green" に設定
- 描画位置の設定
  - 左図の左側の軸線を "outward" に設定して 5 ポイント外側に軸線を描画
  - 左図の下側の軸線を "center" に設定してサブプロットの上下方向の中央に描画
  - 右図の左側の軸線を "data" に設定して X=-5 の位置に軸線を描画
  - 右図の下側の軸線を "zero" に設定して Y=0 の位置に軸線を描画

リスト 5.3.10　軸線の設定

```
fig, axes = plt.subplots(1, 2, figsize=(10, 4))

# 折れ線グラフを描画
s_array = np.array(s) - 0.5
axes[0].plot(r, s_array, color="blue")
axes[1].plot(r, s_array, color="green")

# 軸線の色の指定
axes[0].spines['left'].set_color("blue")
axes[0].spines['bottom'].set_color("blue")
axes[0].spines['right'].set_color(None)
axes[0].spines['top'].set_color(None)

axes[1].spines['left'].set_color("green")
axes[1].spines['bottom'].set_color("green")
axes[1].spines['right'].set_color(None)
axes[1].spines['top'].set_color(None)

# 軸線の描画位置の指定
axes[0].spines["left"].set_position(("outward", 5))
axes[0].spines["bottom"].set_position("center")

axes[1].spines["left"].set_position(("data", -5))
axes[1].spines["bottom"].set_position("zero")

# Y軸の描画範囲を指定(左図)
axes[0].set_ylim([-0.6, 0.6])

# 軸線の描画範囲を指定(左図)
axes[0].spines['left'].set_bounds(-0.6, 0.6)
axes[0].spines['bottom'].set_bounds(-10, 10)
```

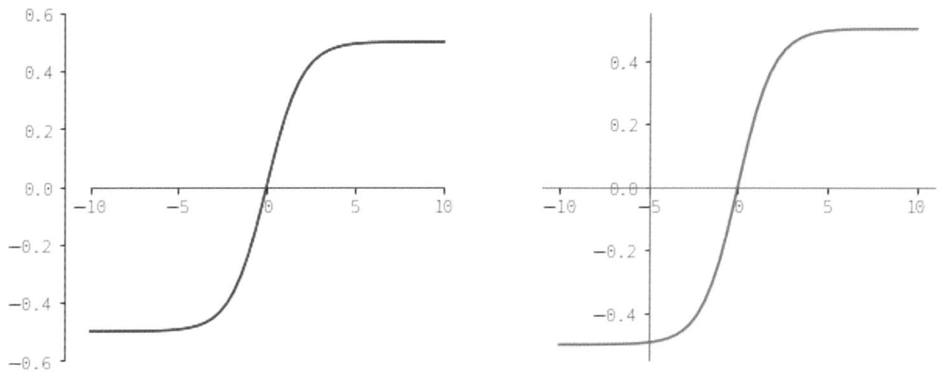

5.4 凡例の設定

凡例はサブプロットごとに描画することも、フィギュアで1つにまとめて表示することもできます。ここでは凡例の描画方法と書式設定について説明します。

サブプロットに凡例を描画する

サブプロットに凡例を設定する際はlegend()メソッドを使います。legend()メソッドを使った凡例の描画方法は、大きく分けて以下の3つがあります[注5.1]。

- legend() メソッドが要素を自動判別して描画
- legend() メソッドに要素のラベルを指定して描画
- legend() メソッドに要素と要素のラベルを指定して描画

◆legend() メソッドが要素を自動判別して描画

legend()メソッドが要素を自動判別して描画する方法では、データを描画する際に引数labelに要素のラベルとして表示したい文字列を指定し、データを描画後、legend()メソッドで凡例を描画します。**リスト5.4.1**の例では、折れ線グラフのラベルとして引数labelに"sin"あるいは"cos"を渡して折れ線グラフを描画したのち、legend()メソッドに引数を渡さず凡例を描画しています。

リスト 5.4.1　サブプロットに凡例を描画①

```
import matplotlib.pyplot as plt
import numpy as np

%matplotlib inline

x = np.linspace(0, np.pi * 4, 100)
y1 = np.sin(x)
y2 = np.cos(x)

fig, ax = plt.subplots(1, 1)
```

注5.1　URL https://matplotlib.org/api/_as_gen/matplotlib.axes.Axes.legend.html

```
ax.plot(x, y1, label="sin")
ax.plot(x, y2, label="cos")

# 凡例表示
ax.legend();
```

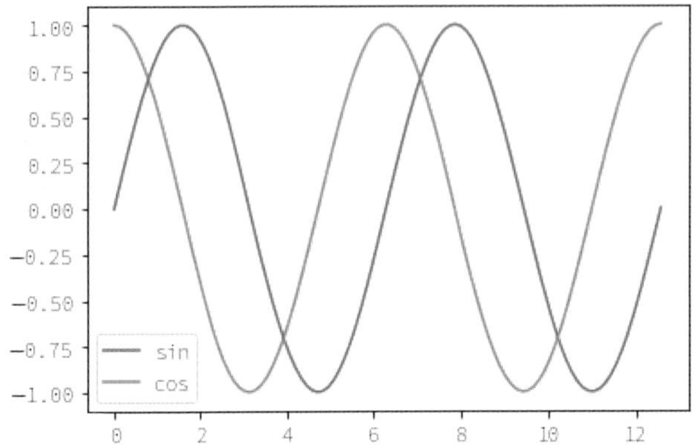

◆legend() メソッドに要素のラベルを指定して描画

legend()メソッドに要素のラベルを指定して描画する方法では、legend()メソッドの引数として凡例を描画する際に要素と同じ数の要素のラベルをリスト形式で渡します（**リスト5.4.2**）。**リスト5.4.2**の実行結果は**リスト5.4.1**と同じになります。

● リスト 5.4.2　サブプロットに凡例を描画②

```
fig, ax = plt.subplots(1, 1)

ax.plot(x, y1)
ax.plot(x, y2)

# 凡例表示
ax.legend(["sin", "cos"]);
```

◆legend() メソッドに要素と要素のラベルを指定して描画

legend()メソッドに要素と要素のラベルを指定して描画する方法では、legend()メソッドの引数として要素と要素のラベルを明示的にタプルもしくはリスト形式で渡して凡例を描画します（**リスト5.4.3**）。**リスト5.4.3**の実行結果も**リスト5.4.1**と同じになります。

● リスト 5.4.3　サブプロットに凡例を描画③

```
fig, ax = plt.subplots(1, 1)

line1 = ax.plot(x, y1)[0]  # ①
line2 = ax.plot(x, y2)[0]  # ①

# 凡例表示
ax.legend((line1, line2), ("sin", "cos"));
```

NOTE

ax.plot() メソッドの戻り値はLine2Dインスタンスのリストであるため、**リスト5.4.3**の①においては、リストから要素を取り出すために添字 [0] を付しています。

NOTE

凡例の描画方法についてはLegend Guide※に詳しい解説がありますので、そちらを参照してください。なお、以下の項では1番目の方法を用いて解説していきます。

※　URL https://matplotlib.org/tutorials/intermediate/legend_guide.html

凡例の位置を指定して描画する

legend() メソッドで凡例の位置を指定する場合は、**表5.14**に示す引数を用います。

まず、引数locのみを用いた凡例の描画方法を説明します。legend() メソッドは引数locに**表5.15**および**図5.5**に示す11のロケーションコード（正の整数）もしくは文字列を指定することにより、9つの描画位置のいずれかに凡例を描画できます。

● 表 5.14　legend() に指定できる引数

引数	意味
loc	凡例のアンカの位置（表 5.15、図 5.25 参照）
bbox_to_anchor	アンカの座標（サブプロットの左下角の座標を（0, 0）、右上の角の座標を（1, 1）とした相対座標）

● 表 5.15　loc に指定できるロケーションコードと文字列

ロケーションコード	文字列	サブプロット内の位置
0	best	"best" を除く 9 つの位置のうち、凡例と描画された要素との重複が最小となる位置を選択して描画（デフォルト値）
1	"upper right"	右上

2	"upper left"	左上
3	"lower left"	左下
4	"lower right"	右下
5	"right"	垂直方向中央の右（"center right" と同じ）
6	"center left"	垂直方向中央の左
7	"center right"	垂直方向中央の右（"right" と同じ）
8	"lower center"	水平方向中央下側
9	"upper center"	水平方向中央上側
10	"center"	垂直および水平方向中央

● 図 5.5　loc に指定できるロケーションコードと文字列の配置

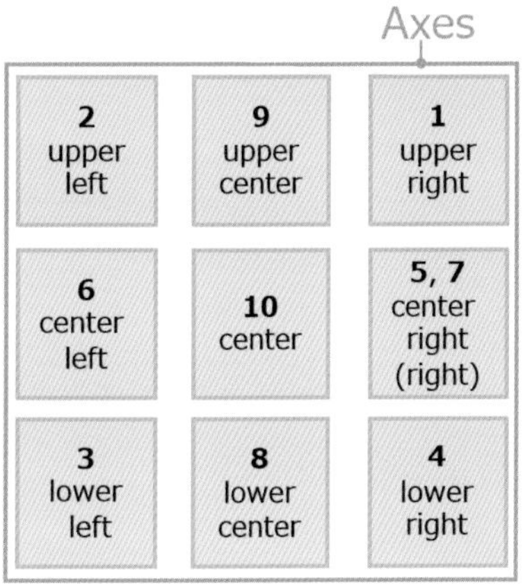

リスト 5.4.4 の例では、axes[0]、axes[1] の loc にそれぞれ文字列とロケーションコードを与えて描画位置を指定しています。

● リスト 5.4.4　サブプロットに凡例を描画

```
fig, axes = plt.subplots(1, 2, figsize=(9, 3))

axes[0].plot(x, y1, label="sin")
axes[1].plot(x, y2, label="cos")

# 凡例表示
axes[0].legend(loc="lower left")  # 左下に凡例を表示
axes[1].legend(loc=8); # 水平方向中央下側に凡例を表示
```

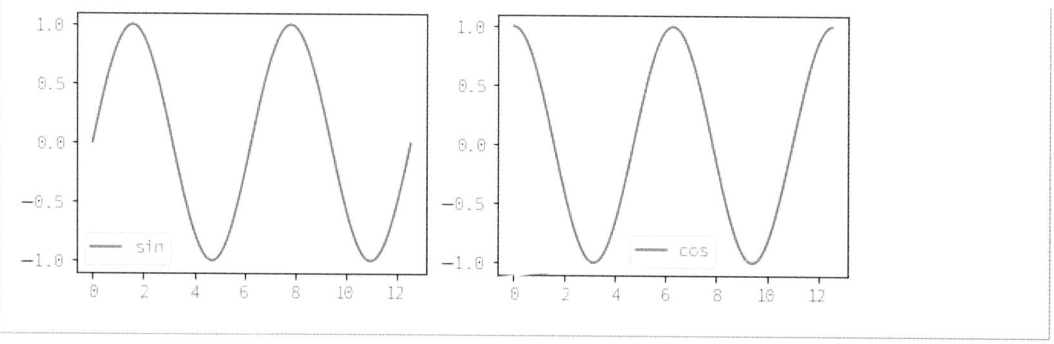

NOTE

位置指定が"best"の場合、最適な描画位置を探索するため、明示的に位置指定をした場合に比べて描画に時間がかかります。そのため、少しでも描画を高速化したい場合は、明示的に位置を指定することが推奨されています。

凡例の描画位置を詳細に指定する

legend()メソッドの引数locを使った方法では、凡例は決まった位置にしか描画できませんでした。より自由に描画位置を指定したい場合は、locと併せて引数bbox_to_anchorを用います。bbox_to_anchorには凡例のアンカの座標(x, y)をタプル型で指定します。

NOTE

bbox_to_anchorに指定する座標は、**図5.3**で示した場合と同じく、サブプロットの左下角の座標を（0, 0)、右上の角の座標を（1, 1）とした相対座標です。

リスト5.4.5の例では、locに凡例の左上角にアンカを設定し、bbox_to_anchorでそのアンカの座標を指定して凡例を配置しています。左側のサブプロットの凡例は左側のグラフの座標を基準とするため、座標のX値を2.2（サブプロットの幅の2.2倍）に設定しています。locだけの指定では凡例は必ずサブプロットの内側に配置されましたが、bbox_to_anchorを用いると凡例をサブプロットの外側にも配置できます。

● リスト 5.4.5　bbox_to_anchor に値を指定して凡例を描画

```
fig, axes = plt.subplots(1, 2, figsize=(9, 3))

axes[0].plot(x, y1, color="blue", label="sin")
```

↗

```
axes[1].plot(x, y2, color="red", label="cos")

# 凡例表示
axes[0].legend(loc="upper left", bbox_to_anchor=(2.2, 1.0))
axes[1].legend(loc="upper left", bbox_to_anchor=(1.0, 0.85));
```

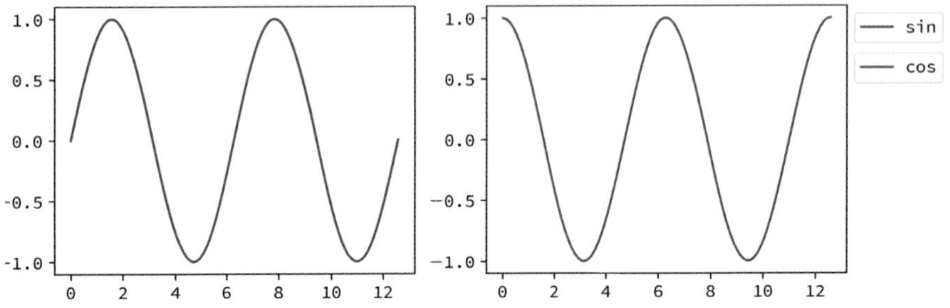

境界内余白を調整して凡例を描画する

リスト5.4.5のコードにおいて、たとえば、axes[0]のY座標は1に設定しているのにもかかわらず、描画されるY座標の位置は1よりわずかに下がっています。これは、legend()の引数borderaxespadにデフォルト値として0.5ポイント（ポイントはフォントサイズの単位）が設定されているためです。borderaxespadはサブプロットの枠線と、凡例の枠線との境界領域の幅を設定する引数です。**リスト5.4.6**のようにborderaxespadをゼロに設定すると、境界内余白がなくなり、サブプロットの上端と凡例の上端が揃います。

● リスト 5.4.6　borderaxespadの設定

```
fig, axes = plt.subplots(1, 2, figsize=(9, 3))

axes[0].plot(x, y1, color="blue", label="sin")
axes[1].plot(x, y2, color="red", label="cos")

# 凡例表示
axes[0].legend(loc="upper left", bbox_to_anchor=(2.22, 1.0), borderaxespad=0)
axes[1].legend(loc="upper left", bbox_to_anchor=(1.02, 0.85), borderaxespad=0);
```

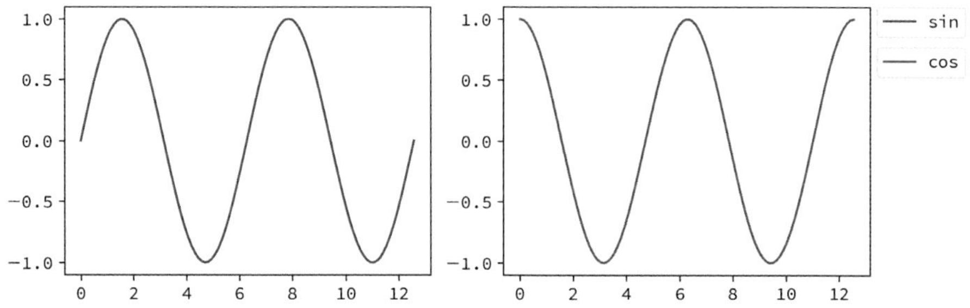

フィギュアに凡例を描画する

ここまではサブプロットに凡例を描画する方法を紹介してきましたが、Figure.legend()メソッドを使用してフィギュアで1つの凡例を描画することもできます（**リスト5.4.7**）。

NOTE

Figureインスタンスに属するメソッドであるため、bbox_to_anchorに指定する座標は、**図5.2**で示したフィギュアの左下角の座標を（0, 0)、右上の角の座標を（1, 1）とした相対座標です。サブプロットに凡例を描画する場合とは座標が異なりますので注意してください。

リスト 5.4.7　フィギュアに凡例を設定

```
fig, axes = plt.subplots(1, 2, figsize=(9, 3))

axes[0].plot(x, y1, color="blue", label="sin")
axes[1].plot(x, y2, color="red", label="cos")

# 凡例表示
fig.legend();
```

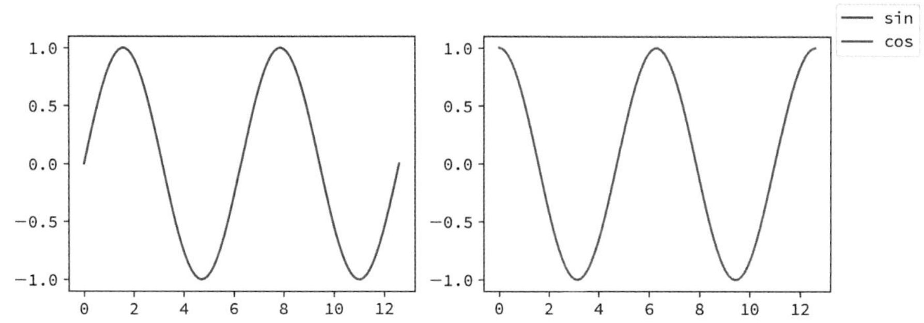

NOTE

Figure.legend()メソッドを使用した場合も、Axes.legend()メソッドと同様、引数locやbbox_to_anchorを使用した位置指定を行うことができます。

5.5 線の書式設定

Matplotlibではフィギュア、サブプロット、図形、凡例など、さまざまなオブジェクトの線（Line2Dインスタンス）に対して**表5.16**に示す引数を用いて書式を設定できます。本節では、plot()メソッドを例に線の書式設定の方法を説明します。

表5.16　線に設定できる書式

引数	略称	説明
color	c	線の色
linewidth	lw	線の太さ
linestyle	ls	線の種類
solid_capstyle	−	線の先端の形状
solid_joinstyle	−	線の結合点の形状
dash_capstyle	−	破線・点線の先端の形状
dash_joinstyle	−	破線・点線の結合点の形状

線の色と太さを設定する

線の色は引数colorで、不透明度はalphaで、太さはlinewidthで設定できます。**リスト5.5.1**の例では、plot()メソッドの引数colorに"b"を与えて青色に、alphaに0.5を与えて不透明度を下げています。また、引数linewidthに1もしくは10を入れて線の太さを変えています。

リスト5.5.1　線の色と太さの設定

```
import matplotlib.pyplot as plt
import numpy as np

%matplotlib inline

x = np.array([0, 1])
y = [0, 1]
```

```
fig, ax = plt.subplots(1, 1)

# 線の太さと不透明度を設定して描画
ax.plot(x, y, linewidth=1, color="b", label="linewidth=1(alpha=1.0)")
ax.plot(x + 0.1, y, linewidth=1, color="b", alpha=0.5, label="linewidth=1(alpha=0.5)")

ax.plot(x + 0.3, y, linewidth=10, color="b", label="linewidth=10(alpha=1.0)")
ax.plot(x + 0.4, y, linewidth=10, color="b", alpha=0.5, label="linewidth=10(alpha=0.5)")

ax.legend(loc="upper left", bbox_to_anchor=(1, 1));
```

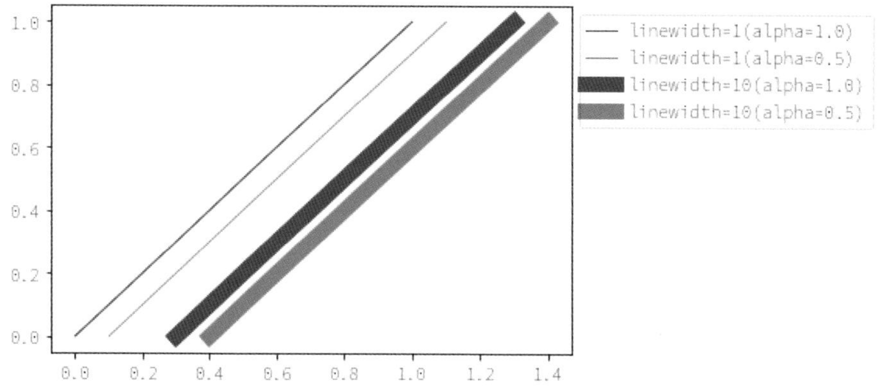

線の種類を設定する

線で描画されるさまざまなLine2Dインスタンスにおいては、線の種類は引数linestyleで設定します。線種の指定方法は、**表5.17**に示す2つの方法があります。

表5.17　線種の設定方法

指定方法	値
文字列	表5.18参照
タプル	(offset, (on, off))（offset=オフセット、on=描画区間、off=非描画区間）

表5.18　線種の指定方法

記号	文字列	説明
"-"	"solid"	実線
"--"	"dashed"	破線
"-."	"dashdot"	一点鎖線
":"	"dotted"	点線
" "もしくは""	"None"	描画しない

リスト5.5.2では3つの方法で線種を指定し、線を描画しています。

リスト 5.5.2　線種を設定

```
s = np.array([0, 1])
t = np.array([14, 14])

fig, ax = plt.subplots()

# 線種を設定して描画
ax.plot(s, t, linewidth=5, color="blue", linestyle="solid", label="solid")
ax.plot(s, t - 1, linewidth=5, color="skyblue", linestyle="-", label="-")

ax.plot(s, t - 3, linewidth=5, color="blue", linestyle="dashed", label="dashed")
ax.plot(s, t - 4, linewidth=5, color="skyblue", linestyle="--", label="--")

ax.plot(s, t - 6, linewidth=5, color="blue", linestyle="dashdot", label="dashdot")
ax.plot(s, t - 7, linewidth=5, color="skyblue", linestyle="-.", label="-.")

ax.plot(s, t - 9, linewidth=5, color="blue", linestyle="dotted", label="dotted")
ax.plot(s, t - 10, linewidth=5, color="skyblue", linestyle=":", label=":")

ax.plot(
    s, t - 12, linewidth=5, color="orange", linestyle=(0, (5, 2)), label="(0, (5, 2))"
)
ax.plot(
    s, t - 13, linewidth=5, color="orange", linestyle=(4, (5, 2)), label="(4, (5, 2))"
)

ax.set_ylim(0, 15)
ax.legend(loc="upper left", bbox_to_anchor=(1, 1));
```

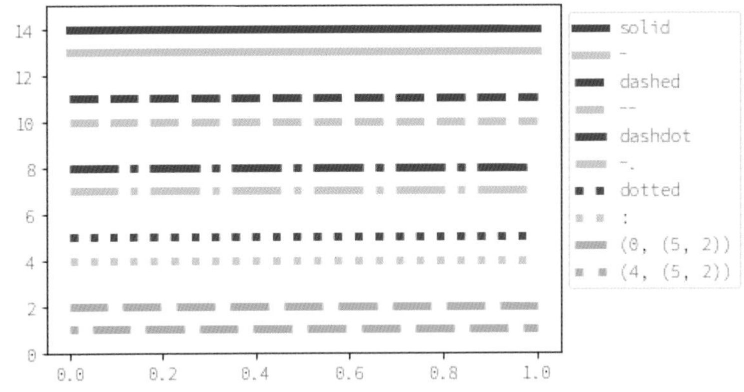

この例では、文字列で指定した場合の線を不透明度「1」の青色で、記号で指定した場合の線を水色で出力しています。オレンジ色で出力した2本の線はタプルで指定した例です。下から2番目の線はオフセットがゼロ、描画区間5ポイント、非描画区間2ポイントに設定されています。一番下の線は下から2番目の線と描画区間・非描画区間の設定は同じですが、オフセットが4ポイントに指定してあります。そのため、最初に5ポイント描画されるところ、1ポイントのみが描画され、そのあと2ポイントの非描画区間が続いています。

線の先端の形状を設定する

線の先端の形状は引数solid_capstyleで設定します。設定できる形状を**表5.19**に示します。

表5.19　線の先端の形状

形状	説明
"butt"	線の進行方向に対して垂直にフラットな形状（デフォルト）
"round"	線の端に半円が追加された形状
"projecting"	線の端に線幅の半分の長方形が追加された形状

リスト5.5.3の例では、先端の形状を変えた線を描画しています。

リスト5.5.3　線の先端形状の設定

```
x = [0, 1]
y = np.array([0.4, 0.4])

fig, ax = plt.subplots()

# 線の先端形状を設定して描画
ax.plot(x, y, linewidth=15, solid_capstyle="butt", label="butt")
ax.plot(x, y + 0.2, linewidth=15, solid_capstyle="round", label=" round")
ax.plot(x, y + 0.4, linewidth=15, solid_capstyle="projecting", label=" projecting")

ax.set_ylim([0, 1])
ax.legend(loc="lower right");
```

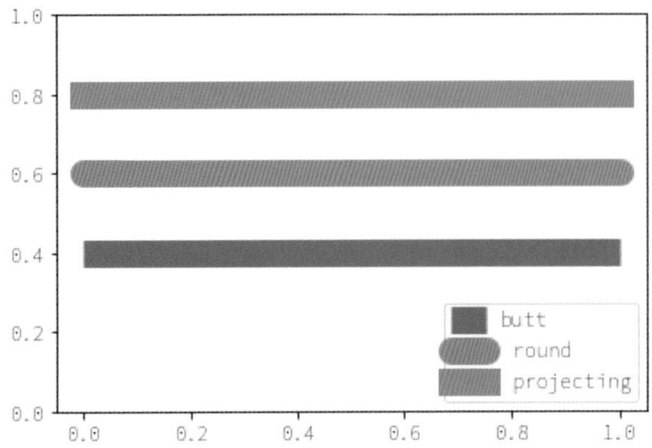

破線・点線の先端の形状を設定する

破線・点線の先端の形状は引数dash_capstyleで指定できます。形状は線の先端（solid_capstyle）と同様に、**表5.19**に示した3種類が指定できます。**リスト5.5.4**の例では3種の先端形状で線を描画しています。

リスト5.5.4　破線・点線の先端形状の設定

```
fig, ax = plt.subplots()

# 破線・点線の先端形状を設定して描画
ax.plot(x, y, linewidth=15, linestyle="-.", dash_capstyle="butt", label="butt")
ax.plot(x, y+0.2, linewidth=15, linestyle="-.", dash_capstyle="round", label=" round")
ax.plot(
    x,
    y+0.4,
    linewidth=15,
    linestyle="-.",
    dash_capstyle="projecting",
    label=" projecting",
)

ax.set_ylim([0, 1])
ax.legend();
```

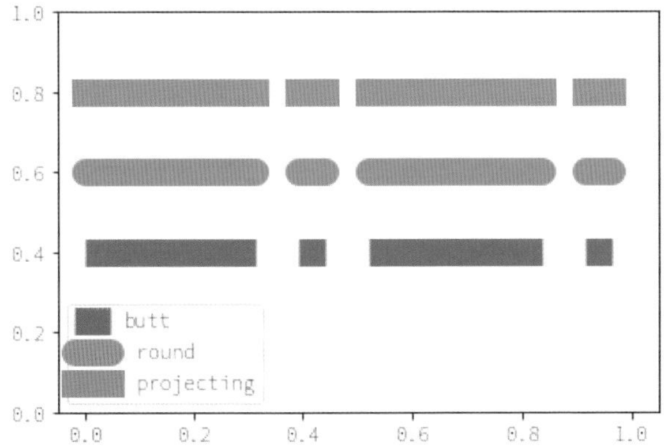

線の結合点の形状を設定する

線の結合点の形状は引数solid_joinstyleで設定します。設定できる形状を表5.20に示します。リスト5.5.5の例では結合の形状を変えた線を描画しています。

表 5.20　線の結合点の形状

形状	説明
"miter"	留め継ぎ（デフォルト）
"round"	円形
"bevel"	面取り

リスト 5.5.5　線の結合点の形状を設定

```
p = np.linspace(0, 4, 4)
q = [0, 1, 0, 1]

fig, ax = plt.subplots(figsize=(8, 3))

# 線の結合点の形状を設定して描画
ax.plot(p, q, linewidth=10, solid_joinstyle="miter", label="miter")
ax.plot(p + 0.5, q, linewidth=10, solid_joinstyle="round", label="round")
ax.plot(p + 1.0, q, linewidth=10, solid_joinstyle="bevel", label="bevel")
ax.set_ylim(-0.1, 1.1)
ax.legend(loc="lower right");
```

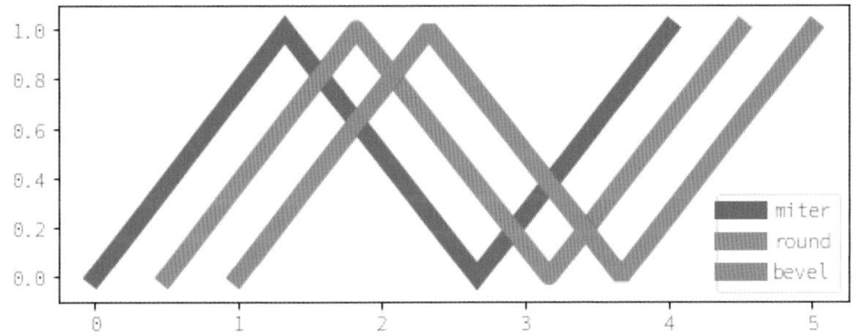

出力結果の「y=0」と「y = 1」に位置する線の結合点を見ると、"miter"では結合点が三角に、"round"では円形に、"bevel"では角を切り落としたような形で表示されています。

破線・点線の結合点の形状を設定する

破線・点線の結合点の形状はdash_joinstyleで指定します。形状は線の結合点の形状（solid_joinstyle）と同様、表5.20の3種類が指定できます。リスト5.5.6の例では3種の結合形状で破線を描画しています。

● リスト 5.5.6　破線の結合形状の設定

```
fig, ax = plt.subplots(figsize=(8, 3))

# 破線の結合形状を変えて描画
ax.plot(p, q, linewidth=10, linestyle="--", dash_joinstyle="miter", label="miter")
ax.plot(
    p + 0.5, q, linewidth=10, linestyle="--", dash_joinstyle="round", label="round",
)
ax.plot(
    p + 1.0, q, linewidth=10, linestyle="--", dash_joinstyle="bevel", label="bevel",
)

ax.set_ylim(-0.1, 1.1)
ax.legend(loc="lower right");
```

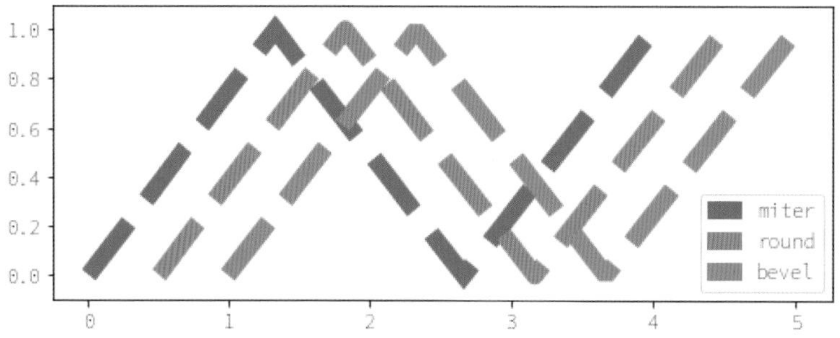

5.6 色の設定

Matplotlibではフィギュア、サブプロット、図形、凡例など、さまざまなオブジェクトの線、面、テキストに対して**表5.21**に示すような引数を用いて色と不透明度を設定できます。本節ではplot()メソッドを例に色の書式設定の方法を説明します。

表5.21　色を設定する引数の例

引数	説明
color	オブジェクトの色（枠線の色と塗りつぶし色）
facecolor	塗りつぶし色
edgecolor	枠線の色
alpha	不透明度（0から1の実数で設定。alphaが「1」のときオブジェクトは完全に不透明、「0（ゼロ）」のとき完全に透明）

NOTE

メソッドにより、**表5.21**に挙げた以外の引数名で色もしくは不透明度を指定する場合もありますが（colorを引数cで指定など）、基本的に色は「color」、不透明度は「alpha」が名前に入った引数で指定されています。

グラフ要素の色を設定する

グラフ要素の色は描画の際に設定できます。**リスト5.6.1**の例では、プロットの塗りつぶしの色をcolorで、枠線の色をedgecolorで、不透明度をalphaで指定しています。変数zのみプロットの不透明度alphaを0.3に設定しています。

リスト5.6.1　色の設定

```
import matplotlib.pyplot as plt
import numpy as np

%matplotlib inline

x = np.arange(0, 6, 0.1)
y = np.sin(x)
z = np.cos(x)

fig, ax = plt.subplots(1, 1)
```

```
# 描画
ax.scatter(x, y, label="sin", color="lightblue", edgecolor="blue")
ax.scatter(x, z, label="cos", color="lightblue", edgecolor="blue", alpha=0.3)

ax.legend(loc="lower left");
```

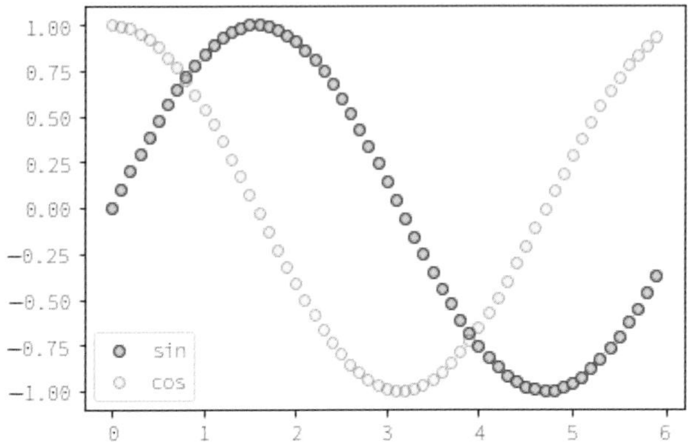

さまざまな形式で色を設定する

リスト 5.6.1 の例では色を "lightblue"、"blue" と文字列で指定していますが、他にも**表 5.22** に示す形式で色を設定できます[注 5.2]。

● 表 5.22　色を指定するための形式

名前	設定方法	説明
Matplotlib カラーストリング	"b"、"g"、"r"、"c"、"m"、"y"、"k"、"w"	それぞれ青（blue）、緑（green）、赤（red）、シアン（cyan）、マゼンタ（magenta）、黄色（yellow）、黒（black）、白（white）の 1 文字略記法
RGB カラーコード	(0.1, 0.2, 0.5)	赤、緑、青のタプル型。各要素の値は 0 から 1 の間で指定
RGBa カラーコード	(0.1, 0.2, 0.5, 0.3)	赤、緑、青、不透明度のタプル型。各要素の値は 0 から 1 の間で指定
16 進数カラーコード	"#4682b4"、"#ffd700"	「#」と 6 桁の 16 進数からなるコードで色を指定。同一の数値が連続する場合は 3 桁での指定も可能（例：#aabbcc を #abc と指定）
グレースケール	0.75	0 から 1 の間で指定
HTML カラーネーム	"red"、"blue"、"green"	色の名前で指定
X11/CSS4 カラーネーム	"Red"、"Blue"、"Green"	色の名前で指定。大文字と小文字のいずれでも指定可能

注 5.2　URL https://matplotlib.org/users/colors.html

xkcd カラー調査ネーム	"xkcd: sky blue"	色の名前（ここでは「sky blue」）の前に「xkcd:」を付けて指定
Tableau カラー	"tab:blue"、"tab:orange"、"tab:green"、"tab:red"、"tab:purple"、"tab:brown"、"tab:pink"、"tab:gray"、"tab:olive"、"tab:cyan"	10 カテゴリのカラーパレット（T10）。デフォルトのカラーサイクル
CN カラー	"C0"、"C1"、"C2"、"C3"、"C4"、"C5"、"C6"、"C7"、"C8"、"C9"	「C」のうしろに rcParams に設定されているカラーサイクルのインデックス番号を付けて指定。デフォルトでは 0 ～ 9 がそれぞれ上述の Tableau カラーに対応

色指定の例をリスト5.6.2に示します。

● リスト 5.6.2　色指定の例

```
fig, ax = plt.subplots(1, 1)

v = np.array([0, 1])

# 各種方法による色指定で描画
ax.plot(v, v, color="k", label="color string", linewidth=8)
ax.plot(v + 1, v, color="0.5", label="Gray scale", linewidth=8)
ax.plot(v + 2, v, color=(0, 0, 0.7, 1), label="RGBA tuple", linewidth=8)
ax.plot(v + 3, v, color="#66b3e9", label="RGBA 16", linewidth=8)
ax.plot(v + 4, v, color="DarkGreen", label="HTML color", linewidth=8)
ax.plot(v + 5, v, color="LimeGreen", label="X11/CSS", linewidth=8)
ax.plot(v + 6, v, color="C3", label="Regular expression", linewidth=8)
ax.plot(v + 7, v, color="tab:pink", label="Tableau", linewidth=8)

ax.legend(loc="upper left", bbox_to_anchor=(1, 1));
```

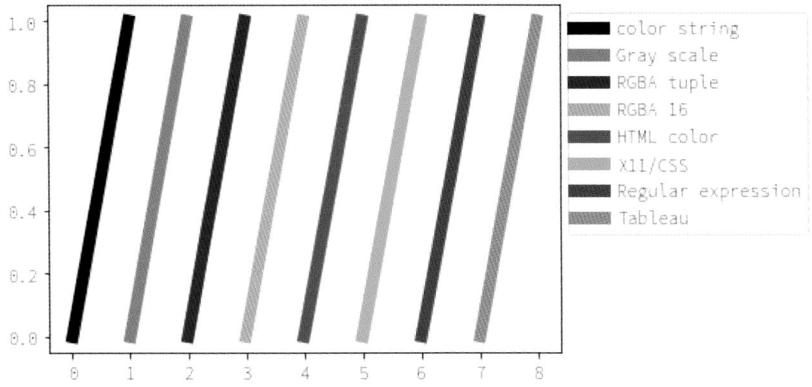

カラーマップを利用する

カラーマップは色の組み合わせを定義したもので、MatplotlibにおいてはRGBもしくはRGBAのカラーコードのセットです。Matplotlibには、matplotlib.cm.get_cmap()関数を介して利用できる多くのビルトインカラーマップがあります[注5.3]。get_cmap()関数は**表5.23**の引数を指定できます。

表5.23　get_cmap() 関数の引数

引数	説明	デフォルト値
name	取得するカラーマップ名	None（matplotlibrc ファイルに格納されているデフォルトのカラーマップを取得）
lut	取得したカラーマップのルックアップテーブルからのリサンプリング数（正の整数）	None

◆get_cmap() 関数を用いてカラーマップを設定

リスト5.6.3の例では、get_cmap()関数を用いてカラーマップ「viridis」から10段階のカラーリストを作り、描画しています。

リスト5.6.3　カラーマップを取得して色を設定

```
import matplotlib.cm as cm

fig, ax = plt.subplots(1, 1)

cname = "viridis"
n = 10
cmap = cm.get_cmap(cname, n)

for i in range(n):
    ax.plot(x, y + n - i, color=cmap(i), label=f"{cname}({i})")

ax.legend(loc="upper left", bbox_to_anchor=(1, 1));
```

注5.3　URL https://matplotlib.org/users/colormaps.html

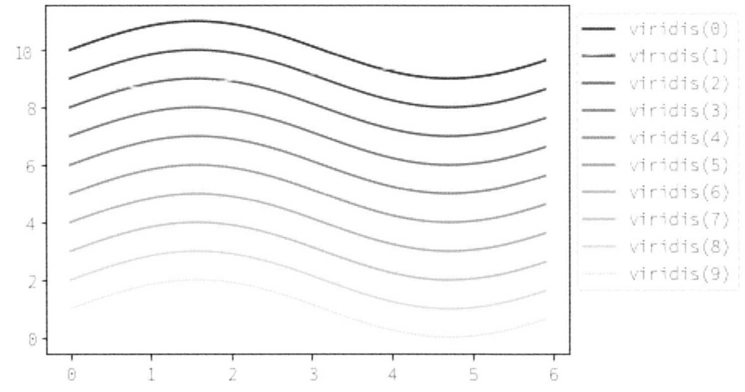

◆cm の属性を参照してカラーマップを設定

リスト5.6.3の例ではget_cmap()関数を用いてカラーマップを選択しましたが、各カラーマップはcmの属性から参照可能です。**リスト5.6.4**の例では、カラーマップ"viridis"を取得して色を設定し、カラーマップ内の色を10段階で選択して描画しています。

● リスト 5.6.4　カラーマップを取得して色を設定

```
fig, ax = plt.subplots(1, 1)

cmap = cm.viridis

for i in np.linspace(0, 1, 10):
    ax.plot(x, y + 2 - i, color=cmap(i), label=f"viridis({i:.1f})")

ax.legend(loc="upper left", bbox_to_anchor=(1, 1));
```

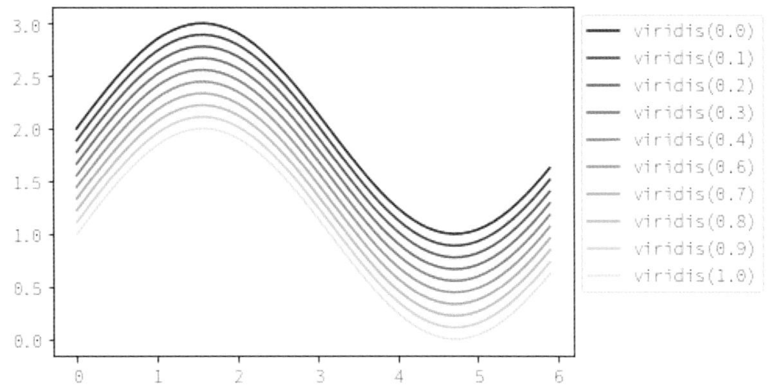

値に応じて段階的に色を変化させる

描画するメソッドの引数cに数字の配列を、cmapにカラーマップを指定すると、要素の色をcに指定した配列の値に応じて段階的に変えられます。**リスト5.6.5**の例では、引数cに与えたyの値に応じて散布図の要素に色を割り当てているため、Y値が大きいほど色が濃く、小さいほど色が薄くなっています。

● リスト 5.6.5　段階的に色を変化させた散布図

```
fig, ax = plt.subplots(1, 1)

ax.scatter(x, y, c=y, cmap=cm.Blues);
```

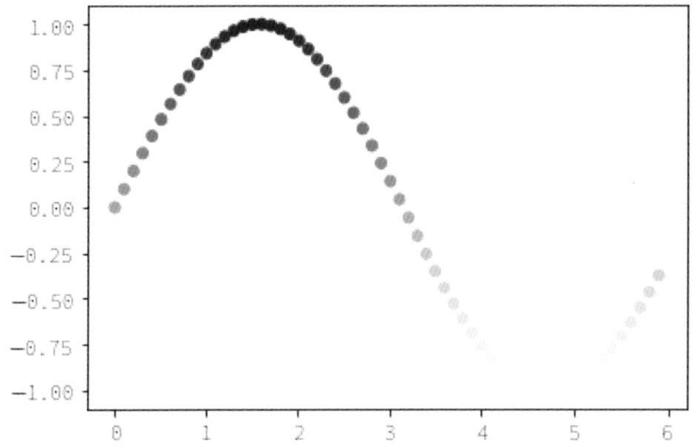

個別に色を指定する

リスト5.6.5の例ではカラーマップから自動的に色を抽出して割り当てていましたが、色の配列を与えて個別に色を設定することもできます。**リスト5.6.6**の例では、描画するデータの数のカラーマップviridisの、1番目の色と153番目の色（153は当該カラーマップの色数256に0.6を乗じた際の商）を割り当てて描画しています。

● リスト 5.6.6　個別に色を指定した散布図

```
fig, ax = plt.subplots(1, 1)

x = [0, 1]
y = np.array([0.4, 0.4])
cmap = cm.get_cmap('viridis')
```

```
ax.plot(x, y, color=cmap(0.0), label="cmap(0.0)")
ax.plot(x, y-0.2, color=cmap(0.6), label="cmap(0.6)")
ax.set_ylim(0, 0.6)

ax.legend();
```

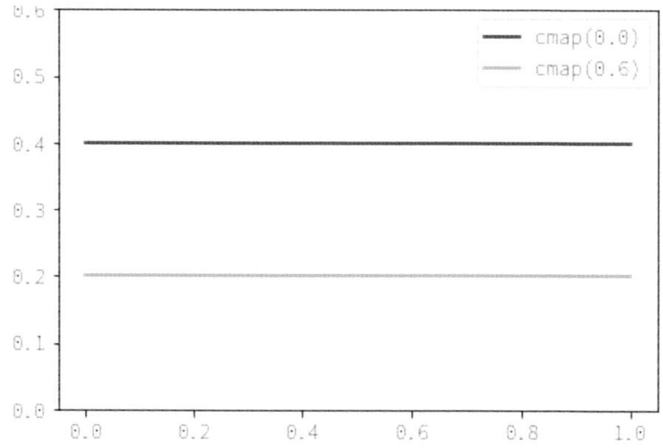

5.7 文字列の書式設定

Matplotlibではサブプロットのタイトル、軸タイトル、凡例など、さまざまなテキストオブジェクトに対して、**表5.24**や**表5.25**に示すような引数を用いて文字列の書式を設定できます。本節ではAxes.text()メソッドを例にこれらの書式の設定方法を説明します。

表 5.24 フォントの設定に関する引数

引数	説明
family	フォントファミリー（"serif"（Times など）、"sans-serif"（Source Han Code JP など）、"cursive"（Zapf-Chancery など）、"fantasy"`（Western など）、"monospace"（Courier など））
style	フォントスタイル（"normal"、"italic"、"oblique"）
weight	フォント太さ（0 ～ 1000 の値、"ultralight"、"light"、"normal"、"regular"、"book"、"medium"、"roman"、"semibold"、"demibold"、"demi"、"bold"、"heavy"、"extra bold"、"black"）
size	フォントサイズ（数値（ポイント）、"xx-small"、"x-small"、"small"、"medium"、"large"、"x-large"、"xx-large"、"larger"、"smaller"）

表 5.25 文字列の配置に関する引数の例

引数	引数の別名	説明	デフォルト値
color	c	文字列の色	None
verticalalignment	va	垂直方向の配置（"center"、"top"、"bottom"、"baseline"）	"baseline"

horizontalalignment	ha	水平方向の配置（"center"、"right"、"left"）	"left"
multialignment	ma	複数行の配置（"center"、"right"、"left"）	None
fontproperties	font_properties	フォントの書式辞書（fontfamily、fontsize、fontstyle、fontweightも個別に指定可能）	None
rotation	−	回転（角度（数値）、"vertical"、"horizontal"）	None
linespacing	−	行間（フォントサイズに対する倍率）	None
rotation_mode	−	回転方法（"anchor"）	None
backgroundcolor	−	背景色	テキストボックスの背景色

文字列を描画する

文字列はtext()メソッドを用いて描画できます。text()メソッドに指定できる引数は**表5.26**に示す通りです。

表5.26　text()メソッドの引数

引数	説明
x	文字列左下角のX座標（サブプロットの軸を基準とした座標）
y	文字列左下角のY座標（サブプロットの軸を基準とした座標）
s	描画する文字列
fontdict	フォントの書式（辞書型）

◆文字列の描画

リスト5.7.1の例では、サブプロットのX軸およびY軸を0から10に設定し、第1引数xにX座標2を、第2引数yにY座標4を、第3引数sに"Jupyter"を与えて描画しています。

垂直方向の配置は"baseline"、水平方向の配置は"left"であるため、XY座標(2, 4)を基準として、文字列の左端がX=2の位置に、下端がY=4の位置に揃っています。

NOTE

text()メソッドに与える座標はサブプロット自体の座標（**図5.3**）ではなく、サブプロットの軸の座標であることに注意してください。

NOTE

このXY座標のことを本書では「アンカ」と呼びます。

リスト 5.7.1　テキストの描画

```
import matplotlib.pyplot as plt
import numpy as np

%matplotlib inline

fig, ax = plt.subplots(1, 1)

# 軸範囲の設定
ticks = np.linspace(0, 10, 6)
ax.set_xticks(ticks)
ax.set_yticks(ticks)

# テキストの描画
ax.text(2, 4, "Jupyter")

# 目盛り線描画
ax.grid(linestyle="-")
```

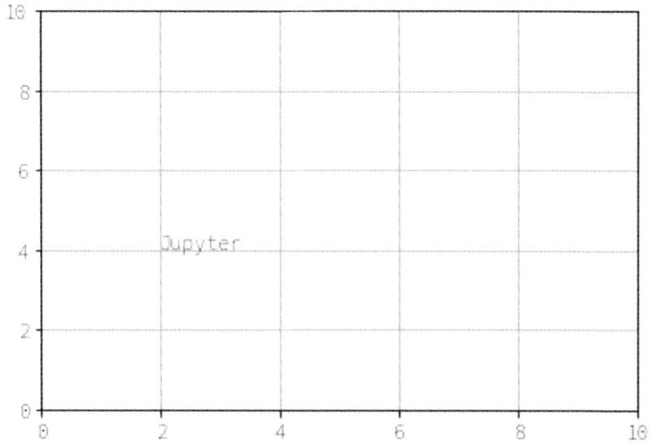

◆フォントの書式設定

text()メソッドには、表5.24に示した項目を引数として直接指定することによりフォントの書式を設定できます。またフォントの書式セットを辞書型で作成して指定することもできます。例をリスト5.7.2に示します。

リスト 5.7.2　フォントの設定

```
fig, ax = plt.subplots(1, 1)

string = "Jupyter"
```

```
# フォントの書式を個別設定をしてテキストを描画
ax.text(0.2, 0.6, string, alpha=0.5, color="blue", size=40)

# 辞書型でフォントの書式セットを設定してテキスト描画
fontdict = {
    "family": "fantasy",
    "style": "italic",
    "weight": "heavy",
    "size": 40,
    "color": "red",
}

ax.text(0.2, 0.2, string, alpha=0.5, color="green", fontdict=fontdict)

ticks = np.linspace(0, 1, 6)
ax.set_xticks(ticks)
ax.set_yticks(ticks)

ax.grid(linestyle="-")
```

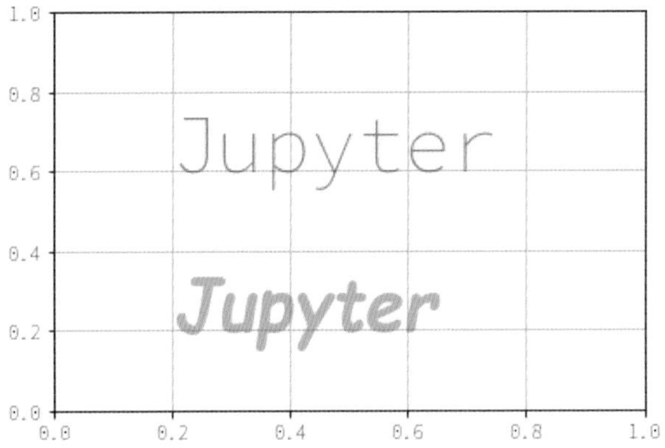

この例において、青い文字列はフォント設定を直接引数として与えた例、緑色の文字列は辞書型でフォント設定を与えた例です。緑色の文字列を描画する際に与えたフォント色は辞書内では"Red"に設定していますが、実際の描画色は直接設定した"Green"になっています。つまり、辞書で与えた書式は引数として与えた書式によって上書きされます。

テキストボックスを設定する

◆テキストボックスの書式設定

文字列を格納するテキストボックスの塗りつぶし色は、引数backgroundcolorで指定できます。**リスト5.7.3**の例では引数backgroundcolorにblueを渡してテキストボックスを青色で塗りつぶしています。

リスト 5.7.3　テキストボックスの塗りつぶし色を設定

```
fig, ax = plt.subplots(1, 1)

ax.text(0.1, 0.5, "塗りつぶし色の設定", size=25, color="white", backgroundcolor="blue");
```

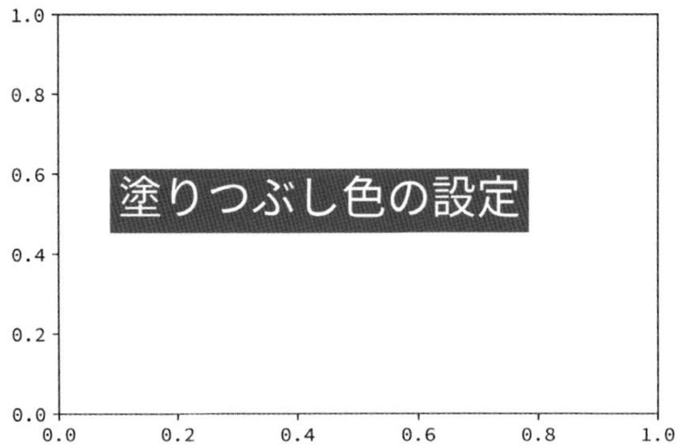

NOTE

本章ではあらかじめ日本語フォントのインストールと、設定ファイルmatplotlibrcでの日本語フォントの指定が完了していることを前提としています。第1章の「1.5　日本語フォント環境の準備」(P.48)にて解説しています。

◆引数bboxの利用

より詳細な書式設定をするためには、引数bboxを利用します。**リスト5.7.4**の例では、text()メソッドの引数bboxに書式を辞書形式で与えて設定しています。なお、辞書内の"boxstyle"は文字列を収める部分の形状を指定する項目で、**表5.27**に示す形状が設定できます。

表 5.27　boxstyle に指定できる形状

形状	説明
"circle"	円形
"darrow"	両側矢印
"larrow"	左矢印
"rarrow"	右矢印
"round"	角丸長方形
"round4"	4辺が曲線の長方形
"roundtooth"	波線
"sawtooth"	のこぎり波線
"square"	長方形

● **リスト 5.7.4　書式辞書を用いたテキストボックスの書式設定**

```
fig, ax = plt.subplots(1, 1)

# テキストボックスの書式辞書
boxprops = {
    "facecolor": "pink",
    "edgecolor": "red",
    "alpha": 0.5,
    "boxstyle": "roundtooth",
    "linewidth": 2,
}

# テキストボックスの描画
ax.text(0.1, 0.4, "テキストボックスの¥n書式辞書による設定", size=25, bbox=boxprops);
```

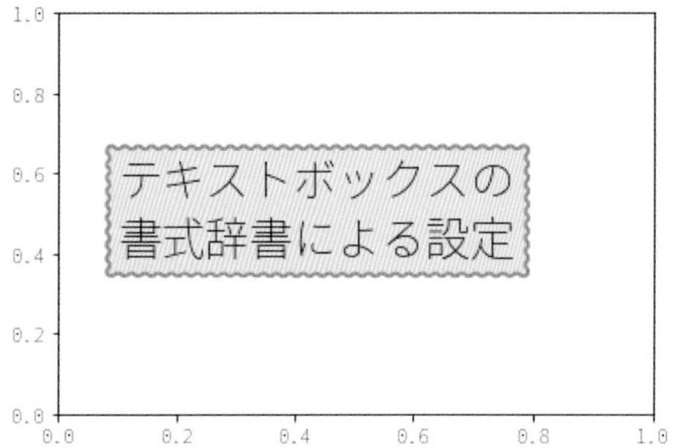

◆テキストボックスの水平方向の配置

テキストボックスの水平方向の配置は、引数horizontalalignmentもしくはその略称であるhaで設定します。配置は**表5.28**に示す3つの方法が選択できます。**リスト5.7.5**の例では、horizontalalignmentが上からそれぞれ"left"、"center"、"right"に設定されています。いずれも垂直方向はデフォルト値である"baseline"になっています。

● **表 5.28　テキストボックスの水平方向の配置**

設定値	説明
left	アンカの X 座標をテキストボックス左端に設定（デフォルト値）
center	アンカの X 座標をテキストボックスの X 軸方向中央に設定
right	アンカの X 座標をテキストボックス右端に設定

リスト 5.7.5　テキストボックスの水平方向の配置設定

```
fig, ax = plt.subplots(1, 1)

# テキストボックスの描画(水平方向の配置)
ax.text(0.5, 3, "left", horizontalalignment="left", size=25)
ax.text(0.5, 2, "center", horizontalalignment="center", size=25)
ax.text(0.5, 1, "right", horizontalalignment="right", size=25)

# 目盛りと罫線の設定
ax.set_xticks(np.linspace(0, 1, 3))
ax.set_yticks(np.linspace(0, 4, 5))

ax.minorticks_on()

ax.grid(which="major", axis="x", color="lightblue", linewidth=2)
ax.grid(which="minor", axis="x", color="grey", linewidth=0.5)
ax.grid(which="major", axis="y", color="grey", linewidth=0.5)
```

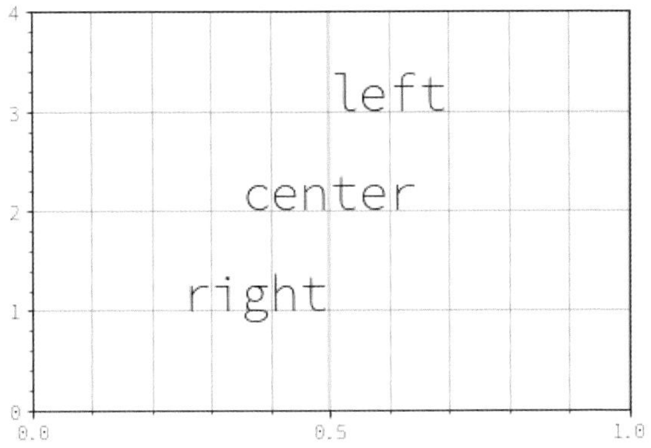

◆テキストボックスの垂直方向の配置

テキストボックスの垂直方向の配置は、引数verticalalignmentもしくはその略称であるvaで設定します。配置は表5.29に示す5つの方法が選択できます。リスト5.7.6の例ではtext()の引数verticalalignmentに、左からそれぞれ"bottom"、"baseline"、"center"、"center_baseline"、"top"を設定しています。いずれも水平方向の配置はデフォルト値である"left"に設定されています。

表 5.29　テキストボックスの水平方向の配置

設定値	説明
"bottom"	アンカのY座標をテキストボックス下端に設定
"baseline"	アンカのY座標を文字列下端に設定（デフォルト値）
"center"	アンカのY座標をテキストボックスのY軸方向中央に設定

↗

"center_baseline"	アンカのＹ座標を文字列の小文字上端に設定
"top"	アンカのＹ座標をテキストボックス上端に設定

● リスト 5.7.6　テキストボックスの垂直方向の配置設定

```
fig, ax = plt.subplots(figsize=(12, 2))

# テキストボックスの描画(垂直方向の配置)
ax.text(2, 0.5, "bottom", verticalalignment="bottom", size=20)
ax.text(8, 0.5, "baseline", verticalalignment="baseline", size=20)
ax.text(16, 0.5, "center", verticalalignment="center", size=20)
ax.text(22, 0.5, "center_baseline", verticalalignment="center_baseline", size=20)
ax.text(36, 0.5, "top", verticalalignment="top", size=20)

# 目盛りと罫線の設定
ax.set_xticks(np.linspace(0, 40, 5))
ax.set_yticks(np.linspace(0, 1, 3))

ax.minorticks_on()

ax.grid(which="major", axis="x", color="grey", linewidth=0.5)
ax.grid(which="minor", axis="x", color="grey", linewidth=0.5)
ax.grid(which="major", axis="y", color="lightblue", linewidth=2)
```

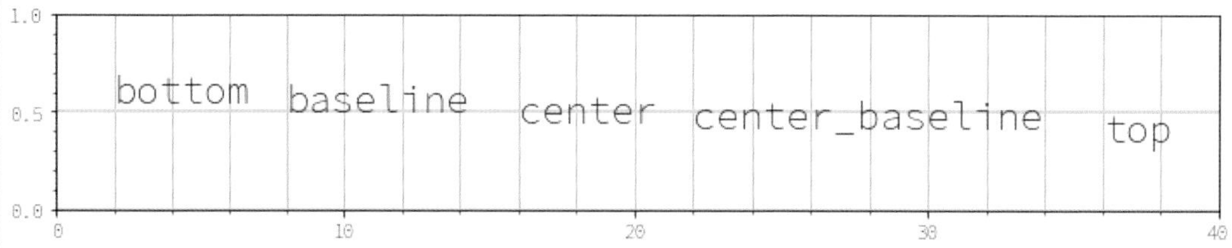

複数行文字列の設定をする

◆ 水平方向の配置設定

複数行文字列の水平方向の配置は、引数multialignmentもしくはその略称であるmaで設定します。配置は**表5.30**に示す3つの方法が選択できます。**リスト5.7.7**の例では、text()の引数multialignmentに上からそれぞれ"left"、"center"、"right"を設定しています。いずれも垂直方向の配置はデフォルト値である"baseline"に設定されています。

● 表 5.30　複数行文字列の水平方向の配置

設定値	説明
"left"	文字列を左揃えにする
"center"	文字列を中央揃えにする
"right"	文字列を右揃えにする

● リスト 5.7.7　複数行文字列の水平方向の配置設定

```
fig, ax = plt.subplots(1, 1, figsize=(4, 7))

# テキストボックス内文字列の水平方向配置を設定して描画
ax.text(1, 10, "左揃え¥nLeft¥nalignment", multialignment="left", size=20)
ax.text(1, 6, "中央揃え¥nCenter¥nalignment", multialignment="center", size=20)
ax.text(1, 2, "右揃え¥nRight¥nalignment", multialignment="right", size=20)

# 目盛りと罫線の設定
ax.set_xticks(np.linspace(0, 5, 6))
ax.set_yticks(np.linspace(0, 14, 8))
ax.grid();
```

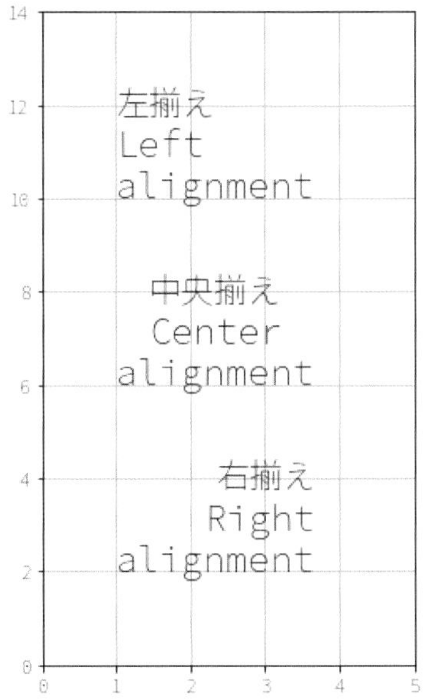

◆複数行文字列の行間設定

テキストボックス内に文字列が複数行ある場合の行間は、引数linespacingで設定します。linespacingはフォントサイズに対する倍率で設定します。**リスト5.7.8**の例では、行間を上から1、1.5、2.0で設定しています。

● リスト 5.7.8　複数行文字列の行間を設定

```
fig, ax = plt.subplots(1, 1, figsize=(3.5, 5))

# 行間の設定
ax.text(1, 5, "行間 1¥nspace 1", linespacing=1, size=20)
```

```
ax.text(1, 3, "行間 1.5¥nspace 1.5", linespacing=1.5, size=20)
ax.text(1, 1, "行間 2¥nspace 2", linespacing=2, size=20)

# 目盛りと罫線の設定
ax.set_xticks(np.linspace(0, 4, 5))
ax.set_yticks(np.linspace(0, 7, 8))
ax.grid();
```

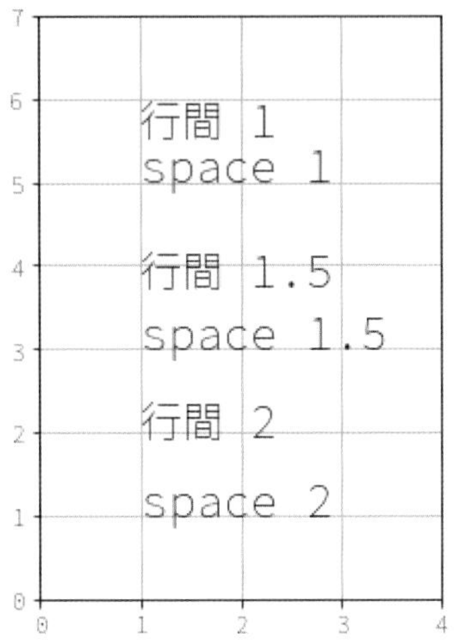

文字列を回転する

文字列の回転はtext()メソッドの引数rotationとrotation_modeで設定します。rotationとrotation_modeに設定できる値は**表5.31**と**表5.32**に示す通りです。

表 5.31　rotation に設定できる値

値	説明
数値	角度（°）
vertical	文字列を垂直方向に配置。角度に 90 を指定した場合も同じ
horizontal	文字列を水平方向に配置。角度に 0 を指定した場合も同じ（デフォルト値）

表 5.32　rotation_mode に設定できる値

値	説明
None	文字列を回転したあとで垂直・水平方向に移動（文字列を囲む長方形の中心を軸にして指定した角度文字列を回転させたのちに図形を指定した座標に移動）（デフォルト値）
default	None と同じ
anchor	文字列を回転する前に垂直・水平方向に配置（指定した座標の位置に文字列のアンカを固定し、そこを軸として回転）

リスト5.7.9を実行すると4つのサブプロットが描画されます。サブプロットには1) から4) の番号が振ってあります。各サブプロットにおけるtext()メソッドの引数rotationとrotation_modeは以下のように設定されています。

1）引数 rotation に "horizontal" を設定して描画
2）引数 rotation に "vertical" を設定して描画
3）引数 rotation_mode に "anchor" を設定し、rotation に角度を設定して描画。3 の場合、文字列左下をアンカとしてアンカを座標 (0.5, 0.5) に配置、そこを軸に文字列を 45° 回転して描画
4）引数 rotation_mode をデフォルト値（None）に設定し、rotation に角度を設定して描画。4 の場合、文字列の中心を軸にして 45° 回転したあとで左揃え・上端揃え（いずれもデフォルトの水平・垂直方向の設定）。回転した文字列の角のうち一番左側にきたものが指定した X 座標に、一番上側にきたものが rotation=0 のときの文字列を囲む長方形の上端にくるように移動

NOTE

サブプロット 4) においては回転する前とあとの違いがわかりやすいように、移動前のテキストボックスをピンク色の塗りつぶしに白字で、移動後のテキストボックスをピンク色の枠線に黒字で示してあります。

● リスト 5.7.9　テキストボックスの回転の設定

```
import itertools

fig, axes = plt.subplots(2, 2, sharex=True, sharey=True, figsize=(8, 8))

# サブプロット1～3の描画
axes[0, 0].text(0.5, 0.5, "horizontal", rotation="horizontal", size=12)
axes[0, 1].text(0.5, 0.5, "vertical", rotation="vertical", size=12)
axes[1, 0].text(
    0.5,
    0.5,
    "rotation=45¥nwith anchor¥nsetting",
    rotation=45,
    rotation_mode="anchor",
    size=12,
)

# サブプロット4の描画
# 配置比較用テキストボックス描画
```

```
boxprops = {"facecolor": "Pink", "edgecolor": "Pink", "alpha": 0.5}
axes[1, 1].text(
    0.5,
    0.5,
    "rotation=45¥nwithout anchor¥nsetting",
    rotation=0,
    bbox=boxprops,
    color="white",
    size=12,
)

# テキスト描画
axes[0, 0].text(0.02, 0.9, "1)", size=16)
axes[0, 1].text(0.02, 0.9, "2)", size=16)
axes[1, 0].text(0.02, 0.9, "3)", size=16)
axes[1, 1].text(0.02, 0.9, "4)", size=16)

# 回転したテキストボックス描画
boxprops = {"facecolor": "None", "edgecolor": "Pink"}
axes[1, 1].text(
    0.5,
    0.5,
    "rotation=45¥nwithout anchor¥nsetting",
    bbox=boxprops,
    rotation=45,
    size=12,
)

# 目盛りと罫線の設定
axes[0, 0].set_xticks(np.linspace(0, 1, 3))
axes[0, 0].set_yticks(np.linspace(0, 1, 3))

for l, c in itertools.product(range(2), range(2)):
    axes[l, c].grid(axis="both", color="lightblue", linewidth=2)
```

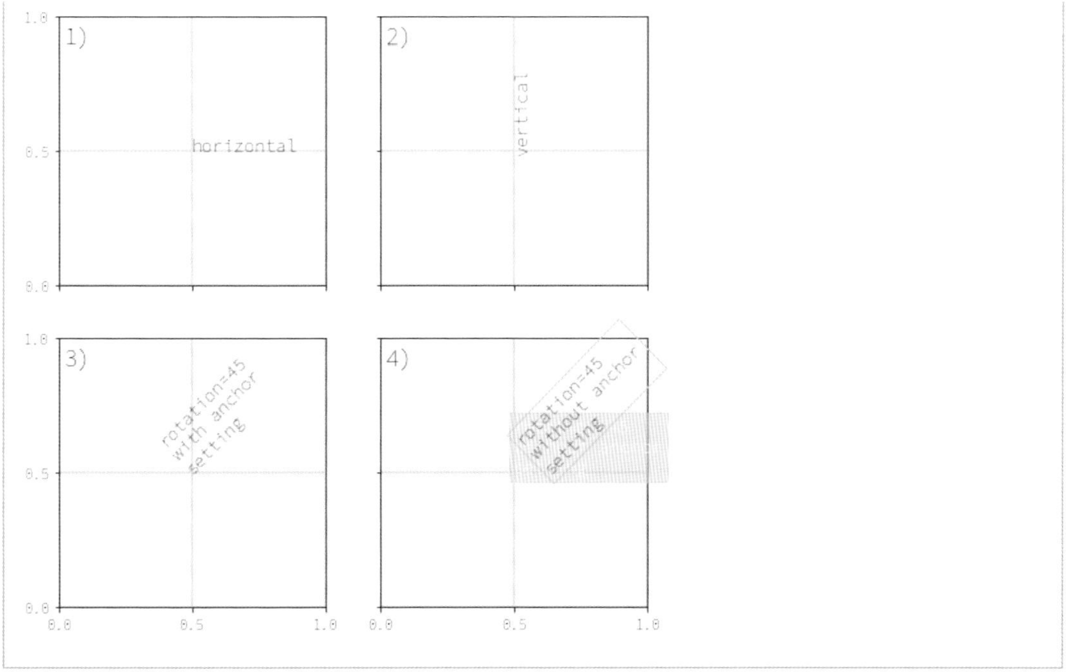

5.8 描画スタイルの適用

サブプロットの色や軸線、目盛り、目盛りラベル等、要素の書式は個別に設定できますが、Matplotlibはそれらの項目をまとめたスタイルセットを用意しています。スタイルセットを適用することにより、要素の書式を一括で変更することができます。

スタイル一覧を出力する

描画スタイルの設定ファイルは.mplstyleという拡張子で保存されています。利用しているMatplotlibに保存されているスタイルセットは、**リスト5.8.1**のコードで取得できます。Matplotlib 3.2.2では、26のスタイルが登録されています。

NOTE

.mplstyle は、たとえば「Anaconda\envs\jupyterbook\Lib\site-packages\matplotlib\mpl-data\stylelib」に格納されています。

NOTE

公式ページのスタイルシートリファレンス※には、各スタイルの描画例が掲載されています。

※ URL https://matplotlib.org/3.2.1/gallery/style_sheets/style_sheets_reference.html

● リスト 5.8.1　スタイル一覧の出力

```
import matplotlib.pyplot as plt

plt.style.available
```

```
['Solarize_Light2',
 '_classic_test_patch',
 'bmh',
 'classic',
 'dark_background',
 'fast',
 'fivethirtyeight',
 'ggplot',
 'grayscale',
 'seaborn',
 'seaborn-bright',
 'seaborn-colorblind',
 'seaborn-dark',
 'seaborn-dark-palette',
 'seaborn-darkgrid',
 'seaborn-deep',
 'seaborn-muted',
 'seaborn-notebook',
 'seaborn-paper',
 'seaborn-pastel',
 'seaborn-poster',
 'seaborn-talk',
 'seaborn-ticks',
 'seaborn-white',
 'seaborn-whitegrid',
 'tableau-colorblind10']
```

スタイルを適用する

スタイルはstyle.use()関数で適用できます。style.use()関数の引数としてスタイル名を渡して実行すれば、指定したスタイルで描画されます。

以下の2つの例では、それぞれ"ggplot"スタイル（**リスト5.8.2**）と"grayscale"スタイル（**リスト5.8.3**）を適用しています。スタイルを比較することにより、プロット要素の色や軸線、目盛り線、罫線やサブプロットの色などが一括で変更されていることが確認できます。

リスト 5.8.2　ggplot スタイルで描画

```
import matplotlib
import numpy as np

np.random.seed(12345)
x1 = np.random.normal(100, 10, 1000)
x2 = np.random.normal(150, 10, 1000)
y1 = np.random.normal(100, 50, 1000)
y2 = np.random.normal(50, 50, 1000)

matplotlib.style.use('ggplot')

fig, ax = plt.subplots(1, 1)

ax.scatter(x1, y1)
ax.scatter(x2, y2);
```

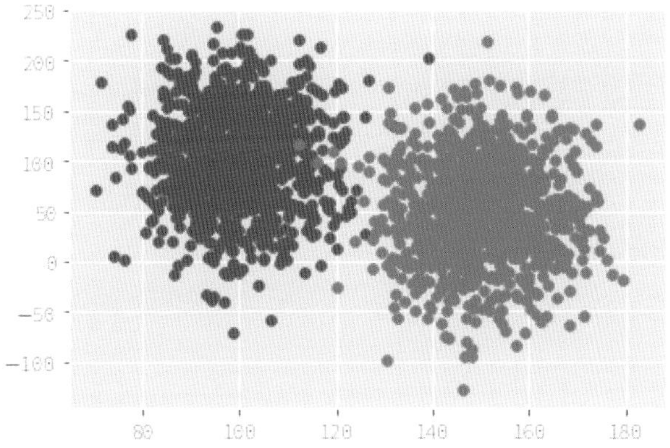

リスト 5.8.3　grayscale スタイルで描画

```
matplotlib.style.use("grayscale")
```

```
fig, ax = plt.subplots(1, 1)

ax.scatter(x1, y1)
ax.scatter(x2, y2);
```

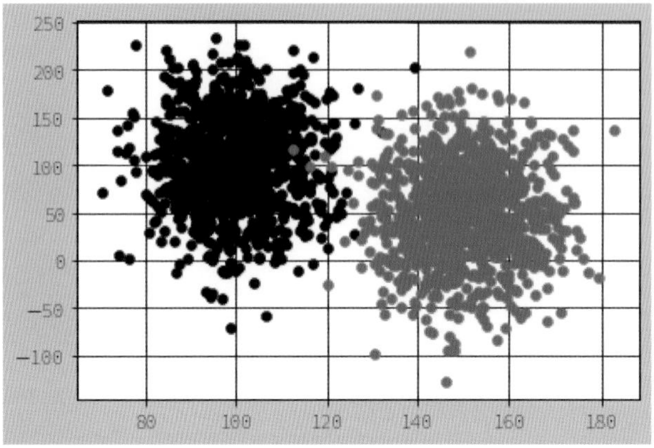

5.9 グラフをファイルに出力

Matplotlibでは、さまざまな形式で図をファイルに出力できます。また、出力時にフィギュアオブジェクトの書式を設定できます。ファイルの出力にはsavefig()メソッドを使用します。ファイル形式によらず設定できる引数を**表5.33**に示します。他にも線や面の設定にかかる項目（線の太さ、線の形状、不透明度など）も指定できます。

表 5.33　savefig() メソッドに設定できる引数（抜粋）

引数	説明
dpi	解像度
facecolor	塗りつぶし色
edgecolor	枠線の色
format	ファイル保存形式（PNG、PDF、PS、EPS、SVG）
transparent	サブプロットオブジェクトの背景を透明（True）もしくは不透明（False）に設定。塗りつぶし色・枠線の色が設定されていなかった場合はフィギュアオブジェクトにも適用
bbox_inches	バウンディングボックス（フィギュアオブジェクトを囲む長方形）の大きさを入れ子のリストで指定（例　[[x0, y0], [x1, y1]]）。"tight" に設定すると最小の大きさとなる
pad_inches	bbox_inches に "tight" を設定した場合のフィギュアオブジェクト周りの余白幅

ファイルに出力するフィギュアオブジェクトの書式を設定する

ファイル出力時に解像度、塗りつぶし色、枠線の色、枠線の太さを設定して描画した例をリスト5.9.1に示します。

● リスト5.9.1 フィギュアオブジェクトの書式を設定

```
import matplotlib.pyplot as plt

fig, ax = plt.subplots()

fname = "save_fig_settings.png"

fig.savefig(
    fname, dpi=300, facecolor="lightgrey", edgecolor="k", format="png")
```

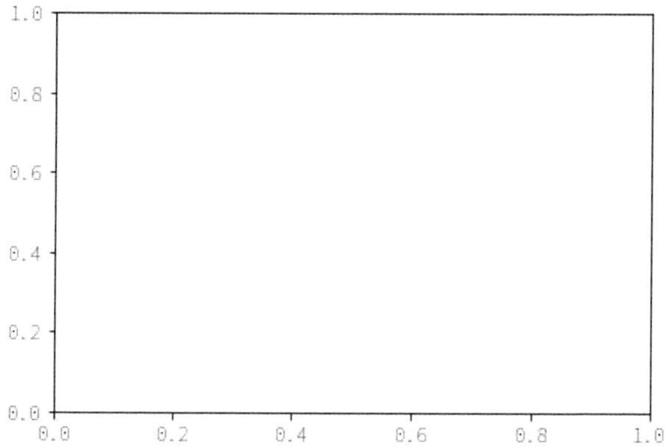

ノートブック上では書式設定の結果が表示されませんが、出力したファイルをIPythonのImageクラスを用いて図を読み込むと、背景が薄い灰色、枠線が黒の画像として出力されていることがわかります（リスト5.9.2）。

● リスト5.9.2 リスト5.9.1で出力したファイルを読み込み

```
from IPython.display import Image

Image(fname)
```

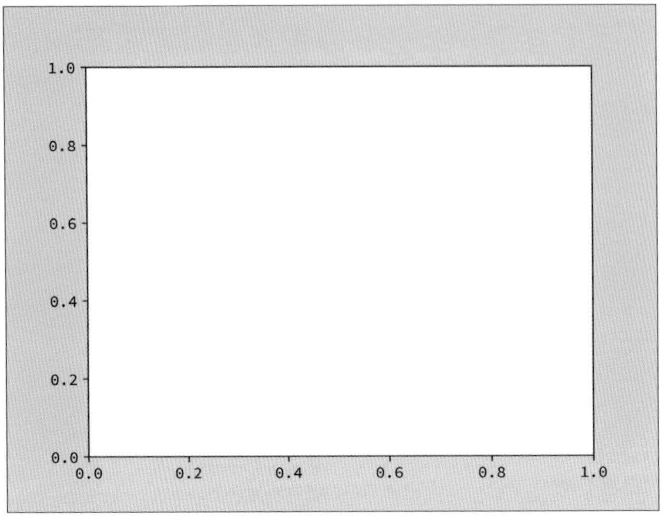

NOTE

リスト 5.9.1 では引数 format にファイル保存形式として "png" を指定していますが、指定しなかった場合でも、ファイル名に拡張子が明示されていれば、自動的にファイル形式が判別されます。

図のすべての要素をファイルに出力する

サブプロット周辺にオブジェクト（図の凡例や軸タイトルなど）を配置すると、ファイル出力時に要素の一部が見切れる場合があります。

オブジェクトが見切れてしまったとき、savefig() メソッドの引数 bbox_inches に "tight" を設定するとすべてのオブジェクトが含まれた画像ファイルを出力できます。

リスト 5.9.3 では bbox_inches に "tight" を設定しているため、ノートブック上に表示された図と保存された図が同じになります。保存された図は**リスト 5.9.2** と同じコード（Image(fname)）で確認できます。

NOTE

オブジェクトが見切れた図を確認したい場合は、**リスト 5.9.3** の bbox_inches="tight", の行をコメントアウトして実行してから、保存された図を確認してください。

リスト 5.9.3 bbox_inches に "tight" を設定して画像を出力

```
import numpy as np

x = np.arange(0, 5, 0.2)
y = np.sin(x)
z = np.cos(x)

fig, ax = plt.subplots(1, 1)

ax.plot(x, y, label="sin")
ax.plot(x, z, label="cos")

ax.set_xlabel("x value")
ax.set_ylabel("y value")

ax.legend(loc="upper left", bbox_to_anchor=(1, 1))

fname = "save_fig_adjust.png"
fig.savefig(
    fname,
    dpi=300,
    bbox_inches="tight",
);
```

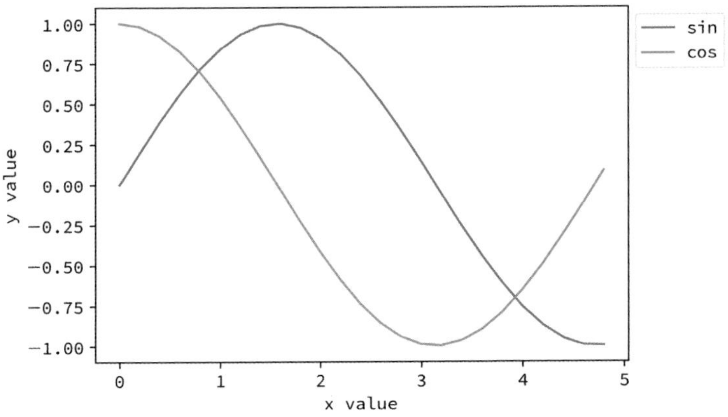

5.10 Matplotlibでグラフを描画する2つのアプローチ

Matplotlibのpyplotモジュールは MATLAB[注5.4]を念頭において設計されたという歴史的経緯があります。MATLABは、数値計算や統計計算に強いMATLAB言語およびMATLAB言語を活用するツールキットの名称です。

このMATLABのインターフェイスを参考にした設計は、Matplotlibを部分的にPythonらしくない設計にしています。「Pythonらしくない」という表現はあいまいですが、Pythonでモジュールを設計する場合の慣例と異なる点があるということです。暗黙的な動作が多いことも、暗示より明示[注5.5]を好むPythonの思想から見るとMatplotlibをわかりにくくしている点です。もっとも、Matplotlibが発展する過程において、MATLABユーザを取り込むという役割を果たした面もあります。

本節では、Matplotlibを利用してPythonらしいコーディングをするアプローチをOOP-style（Object Oriented Programming Style;オブジェクト指向スタイル）とし、そうでないものをMATLAB-styleとします。この命名は、公式ドキュメント「Coding Style」[注5.6]に由来します。

MATLAB-style

本書では「MATLAB-style」は非推奨ですが、比較のために紹介します。**リスト5.10.1**はMATLAB-styleで棒グラフを描画する例です。動作上は問題なく、図が描画されます。

リスト5.10.1　MATLAB-styleでグラフを描画

```
%matplotlib inline

import matplotlib.pyplot as plt

x = [1, 2, 3]
y = [3, 6, 9]

plt.bar(x, y)
plt.title('Sample Bar Chart')
plt.xlabel('X');
```

注5.4　URL https://jp.mathworks.com/products/matlab.html

注5.5　Python開発者のガイドラインであるThe Zen of Pythonには「Explicit is better than implicit.」（暗示的よりも明示的がいい）と記述されています。
URL https://www.python.org/dev/peps/pep-0020/

注5.6　URL https://matplotlib.org/faq/usage_faq.html#coding-styles

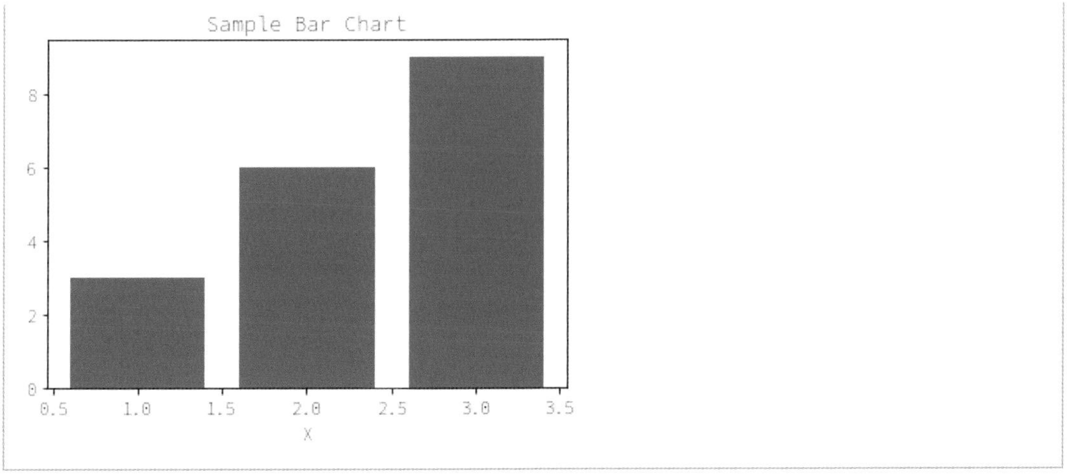

繰り返しになりますが、動作上の問題はありません。しかし、コードの中にもいくつか気になる点があります。まず、グラフを作成するために、pyplotモジュールのtitle()関数やxlabel()関数を直接呼び出して利用しています。このコードをアレンジして複数のグラフを描こうと考えたとき、どのようにすれば良いか手がかりがありません。

OOP-style

次に、OOP-styleのコード例を示します。本書の推奨するスタイルで、本書のサンプルコードは基本的にOOP-styleにならっています。

OOP-styleはオブジェクト指向なので、オブジェクトを生成して、そこに対してメソッドで処理を記述する形式になっています。ここで言うオブジェクトはフィギュアオブジェクトおよびサブプロットオブジェクトを指します。OOP-styleでは最初に図を描画するためのフィギュアオブジェクトおよびサブプロットオブジェクトを生成し、そのオブジェクトにメソッドを用いてデータや書式を設定していきます（**リスト5.10.2**）。出力結果は**リスト5.10.1**と同じになります。

● リスト 5.10.2　OOP-style でグラフを描画

```
import matplotlib.pyplot as plt

x = [1, 2, 3]
y = [3, 6, 9]

fig = plt.figure()
ax = fig.add_subplot(1, 1, 1)
```

```
ax.bar(x, y)
ax.set_title("Sample Bar Chart")
ax.set_xlabel("X");
```

ここでは最初にplt.figureでFigureクラスのインスタンスfigを生成しています。次に、figのadd_subplot()メソッドを呼び出してaxを作成しました。axはサブプロットです。サブプロットに属するbar()メソッドで棒グラフをプロットします。続けて、set_title()メソッドとset_xlabel()メソッドでタイトルとX軸ラベルを指定します。最終的に出力されるのはfigインスタンスの内容です。

OOP-styleのコードは、MATLAB-styleのコードに比べ長いです。しかし、このコードからはいくつかの情報を読み取れます。他のグラフ（フィギュア）を作成しようと考えたとき、別のインスタンスをplt.figure()で作成すれば良いことがわかります。figインスタンスのメソッドを利用して作成されたサブプロットに対して、タイトルと軸ラベルをセットしていることも明らかです。これらのことから、より明示的なコードになったと言えます。

NOTE

本書では多少なりとも簡潔なコードにするためにフィギュアオブジェクトとサブプロットオブジェクトを同時に生成するpyplot.subplots()関数を採用しています。また、マジックコマンド%matplotlib inlineを用いています。pyplot.subplots()関数を用いたオブジェクト生成方法も含め、フィギュアオブジェクトとサブプロットオブジェクトを生成する方法については「5.2　フィギュアとサブプロットの書式設定」(P.229)に詳述してありますので、そちらを参照してください。

第6章

seabornでデータを可視化しよう

seabornはデータを可視化するためのサードパーティ製パッケージです。本章ではseabornの概要と高レベルのAPIを利用したデータの可視化方法を説明します。

本章の内容

6.1 seabornとは

seabornは、Matplotlibをベースにした可視化を実現するサードパーティ製パッケージです（**表6.1**）。次のようなデータサイエンスの分野ではよく使われる可視化手法を簡潔な記述で実装できるのが特徴です。

- カテゴリデータを分類した可視化
- データの関係を可視化
- データの分布を可視化
- 回帰を可視化

通常、上記のような可視化には信頼区間の算出やカーネル密度推定など、可視化をするための前工程が必要となります。seabornを利用するとデータを渡すだけで、必要な前処理と可視化を一度に行えます。seabornの内部の処理ではSciPy[注6.1]やstatsmodels[注6.2]などが利用され、可視化ではMatplotlibが利用されていますが、ユーザはこれを意識せずに扱えます。

表6.1　seabornパッケージ情報

パッケージ名	seaborn
解説バージョン	0.10.1
公式サイト	https://seaborn.pydata.org
リポジトリ	https://github.com/mwaskom/seaborn/
PyPI	https://pypi.org/project/seaborn/

6.2 APIの概要

seabornには、figure-levelのインターフェイス（関数）とaxes-levelのインターフェイス（関数）が提供されています（**図6.1**）。

注6.1　URL https://www.scipy.org
注6.2　URL https://www.statsmodels.org

●図 6.1　seaborn の API 概要

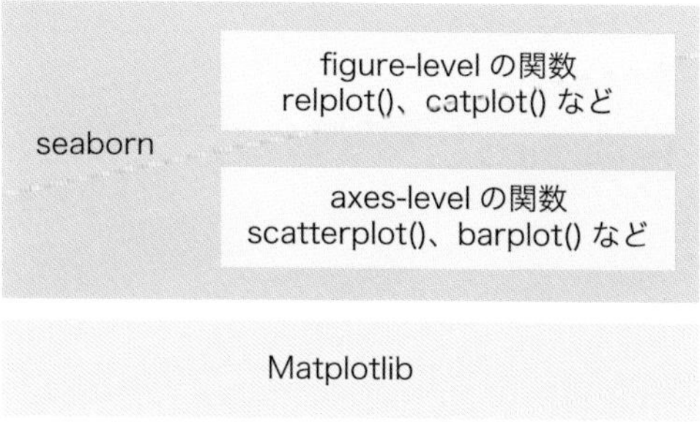

本節では例として、次の各インターフェイスのレベルを利用して散布図を描画することで、seabornが提供するAPIの概要を学びます。

- Matplotlib
- figure-level の関数
- axes-level の関数

Matplotlib でグラフを描画する

Matplotlibは最も低レベルなインターフェイスです。**リスト6.2.1**では、seabornに同梱されているtipsデータセット[注6.3]から、各時間帯における会計額とチップの金額をサブプロットごとに散布図に描画しています。

●リスト 6.2.1　Matplotlib でグラフを描画

```
%matplotlib inline

import matplotlib.pyplot as plt
import seaborn as sns

tips = sns.load_dataset("tips")

fig, (ax1, ax2) = plt.subplots(nrows=1, ncols=2)
ax1.scatter(
    tips.loc[tips["time"] == "Lunch", "total_bill"],
    tips.loc[tips["time"] == "Lunch", "tip"],
)
```

注 6.3　「6.3　グラフの描画方法」（P.300）を参照してください。

```
ax1.set_title("time = Lunch")
ax1.set_xlabel("total_bill")
ax1.set_ylabel("tip")
ax2.scatter(
    tips.loc[tips["time"] == "Dinner", "total_bill"],
    tips.loc[tips["time"] == "Dinner", "tip"],
)
ax2.set_title("time = Dinner")
ax2.set_xlabel("total_bill")
ax2.set_ylabel("tip")
```

```
Text(0, 0.5, 'tip')
```

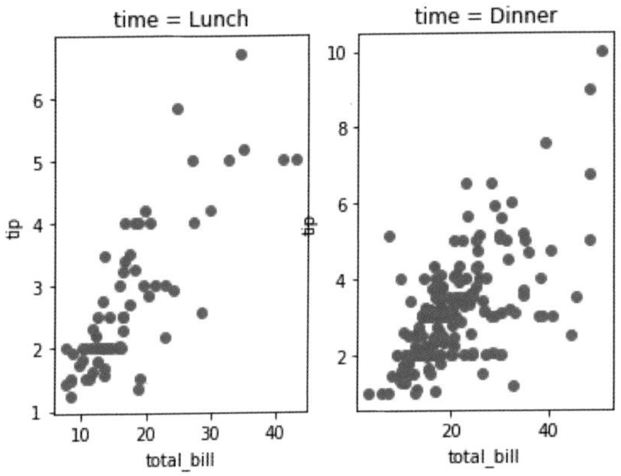

NOTE

seabornモジュールの別名（エイリアス名）をsnsとして指定するインポート方法は公式ドキュメントをはじめ、広く使われています。この別名の由来は、米国の人気ドラマ『The West Wing』の登場人物Samuel Norman Seabornの略と言われています。

axes-levelの関数でグラフを描画する

axes-levelの関数は高レベルのインターフェイスを提供します。scatterplot()関数はaxes-levelの関数であり、Matplotlibのラッパです。戻り値としてサブプロットオブジェクトを返します。**リスト6.2.2**では、**リスト6.2.1**の結果と同じグラフをscatterplot()関数を利用して描画しています。Matplotlibと比較して、簡潔なコードで実装できます。

●リスト 6.2.2　axes-level の関数でグラフを描画

```
facet_grid = sns.FacetGrid(tips, col="time")
facet_grid.map(sns.scatterplot, "total_bill", "tip")
```

```
<seaborn.axisgrid.FacetGrid at 0x7fca6bb044c0>
```

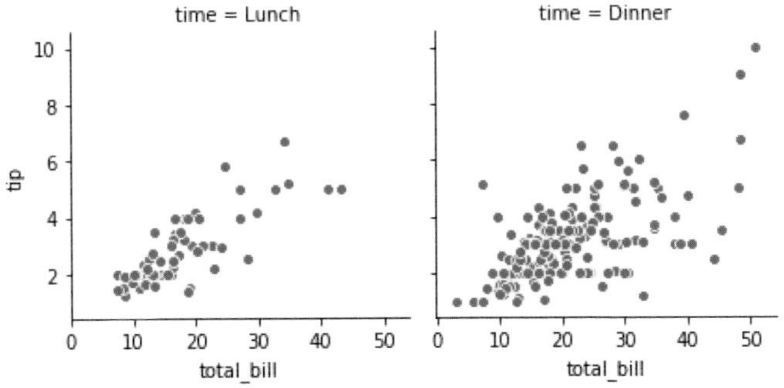

figure-level の関数でグラフを描画する

figure-levelの関数は高レベルのインターフェイスを提供します。relplot()関数はfigure-levelの関数です。戻り値としてFacetGridオブジェクトを返します。**リスト6.2.3**では、**リスト6.2.2**の結果と同じグラフをrelplot()関数を利用して描画しています。axes-levelの関数と比較して、さらに簡潔なコードで実装できます。

●リスト 6.2.3　figure-level の関数でグラフを描画

```
sns.relplot(data=tips, x="total_bill", y="tip", col="time")
```

```
<seaborn.axisgrid.FacetGrid at 0x7fca6b3d7d30>
```

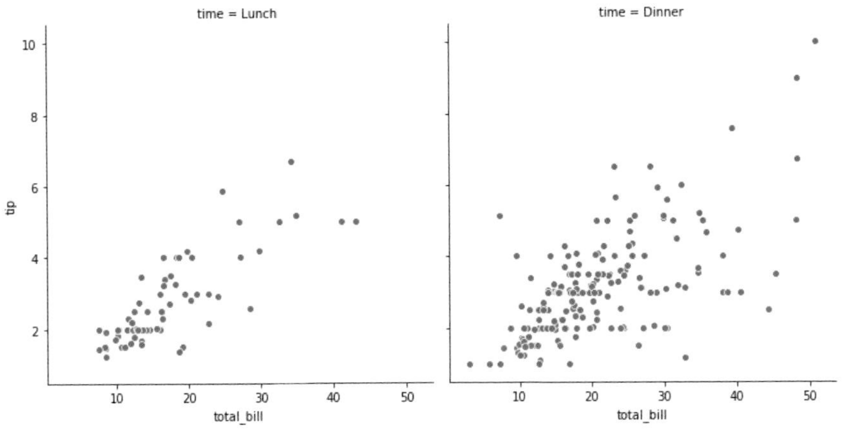

6.3 グラフの描画方法

seabornでは、グラフを描画する方法が複数用意されています。データの目的に応じた手段を選ぶことにより、効率良くグラフが描画できます。本節ではグラフを描画する方法を解説します。

seabornでは単一のグラフを描画する機能の他、複数の種類のグラフを組み合わせたり、カテゴリに応じてグラフを分割したりすることによって、一度の可視化でさまざまな情報が得られます。seabornを利用してグラフを描画する関数を大きく分類すると**表6.2**のようになります。

表 6.2　seaborn の関数と役割

関数	目的	関数名の例	サンプル
サブプロットオブジェクトを生成する関数（axes-level）	単体のグラフを描画する	scatterplot lineplot	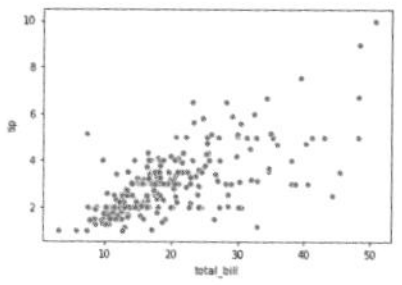
JointGrid オブジェクトを生成する関数（figure-level）	複数の種類のグラフを組み合わせる	jointplot	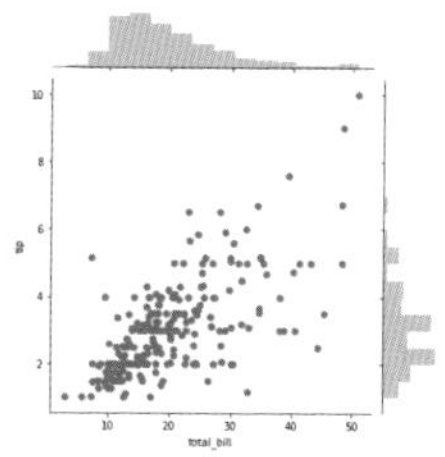
FacetGrid オブジェクトを生成する関数（figure-level）	データセットを切り出して（ファセット）グラフを分割する	relplot catplot lmplot	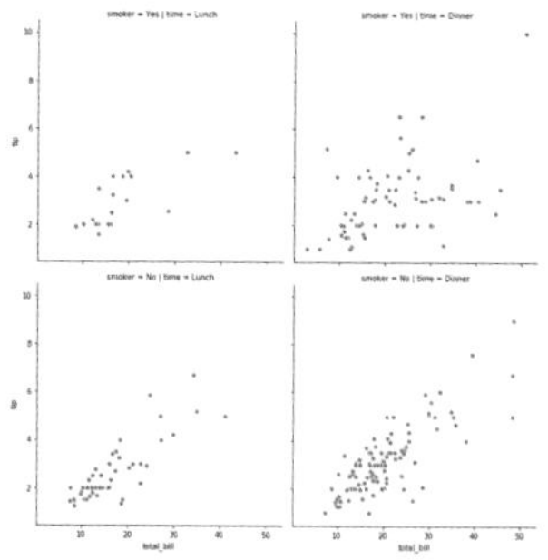

PairGridオブジェクトを生成する関数（figure-level）	データの組み合わせからグラフを作成する	pairplot	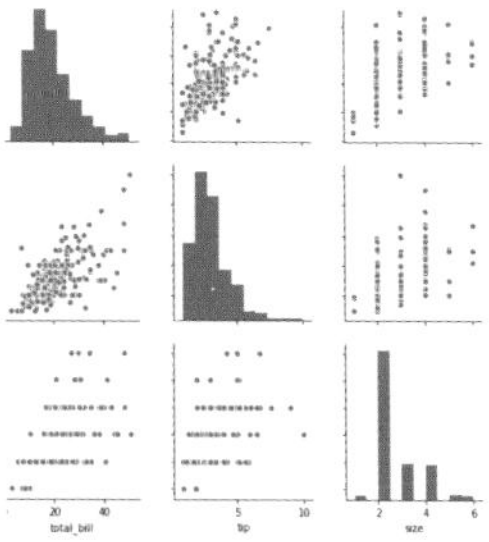

本節では、seabornに同梱されているtipsデータセットを利用してデータを可視化します。**リスト6.3.1**ではload_dataset()関数を用いてtipsデータセットを読み込んでいます。戻り値のデータ型はDataFrameです。

●リスト 6.3.1　tips データセットの読み込み

```
import seaborn as sns

tips = sns.load_dataset("tips")
tips.head()
```

	total_bill	tip	sex	smoker	day	time	size
0	16.99	1.01	Female	No	Sun	Dinner	2
1	10.34	1.66	Male	No	Sun	Dinner	3
2	21.01	3.50	Male	No	Sun	Dinner	3
3	23.68	3.31	Male	No	Sun	Dinner	2
4	24.59	3.61	Female	No	Sun	Dinner	4

DataFrameの各列には次のデータが含まれています。

- total_bill：会計金額
- tip：チップの金額
- sex：性別
- smoker：喫煙の有無
- day：曜日
- time：時間帯
- size：人数

単一のグラフを描画する（サブプロットオブジェクト）

サブプロットオブジェクト[注6.4]を返す関数（axes-levelの関数）は最もシンプルな関数で、単一のグラフを描画することに向いています。

◆散布図の描画

例としてシンプルな散布図を描画します。scatterplot()関数は散布図を描画し、サブプロットオブジェクトを返します（**リスト6.3.2**）。

● **リスト 6.3.2　scatterplot() 関数による散布図の描画**

```
sns.scatterplot(data=tips, x="total_bill", y="tip")
```

```
<matplotlib.axes._subplots.AxesSubplot at 0x7fa25ef0a0a0>
```

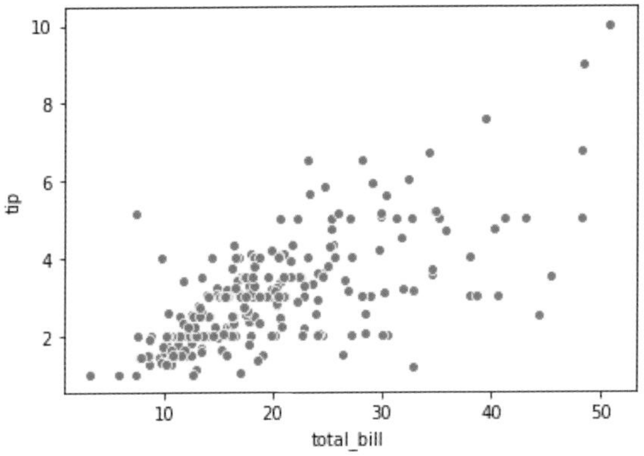

サブプロットオブジェクトを返す関数は、Matplotlibでグラフの体裁を調整したり、サブプロットに組み込んだりすることに向いています。

◆Matplotlib のサブプロットとして描画

scatterplot()関数の引数axにサブプロットオブジェクトを渡すことで、Matplotlibのサブプロットとして描画できます。**リスト6.3.3**ではseabornのscatterplot()関数で散布図のサブプロットオブジェクトを生成し、Matplotlibで配置やグラフタイトルを設定しています。

注 6.4　第 4 章の「フィギュアとサブプロットを生成する」（P.161）を参照してください。

リスト 6.3.3 Matplotlib で配置やグラフタイトルを設定

```
import matplotlib.pyplot as plt

fig, (ax1, ax2) = plt.subplots(nrows=1, ncols=2)
sns.scatterplot(data=tips, x="total_bill", y="tip", ax=ax1)
sns.scatterplot(data=tips, x="size", y="tip", ax=ax2)
ax1.set_title("totall bill and tips")
ax2.set_title("size and tips")
```

```
Text(0.5, 1.0, 'size and tips')
```

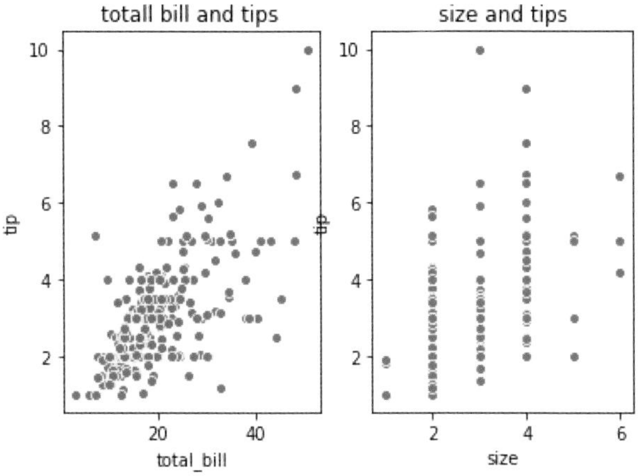

NOTE

サブプロットオブジェクトを返す関数の詳細は第7章の「7.4 axes-level関数の利用」(P.366)にて解説します。

複数の種類のグラフを組み合わせる（JointGrid オブジェクト）

前述のscatterplot()関数では、散布図によりデータの関係性が得られましたが、さらに分布を把握するために、ヒストグラムなどのグラフを追加で描画したい場合があります。JointGridオブジェクトを返す関数（figure-levelの関数）では1つの関数で複数の種類のグラフを組み合わせて描画できます。例として、jointplot()関数を用いて散布図とヒストグラムを並べて描画します（**リスト 6.3.4**）。jointplot()関数はJointGridオブジェクトを返します（figure-level）。

リスト 6.3.4　散布図とヒストグラムを並べて描画

```
sns.jointplot(data=tips, x="total_bill", y="tip")
```

```
<seaborn.axisgrid.JointGrid at 0x7fa2288aa340>
```

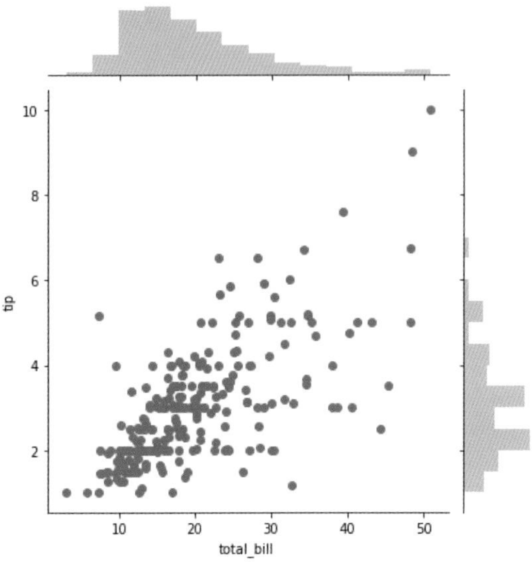

NOTE

第7章の「JointGridクラスを利用する」（P.363）ではJointGridクラスを利用して、より柔軟にグラフを組み合わせる方法を解説します。

データを分類してサブプロットごとに描画する（FacetGridオブジェクト）

tipsデータセットでは、レストランの営業時間（ランチ、ディナー）や客層（性別、喫煙の有無）などの、カテゴリデータが含まれています。ランチとディナーのそれぞれの時間帯でデータを分けて確認したい場合は、要素の色分けやサブプロットに分けて描画する方法などがあります。

ファセット（切り口）注6.5と呼ばれる機能では、指定したカテゴリでデータを分類し、そのデータごとにサブプロットに描画できます。ファセットを利用するにはFacetGridオブジェクトを返す関数（figure-levelの関数）を用います。例として、relplot()関数注6.6を用いて営業時間のデータを行に分割し、喫煙の有無のデータを列に分割した散布図を描画します。relplot()関数ではFacetGridオブジェクトを返します（figure-level）。

注6.5　第7章の「7.1　ファセットの活用」（P.352）を参照してください。
注6.6　「relplot()関数を利用する」（P.312）を参照してください。

◆行（縦）にサブプロットを並べて描画

リスト6.3.5ではsmoker列でデータを分割し、散布図を行（縦）にサブプロットを並べて描画しています。

リスト 6.3.5 smoker 列でデータを分割して描画

```
sns.relplot(data=tips, x="total_bill", y="tip", row="smoker")
```

```
<seaborn.axisgrid.FacetGrid at 0x7f7da33a23d0>
```

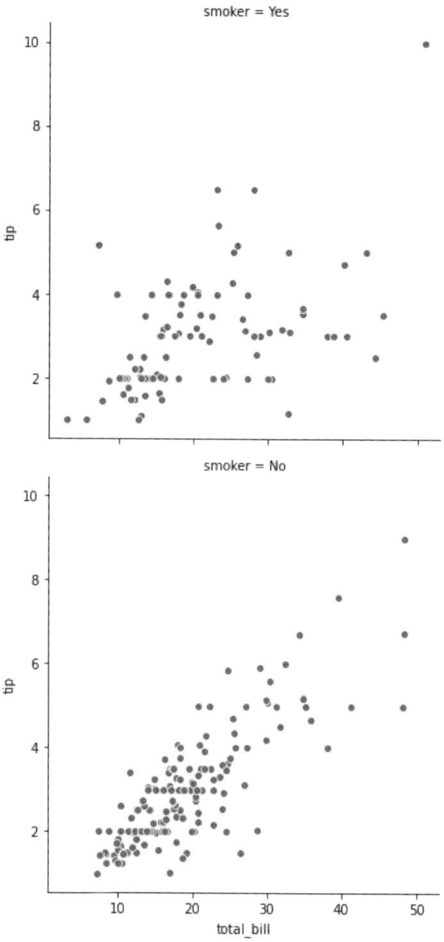

◆列（横）にサブプロットを並べて描画

リスト6.3.6ではtime列でデータを分割し、散布図を列（横）にサブプロットを並べて描画しています。

リスト6.3.6　time列でデータを分割して描画

```
sns.relplot(data=tips, x="total_bill", y="tip", col="time")
```

```
<seaborn.axisgrid.FacetGrid at 0x7f7da0b206d0>
```

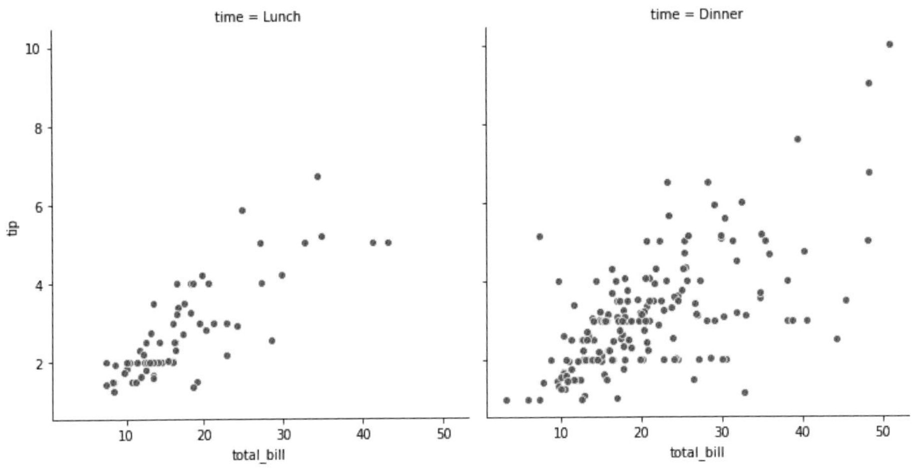

◆行と列にサブプロットを並べて描画

リスト6.3.7ではsmoker列とtime列でデータを分割し、散布図を行と列にサブプロットを並べて描画しています。

リスト6.3.7　smoker列とtime列でデータを分割して描画

```
sns.relplot(data=tips, x="total_bill", y="tip", row="smoker", col="time")
```

```
<seaborn.axisgrid.FacetGrid at 0x7f7da0b802e0>
```

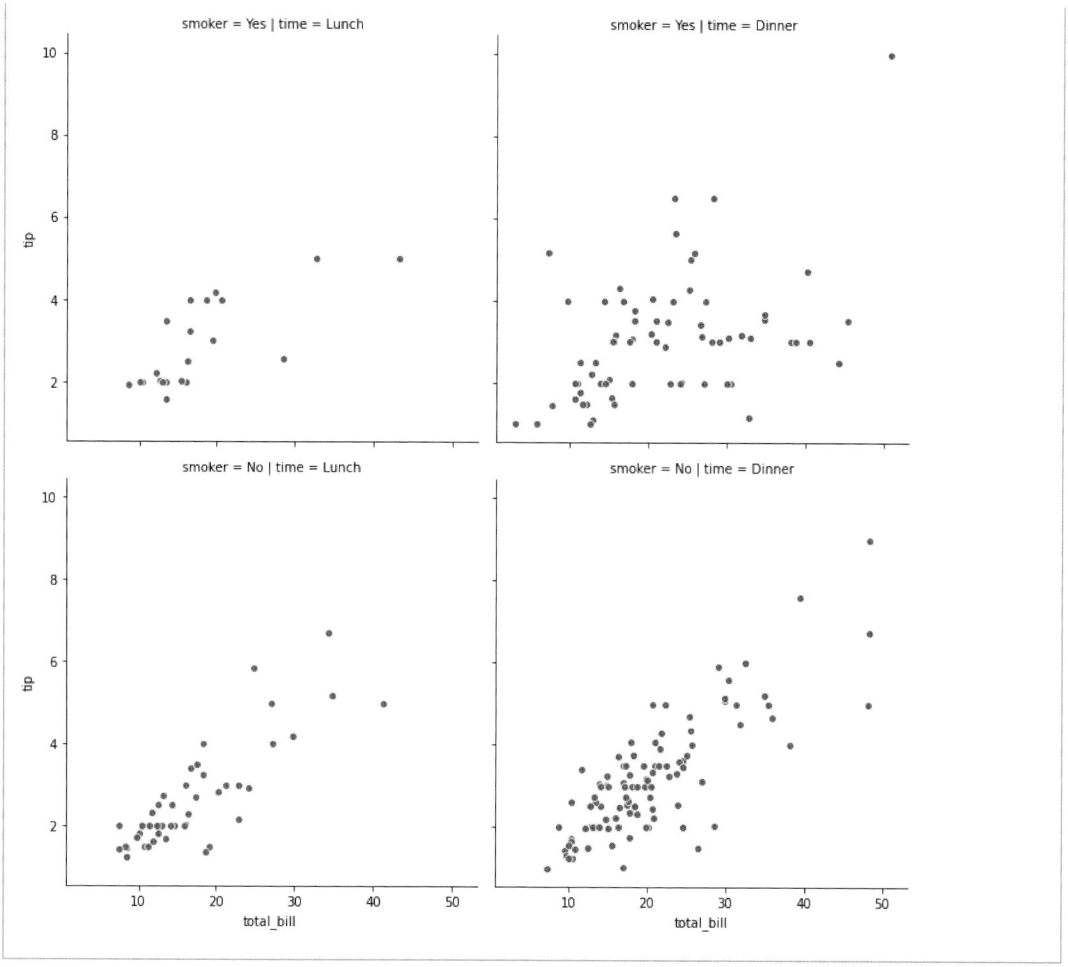

FacetGridオブジェクトを返す関数（**表6.3**）は次節以降で解説します。

表6.3　FacetGridオブジェクトを返す関数

関数名	概要	解説
relplot	2変数の関係を可視化	「relplot()関数を利用する」（P.312）
catplot	カテゴリデータを可視化	「catplot()関数を利用する」（P.324）
lmplot	回帰を可視化	「lmplot()関数を利用する」（P.343）

NOTE

第7章の「FacetGridクラスを利用する」（P.352）ではFacetGridクラスを利用して、より柔軟にファセットを扱う方法を解説します。

データを組み合わせてサブプロットごとに描画する（PairGrid オブジェクト）

tipsデータセットでは3つ以上の変数が存在します。散布図行列を利用すると、変数間の関係を一度に可視化できます。PairGridオブジェクトを返す関数（figure-levelの関数）では、変数間の組み合わせを自動で作成し、サブプロットに描画します。**リスト6.3.8**では、pairplot()関数を用いて散布図行列を描画しています。pairplot()関数はPairGridオブジェクトを返します（figure-level）。

リスト 6.3.8　pairplot() 関数を用いて散布図行列を描画

```
sns.pairplot(data=tips, vars=["total_bill", "tip", "size"])
```

```
<seaborn.axisgrid.PairGrid at 0x7fa227fad940>
```

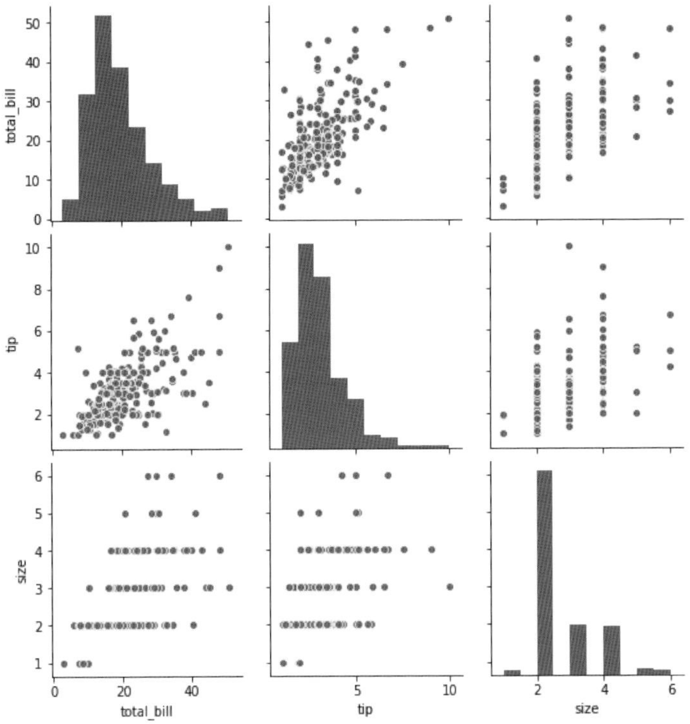

NOTE

第7章の「PairGridクラスを利用する」（P.357）ではPairGridクラスを利用して、より柔軟にグラフを組み合わせる方法を解説します。

整然データ

◆整然データとは

seabornのグラフを描画する関数にDataFrameを渡す場合には、整然データ（Tidy Data）[注6.7]である必要があります。整然データとは次の要件を満たすデータです。

1. 各変数が１つの列で構成されている
2. 各観測が１つの行で構成されている
3. 観測単位が１つの表で構成されている

雑然データ（Messy Data）とは整然データの要件を満たさないデータです。整然データと雑然データの例として、1月1日から1月3日の各都市の平均気温データを扱います（**図6.2**）。

図6.2　整然データと雑然データ

雑然データ

Location	1/1	1/2	1/3
Tokyo	5.8	6.8	5.1
Osaka	5.7	6.7	5.1
Nagoya	5.6	6.6	5.0

整然データ

Location	Date	Temperature
Tokyo	1/1	5.8
Osaka	1/1	6.8
Nagoya	1/1	5.1
Tokyo	1/2	5.7
Osaka	1/2	6.7
Nagoya	1/2	5.1
Tokyo	1/3	5.6
Osaka	1/3	6.6
Nagoya	1/3	5.0

図6.3のように、雑然データでは1つの列に日付と気温の2つの変数で構成されているのに対して、整然データでは各列が1つの変数で構成されているのが確認できます。

注6.7 『Tidy Data』／Wickham, Hadley (20 February 2013).
URL https://www.jstatsoft.org/article/view/v059i10

図 6.3　列の構成

雑然データ

Location	1/1	1/2	1/3
Tokyo	5.8	6.8	5.1
Osaka	5.7	6.7	5.1
Nagoya	5.6	6.6	5.0

各変数が 1 つの列で構成されていない
（同じ列に日付と気温の 2 つの変数が混在）

整然データ

Location	Date	Temperature
Tokyo	1/1	5.8
Osaka	1/1	6.8
Nagoya	1/1	5.1
Tokyo	1/2	5.7
Osaka	1/2	6.7
Nagoya	1/2	5.1
Tokyo	1/3	5.6
Osaka	1/3	6.6
Nagoya	1/3	5.0

各変数が 1 つの列で構成されている

図6.4のように、雑然データでは各行が複数の観測で構成されているのに対して、整然データでは各列が1つの観測で構成されているのが確認できます。

図 6.4　行の構成

雑然データ

Location	1/1	1/2	1/3
Tokyo	5.8	6.8	5.1
Osaka	5.7	6.7	5.1
Nagoya	5.6	6.6	5.0

複数の観測が 1 つの行

整然データ

Location	Date	Temperature
Tokyo	1/1	5.8
Osaka	1/1	6.8
Nagoya	1/1	5.1
Tokyo	1/2	5.7
Osaka	1/2	6.7
Nagoya	1/2	5.1
Tokyo	1/3	5.6
Osaka	1/3	6.6
Nagoya	1/3	5.0

1 つの観測が 1 つの行

◆整然データに変換

リスト6.3.9のような雑然データをseabornで可視化するには、整然データに変換します。

●リスト 6.3.9 雑然データの DataFrame を作成

```
import pandas as pd

wide_df = pd.DataFrame(
    [
        ["Tokyo", 5.8, 5.7, 5.6],
        ["Osaka", 6.8, 6.7, 6.6],
        ["Nagoya", 5.1, 5.1, 5.0],
    ],
    columns=["Location", "2020-01-01", "2020-01-02", "2020-01-03"],
)
wide_df
```

	Location	2020-01-01	2020-01-02	2020-01-03
0	Tokyo	5.8	5.7	5.6
1	Osaka	6.8	6.7	6.6
2	Nagoya	5.1	5.1	5.0

DataFrameのmelt()メソッドを実行すると、整然データへの変換が行えます。表6.4の引数を渡します。使用例をリスト6.3.10）に示します。

●表 6.4 DataFrame の melt メソッドの引数

引数	概要
id_vars	識別子となる列名を指定
var_name	識別子となる列名を指定
value_name	値となる列名を指定

●リスト 6.3.10 melt メソッドによる整然データへの変換

```
tidy_df = wide_df.melt(id_vars="Location", var_name="Date", value_name="Temperature")
tidy_df
```

	Location	Date	Temperature
0	Tokyo	2020-01-01	5.8
1	Osaka	2020-01-01	6.8
2	Nagoya	2020-01-01	5.1
3	Tokyo	2020-01-02	5.7
4	Osaka	2020-01-02	6.7
5	Nagoya	2020-01-02	5.1
6	Tokyo	2020-01-03	5.6
7	Osaka	2020-01-03	6.6
8	Nagoya	2020-01-03	5.0

◆整然データを棒グラフに描画

リスト 6.3.11 では、整然データに変換した DataFrame を catplot() 関数[注6.8]を利用して棒グラフに描画しています。

● リスト 6.3.11　catplot() 関数を利用した棒グラフの描画

```
sns.catplot(data=tidy_df, x="Date", y="Temperature", kind="bar", hue="Location")
```

```
<seaborn.axisgrid.FacetGrid at 0x7fa2277c7190>
```

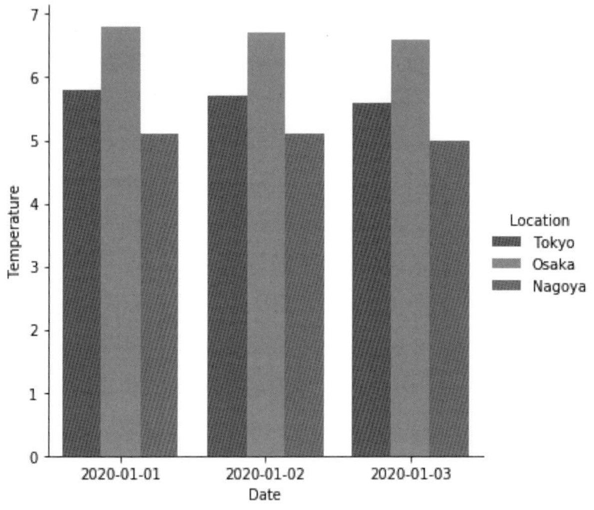

6.4 データの関係の可視化

データ分析において、データセット内の変数が互いにどのように関連し、依存するかを理解することは重要です。本節ではデータの関係を可視化する手法を学びます。

relplot() 関数を利用する

relplot() 関数は散布図や折れ線グラフを用いて、2 つのデータの関係を可視化します。ファセッ

注 6.8　「棒グラフを描画する」（P.332）を参照してください。

ト[注6.9]に対応しており、戻り値としてFacetGridオブジェクトを返します。主な引数は**表6.5**の通りです。

表 6.5　relplot() 関数の主な引数

引数	概要
data	描画対象の DataFrame
x	X 値となる列名
y	Y 値となる列名
kind	グラフの種類 "scatter"：散布図（デフォルト） "line"：折れ線グラフ

散布図を描画する

リスト6.4.1と**リスト6.4.2**では、tipsデータセットのtotal_bill列をX値、tip列をY値とした散布図を描画しています。

リスト 6.4.1　tips データセットの読み込み

```
import seaborn as sns

tips = sns.load_dataset("tips")
tips.head()
```

	total_bill	tip	sex	smoker	day	time	size
0	16.99	1.01	Female	No	Sun	Dinner	2
1	10.34	1.66	Male	No	Sun	Dinner	3
2	21.01	3.50	Male	No	Sun	Dinner	3
3	23.68	3.31	Male	No	Sun	Dinner	2
4	24.59	3.61	Female	No	Sun	Dinner	4

リスト 6.4.2　relplot() 関数で描画した散布図

```
sns.relplot(data=tips, x="total_bill", y="tip", kind="scatter")
```

```
<seaborn.axisgrid.FacetGrid at 0x7f7a48697c10>
```

注 6.9　第 7 章の「7.1　ファセットの活用」（P.352）を参照してください。

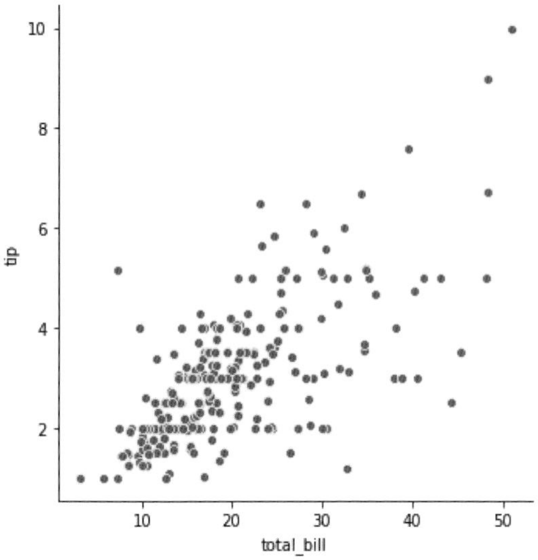

NOTE

relplot() 関数の引数 kind に "scatter" を渡した場合、内部では scatterplot() 関数※、※※が呼び出されます。

※　URL https://seaborn.pydata.org/generated/seaborn.scatterplot.html#seaborn.scatterplot
※※　第 7 章の「散布図を描画する」（P.369）を参照してください。

要素を分類して可視化する

引数hueを用いると、データに応じて要素を色分けして描画します。**リスト6.4.3**では、カテゴリデータであるtime列で色分けした散布図を描画しています。

リスト 6.4.3　time 列で色分けした散布図

```
sns.relplot(data=tips, x="total_bill", y="tip", hue="time")
```

```
<seaborn.axisgrid.FacetGrid at 0x7f7a88c0fe80>
```

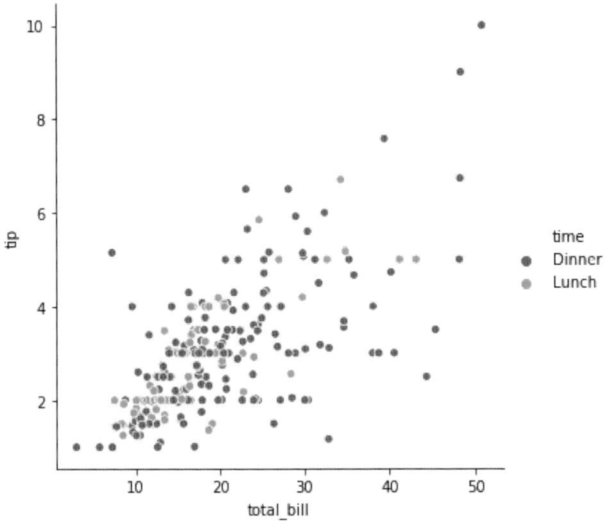

◆要素ごとに異なるマーカーで描画

引数styleを用いると、要素ごとに異なるマーカーで描画されます。**リスト6.4.4**では、カテゴリデータであるtime列で色分けし、day列でマーカーを分けた散布図を描画しています。

リスト 6.4.4　day 列でマーカーを分けた散布図

```
sns.relplot(data=tips, x="total_bill", y="tip", hue="time", style="day")
```

```
<seaborn.axisgrid.FacetGrid at 0x7f7a465cf6d0>
```

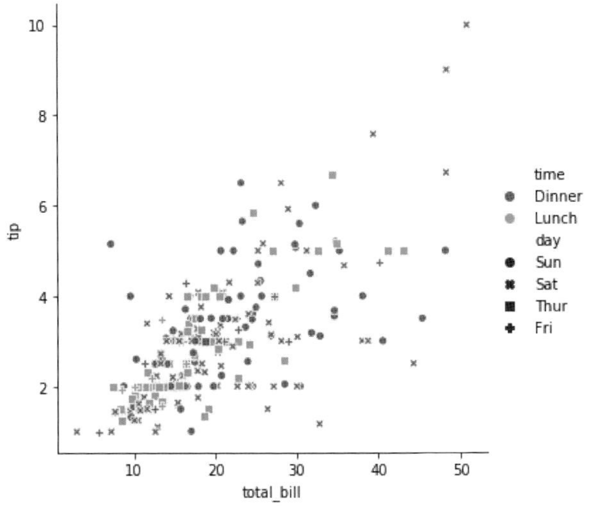

◆要素の値を色で表現

引数hueに連続データが渡された場合、カラーパレット[注6.10]が適用され、要素が色の濃淡で表現されます（リスト6.4.5）。

● リスト6.4.5　要素の値を色で表現した散布図

```
sns.relplot(data=tips, x="total_bill", y="tip", hue="size")
```

```
<seaborn.axisgrid.FacetGrid at 0x7f7a45e65940>
```

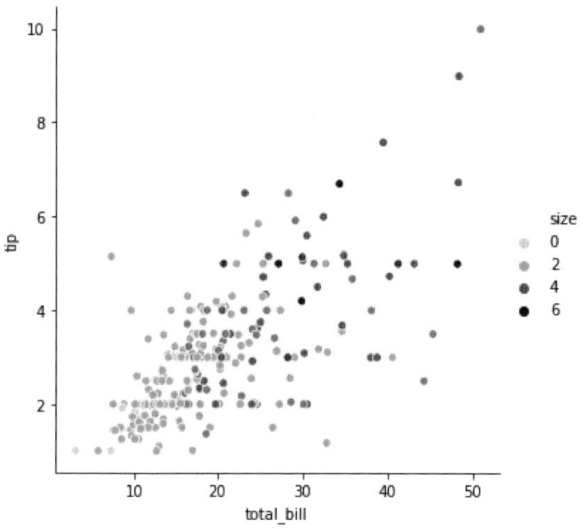

◆要素の値を大きさで表現

引数sizeに列名を渡すと、値を要素の大きさで表現します（リスト6.4.6）。

● リスト6.4.6　要素の値を大きさで表現した散布図

```
sns.relplot(data=tips, x="total_bill", y="tip", size="size")
```

```
<seaborn.axisgrid.FacetGrid at 0x7f7a45ea4880>
```

↗

注6.10　URL https://seaborn.pydata.org/tutorial/color_palettes.html#sequential-color-palettes

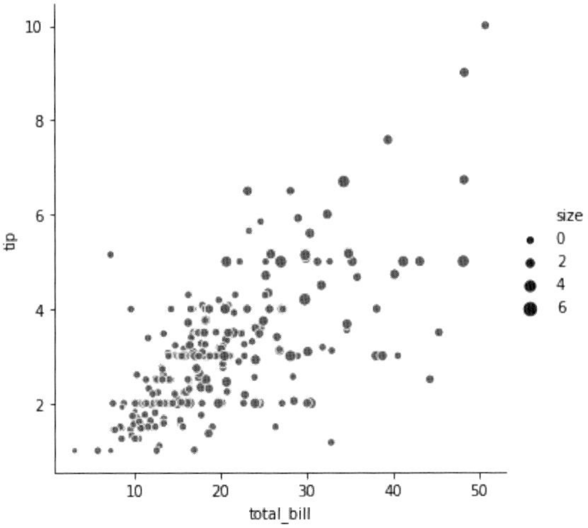

折れ線グラフを描画する

◆Matplotlibで描画

relplot関数を用いて折れ線グラフを描画する前に、fmriデータセットをMatplotlibで描画します。リスト6.4.7とリスト6.4.8ではMatplotlibを用いて、timepoint列をX値、signal列をY値に取った折れ線グラフを描画しています。X軸に取ったtimepoint列のデータが重複していることが確認できます。

リスト 6.4.7　fmri データセットの読み込み

```
fmri = sns.load_dataset("fmri")
fmri.head()
```

	subject	timepoint	event	region	signal
0	s13	18	stim	parietal	-0.017552
1	s5	14	stim	parietal	-0.080883
2	s12	18	stim	parietal	-0.081033
3	s11	18	stim	parietal	-0.046134
4	s10	18	stim	parietal	-0.037970

リスト 6.4.8　折れ線グラフの描画

```
import matplotlib.pyplot as plt

sorted_fmri = fmri.sort_values("timepoint")
fig, ax = plt.subplots()
```

```
ax.plot(sorted_fmri["timepoint"], sorted_fmri["signal"])
```

```
[<matplotlib.lines.Line2D at 0x7f7a45d6c580>]
```

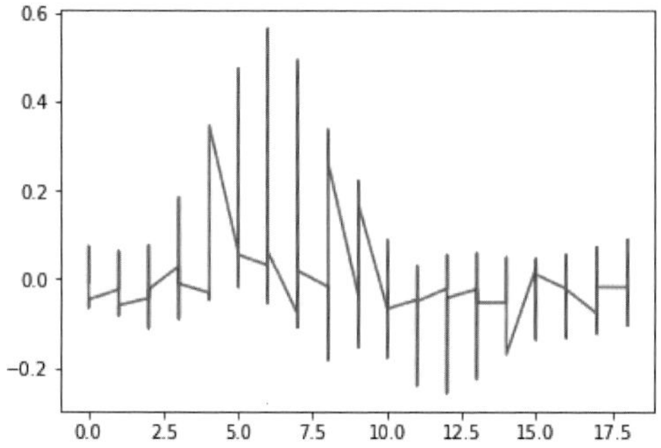

◆relplot 関数で描画

relplot関数を用いて折れ線グラフを描画するには、引数kindに"line"を渡します。X値に同じ値がある場合には平均値で集計されます。また、ブートストラップ法で算出した95パーセントの信頼区間が塗りつぶし色で描画されます。**リスト6.4.9**では、timepoint列をX値、signal列の平均値をY値に取った折れ線グラフを描画しています。Matplotlibを利用したグラフでは、X値で重複したデータがすべて描画されていましたが、1つの値に集約され、線形補間されていることが確認できます。

● リスト 6.4.9　relplot 関数を用いて折れ線グラフを描画

```
sns.relplot(data=fmri, x="timepoint", y="signal", kind="line")
```

```
<seaborn.axisgrid.FacetGrid at 0x7f7a48697b80>
```

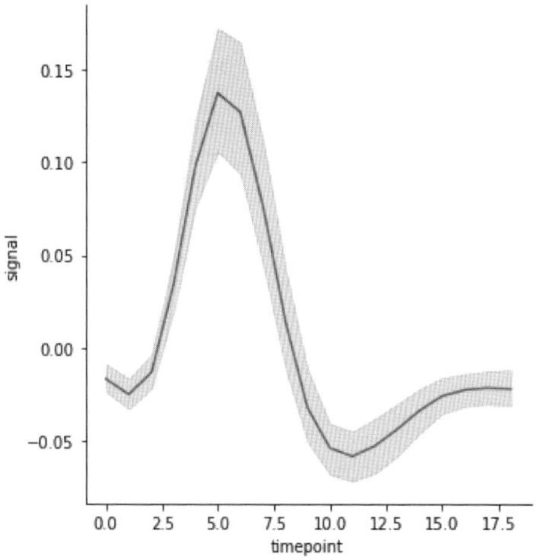

NOTE

relplot() 関数の引数kind に "line" を渡した場合、内部では lineplot() 関数※、※※が呼び出されます。

※　URL https://seaborn.pydata.org/generated/seaborn.lineplot.html#seaborn.lineplot
※※　第 7 章の「折れ線グラフを描画する」(P.370) を参照してください。

◆塗りつぶし色の描画方法を変更

relplot関数の引数ciに次の値を渡すと、塗りつぶし色の描画方法を変更できます。

- 0 から 100 までの int 型：指定したパーセント値の信頼区間
- "sd"：標準偏差
- None：非表示

リスト6.4.10では標準偏差を塗りつぶし色で描画しています。

リスト 6.4.10　標準偏差を塗りつぶし色で描画

```
sns.relplot(data=fmri, x="timepoint", y="signal", kind="line", ci="sd")
```

```
<seaborn.axisgrid.FacetGrid at 0x7f7a45ec1310>
```

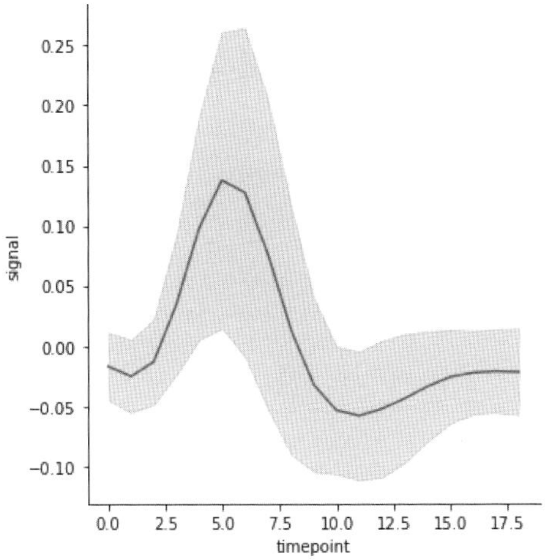

◆データの集計を行わない場合

データの集計を行わない場合は、relplot関数の引数estimatorにNoneを渡します（リスト6.4.11）。

● リスト 6.4.11　データの集計をしない折れ線グラフ

```
sns.relplot(data=fmri, x="timepoint", y="signal", kind="line", estimator=None)
```

```
<seaborn.axisgrid.FacetGrid at 0x7f7a45d406a0>
```

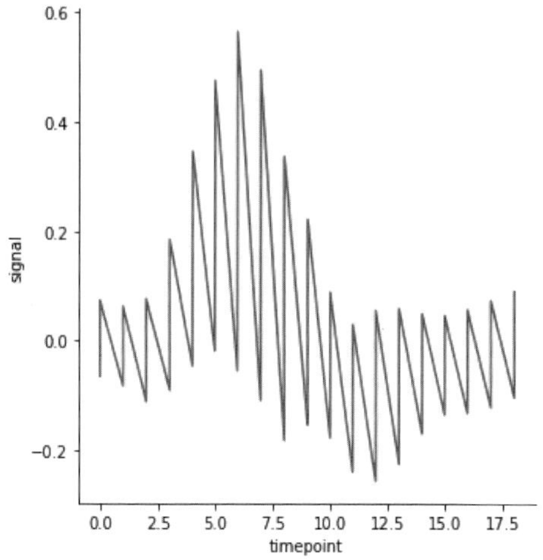

event列は「stim」と「cue」の2種類のデータに分けられます（**リスト6.4.12**）。また、region列は「parietal」と「frontal」の2種類のデータに分けられます（**リスト6.4.13**）。

● リスト 6.4.12　event 列のデータの種類

```
fmri["event"].unique()
```

```
array(['stim', 'cue'], dtype=object)
```

● リスト 6.4.13　region 列のデータの種類

```
fmri["region"].unique()
```

```
array(['parietal', 'frontal'], dtype=object)
```

◆ 複数の折れ線グラフ

relplot関数の引数hueに渡した列名で、要素を色分けして複数の折れ線グラフにできます。同様に、引数styleに列名を渡すと、線種で分類した複数の折れ線グラフにできます（**リスト6.4.14**）。

リスト 6.4.14 色と線種で分類した複数の折れ線グラフ

```
sns.relplot(
    data=fmri, x="timepoint", y="signal", kind="line", hue="event", style="region"
)
```

```
<seaborn.axisgrid.FacetGrid at 0x7f7a8955b250>
```

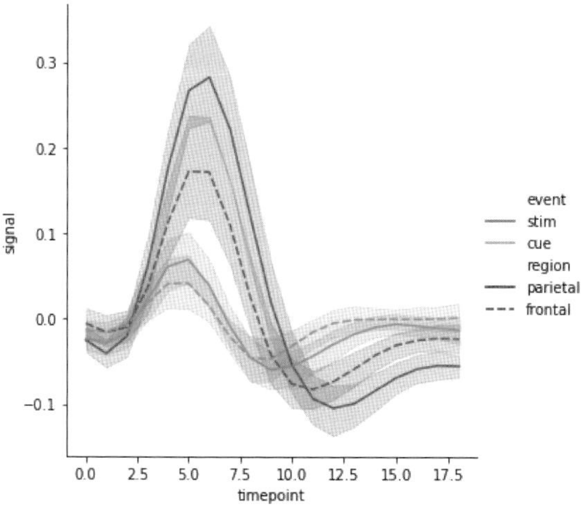

ファセットを利用する

◆散布図の描画

これまでは要素の色や線種などでカテゴリデータを分割して描画していました。ファセットを利用すると、分割したデータをサブプロットごとに描画できます。ファセットを利用するには、引数rowに行で分類する列名、引数colに列で分類する列名を渡します。**リスト6.4.15**では、tipsデータセットからsmoker列を縦に、time列を横に並べた散布図を描画しています。

リスト 6.4.15 ファセットを利用して散布図を描画

```
sns.relplot(data=tips, x="total_bill", y="tip", col="time", row="smoker")
```

```
<seaborn.axisgrid.FacetGrid at 0x7f7a41ad7eb0>
```

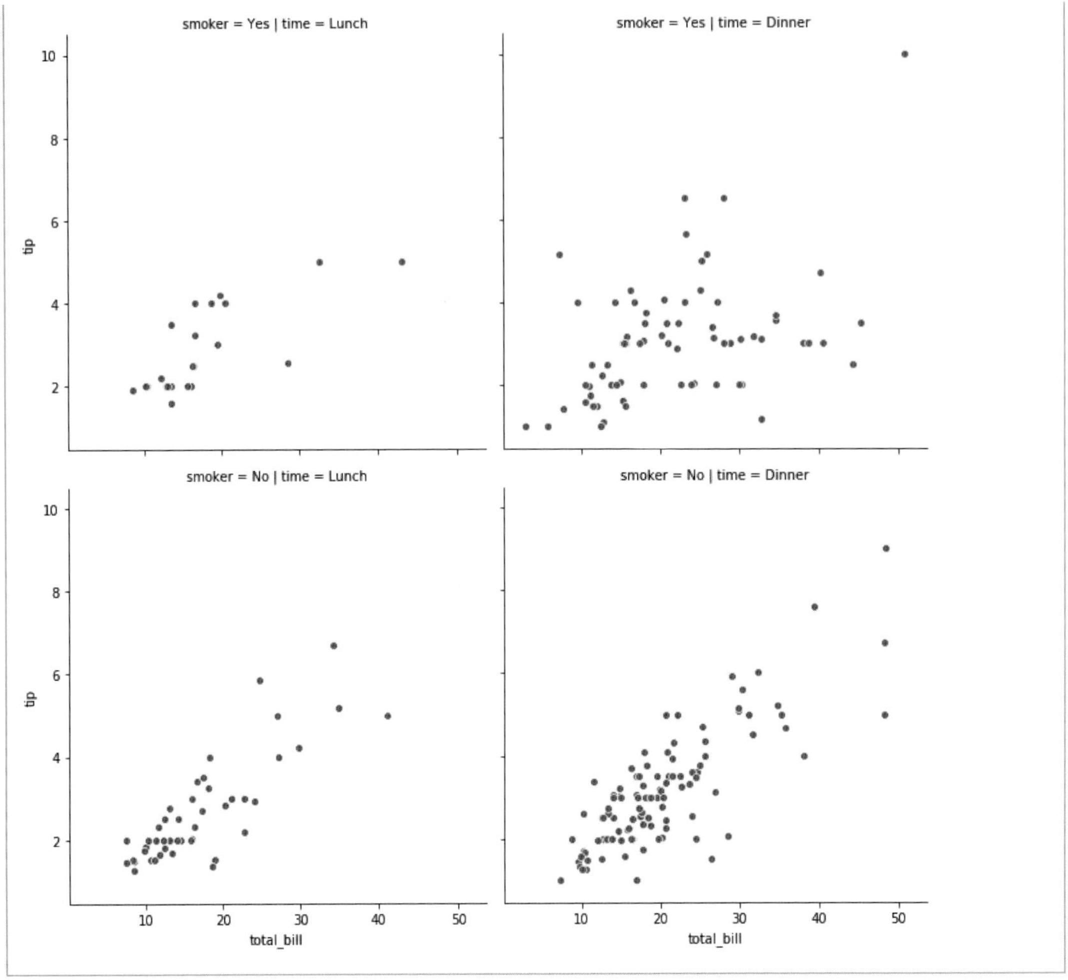

◆折れ線グラフの描画

散布図と同様に、折れ線グラフでもファセットを利用できます。**リスト6.4.16**ではevent列を縦に、region列を横に並べた折れ線グラフを描画しています。

● リスト 6.4.16　ファセットを利用して折れ線グラフを描画

```
sns.relplot(
    data=fmri, x="timepoint", y="signal", kind="line", row="event", col="region"
)
```

```
<seaborn.axisgrid.FacetGrid at 0x7f7a41a280d0>
```

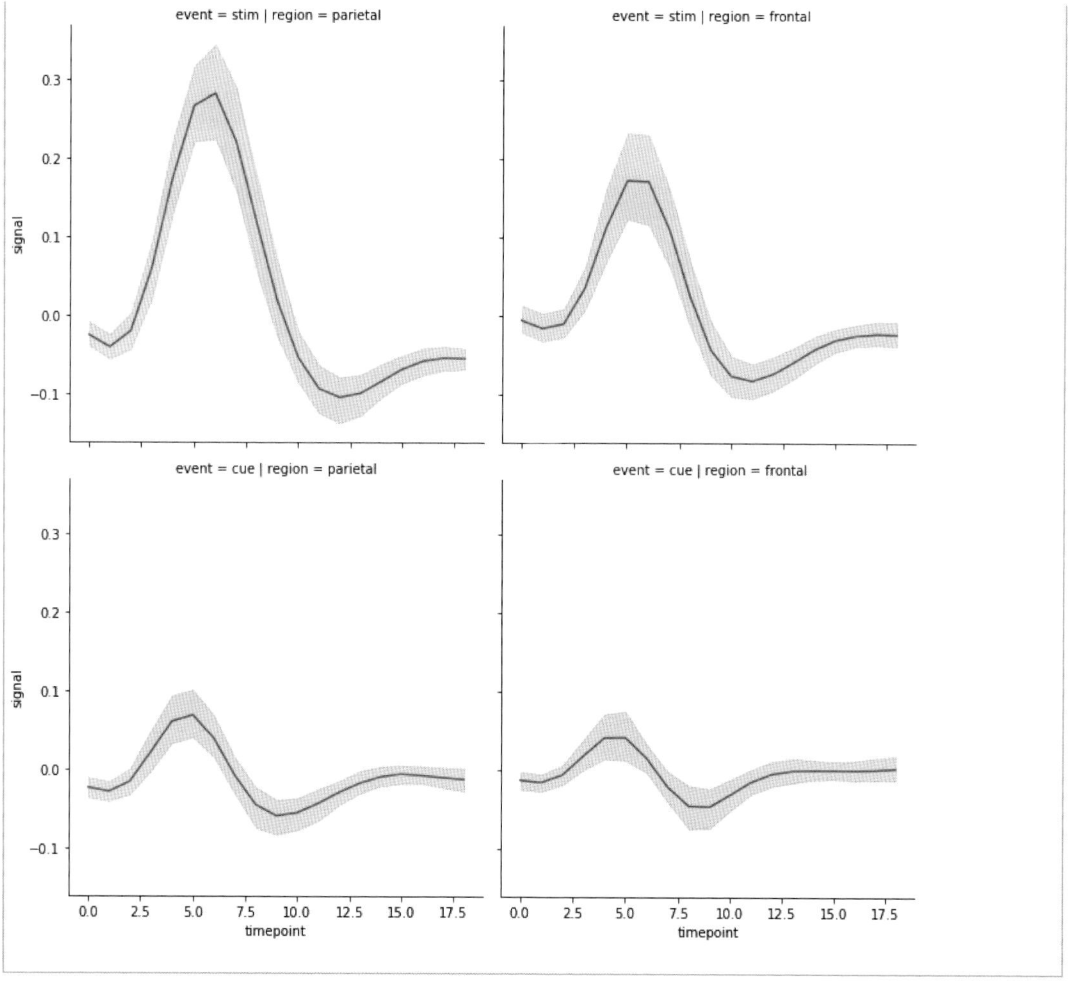
event = stim | region = parietal
event = stim | region = frontal
event = cue | region = parietal
event = cue | region = frontal
signal
signal
0.3
0.2
0.1
0.0
−0.1
0.0 2.5 5.0 7.5 10.0 12.5 15.0 17.5
timepoint
timepoint

6.5 カテゴリデータの可視化

本節ではcatplot()関数を用いて、カテゴリデータを可視化する方法を学びます。

NOTE

カテゴリデータとは、名義尺度（血液型や性別など）および順序尺度（震度や学年など）の質的なデータです。カテゴリカルデータとも呼ばれます。seabornでカテゴリデータを扱う場合は整然データ※である必要があります。

※ 「整然データ」（P.309）を参照してください。

catplot() 関数を利用する

catplot()関数では、カテゴリデータを**表6.6**のようなグラフで描画できます。

表 6.6　catplot() 関数のグラフの種類

分類	引数 kind の値	グラフ
分布	strip	ストリッププロット
	swarm	ビースウォームプロット
	box, boxen	箱ひげ図
推定	violin	バイオリン図
	point	ポイントプロット
	bar, count	棒グラフ

catplot()関数の主な引数は**表6.7**のとおりです。

表 6.7　catplot() 関数の主な引数

引数	概要
data	描画対象の DataFrame
x	X 値となる列名
y	Y 値となる列名
kind	グラフの種類

ストリッププロットを描画する

ストリッププロットは、データが存在する座標に点を描画します。データの分布を把握するため、同じ座標の点はランダムにずらして描画されます。catplot()関数ではカテゴリごとにストリッププロットを描画できます。ストリッププロットを描画するには、catplot()関数の引数kindに"strip"を渡すか、この引数を省略します。**リスト6.5.1**と**リスト6.5.2**では、tipsデータセットをtime列で分類し、total_billの値をストリッププロットに描画します。

リスト 6.5.1　tips データセットの読み込み

```
import seaborn as sns

tips = sns.load_dataset("tips")
tips.head()
```

	total_bill	tip	sex	smoker	day	time	size
0	16.99	1.01	Female	No	Sun	Dinner	2
1	10.34	1.66	Male	No	Sun	Dinner	3
2	21.01	3.50	Male	No	Sun	Dinner	3
3	23.68	3.31	Male	No	Sun	Dinner	2
4	24.59	3.61	Female	No	Sun	Dinner	4

リスト 6.5.2　total_bill の値をストリッププロットに描画

```
sns.catplot(data=tips, x="time", y="total_bill", kind="strip")
```

```
<seaborn.axisgrid.FacetGrid at 0x7fd06cce5a90>
```

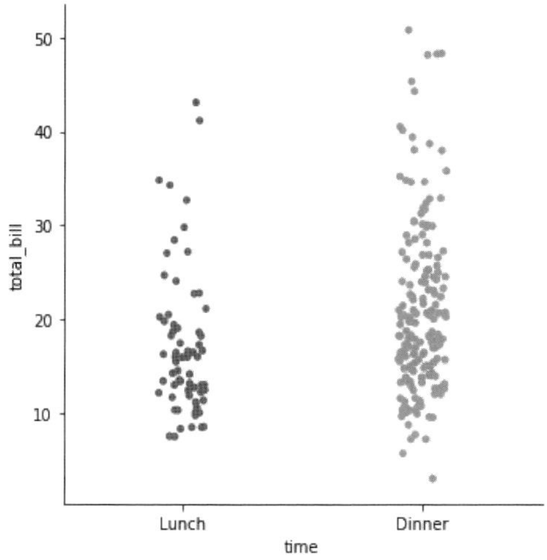

◆ストリップププロットを色分けして横に描画

ストリップププロットを横に描画する場合には、X値とY値を入れ替えて渡します。また、引数hueに渡した列名で色分けして描画できます。**リスト6.5.3**ではsmoker列で色分けしたストリップププロットを描画しています。

● リスト 6.5.3　smoker 列で色分けしたストリップププロット

```
sns.catplot(data=tips, x="total_bill", y="time", hue="smoker")
```

```
<seaborn.axisgrid.FacetGrid at 0x7fd029fbc490>
```

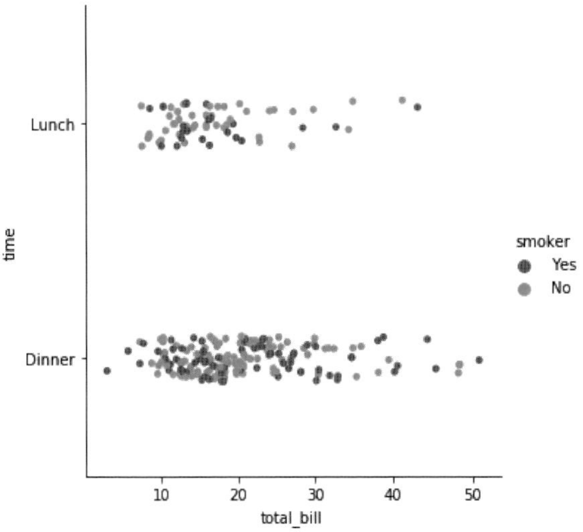

◆ジッタの幅を調整

ストリップププロットでは、データが重なった点をランダムにずらすジッタ（ゆらぎ）を用いて、同じ座標の点の量を把握しています。引数jitterに0から1のfloat値を渡すとジッタの幅を調整できます。**リスト6.5.4**では、ジッタをオフにしたストリップププロットを描画しています。

● リスト 6.5.4　ジッタをオフにしたストリップププロット

```
sns.catplot(data=tips, x="time", y="total_bill", jitter=0)
```

```
<seaborn.axisgrid.FacetGrid at 0x7fd02a6bccd0>
```

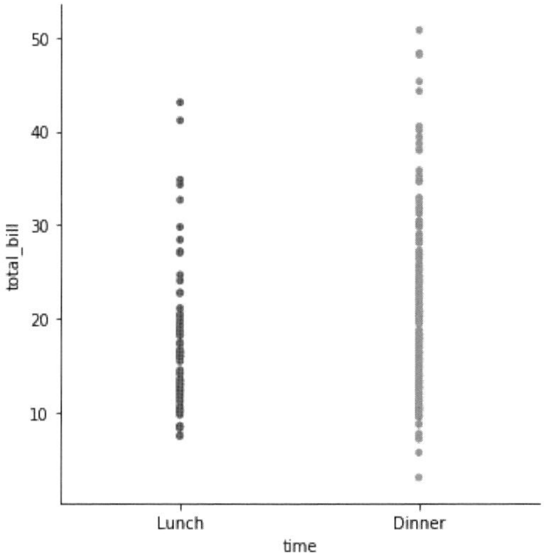

NOTE

catplot()関数の引数kindに"strip"を渡した場合、内部ではstripplot()関数[※、※※]が呼び出されます。

※　URL https://seaborn.pydata.org/generated/seaborn.stripplot.html#seaborn.stripplot
※※　第7章の「ストリッププロットを描画する」（P.372）にて解説しています。

ビースウォームプロットを描画する

ビースウォームプロット（蜂群図）では、値が存在する座標に点を描画し、描画対象の点が重複しないアルゴリズムを利用して同じ座標の点が重ならないように描画しています。ストリッププロットと比較して、観測値の分布をより適切に表現できます[注6.11]。catplot()関数では、カテゴリごとにビースウォームプロットを描画できます。ビースウォームプロットを描画するには、catplot()関数の引数kindに"swarm"を渡します（**リスト6.5.5**）。

● リスト 6.5.5　ビースウォームプロットの描画

```
sns.catplot(data=tips, x="time", y="total_bill", hue="smoker", kind="swarm")
```

```
<seaborn.axisgrid.FacetGrid at 0x7fd029f7f2b0>
```

注6.11　多数の観測値があった場合にはうまく対応できない場合もあります。

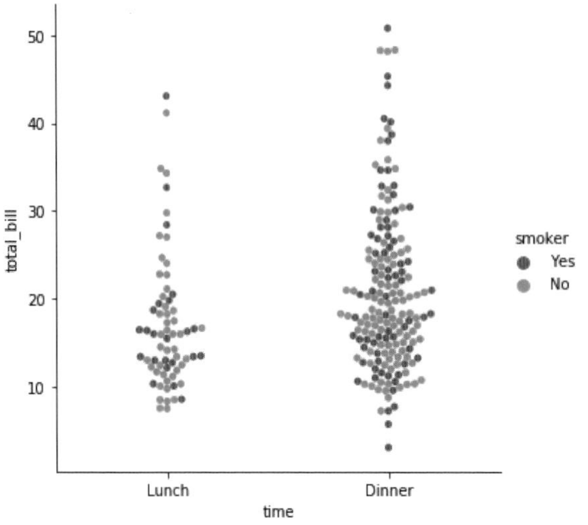

NOTE

catplot() の引数kind に "swarm" を渡した場合、内部では swarmplot() 関数※、※※が呼び出されます。

※　URL https://seaborn.pydata.org/generated/seaborn.swarmplot.html#seaborn.swarmplot
※※　第 7 章の「ビースウォームプロットを描画する」（P.373）にて解説しています。

箱ひげ図を描画する

箱ひげ図を描画するには、catplot() 関数の引数 kind に "box" を渡します。引数 x に指定した列名で分類された箱ひげ図が描画されます（**リスト 6.5.6**）。

● リスト 6.5.6　箱ひげ図の描画

```
sns.catplot(data=tips, x="time", y="total_bill", kind="box")
```

```
<seaborn.axisgrid.FacetGrid at 0x7fd029f05040>
```

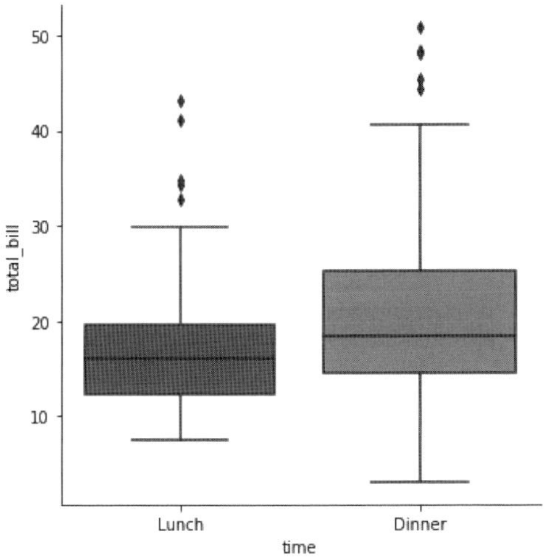

◆サブカテゴリで並べて描画

サブカテゴリで箱ひげ図を並べて描画できます。引数hueにサブカテゴリとなる列名を渡します。リスト6.5.7では、箱ひげ図をsmoker列で分割して描画しています。

● リスト 6.5.7　箱ひげ図を smoker 列で分割して描画

```
sns.catplot(data=tips, x="time", y="total_bill", kind="box", hue="smoker")
```

```
<seaborn.axisgrid.FacetGrid at 0x7fd029e9dc70>
```

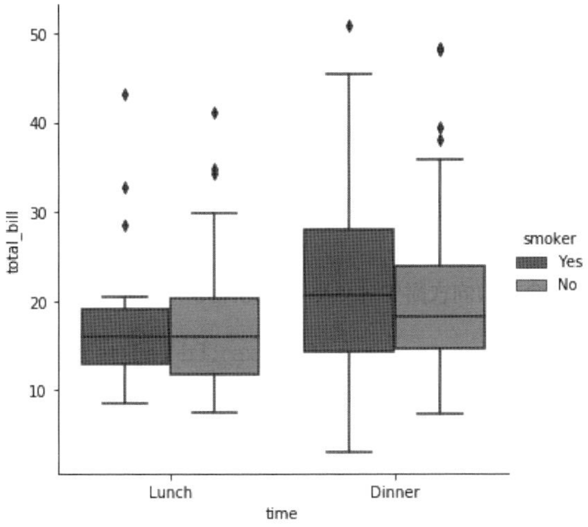

NOTE

catplot() 関数の引数 kind に "box" を渡した場合、内部では boxplot() 関数※、※※が呼び出されます。

※　URL https://seaborn.pydata.org/generated/seaborn.boxplot.html#seaborn.boxplot
※※　第 7 章の「箱ひげ図を描画する」（P.374）にて解説しています。

◆ 分位数を増やした箱ひげ図

引数 kind に "boxen" を渡すと、より分位数を増やした箱ひげ図を描画できます。Letter-value plots[注6.12] と呼ばれ、より大きなデータの分布を確認するために使われます（**リスト 6.5.8**）。

リスト 6.5.8　分位数を増やした箱ひげ図

```
sns.catplot(data=tips, x="time", y="total_bill", kind="boxen", hue="smoker")
```

```
<seaborn.axisgrid.FacetGrid at 0x7fd029f6cb50>
```

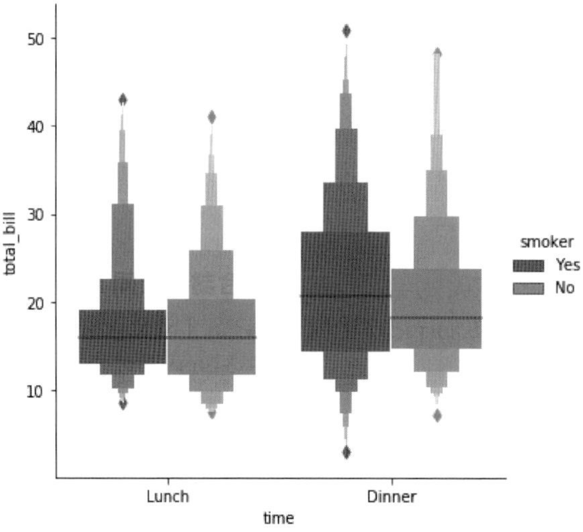

NOTE

catplot() 関数の引数 kind に "boxen" を渡した場合、内部では boxenplot() 関数※、※※が呼び出されます。

※　URL https://seaborn.pydata.org/generated/seaborn.boxenplot.html#seaborn.boxenplot
※※　第 7 章の「箱ひげ図を描画する」（P.374）にて解説しています。

注 6.12　URL https://vita.had.co.nz/papers/letter-value-plot.html

バイオリン図を描画する

バイオリン図は確率密度を表現したグラフです。箱ひげ図と異なり、ピーク位置が複数あった場合などの分布を確認できます。バイオリン図を描画するには、catplot()関数の引数kindに"violin"を渡します（**リスト6.5.9**）。

NOTE

バイオリン図はカーネル密度推定をしているため、データが存在しない座標（中間の抜けた部分や裾の部分）にもグラフが描かれます。バイオリン図の内部には箱ひげ図が描画され、中央値や四分位値などが確認できます。

リスト 6.5.9　バイオリン図の描画

```
sns.catplot(data=tips, x="time", y="total_bill", kind="violin")
```

```
<seaborn.axisgrid.FacetGrid at 0x7fd029e97df0>
```

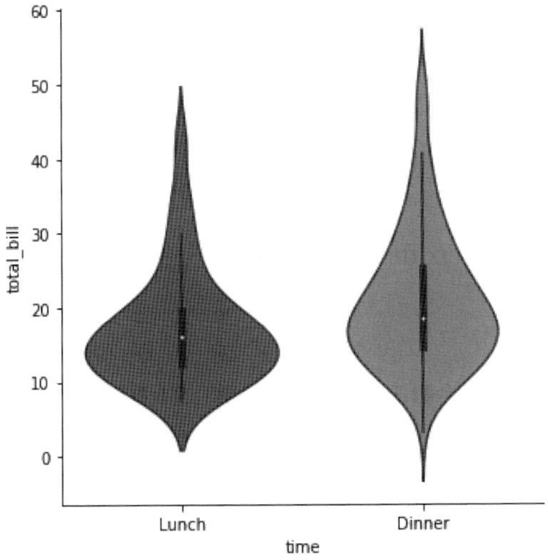

◆左右で分割して描画

2値のカテゴリで、バイオリン図の左右で分割して描画できます。引数hueに分割する列名、引数splitにTrueを渡します。**リスト6.5.10**ではバイオリン図をsmoker列で左右に分割して描画しています。

● リスト 6.5.10　左右に分割したバイオリン図

```
sns.catplot(data=tips, x="time", y="total_bill", kind="violin", hue="smoker", split=True)
```

```
<seaborn.axisgrid.FacetGrid at 0x7fd029ce4a00>
```

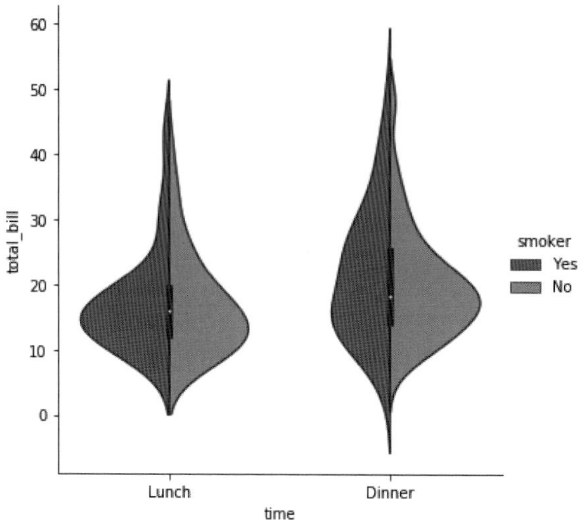

NOTE

catplot() 関数の引数 kind に "violin" を渡した場合、内部では violinplot() 関数※、※※が呼び出されます。

※　URL https://seaborn.pydata.org/generated/seaborn.violinplot.html#seaborn.violinplot
※※　第 7 章の「バイオリン図を描画する」（P.376）にて解説しています。

棒グラフを描画する

catplot() 関数で棒グラフを描画するには、引数 kind に "bar" を渡します。デフォルトではカテゴリごとの平均値を棒グラフに描画し、信頼区間をエラーバーで表示します。**リスト 6.5.11** では total_bill 列の値を day 列で分類した棒グラフに描画しています。

● リスト 6.5.11　棒グラフの描画

```
sns.catplot(data=tips, x="day", y="total_bill", kind="bar")
```

```
<seaborn.axisgrid.FacetGrid at 0x7fd029cd6580>
```

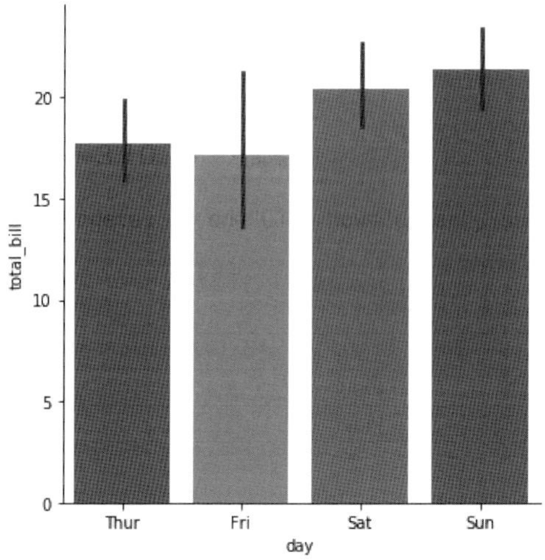

◆中央値で集計

推定値に任意の関数が利用できます。引数estimatorにデータを集計する関数を渡します。**リスト6.5.12**では、平均値の代わりに中央値で集計し、smoker列でグループ化した棒グラフを描画しています。

リスト 6.5.12　中央値で集計した棒グラフの描画

```
import numpy as np

sns.catplot(data=tips, x="day", y="total_bill", kind="bar", hue="smoker", estimator=np.median)
```

```
<seaborn.axisgrid.FacetGrid at 0x7fd029d72700>
```

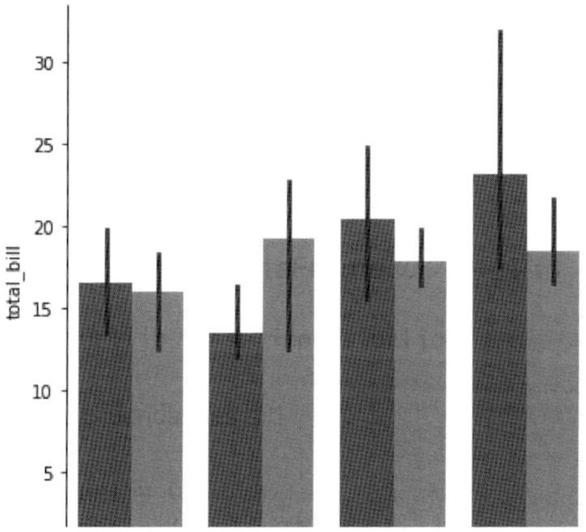

NOTE

catplot()関数の引数kindに"bar"を渡した場合、内部ではbarplot()関数※、※※が呼び出されます。

※　URL https://seaborn.pydata.org/generated/seaborn.barplot.html#seaborn.barplot
※※　第7章の「棒グラフを描画する」(P.379)にて解説しています。

◆データの個数を棒グラフに描画

データの個数を棒グラフに描画するには、引数kindに"count"を渡します。リスト6.5.13では、day列ごとの個数を棒グラフに描画しています。

● リスト6.5.13　データの個数を棒グラフに描画

```
sns.catplot(data=tips, x="day", kind="count")
```

```
<seaborn.axisgrid.FacetGrid at 0x7fd029d72820>
```

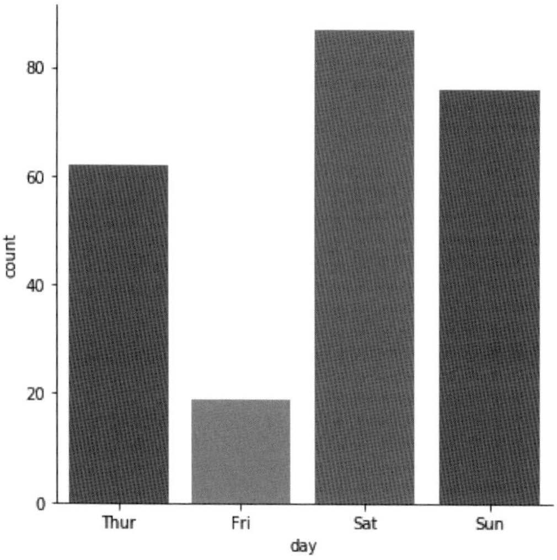

NOTE

catplot()関数の引数kindに"count"を渡した場合、内部ではcountplot()関数※、※※が呼び出されます。

※　URL https://seaborn.pydata.org/generated/seaborn.countplot.html#seaborn.countplot
※※　第7章の「棒グラフを描画する」(P.379)にて解説しています。

ポイントプロットを描画する

ポイントプロットは、データの推定値（デフォルトは平均値）を点で表現し、各要素を線で連結します。棒グラフと同様に信頼区間がエラーバーで表示されます。棒グラフに似ていますが、連結した線の傾斜からデータの比較や推移が確認できます。ポイントプロットを描画するには、catplot()関数の引数kindに"point"を渡します（**リスト6.5.14**）。

リスト 6.5.14　ポイントプロットを描画

```
sns.catplot(data=tips, x="day", y="total_bill", kind="point")
```

```
<seaborn.axisgrid.FacetGrid at 0x7fd029ce4df0>
```

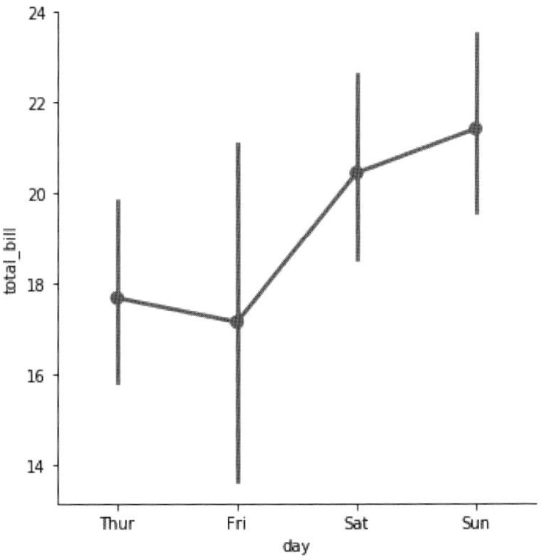

◆推定値を中央値にして描画

リスト6.5.15では推定値を中央値にし、sex列で分類したポイントプロットを描画しています。引数は棒グラフと同様です。

リスト 6.5.15　推定値を中央値にして sex 列で分類したポイントプロット

```
sns.catplot(data=tips, x="day", y="total_bill", kind="point", estimator=np.median,
hue="sex")
```

```
<seaborn.axisgrid.FacetGrid at 0x7fd029aca6a0>
```

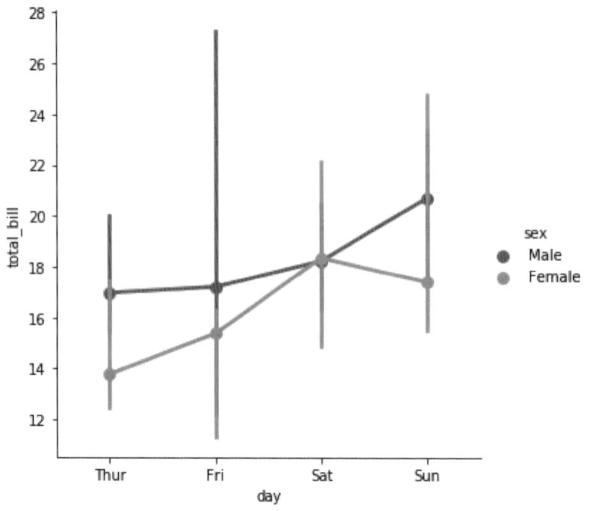

NOTE

catplot() 関数の引数 kind に "point" を渡した場合、内部では pointplot() 関数※、※※が呼び出されます。

※　URL https://seaborn.pydata.org/generated/seaborn.pointplot.html#seaborn.pointplot
※※　第 7 章の「ポイントプロットを描画する」（P.378）にて解説しています。

ファセットを利用する

catplot()関数はFacetGridオブジェクトを返します。ファセットを利用するには、引数rowに行で分類する列名、引数colに列で分類する列名を渡します。**リスト 6.5.16**では、smoker列を縦に、sex列を横に並べた箱ひげ図を描画しています。

リスト 6.5.16　smoker 列を縦に、sex 列を横に並べた箱ひげ図

```
sns.catplot(data=tips, x="day", y="total_bill", kind="box", row="smoker", col="sex")
```

```
<seaborn.axisgrid.FacetGrid at 0x7fd029a4e5b0>
```

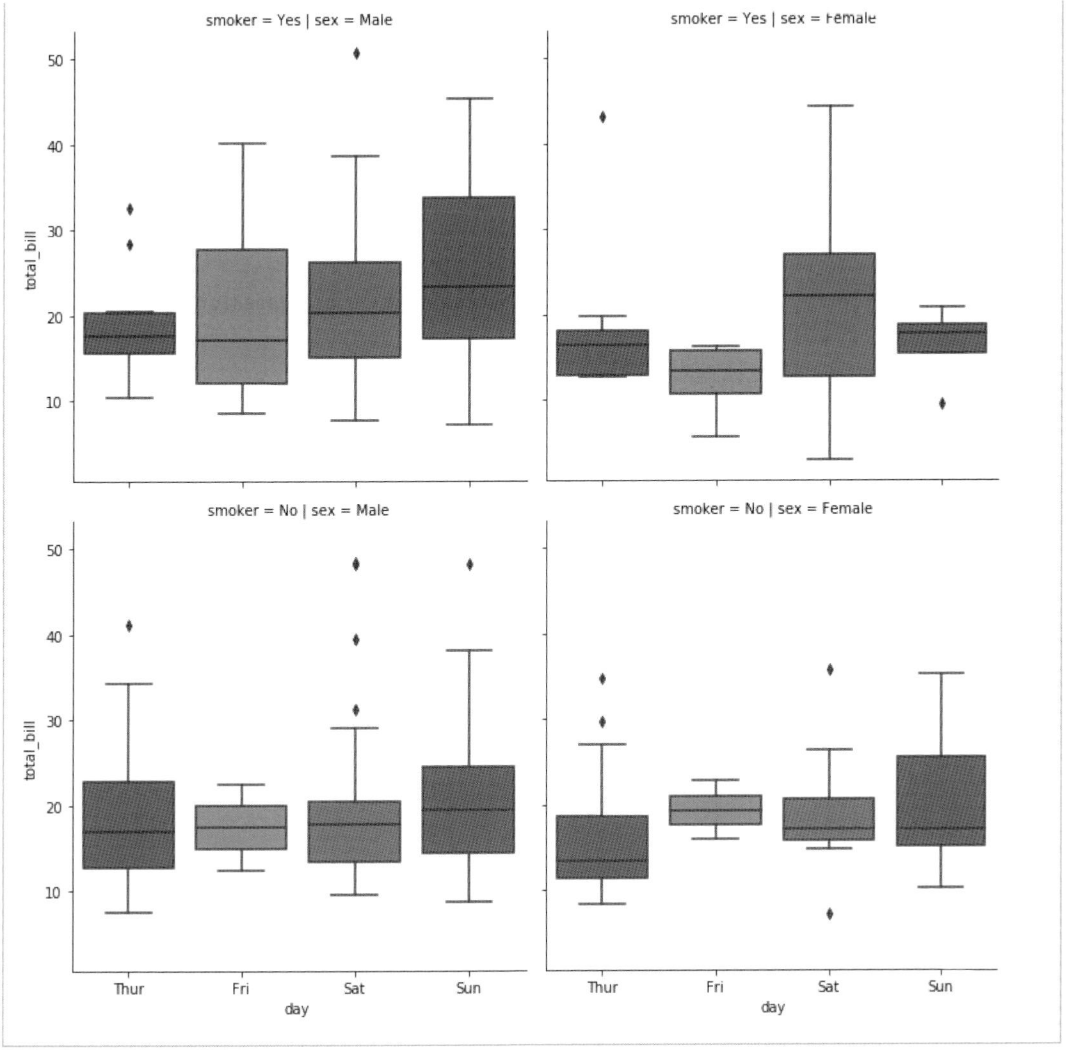

6.6 データ分布の可視化

データ分析においてまず行われることは、データセット内の変数がどのように分布しているかを把握することです。本節ではデータの分布を可視化する方法を学びます。

distplot() 関数を利用する

distplot()関数は、Matplotlibのhist()関数を拡張した機能を有しています。seabornのkdeplot()関数やrugplot()関数などが同時に扱えます。デフォルトではヒストグラムとカーネル密度推定グラフが描画されます。distplot()関数の第1引数（引数a）には1次元のリスト-ライクオブジェクト[注6.13]を渡します。**リスト6.6.1**と**リスト6.6.2**では、tipsデータセットのtotal_bill列のデータをヒストグラムとカーネル密度推定グラフに描画しています。

● リスト 6.6.1　tips データセットの読み込み

```
import seaborn as sns

tips = sns.load_dataset("tips")
tips.head()
```

	total_bill	tip	sex	smoker	day	time	size
0	16.99	1.01	Female	No	Sun	Dinner	2
1	10.34	1.66	Male	No	Sun	Dinner	3
2	21.01	3.50	Male	No	Sun	Dinner	3
3	23.68	3.31	Male	No	Sun	Dinner	2
4	24.59	3.61	Female	No	Sun	Dinner	4

● リスト 6.6.2　ヒストグラムとカーネル密度推定グラフの描画

```
sns.distplot(tips["total_bill"])
```

```
<matplotlib.axes._subplots.AxesSubplot at 0x7f19a37fd310>
```

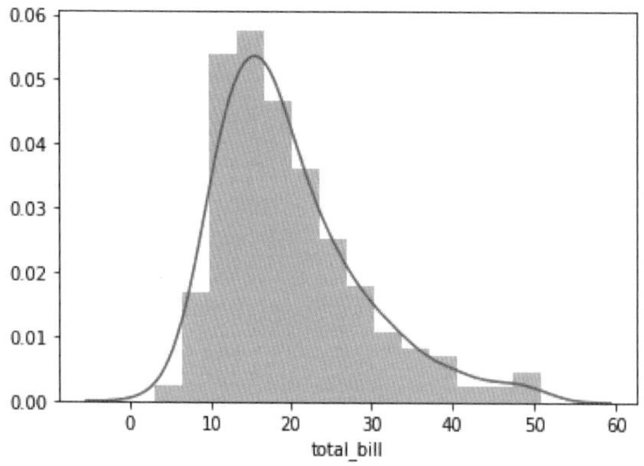

注6.13　第4章の「4.2　グラフの描画」(P.159) を参照してください。

◆描画するグラフの指定

distplot()関数で描画するグラフは**表6.8**の引数で選択できます。描画する場合には各引数にTrueを、描画しない場合はFalseを渡します。

表6.8　distplot() 関数の引数

引数	概要
hist	ヒストグラム（内部ではMatplotlibのhist()が呼び出される）
kde	カーネル密度推定（内部ではkdeplot()関数が呼び出される）※
rug	ラグプロット（内部ではrugplot()関数が呼び出される）※※

※　URL https://seaborn.pydata.org/generated/seaborn.kdeplot.html#seaborn.kdeplot
第7章の「ヒストグラム・カーネル密度推定グラフを描画する」（P.381）にて解説しています。
※※　URL https://seaborn.pydata.org/generated/seaborn.rugplot.html#seaborn.rugplot
第7章の「ラグプロットを描画する」（P.384）にて解説しています。

リスト6.6.3では、ヒストグラムとラグプロットを描画し、ヒストグラムのビン数を10に設定しています。ヒストグラムのビン数を変更するには引数binsにint型を渡します。ラグプロットはデータが存在する位置に線が描画され、他のグラフと組み合わせる用途で使われます。

リスト6.6.3　ヒストグラムとラグプロットの描画

```
sns.distplot(tips["total_bill"], hist=True, kde=False, rug=True, bins=10)
```

```
<matplotlib.axes._subplots.AxesSubplot at 0x7f19a107bc10>
```

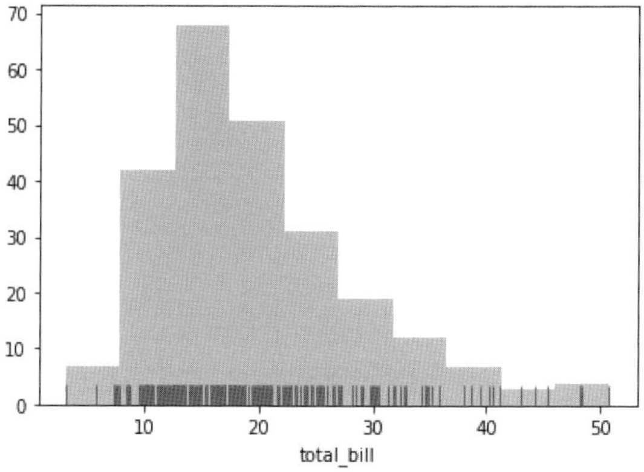

引数kdeがTrue（デフォルト）の場合は、相対度数のヒストグラムとなり、Falseの場合は度数のヒストグラムとなります。ヒストグラムを明示的に相対度数にするには、引数norm_histにTrueを渡します。**リスト6.6.4**では、度数のヒストグラムと相対度数のヒストグラムを並べて描画しています。サブプロットに描画するには引数axにMatplotlibのサブプロットオブジェクトを渡します。

リスト 6.6.4　度数と相対度数のヒストグラムを並べて描画

```
import matplotlib.pyplot as plt

fig, (ax1, ax2) = plt.subplots(figsize=(10, 4), nrows=1, ncols=2)
ax1.set_title("norm_hist=False")
ax2.set_title("norm_hist=True")
sns.distplot(tips["total_bill"], kde=False, ax=ax1)
sns.distplot(tips["total_bill"], kde=False, norm_hist=True, ax=ax2)
```

```
<matplotlib.axes._subplots.AxesSubplot at 0x7f19a0fbe430>
```

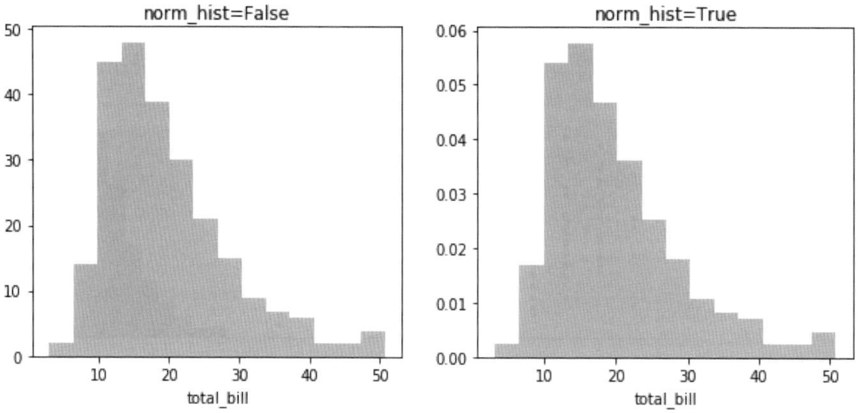

カーネル密度推定の他、任意の分布を適合できます。引数fitにpdfメソッド（確率密度関数）を持つオブジェクトを渡します。リスト6.6.5では、正規分布とガンマ分布を適合させたヒストグラムを描画しています。

リスト 6.6.5　正規分布とガンマ分布を適合させたヒストグラム

```
from scipy import stats

fig, ax = plt.subplots()
sns.distplot(
    tips["total_bill"],
    kde=False,
    fit=stats.norm,  # ①  正規分布
    fit_kws={"label": "norm", "color": "g"},  # ③ 線のラベルと書式
    ax=ax,
)
sns.distplot(
    tips["total_bill"],
```

```
    kde=False,
    fit=stats.gamma,  # ② ガンマ分布
    fit_kws={"label": "gamma", "color": "k"},  # ③ 線のラベルと書式
    ax=ax,
)
ax.legend()
```

```
<matplotlib.legend.Legend at 0x7f19a0f5dc40>
```

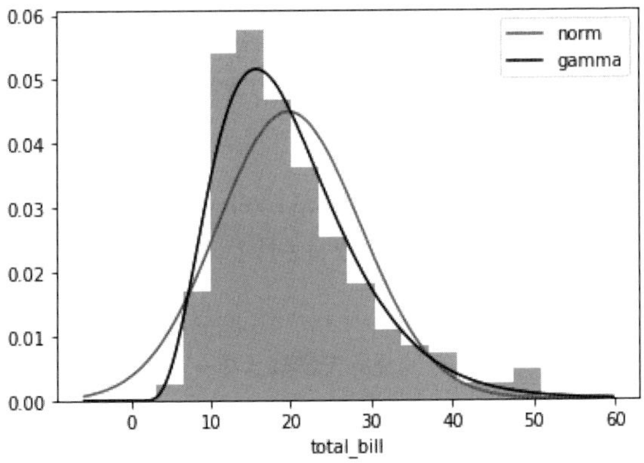

分布の指定にはscipy.statsモジュールのnormクラス（①）およびgammaクラス（②）を渡しています。引数fit_kwsには適合させた線の書式やラベルを辞書で指定します（③）。

2変数の分布を可視化する

jointplot()関数では2変数の分布を可視化します。主な引数は**表6.9**のとおりです。

表6.9　jointplot() 関数の主な引数

引数	概要
data	描画対象の DataFrame
x	X値となる列名
y	Y値となる列名
kind	グラフの種類
	"scatter"：散布図（デフォルト）
	"reg"：散布図と回帰直線
	"resid"：回帰線からの残差（Y値）
	"kde"：カーネル密度推定を用いた等高線
	"hex"：六角形のヒートマップ

リスト6.6.6では、tipsデータセットのtip列をX軸に取り、total_bill列をY軸に取った散布図

とヒストグラムを描画しています。

●リスト 6.6.6　散布図とヒストグラム

```
sns.jointplot(data=tips, x="tip", y="total_bill")
```

```
<seaborn.axisgrid.JointGrid at 0x7f19a0f36dc0>
```

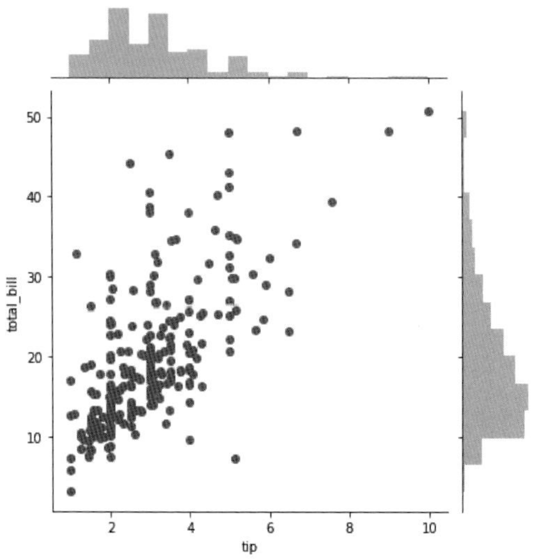

リスト6.6.7では、jointplot()関数の引数kindに"kde"を渡し、カーネル密度推定をしたグラフを描画しています。2変数の分布の可視化には等高線が描画され、1変数の分布にはカーネル密度推定グラフが描画されます。

●リスト 6.6.7　カーネル密度推定をしたグラフ

```
sns.jointplot(data=tips, x="tip", y="total_bill", kind="kde")
```

```
<seaborn.axisgrid.JointGrid at 0x7f19a0d74ac0>
```

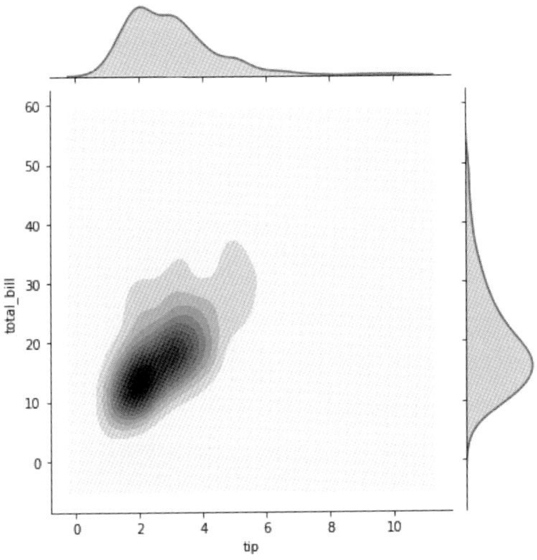

6.7 回帰の可視化

Pythonを利用して回帰分析を行って可視化するには、statsmodels[注6.14]などのパッケージを利用してモデルを適合し、Matplotlibなどのパッケージを利用して可視化するなど、多くの工程を必要とします。seabornを利用することで、回帰分析を可視化するまでの処理が一度に行えます。

lmplot() 関数を利用する

lmplot()関数を用いることで、次のグラフが描画できます。

- 散布図
- 回帰モデルから得られた回帰直線
- 回帰直線の95%信頼区間

NOTE

本書では、上記3つを描画したグラフを回帰グラフと表記します。

注6.14 URL https://www.statsmodels.org/

lmplot()関数の主な引数は**表6.10**のとおりです。**リスト6.7.1**と**リスト6.7.2**では、lmplot()関数を用いて回帰グラフを描画しています。

表6.10　lmplot()関数の主な引数

引数	概要
data	描画対象のDataFrame
x	X値となる列名
y	Y値となる列名

リスト6.7.1　tipsデータセットの読み込み

```
import seaborn as sns

tips = sns.load_dataset("tips")
tips.head()
```

	total_bill	tip	sex	smoker	day	time	size
0	16.99	1.01	Female	No	Sun	Dinner	2
1	10.34	1.66	Male	No	Sun	Dinner	3
2	21.01	3.50	Male	No	Sun	Dinner	3
3	23.68	3.31	Male	No	Sun	Dinner	2
4	24.59	3.61	Female	No	Sun	Dinner	4

リスト6.7.2　回帰グラフの描画

```
sns.lmplot(data=tips, x="tip", y="total_bill")
```

```
<seaborn.axisgrid.FacetGrid at 0x7f460e8c8df0>
```

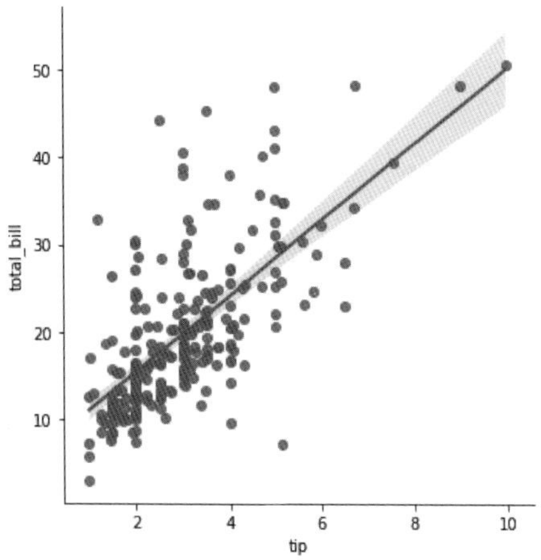

◆データを分類して描画

引数hueに渡した列名でデータを分類し、回帰直線を分割して描画できます。**リスト6.7.3**ではsmoker列で分類した回帰グラフを描画しています。

● リスト 6.7.3　データを分類して描画

```
sns.lmplot(data=tips, x="tip", y="total_bill", hue="smoker")
```

```
<seaborn.axisgrid.FacetGrid at 0x7f460c7d5be0>
```

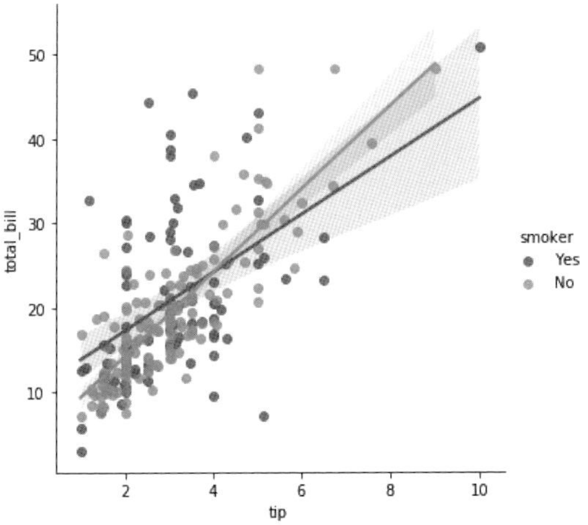

◆信頼区間の変更

回帰直線の信頼区間を変更するには、引数ciに0から100までのint型を渡します（**リスト6.7.4**）。

● リスト 6.7.4　信頼区間の変更

```
sns.lmplot(data=tips, x="tip", y="total_bill", ci=80)
```

```
<seaborn.axisgrid.FacetGrid at 0x7f460c0d6250>
```

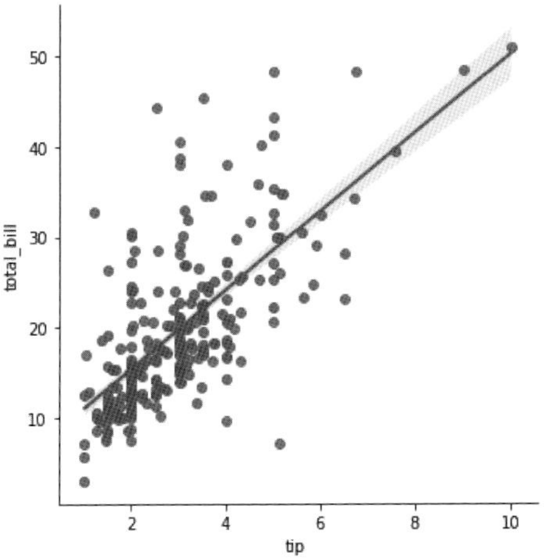

◆多項式による回帰

多項式による回帰を行うには、引数orderに次数を渡します。**リスト6.7.5**のコードでは、二次関数で作成した値に乱数でノイズを加えたデータを散布図に描画し、多項式（二次）に回帰した曲線を描画しています。

リスト 6.7.5　多項式による回帰

```
import numpy as np
import pandas as pd

squared_x = np.linspace(-0.5, 1, 100)
# xを2乗し、一様乱数を加算
squared_y = squared_x ** 2 + np.random.rand(100) * 0.1
data = pd.DataFrame({"x": squared_x, "y": squared_y})
sns.lmplot(data=data, x="x", y="y", order=2)
```

```
<seaborn.axisgrid.FacetGrid at 0x7f460c04fe20>
```

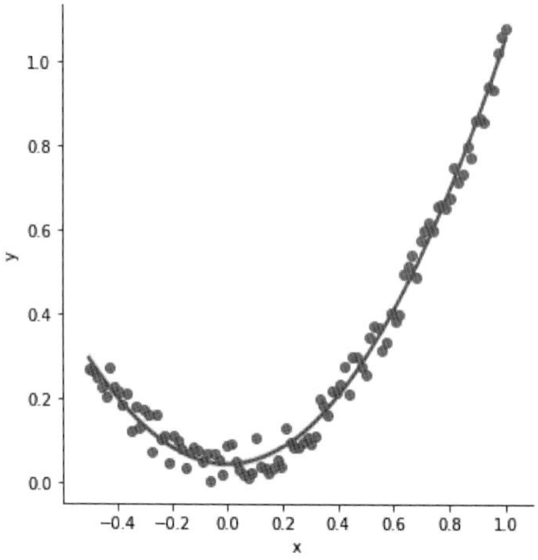

◆ロバスト回帰モデルの利用

引数robustにTrueを渡すと、ロバスト回帰モデルを用います。このモデルでは外れ値の重みを軽く扱います。**リスト6.7.6**では、外れ値を含んだデータに対して、ロバスト回帰モデルを利用した回帰直線を描画しています。

NOTE

ロバスト回帰モデルを利用すると、通常の線形回帰と比較して多くの計算量を必要とします。これを回避するためには信頼区間の計算をスキップする（lmplotの引数ciにNoneを渡す）か、ブートストラップのリサンプル数（引数n_bootの値）を減らします。

リスト 6.7.6　ロバスト回帰モデルを利用した回帰直線

```
liner_x = np.arange(10)
liner_y = liner_x + np.random.rand(10) * 2
liner_y[3] = liner_y[3] + 5  # 外れ値を作成
data = pd.DataFrame({"x": liner_x, "y": liner_y})
sns.lmplot(data=data, x="x", y="y", ci=None, robust=True)
```

```
<seaborn.axisgrid.FacetGrid at 0x7f460c025910>
```

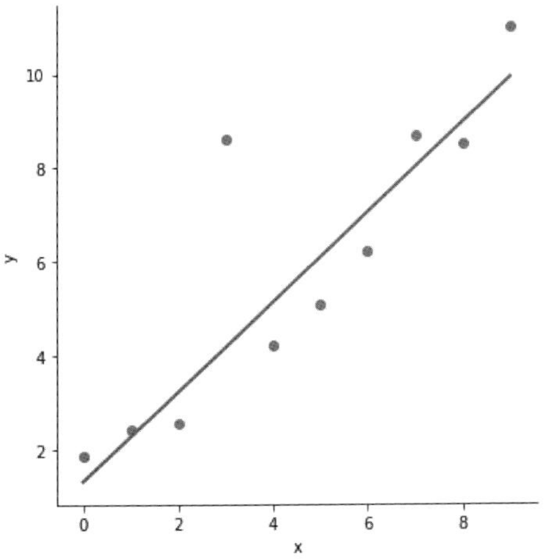

ファセットを利用する

lmplot()関数はFacetGridオブジェクトを返します。ファセットを利用するには、引数rowに行で分類する列名、引数colに列で分類する列名を渡します。**リスト6.7.7**では、smoker列を縦に、time列を横に並べた回帰グラフを描画しています。

1
2
3
4
5
6
7
8

リスト 6.7.7　ファセットを利用した回帰グラフ

```
sns.lmplot(data=tips, x="tip", y="total_bill", row="smoker", col="time")
```

```
<seaborn.axisgrid.FacetGrid at 0x7f460bdb6340>
```

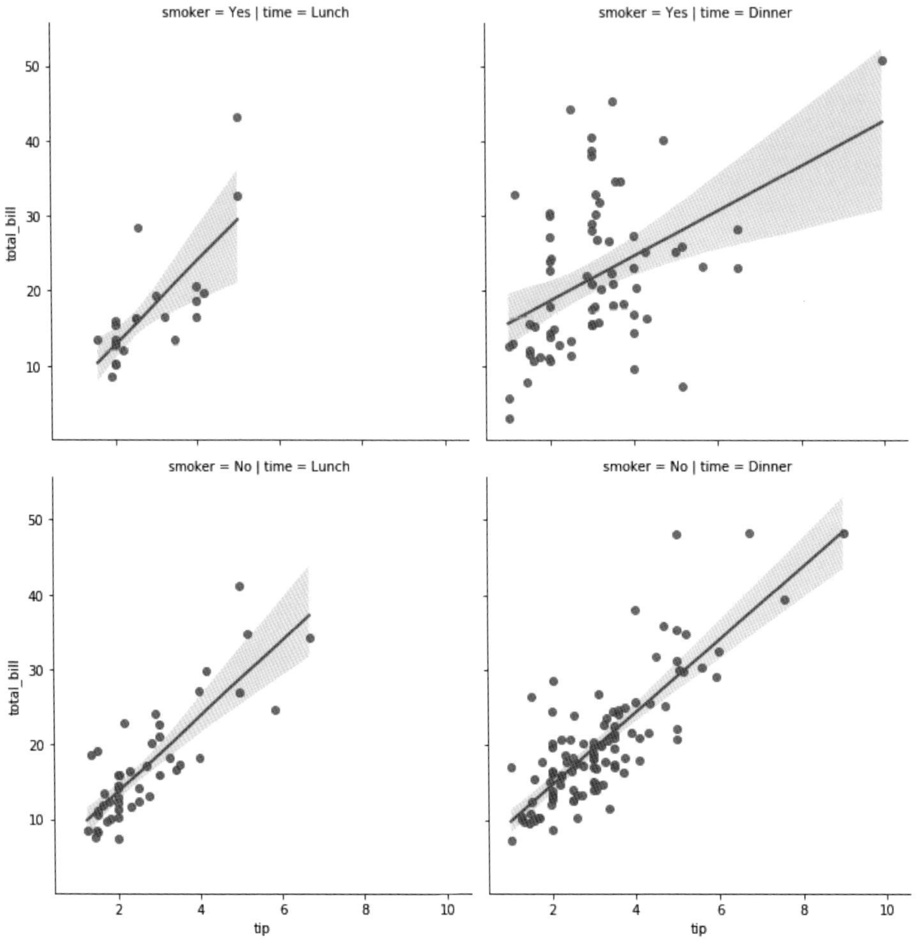

NOTE

lmplot() 関数を実行すると、内部ではregplot() 関数※、※※が呼び出されます。

※　URL https://seaborn.pydata.org/generated/seaborn.regplot.html#seaborn.regplot
※※　第 7 章の「回帰グラフを描画する」(P.385) にて解説しています。

回帰とデータ分布を可視化する

jointplot()関数を利用すると、回帰分析の結果に加え、データの分布も同時に可視化できます。jointplot()関数の引数kindに"reg"を渡すと回帰グラフが描画され、併せてヒストグラムとカーネル密度推定したグラフが描画されます（リスト6.7.8）。

リスト 6.7.8　回帰グラフとヒストグラム、カーネル密度推定したグラフを描画

```
sns.jointplot(data=tips, x="tip", y="total_bill", kind="reg")
```

```
<seaborn.axisgrid.JointGrid at 0x7f460ba8ec40>
```

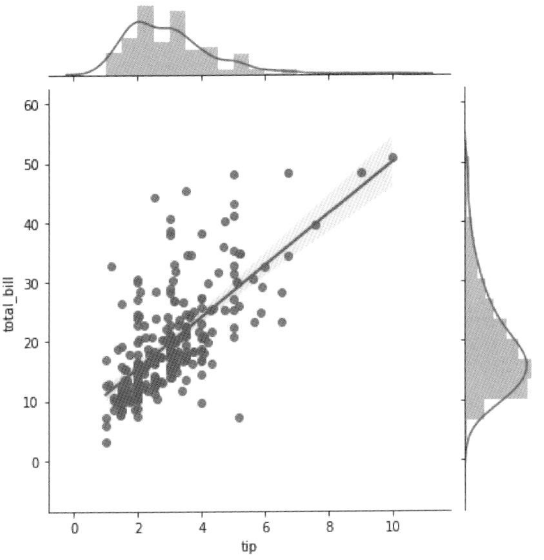

散布図行列に回帰グラフを描画する

pairplot()関数を利用すると、引数dataに渡したDataFrameの散布図行列を描画します。引数kindに"reg"を渡すと、回帰グラフになります（リスト6.7.9）。

リスト 6.7.9　回帰直線を加えた散布図行列の描画

```
sns.pairplot(data=tips, kind="reg")
```

```
<seaborn.axisgrid.PairGrid at 0x7f460c0b2fd0>
```

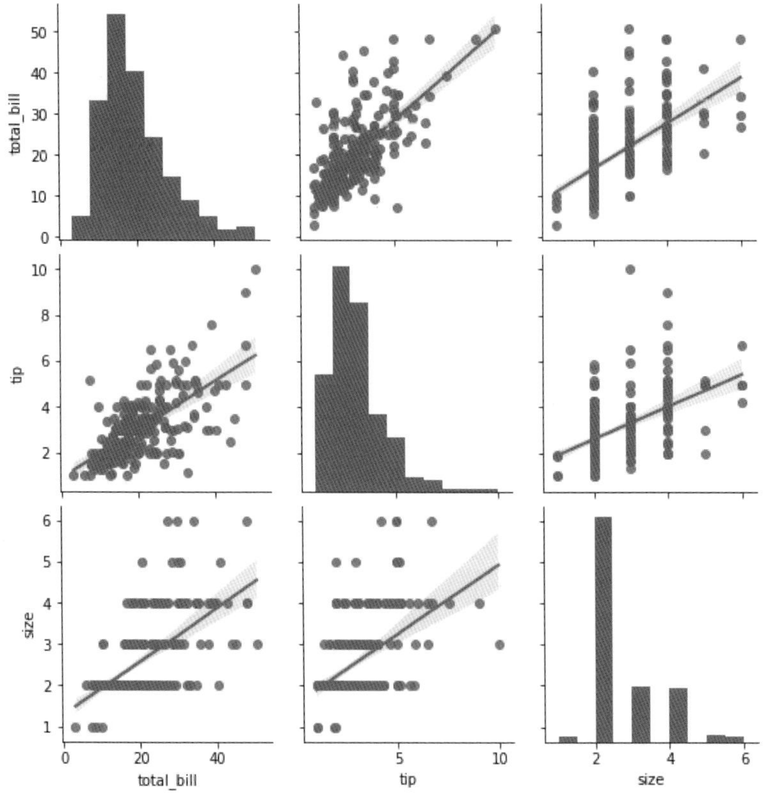

第7章

seabornを使いこなそう

本章ではseabornをより柔軟に使いこなす手法を学びます。複数の種類のグラフを組み合わせたり、スタイルや書式をカスタマイズしたりすることで、さまざまなニーズに対応した可視化が行えます。

本章の内容

7.1 ファセットの活用

ファセットは、データセットをカテゴリごとに分割し、行と列に並べてサブプロットに描画します。本節では、FacetGridクラスやaxes-levelの関数を利用してファセットを活用する方法を学びます。

FacetGridクラスを利用する

FacetGridクラスはファセットを作成します。**リスト7.1.1**ではtime列でデータを分類し、横に並べたグラフを描画しています。第1引数（data）にDataFrameを渡します。DataFrameは整然データ[注7.1]である必要があります。引数colには分類対象の列名を渡します。

リスト 7.1.1　FacetGridクラスによるグラフの描画

```
import seaborn as sns

tips = sns.load_dataset("tips")
sns.FacetGrid(tips, col="time")
```

```
<seaborn.axisgrid.FacetGrid at 0x7f21d464c1c0>
```

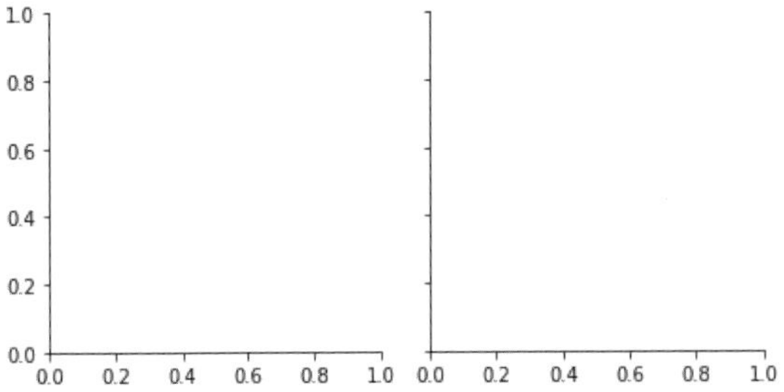

Matplotlibの関数でファセットを利用する

この時点ではまだグラフは描画されません。本項では、Matplotlibの関数を利用してファセットを利用します。FacetGridオブジェクトのmap()メソッドの引数に、グラフを描画する関数を渡します。**リスト7.1.2**のコードでは、matplotlib.pyplot.scatter()関数を渡し、散布図を描画してい

注7.1　第6章の「整然データ」（P.309）を参照してください。

ます。map()メソッドの第1引数（func）に描画する関数を渡します。第2引数からは、第1引数で指定した関数の引数を渡します。

リスト 7.1.2　散布図を描画

```
import matplotlib.pyplot as plt

facet_grid = sns.FacetGrid(tips, col="time")
facet_grid.map(plt.scatter, "tip", "total_bill")
```

```
<seaborn.axisgrid.FacetGrid at 0x7f21d45d9ac0>
```

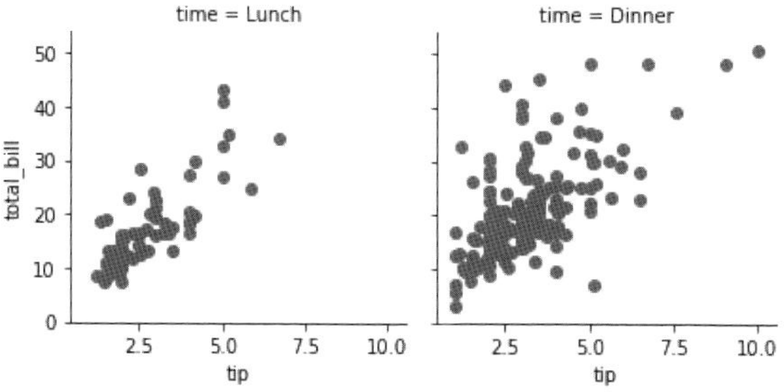

◆ サブプロットを縦に並べる

FacetGridクラスの引数rowでは、サブプロットを縦に並べます。リスト7.1.3ではsmoker列でデータを分類し、散布図を縦に並べて描画しています。

リスト 7.1.3　散布図を縦に並べて描画

```
sns.FacetGrid(tips, row="smoker").map(plt.scatter, "tip", "total_bill")
```

```
<seaborn.axisgrid.FacetGrid at 0x7f21916a57f0>
```

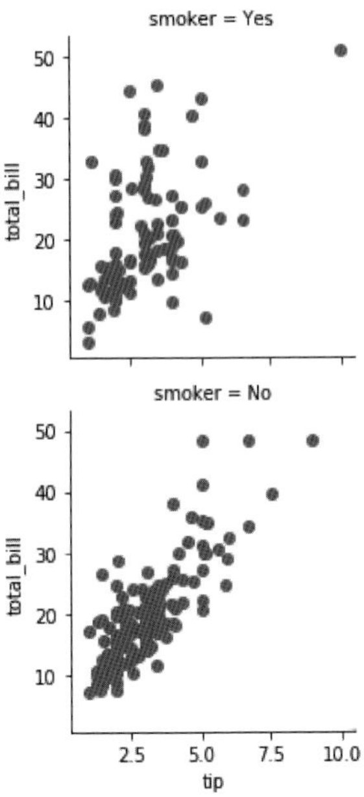

格子状に並べて色分けする

リスト7.1.4ではtime列を横に、smoker列を縦に並べた散布図を描画しています。加えて、sex列で散布図を色分けして描画しています。グラフを色分けして描画するには、FacetGridクラスの引数hueに色分け対象の列名を渡します。

● リスト 7.1.4　格子状に並べて色分けした散布図の描画

```
facet_grid = sns.FacetGrid(tips, col="time", row="smoker", hue="sex")
facet_grid.map(plt.scatter, "tip", "total_bill")
facet_grid.add_legend()
```

```
<seaborn.axisgrid.FacetGrid at 0x7f21916a5790>
```

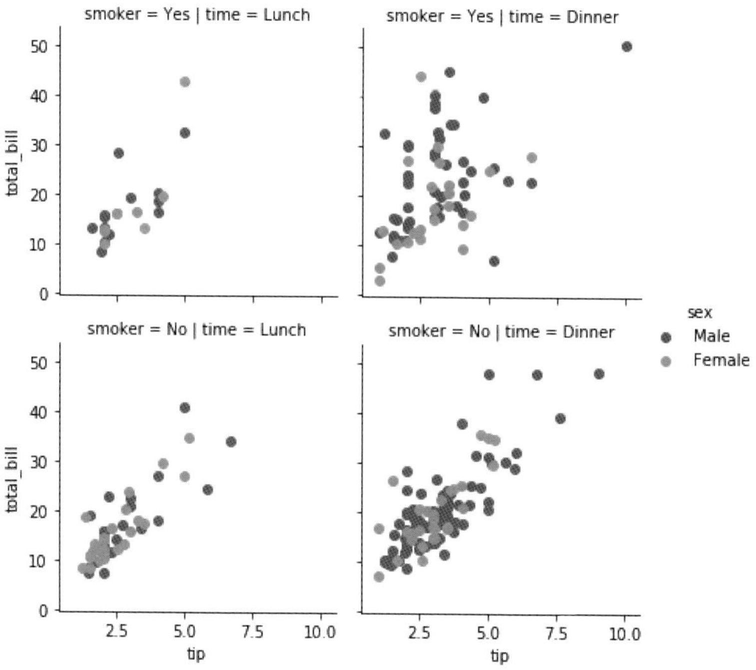

seaborn の関数を利用する

本項では、seabornの関数を使ってファセットを利用します。FacetGridオブジェクトのmap()メソッドには次の条件を満たす関数を渡します。seabornのaxes-levelの関数[注7.2]はこの条件を満たします。**リスト7.1.5**では、seabornのdistplot()関数[注7.3]を利用して、ヒストグラムとカーネル密度推定グラフをサブプロットに描画しています。

- サブプロットオブジェクトを返す
- 引数 color を取る
- 引数 label を取る（FacetGrid クラスの引数 hue が与えられた場合）

リスト 7.1.5　seaborn の関数を利用

```
facet_grid = sns.FacetGrid(tips, col="time", row="smoker", hue="sex")
facet_grid.map(sns.distplot, "total_bill")
```

注 7.2　「7.4　axes-level 関数の利用」（P.366）を参照してください。
注 7.3　第 6 章の「distplot() 関数を利用する」（P.338）を参照してください。

```
facet_grid.add_legend()
```

```
<seaborn.axisgrid.FacetGrid at 0x7f2190e42370>
```

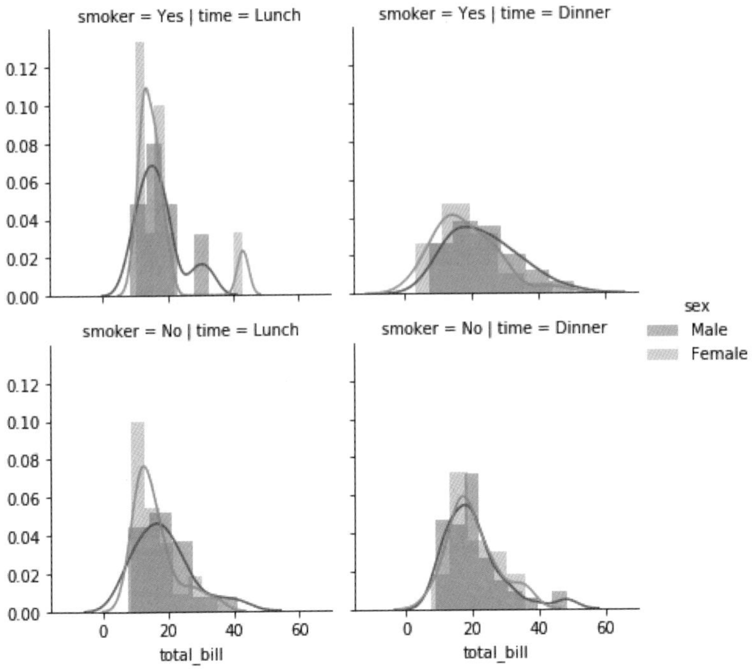

カスタマイズした関数を利用する

リスト7.1.6では、map()メソッドの引数xlimおよびylimが与えられた場合に、軸の範囲を指定する散布図を描画しています。このような関数を作成し、グラフの書式などをカスタマイズできます。

●リスト 7.1.6　カスタマイズした関数の利用

```
def scatter_set_lim(x, y, color, xlim=None, ylim=None):
    ax = sns.scatterplot(x=x, y=y)
    ax.set_xlim(xlim)
    ax.set_ylim(ylim)
    return ax

facet_grid = sns.FacetGrid(tips, col="time", row="smoker")
facet_grid.map(scatter_set_lim, "tip", "total_bill", xlim=[1, 8], ylim=[20, 50])
```

```
<seaborn.axisgrid.FacetGrid at 0x7f2190cf1be0>
```

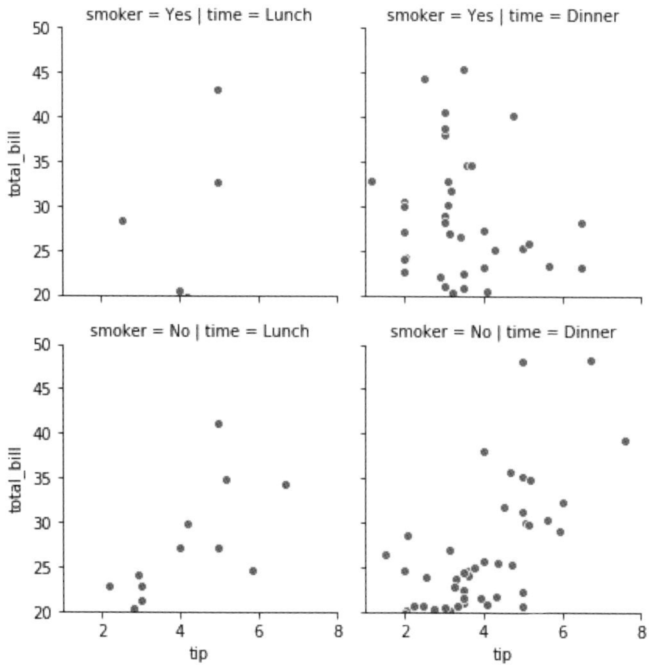

7.2 ペアグリッドの活用

ペアグリッドはデータセットの各変数を組み合わせ、行と列に並べてサブプロットに描画します。対角線上には縦軸と横軸が共有され、1変数のグラフを描画できます。本節では、PairGridクラスやaxes-levelの関数を利用してペアグリッドを活用する方法を学びます。

PairGrid クラスを利用する

PairGridクラスはPairGridオブジェクトを作成します。**リスト7.2.1**では、tipsデータセットの各列の組み合わせを軸に取ったサブプロットを並べて表示しています。

リスト7.2.1　PairGridクラスによるグラフの描画

```
import seaborn as sns
import matplotlib.pyplot as plt

tips = sns.load_dataset("tips")
sns.PairGrid(tips)
```

```
<seaborn.axisgrid.PairGrid at 0x7f35fe1253a0>
```

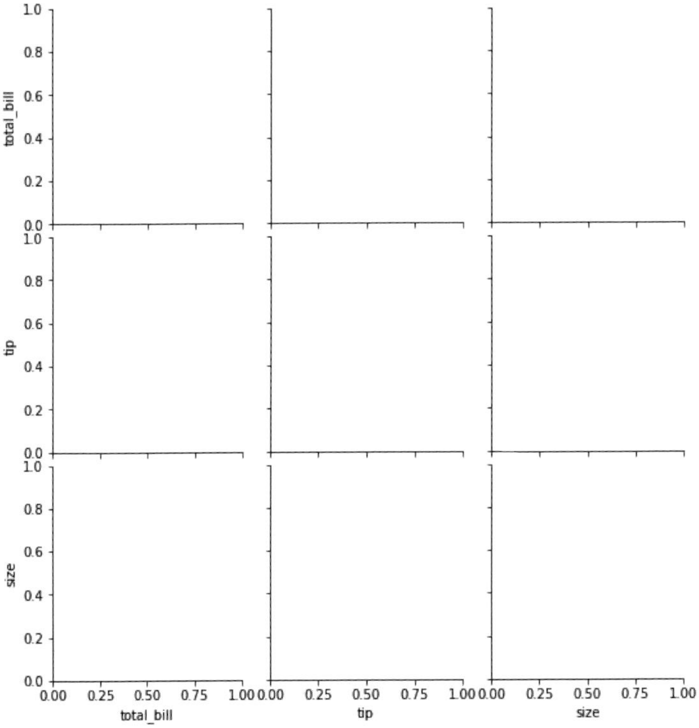

グラフを描画する

この時点ではまだグラフは描画されません。PairGridオブジェクトのmap()メソッドの引数にグラフを描画する関数を渡すと、DataFrameの各列の組み合わせでグラフが描画されます。**リスト7.2.2**では、matplotlib.pyplot.scatter()関数を渡し、散布図を描画しています。map()メソッドの第1引数（func）に描画する関数を渡します。

● リスト 7.2.2 散布図を描画

```
import matplotlib.pyplot as plt

pair_grid = sns.PairGrid(tips)
pair_grid.map(plt.scatter)

<seaborn.axisgrid.PairGrid at 0x7f12233aacd0>
```

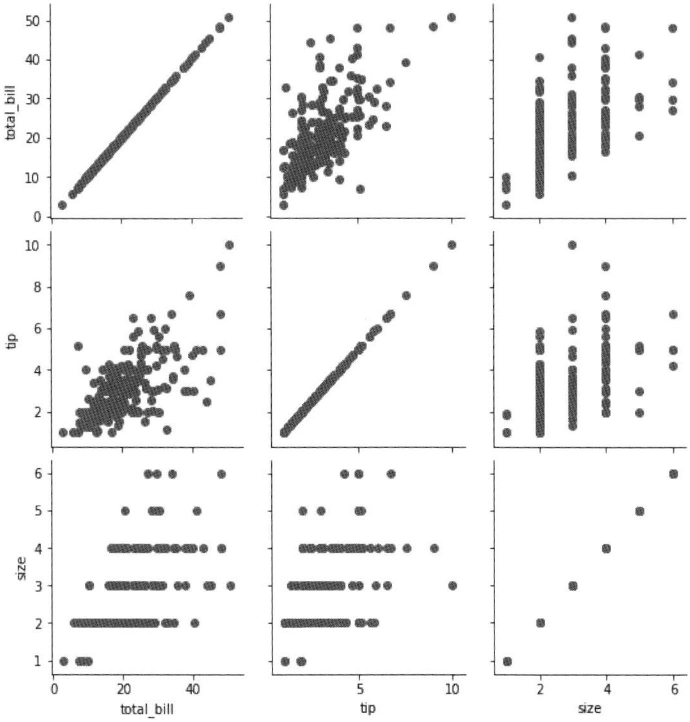

NOTE

対角線上には同じ列同士のグラフが描画されます。後述するmap_diag()メソッドを利用して、対角線上に1変数のグラフ（ヒストグラムなど）を描画できます。

色分けする

引数hueに指定した列名で色分けできます。**リスト7.2.3**ではsmoker列で色分けした散布図行列を描画しています。

●リスト 7.2.3　色分けした散布図行列の描画

```
sns.PairGrid(tips, hue="smoker").map(plt.scatter)
```

```
<seaborn.axisgrid.PairGrid at 0x7f1222a79b20>
```

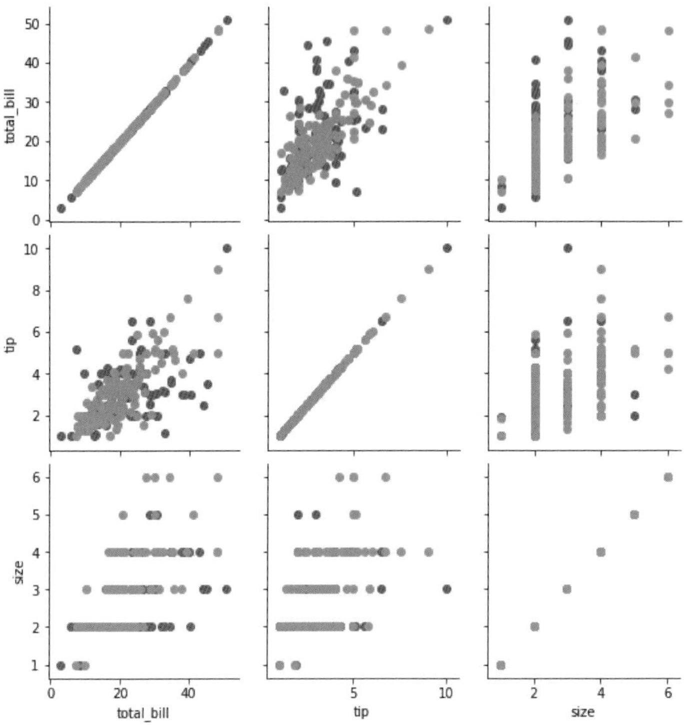

複数の種類のグラフを描画する

PairGridオブジェクトのmap()メソッドの他、**表7.1**、**図7.1**のように描画する領域を指定し、異なる種類のグラフを描画できます。

●**表 7.1　PairGrid オブジェクトの map メソッド**

メソッド名	描画位置
map	すべて
map_diag	対角線上
map_upper	対角線上から右上
map_lower	対角線上から左下

●**図 7.1　map メソッドの配置**

map_diag	map_upper	map_upper
map_lower	map_diag	map_upper
map_lower	map_lower	map_diag

リスト7.2.4では、対角線上にヒストグラム、右上に回帰グラフ、左下に等高線を描画しています。

● リスト 7.2.4　異なる種類のグラフを描画

```
pair_grid_kinds = sns.PairGrid(tips, hue="smoker")
pair_grid_kinds.map_upper(sns.regplot)
pair_grid_kinds.map_diag(plt.hist)
pair_grid_kinds.map_lower(sns.kdeplot)
```

```
<seaborn.axisgrid.PairGrid at 0x7f12227c7940>
```

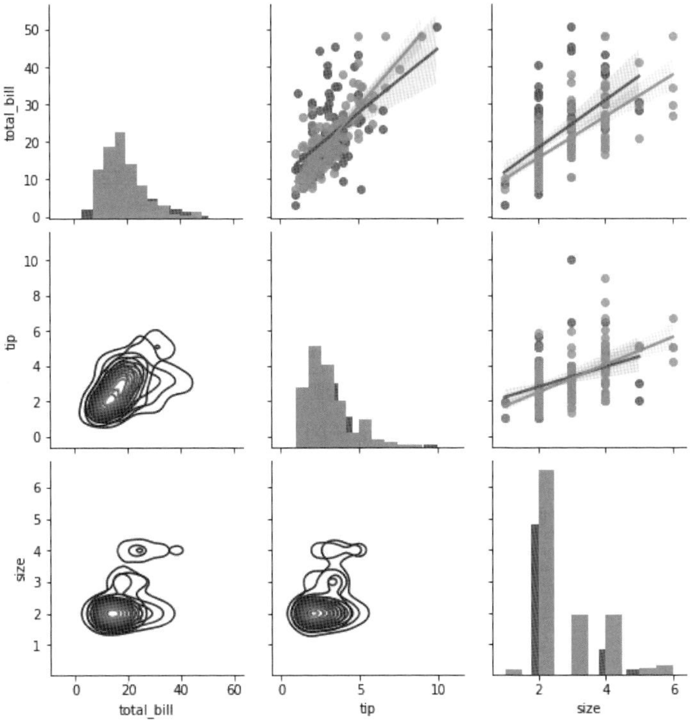

描画対象列を指定する

PairGridクラスにDataFrameを渡した場合、デフォルトでは数値型の列に対して組み合わせを作成します。本節で描画したグラフではtotal_bill列、tip列、size列のみが描画されていましたが、**リスト7.2.5**のようにDataFrameのデータ型を参照すると、カテゴリデータが含まれていることが確認できます。

● リスト 7.2.5　DataFrame のデータ型を参照

```
tips.dtypes
```

```
total_bill     float64
tip            float64
sex           category
smoker        category
day           category
time          category
size             int64
dtype: object
```

◆描画対象となる列の指定

PairGridクラスの引数varsに列名をリスト型で渡すと、描画対象となる列を指定できます。**リスト7.2.6**ではtotal_bill列、tip列、smoker列を指定した散布図行列を描画しています。

リスト 7.2.6　描画対象の列を指定して描画

```
sns.PairGrid(tips, vars=["total_bill", "tip", "smoker"]).map(sns.scatterplot)
```

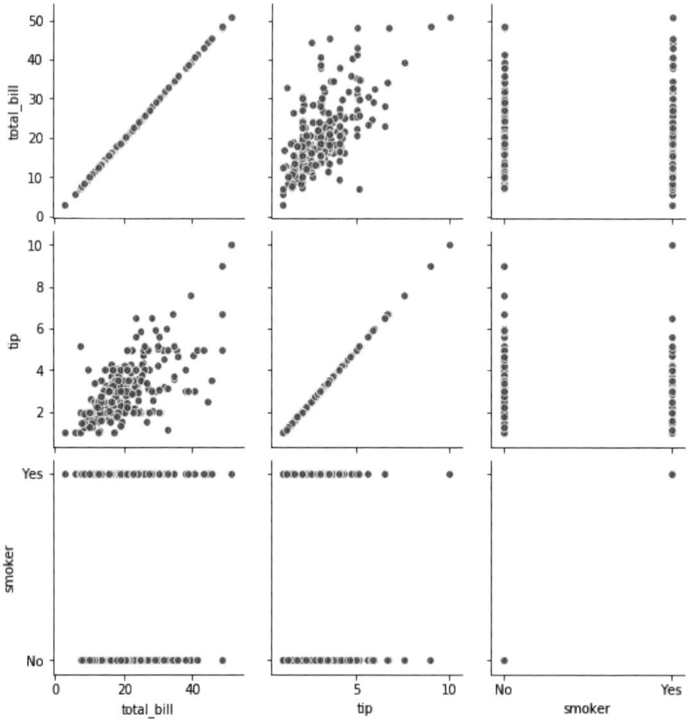


```
<seaborn.axisgrid.PairGrid at 0x7f122216d130>
```

◆X値・Y値を取る列名を指定

PairGridオブジェクトの引数x_varsにX値を取る列名、y_varsにY値を取る列名を指定できます。**リスト7.2.7**ではtotal_bill列とsize列をX値、tips列をY値に取った散布図行列を描画しています。

リスト7.2.7　X値、Y値の列を指定して描画

```
sns.PairGrid(tips, x_vars=["total_bill", "size"], y_vars=["tip"]).map(sns.scatterplot)
```

```
<seaborn.axisgrid.PairGrid at 0x7f122069e610>
```

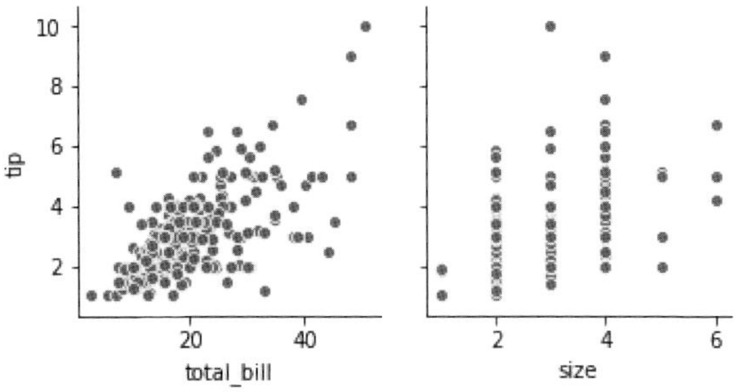

7.3 ジョイントグリッドの活用

ジョイントグリッドはデータセット2変数の関係を可視化し、各変数の分布をグラフの辺に追加して描画します。本節では、JointGridクラスやaxes-levelの関数を利用してジョイントグリッドを活用する方法を学びます。

JointGridクラスを利用する

JointGridクラスはJointGridオブジェクトを作成します。**リスト7.3.1**では、tipsデータセットのtotal_bill列をX値、tip列をY値に取っています。

リスト 7.3.1　JointGrid クラスによるグラフの描画

```
import matplotlib.pyplot as plt
import seaborn as sns

tips = sns.load_dataset("tips")
sns.JointGrid(data=tips, x="total_bill", y="tip")
```

```
<seaborn.axisgrid.JointGrid at 0x7f1d1fde3fa0>
```

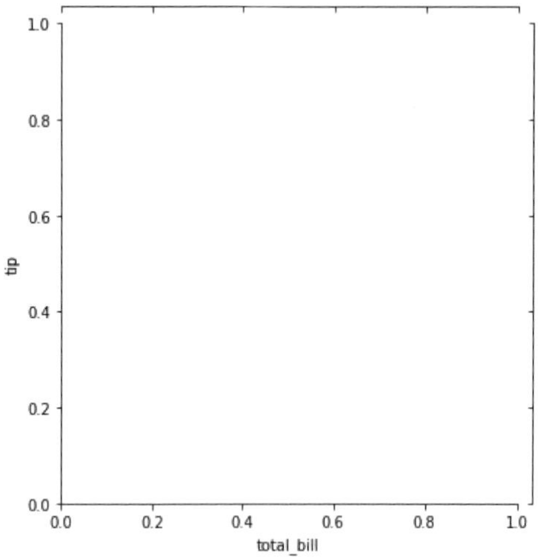

グラフを描画し辺にグラフを追加する

この時点ではまだグラフは描画されません。JointGridオブジェクトのplot()メソッドの引数にグラフを描画する関数を渡します。第1引数（joint_func）に2変数（X値、Y値を取る）のグラフを描画する関数を渡し、第2引数（marginal_func）には1変数のグラフを描画する関数を渡します。**リスト7.3.2**では、tipsデータセットのtotal_bill列をX値、tip列をY値に取った散布図を描画し、上辺と右辺にそれぞれの変数のヒストグラムとカーネル密度推定グラフを並べて描画しています。

リスト 7.3.2　散布図の辺にグラフを追加

```
joint_grid = sns.JointGrid(data=tips, x="total_bill", y="tip")
joint_grid.plot(plt.scatter, sns.distplot)
```

```
<seaborn.axisgrid.JointGrid at 0x7f1d1dcaf640>
```

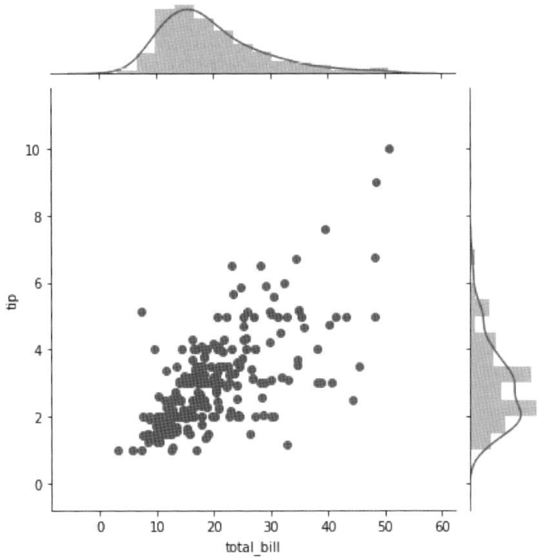

リスト7.3.3のように、JointGridオブジェクトのplot_joint()メソッドとplot_marginals()メソッドを用いても、同じグラフが描画できます。

● リスト 7.3.3 plot_joint() メソッドと plot_marginals() メソッドを利用したグラフの描画

```
joint_grid = sns.JointGrid(data=tips, x="total_bill", y="tip")
joint_grid.plot_joint(plt.scatter)
joint_grid.plot_marginals(sns.distplot)
```

◆Matplotlibのメソッドを利用

JointGridオブジェクトのax_marg_x属性（X値）とax_marg_y属性（Y値）には、Matplotlibのグラフを描画するメソッドが用意されています。**リスト7.3.4**では、回帰グラフを描画し、X軸（上辺）にはtotal_bill列のヒストグラム、Y軸（右辺）にはtip列の箱ひげ図を描画しています。

● リスト 7.3.4 Matplotlib のメソッドを利用したグラフの描画

```
joint_grid_ax = sns.JointGrid(data=tips, x="total_bill", y="tip")
joint_grid_ax.plot_joint(sns.regplot)
joint_grid_ax.ax_marg_x.hist(tips["total_bill"])
joint_grid_ax.ax_marg_y.boxplot(tips["tip"])
```

```
{'whiskers': [<matplotlib.lines.Line2D at 0x7f1d1d3d8f70>,
  <matplotlib.lines.Line2D at 0x7f1d1d3d66a0>],
```

```
 'caps': [<matplotlib.lines.Line2D at 0x7f1d1d3d6d90>,
  <matplotlib.lines.Line2D at 0x7f1d1d3d6bb0>],
 'boxes': [<matplotlib.lines.Line2D at 0x7f1d1d3d80a0>],
 'medians': [<matplotlib.lines.Line2D at 0x7f1d1d407130>],
 'fliers': [<matplotlib.lines.Line2D at 0x7f1d1d3d8e20>],
 'means': []}
```

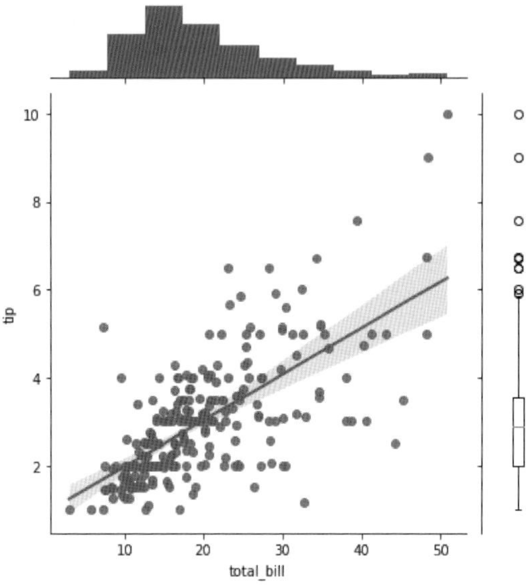

7.4 axes-level関数の利用

axes-levelの関数（表7.2）は、サブプロットオブジェクトを返します。Matplotlibに近い記法で、データを可視化できます。サブプロットオブジェクトを返すため、Matplotlibで書式の調整やサブプロットのレイアウトを行えます。ファセットやペアグリッドなどのfigure-levelの関数は簡潔な記述で複数のグラフを描画できる反面、任意のグラフの組み合わせができないなど、柔軟性に欠けます。本節で扱うaxes-levelの関数とMatplotlibの機能を組み合わせることで、より柔軟で詳細なグラフが描画できます。

表 7.2　axes-level の関数

関数名	グラフ
scatterplot	散布図
lineplot	折れ線グラフ
stripplot	ストリッププロット
swarmplot	ビースウォームプロット
boxplot、boxenplot	箱ひげ図
violinplot	バイオリン図
pointplot	ポイントプロット
barplot、countplot	棒グラフ
distplot	ヒストグラム・カーネル密度推定グラフ
rugplot	ラグプロット
regplot	回帰グラフ
residplot	回帰線の残差
heatmap	ヒートマップ

グラフを重ねて描画する

Matplotlibと同様に、同一のサブプロットにグラフを描画すると、同じサブプロットにグラフが重ねて描画されます。**リスト7.4.1**では箱ひげ図とラグプロットを重ねて描画しています。

リスト 7.4.1　箱ひげ図とラグプロットを重ねて描画

```
import seaborn as sns

tips = sns.load_dataset("tips")
sns.boxplot(data=tips, x="total_bill")
sns.rugplot(tips["total_bill"])
```

```
<matplotlib.axes._subplots.AxesSubplot at 0x7f21b9c284f0>
```

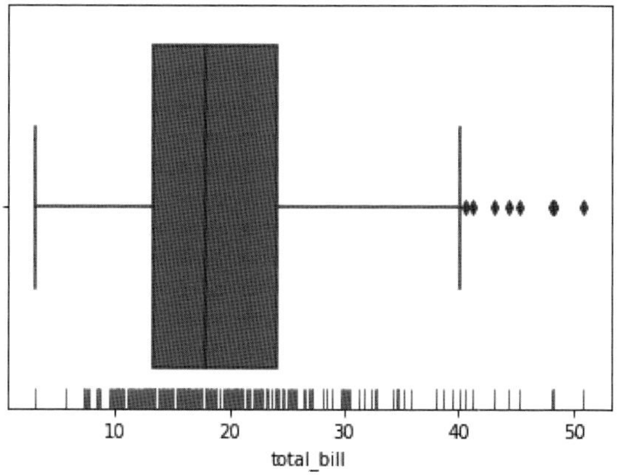

複数のサブプロットに描画する

グラフを描画する関数の引数axにサブプロットオブジェクトを渡すと、指定したサブプロットに描画します。**リスト7.4.2**ではMatplotlibで2行2列のサブプロットを作成し、各サブプロットに4種類のグラフを描画しています。

リスト 7.4.2　4種類のグラフを各サブプロットに描画

```
import matplotlib.pyplot as plt

fig, ax = plt.subplots(nrows=2, ncols=2, figsize=(12, 12))
sns.regplot(data=tips, x="total_bill", y="tip", ax=ax[0][0])
sns.violinplot(data=tips, x="time", y="tip", hue="smoker", split=True, ax=ax[0][1])
sns.distplot(tips["tip"], ax=ax[1][0])
sns.kdeplot(tips["total_bill"], tips["tip"], ax=ax[1][1])
```

```
<matplotlib.axes._subplots.AxesSubplot at 0x7f21b7491f40>
```

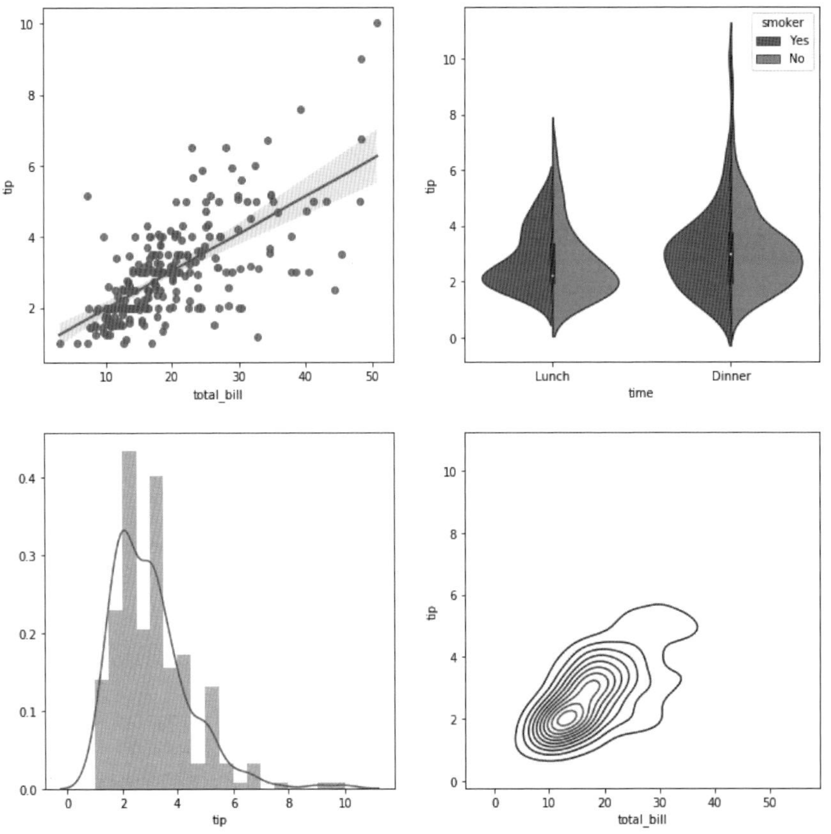

散布図を描画する

散布図を描画するにはscatterplot()関数を用います。引数dataに描画対象のDataFrame、引数x、引数yにX値、Y値となる列名を渡します（**リスト7.4.3**）。

リスト 7.4.3　散布図の描画

```
sns.scatterplot(data=tips, x="total_bill", y="tip")
```

```
<matplotlib.axes._subplots.AxesSubplot at 0x7f21b6e33820>
```

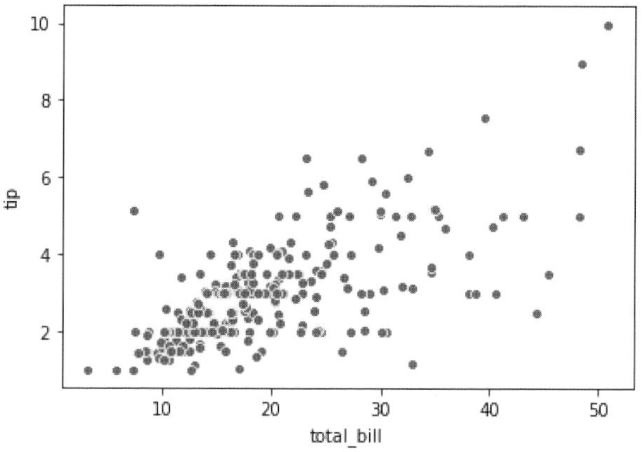

◆要素を分割して描画

引数hueに列名を渡すと、指定した列名でデータを分割し、色分けして描画します（**リスト7.4.4**）。また、引数styleに列名を渡すと、指定した列名ごとに異なるマーカーで描画します。

リスト 7.4.4　要素を分割した散布図を描画

```
sns.scatterplot(data=tips, x="total_bill", y="tip", hue="smoker", style="time")
```

```
<matplotlib.axes._subplots.AxesSubplot at 0x7f21b70d0c70>
```

↗

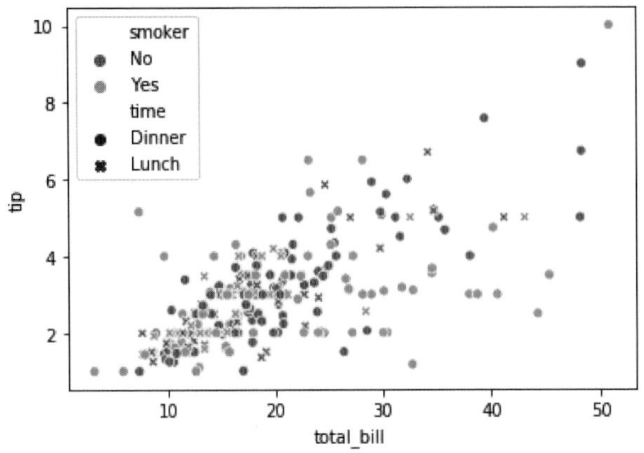

折れ線グラフを描画する

折れ線グラフを描画するにはlineplot()関数を用います（リスト7.4.5）。引数dataに描画対象のDataFrame、引数x、引数yにX値、Y値となる列名を渡します。X値に対してY値が複数存在する場合は平均値が線で描画され、95%信頼区間を塗りつぶしで描画されます。

● リスト 7.4.5　折れ線グラフの描画

```
fmri = sns.load_dataset("fmri")
sns.lineplot(data=fmri, x="timepoint", y="signal")
```

```
<matplotlib.axes._subplots.AxesSubplot at 0x7f21b70c4850>
```

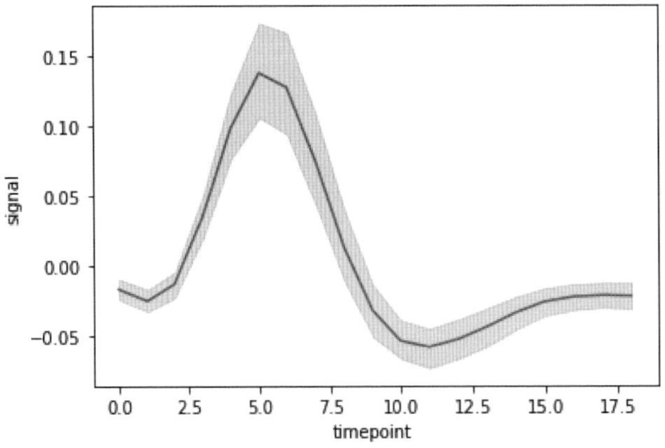

◆要素を分割して描画

引数hueに列名を渡すと指定した列名でデータを分割し、色分けして描画します（**リスト7.4.6**）。また、引数styleに列名を渡すと指定した列名ごとに異なる線種で描画します。引数styleの他、**表7.3**のような引数が渡せます。

表 7.3　lineplot() 関数の主な引数

引数	概要
estimator	集計方法を関数で指定
err_style	エラー値の描画方法
	band：塗りつぶし色で描画
	bar：線で描画
ci	信頼区間を指定（0 から 100 の整数）
sd	標準偏差

リスト 7.4.6　折れ線グラフを色分けして描画

```
import numpy as np

sns.lineplot(
    data=fmri,
    x="timepoint",
    y="signal",
    estimator=np.median,
    hue="event",
    style="event",
    err_style="bars",
    ci=68,
)
```

```
<matplotlib.axes._subplots.AxesSubplot at 0x7f21b7037b50>
```

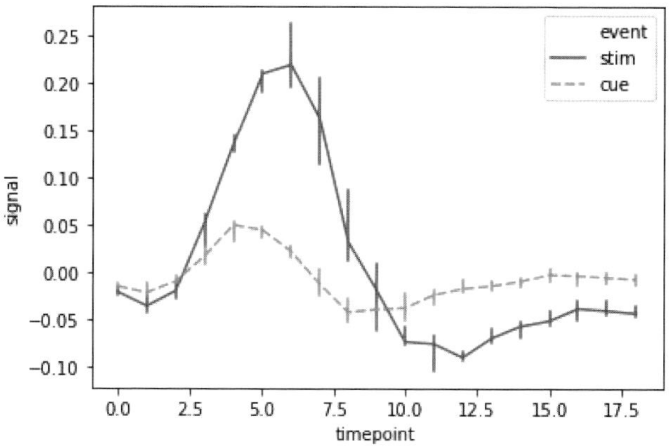

ストリッププロットを描画する

ストリッププロット[注7.4]を描画するにはstripplot()関数を用います（**リスト7.4.7**）。引数dataに描画対象のDataFrame、引数x、引数yにX値、Y値となる列名を渡します。

リスト7.4.7 ストリッププロットの描画

```
sns.stripplot(data=tips, x="smoker", y="tip")
```

```
<matplotlib.axes._subplots.AxesSubplot at 0x7f21b6fc4700>
```

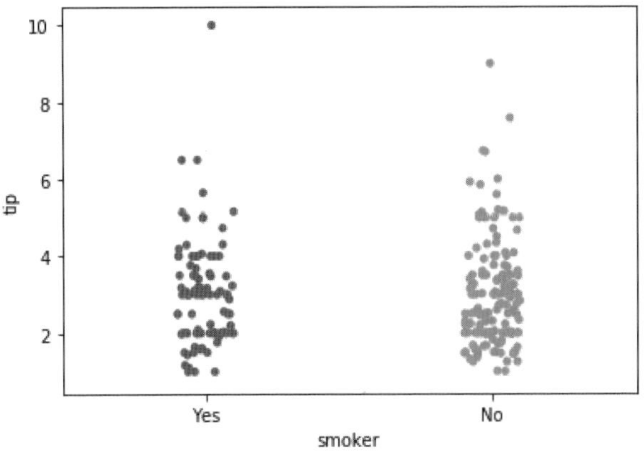

引数hueに列名を渡すと指定した列名でデータを分割し、色分けして描画できる他、次のような引数が利用できます（**リスト7.4.8**）。

- orient：描画する向き
  - v：縦に描画
  - h：横に描画
- jitter：ジッタをbool値または0から1までのfloat型で指定
- doge：Trueを指定すると色分けした要素をずらして描画

リスト7.4.8 カスタマイズしたストリッププロットを描画

```
sns.stripplot(
    data=tips, x="tip", y="day", orient="h", hue="smoker", jitter=0, dodge=True
)
```

注7.4 第6章の「ストリッププロットを描画する」（P.325）を参照してください。

```
<matplotlib.axes._subplots.AxesSubplot at 0x7f21b6f79bb0>
```

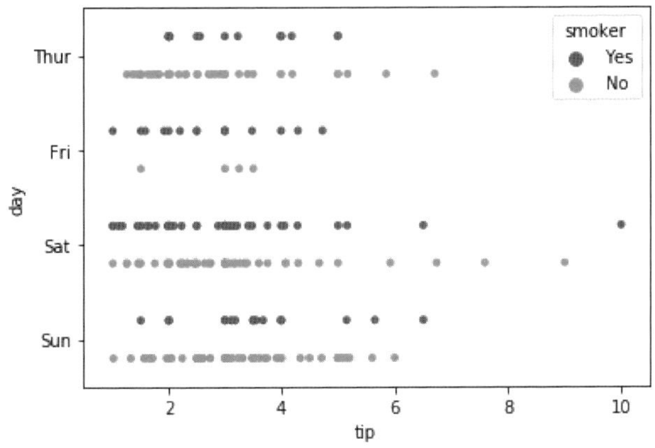

ビースウォームプロットを描画する

ビースウォームプロット（蜂群図）[注7.5]を描画するにはswarmplot()関数を用います。引数dataに描画対象のDataFrame、引数x、引数yにX値、Y値となる列名を渡します（リスト7.4.9）。

リスト 7.4.9　ビースウォームプロットの描画

```
sns.swarmplot(data=tips, x="time", y="tip")
```

```
<matplotlib.axes._subplots.AxesSubplot at 0x7f21b6ef90d0>
```

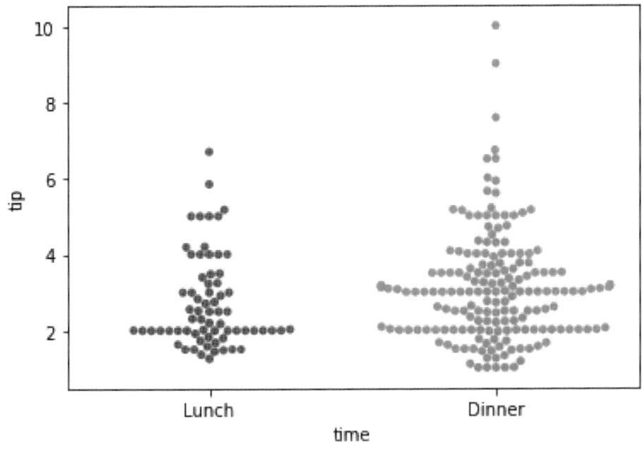

swarmplot()関数はstripplot()関数と同等の引数が扱えます（リスト7.4.10）。

注7.5　第6章の「ビースウォームプロットを描画する」（P.327）を参照してください。

リスト 7.4.10　カスタマイズしたビースウォームプロットを描画

```
sns.swarmplot(data=tips, x="tip", y="day", orient="h", hue="smoker", dodge=True)
```

```
<matplotlib.axes._subplots.AxesSubplot at 0x7f21b70371f0>
```

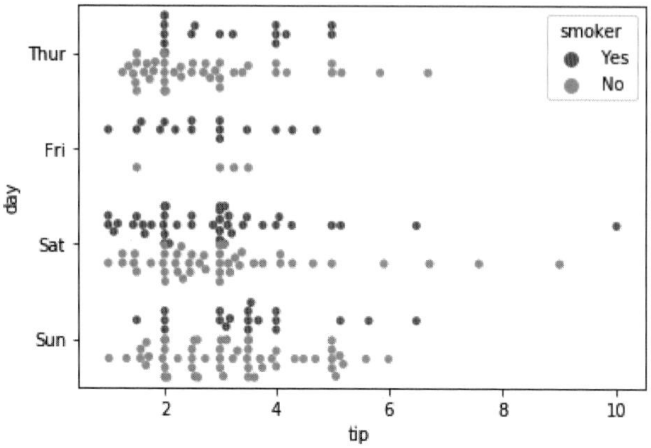

箱ひげ図を描画する

箱ひげ図を描画するにはboxplot()関数を用います（リスト7.4.11）。引数dataに描画対象のDataFrame、引数x、引数yにX値、Y値となる列名を渡します。

リスト 7.4.11　箱ひげ図の描画

```
sns.boxplot(data=tips, x="time", y="tip")
```

```
<matplotlib.axes._subplots.AxesSubplot at 0x7f21b53874c0>
```

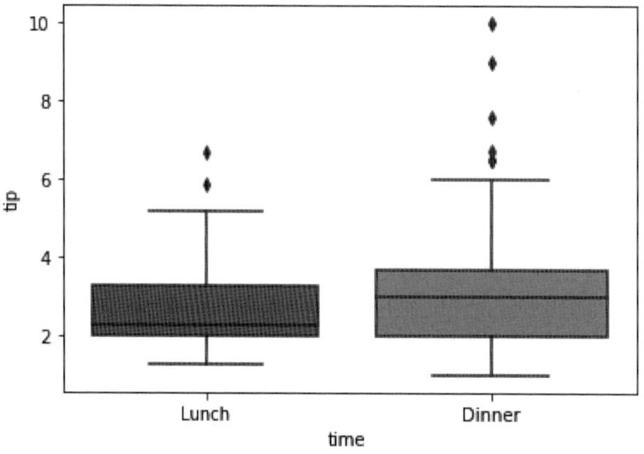

◆色分けして描画

引数hueに列名を渡すと指定した列名でデータを分割し、色分けして描画します。引数orientに"h"を渡すと横向きに描画されます（リスト7.4.12）。

リスト 7.4.12　箱ひげ図を色分けして横向きに描画

```
sns.boxplot(data=tips, x="tip", y="day", orient="h", hue="smoker")
```

```
<matplotlib.axes._subplots.AxesSubplot at 0x7f21b53f8f70>
```

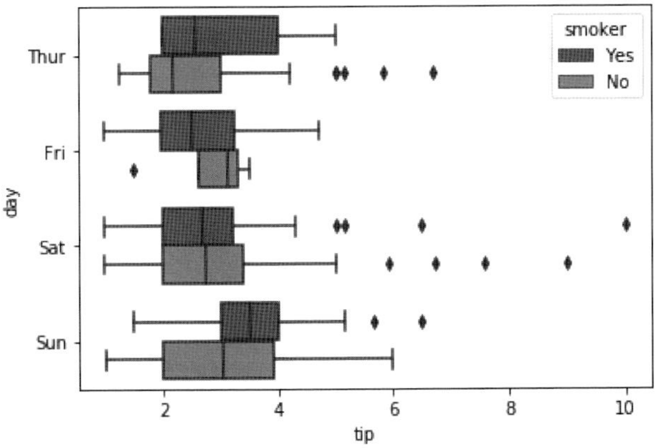

◆分位数を増やした箱ひげ図

より分位数を増やした箱ひげ図（Letter-value plots）を描画するにはboxenplot()関数を用います（リスト7.4.13）。boxplot()と同等の引数が扱えます[注7.6]。

リスト 7.4.13　分位数を増やした箱ひげ図の描画

```
sns.boxenplot(data=tips, x="day", y="tip", hue="smoker")
```

```
<matplotlib.axes._subplots.AxesSubplot at 0x7f21b52445b0>
```

注7.6　第6章の「分位数を増やした箱ひげ図」（P.330）を参照してください。

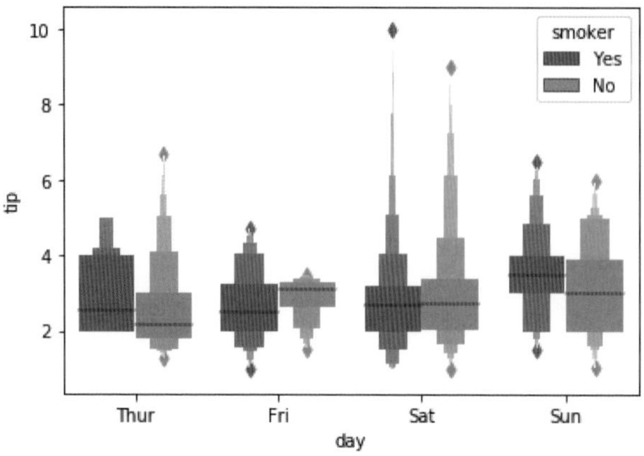

バイオリン図を描画する

バイオリン図[注7.7]を描画するにはviolinplot()関数を用います。引数dataに描画対象のDataFrame、引数x、引数yにX値、Y値となる列名を渡します（**リスト7.4.14**）。

リスト7.4.14　バイオリン図の描画

```
sns.violinplot(data=tips, x="time", y="tip")
```

```
<matplotlib.axes._subplots.AxesSubplot at 0x7f21b51f1fd0>
```

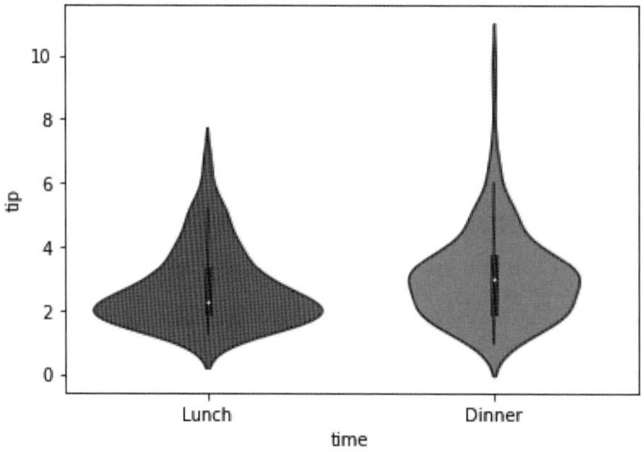

注7.7　第6章「バイオリン図を描画する」（P.331）を参照してください。

◆要素を分割して描画

引数hueに列名を渡すと指定した列名でデータを分割し、色分けして描画します。引数hueに渡されたデータが2値の場合、引数splitにTrueを渡すと色分けしたバイオリン図を上下または左右に描画します。次の引数では追加で描画するグラフの描画方法を調整できます。

- box：箱ひげ図（デフォルト）
- quartile：四分位数を破線で描画
- point：ストリッププロット
- strick：ラグプロット
- None：なにも描画しない

リスト7.4.15ではsmoker列で上下に分割したバイオリン図を描画し、四分位数を破線で描画しています。

リスト 7.4.15 バイオリン図を色分けして描画

```
sns.violinplot(
    data=tips, x="tip", y="day", orient="h", hue="smoker", split=True, inner="quartile"
)
```

```
<matplotlib.axes._subplots.AxesSubplot at 0x7f21b5152e50>
```

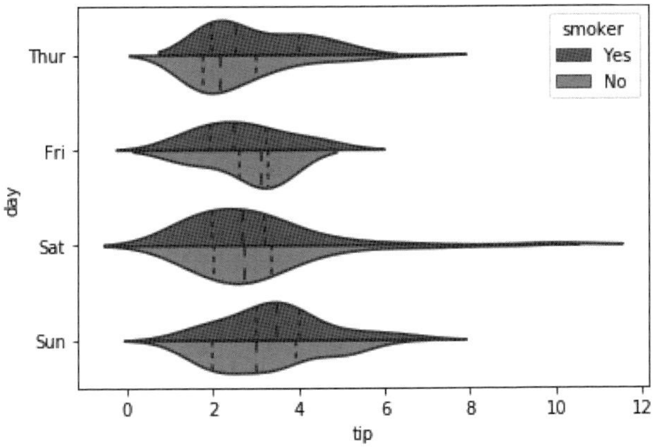

ポイントプロットを描画する

ポイントプロット[注7.8]を描画するにはpointplot()関数を用います（リスト7.4.16）。引数dataに描画対象のDataFrame、引数x、引数yにX値、Y値となる列名を渡します。X値に対してY値が複数存在する場合は平均値が点で描画され、要素間は線分で補完されます。また、95%信頼区間が縦線で描画されます。

● リスト 7.4.16　ポイントプロットの描画

```
sns.pointplot(data=tips, x="day", y="tip")
```

```
<matplotlib.axes._subplots.AxesSubplot at 0x7f21b50dcc70>
```

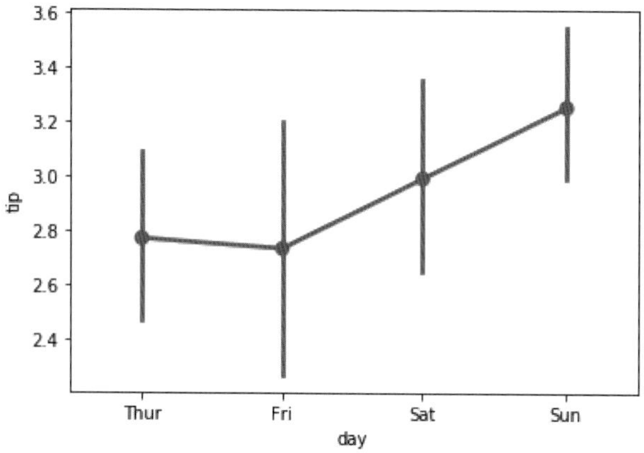

pointplot()関数はlineplot()関数[注7.9]と同等の引数が扱えます（リスト7.4.17）。

● リスト 7.4.17　ポイントプロットを色分けして描画

```
import numpy as np

sns.pointplot(
    data=tips, x="day", y="tip", hue="smoker", ci=66, dodge=True, estimator=np.median
)
```

```
<matplotlib.axes._subplots.AxesSubplot at 0x7f21b50476d0>
```

注7.8　第6章の「ポイントプロットを描画する」（P.335）を参照してください。
注7.9　「折れ線グラフを描画する」（P.370）を参照してください。

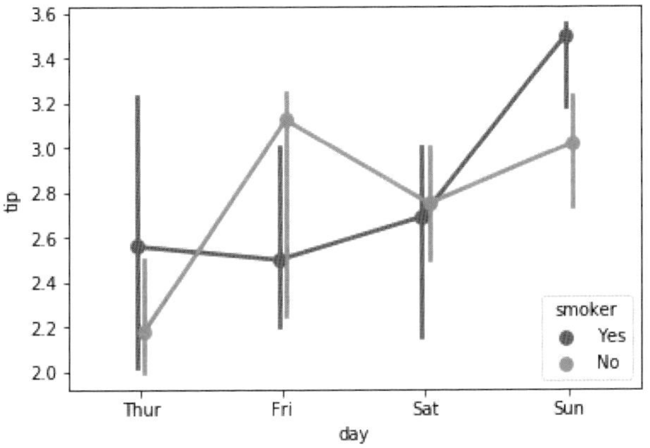

棒グラフを描画する

棒グラフを描画するにはbarplot()関数を用います。引数dataに描画対象のDataFrame、引数x、引数yにX値、Y値となる列名を渡します（**リスト7.4.18**）。X値に対してY値が複数存在する場合は平均値が棒で描画され、95%信頼区間が縦線で描画されます。

リスト 7.4.18　棒グラフの描画

```
sns.barplot(data=tips, x="day", y="tip")
```

```
<matplotlib.axes._subplots.AxesSubplot at 0x7f21b4fc5e20>
```

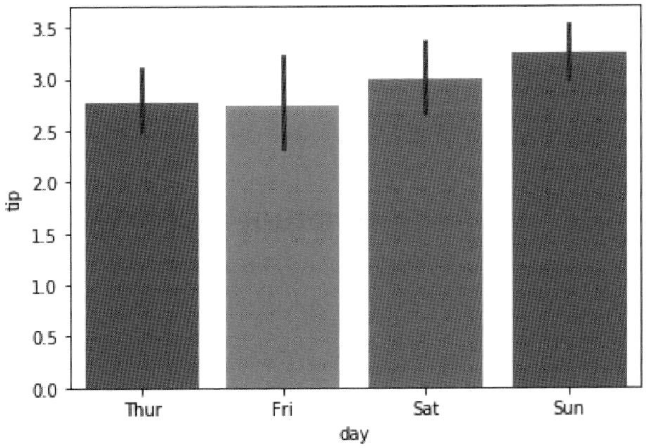

◆色分けして描画

barplot()関数はcatplot()関数[注7.10]と同等の引数が扱えます（リスト7.4.19）。

リスト7.4.19　棒グラフを色分けして描画

```
sns.barplot(
    data=tips, x="tip", y="day", orient="h", hue="smoker", estimator=np.median, ci=68
)
```

```
<matplotlib.axes._subplots.AxesSubplot at 0x7f21b4faa6d0>
```

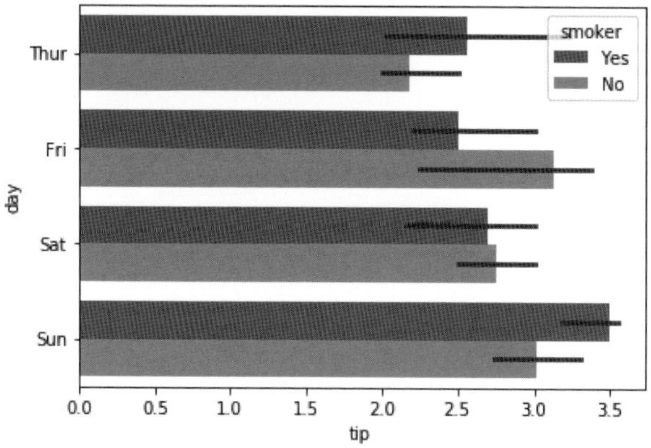

◆データの個数を棒グラフに描画

各データの個数を棒グラフに描画するにはcountplot()関数を用います（リスト7.4.20）。引数dataに描画対象のDataFrame、引数xにカウント対象の列名を渡します。棒グラフを横向きに描画する場合は引数yに列名を渡します。

リスト7.4.20　データの個数を棒グラフに描画

```
fig, ax = plt.subplots(nrows=1, ncols=2, figsize=(10, 4))
sns.countplot(data=tips, x="day", ax=ax[0])
sns.countplot(data=tips, y="smoker", ax=ax[1])
```

```
<matplotlib.axes._subplots.AxesSubplot at 0x7f21b4ecdc40>
```

注7.10　第6章の「棒グラフを描画する」（P.332）を参照してください。

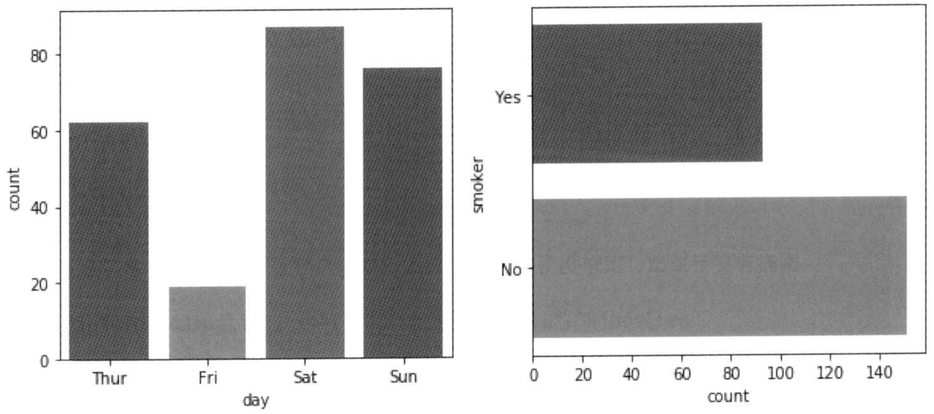

データの個数をグループ化して描画する

引数hueに列名を渡すと指定した列名でデータを分割し、グループ化して描画します（リスト7.4.21）。

リスト 7.4.21　データの個数をグループ化して棒グラフに描画

```
sns.countplot(data=tips, x="day", hue="smoker")
```

```
<matplotlib.axes._subplots.AxesSubplot at 0x7f21b4f1b550>
```

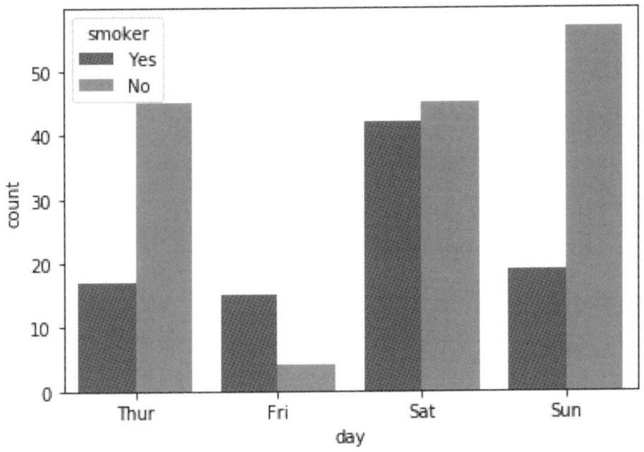

ヒストグラム・カーネル密度推定グラフを描画する

distplot()関数を用いると、ヒストグラムとカーネル密度推定グラフを重ねて描画します（リスト7.4.22)。引数には描画対象のリスト-ライクオブジェクト[注7.11]を渡します。

リスト 7.4.22　ヒストグラムとカーネル密度推定グラフを重ねて描画

```
sns.distplot(tips["tip"])
```

```
<matplotlib.axes._subplots.AxesSubplot at 0x7f21b4e0f520>
```

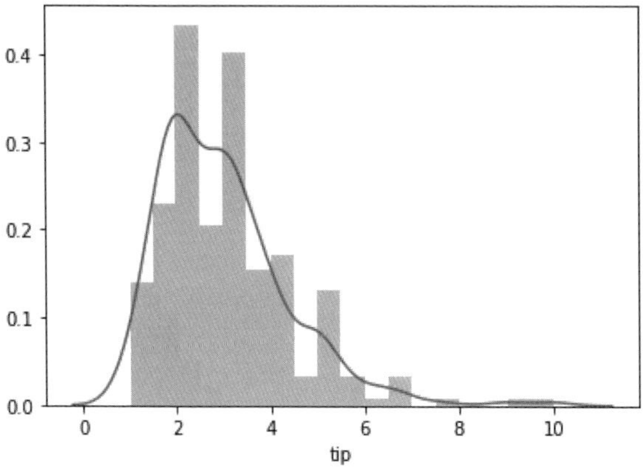

◆ 描画方法の指定

表7.4の引数にbool値を渡し、描画方法を指定できます（概要はTrueを渡した場合の動作です)。リスト7.4.23に例を示します。

表 7.4　distplot() の描画方法を指定する引数

引数	概要
vertical	値をY値（縦）に描画
hist	ヒストグラムを描画
kde	カーネル密度推定グラフを描画
rug	ラグプロットを描画

リスト 7.4.23　distplot() に描画方法を指定

```
sns.distplot(tips["tip"], vertical=True, hist=True, kde=True, rug=True)
```

```
<matplotlib.axes._subplots.AxesSubplot at 0x7f21b4d99640>
```

注7.11　第4章の「4.2　グラフの描画」(P.159) を参照してください。

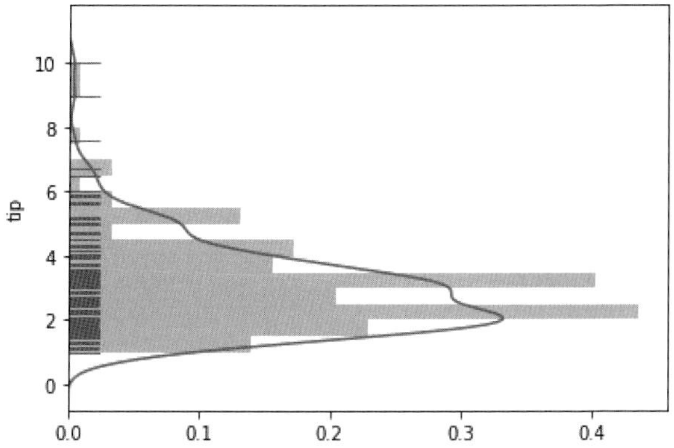

カーネル密度推定グラフを描画するにはkdeplot()関数を用います（**リスト7.4.24**）。引数には描画対象のリスト-ライクオブジェクトを渡します。

リスト 7.4.24　カーネル密度推定グラフの描画

```
sns.kdeplot(tips["tip"])
```

```
<matplotlib.axes._subplots.AxesSubplot at 0x7f21b4d2ffd0>
```

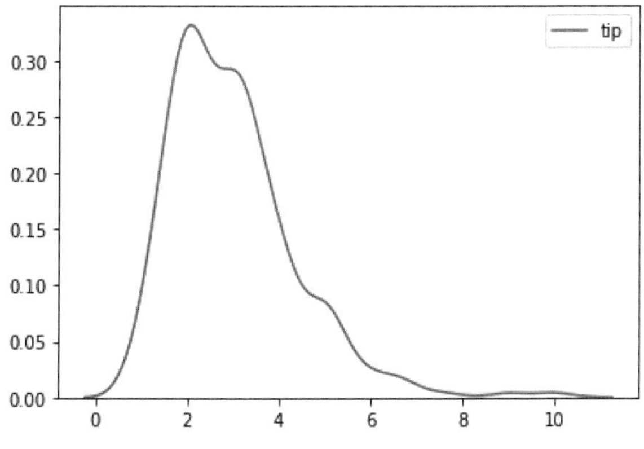

◆2 変数の分布を描画

kdeplot()関数の第1引数（data）および第2引数（data2）を渡すと、2変数の分布がカーネル密度推定された等高線として描画されます（**リスト7.4.25**）。

● リスト 7.4.25　2 変数の分布を等高線として描画

```
sns.kdeplot(data=tips["total_bill"], data2=tips["tip"])
```

```
<matplotlib.axes._subplots.AxesSubplot at 0x7f21b4c5edf0>
```

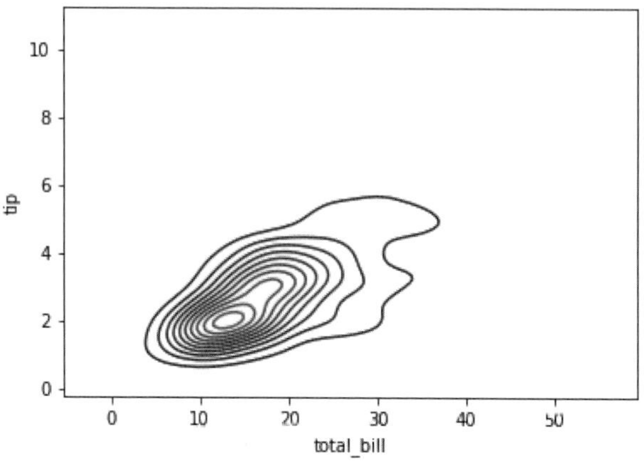

ラグプロットを描画する

ラグプロットはデータが存在する座標に線を描画します。ラグプロットを描画するにはrugplot()関数を用います（リスト7.4.26）。引数には描画対象のリスト-ライクオブジェクトを渡します。

● リスト 7.4.26　ラグプロットを描画

```
sns.rugplot(tips["tip"])
```

```
<matplotlib.axes._subplots.AxesSubplot at 0x7f21b4bcc0d0>
```

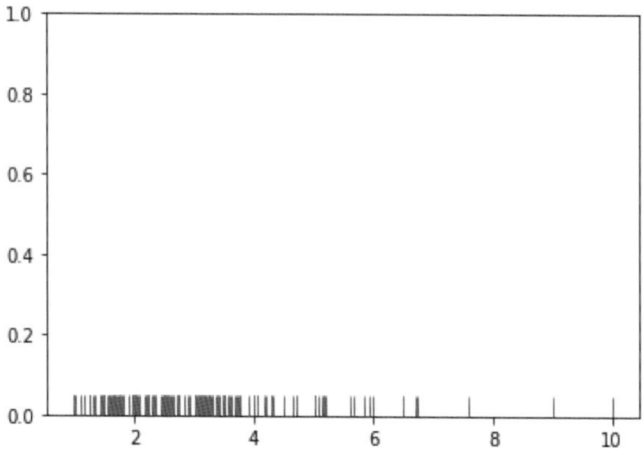

◆Y 軸に沿って描画

Y 軸に沿って描画するには引数axisに"y"を渡します（**リスト7.4.27**）。

● リスト 7.4.27　Y 軸に沿って描画

```
sns.rugplot(tips["tip"], axis="y")
```

```
<matplotlib.axes._subplots.AxesSubplot at 0x7f21b4bb6d90>
```

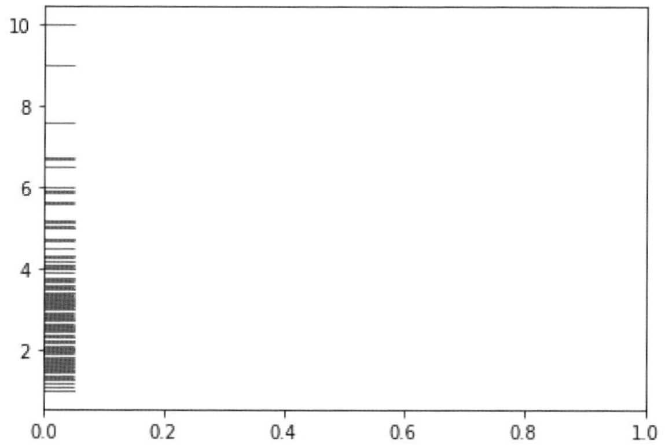

回帰グラフを描画する

回帰グラフを描画するにはregplot()関数を用います。引数dataに描画対象のDataFrame、引数x、引数yにX値、Y値となる列名を渡します（**リスト7.4.28**）。

● リスト 7.4.28　回帰グラフの描画

```
sns.regplot(data=tips, x="total_bill", y="tip")
```

```
<matplotlib.axes._subplots.AxesSubplot at 0x7f21b4b22130>
```

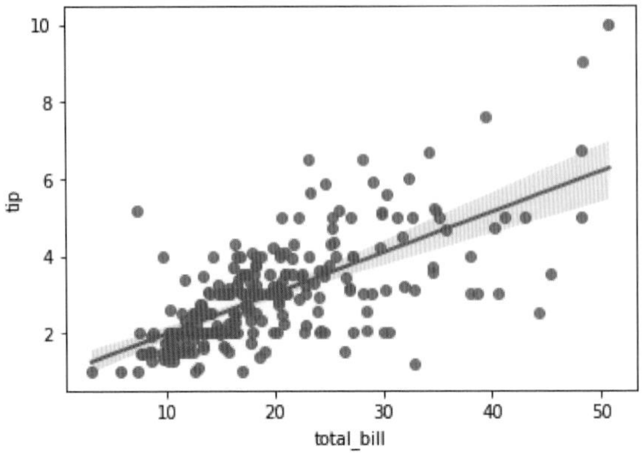

◆信頼区間の変更

引数ciを渡すと信頼区間が変更できます。同じX値（Y値）に複数のデータが重なっている場合には、引数x_jitter（y_jitter）に0から1のfloat型を渡すことで、重なった点をずらして描画します。リスト7.4.29では2列目のサブプロットに回帰線の信頼区間を68%とした回帰グラフを描画し、散布図の重なった点をずらしています。

リスト 7.4.29　信頼区間を変更した回帰グラフを描画

```
fig, (ax1, ax2) = plt.subplots(nrows=1, ncols=2, figsize=(10, 4))
sns.regplot(data=tips, x="size", y="tip", ax=ax1)
sns.regplot(data=tips, x="size", y="tip", ci=68, x_jitter=0.2, ax=ax2)
```

```
<matplotlib.axes._subplots.AxesSubplot at 0x7f21ab32b2b0>
```

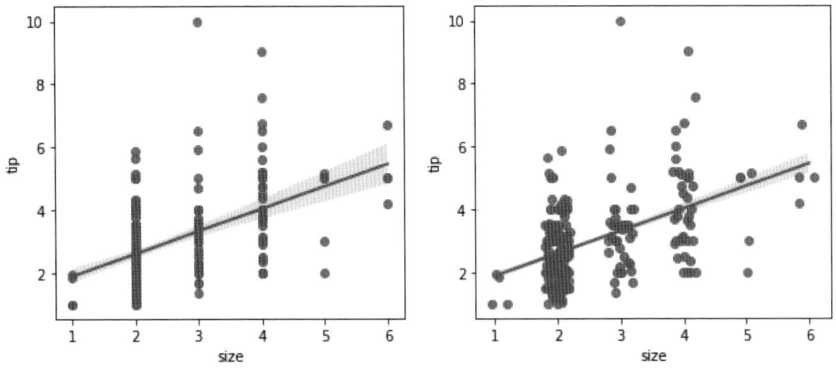

◆代表値を描画

同じX値（Y値）に複数のデータが重なっている場合、引数x_estimator（y_estimator）に渡した関数を利用して代表値を点で描画できます（リスト7.4.30）。

リスト 7.4.30　代表値を点で描画

```
sns.regplot(data=tips, x="size", y="tip", x_estimator=np.median)
```

```
<matplotlib.axes._subplots.AxesSubplot at 0x7f21b41bfe80>
```

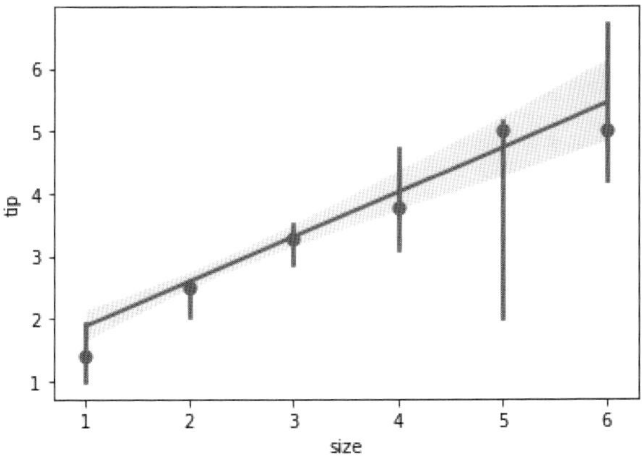

回帰線の残差を可視化する

回帰線からの残差を描画するにはresidplot()関数を用います。引数dataに描画対象のDataFrame、引数x、引数yにX値、Y値となる列名を渡します（リスト7.4.31）。

リスト 7.4.31　回帰線からの残差を描画

```
sns.residplot(data=tips, x="total_bill", y="tip")
```

```
<matplotlib.axes._subplots.AxesSubplot at 0x7f21b41a9250>
```

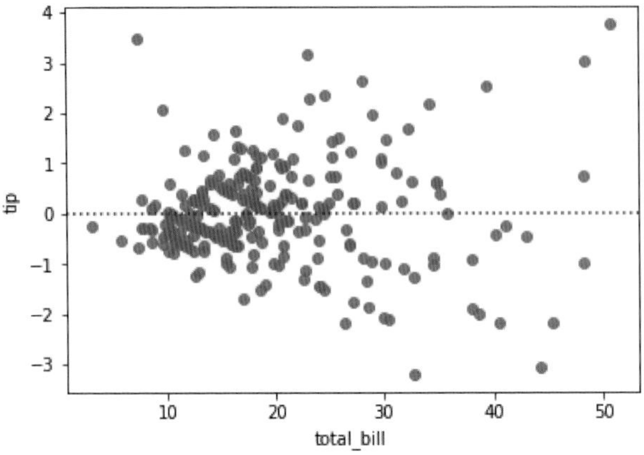

◆Lowess平滑化・ロバスト回帰モデルの利用

引数lowessにTrueを渡すと、Lowess平滑化を用いて推定します。引数robustにTrueを渡すと、ロバスト回帰モデルを利用して推定します（リスト7.4.32）。

●リスト7.4.32　Lowess平滑化とロバスト回帰モデルを利用

```
sns.residplot(data=tips, x="total_bill", y="tip", lowess=True, robust=True)
```

```
<matplotlib.axes._subplots.AxesSubplot at 0x7f21b40fd820>
```

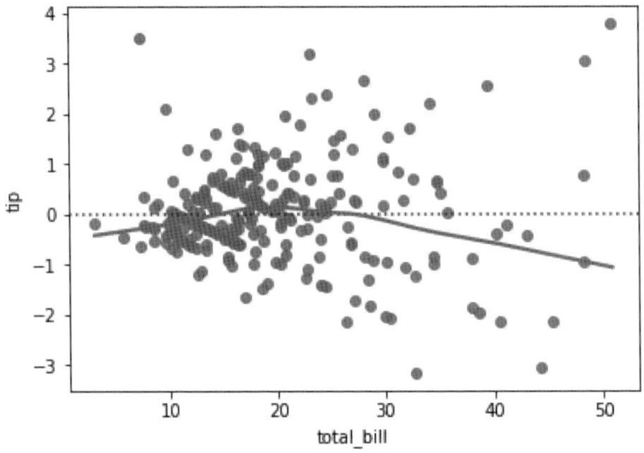

ヒートマップを描画する

ヒートマップを描画するにはheatmap()関数を用います（リスト7.4.33とリスト7.4.34）。引数にはDataFrameまたは2次元のnumpy.ndarrayを渡します。

リスト 7.4.33　flights データセットの読み込み

```
flights = sns.load_dataset("flights").pivot("month", "year", "passengers")
flights.head()
```

year / month	1949	1950	1951	1952	1953	1954	1955	1956	1957	1958	1959	1960
January	112	115	145	171	196	204	242	284	315	340	360	417
February	118	126	150	180	196	188	233	277	301	318	342	391
March	132	141	178	193	236	235	267	317	356	362	406	419
April	129	135	163	181	235	227	269	313	348	348	396	461
May	121	125	172	183	229	234	270	318	355	363	420	472

リスト 7.4.34　ヒートマップの描画

```
sns.heatmap(flights)
```

```
<matplotlib.axes._subplots.AxesSubplot at 0x7f21ac6c28b0>
```

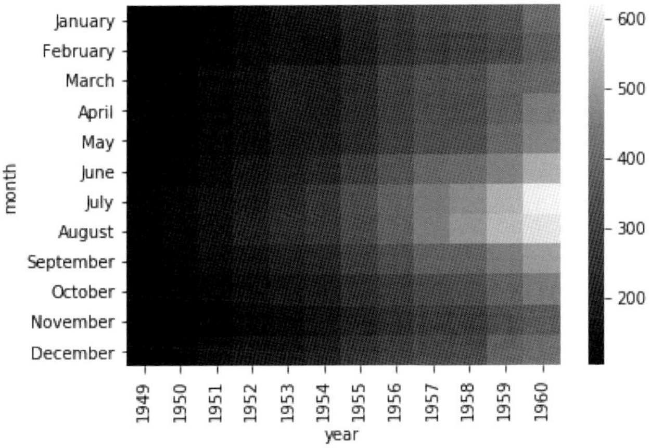

◆カラーマップの指定

引数cmapにカラーマップを渡すと、指定したカラーマップで描画されます（**リスト7.4.35**）。引数annotにTrueを渡すと、値がテキストで表示されます。この場合、引数fmtで文字列の表示形式が指定できます。文字列のformatメソッドの書式指定[注7.12]に従います（"{:}"における:以降に指定する文字列）。

注 7.12　URL https://docs.python.org/ja/3/library/string.html#formatstrings

● リスト 7.4.35　指定したカラーマップでヒートマップを描画

```
sns.heatmap(flights, cmap="YlGnBu", annot=True, fmt="d")
```

```
<matplotlib.axes._subplots.AxesSubplot at 0x7f21ac5fa4f0>
```

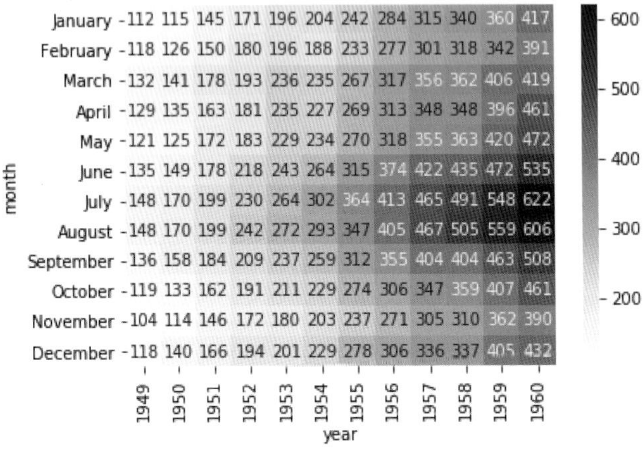

7.5 グラフのスタイルと書式の設定

本節ではグラフのスタイルや書式を設定し、グラフの見た目を調整する方法を学びます。

グラフのスタイルを設定する

seabornを用いてグラフのスタイルや書式を設定するにはset_style()関数を用います。set_style()関数の引数styleに文字列を渡すと、指定したスタイルが適用されます。スタイルには以下の文字列が指定できます。

- darkgrid
- whitegrid
- dark
- white
- ticks

リスト7.5.1ではスタイルを"whitegrid"にした散布図を描画しています。

リスト 7.5.1　スタイル "whitegrid" の散布図を描画

```
%matplotlib inline

import numpy as np
import seaborn as sns

np.random.seed(1)
sns.set_style(style="whitegrid")
x, y = np.random.rand(2, 100)
sns.scatterplot(x=x, y=y)
```

```
<matplotlib.axes._subplots.AxesSubplot at 0x7f5e53846c70>
```

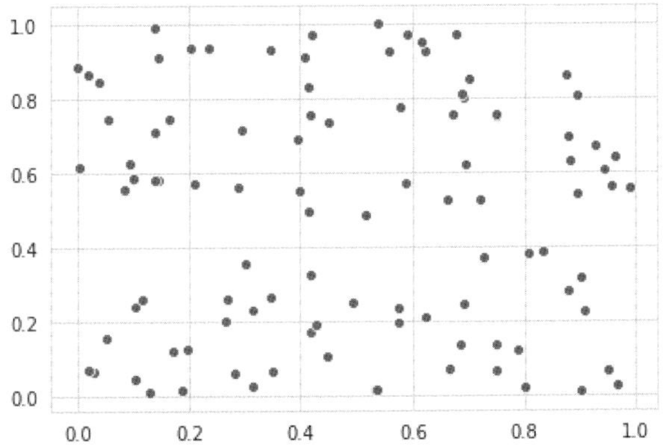

set_style()関数はmatplotlib.rcParamsを上書きします。リスト7.5.2のようにMatplotlibでグラフを描画した場合も、seabornで設定したスタイルが適用されます。

リスト 7.5.2　matplotlib.rcParams を上書きして描画

```
import matplotlib.pyplot as plt

fig, ax = plt.subplots()
ax.plot([1, 2], [1, 2])
```

```
[<matplotlib.lines.Line2D at 0x7f5e512a0a90>]
```

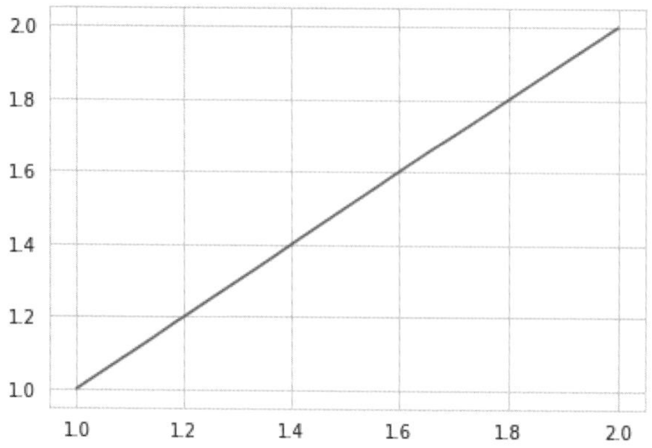

pandasのplot()メソッドも同様です。**リスト7.5.3**ではpandasのplot()メソッドで折れ線グラフを描画しています。

リスト 7.5.3　スタイルが反映されたグラフ

```
import pandas as pd

np.random.seed(1)
ser = pd.Series(np.random.rand(50).cumsum())
ser.plot()
```

```
<matplotlib.axes._subplots.AxesSubplot at 0x7f5e5125cb20>
```

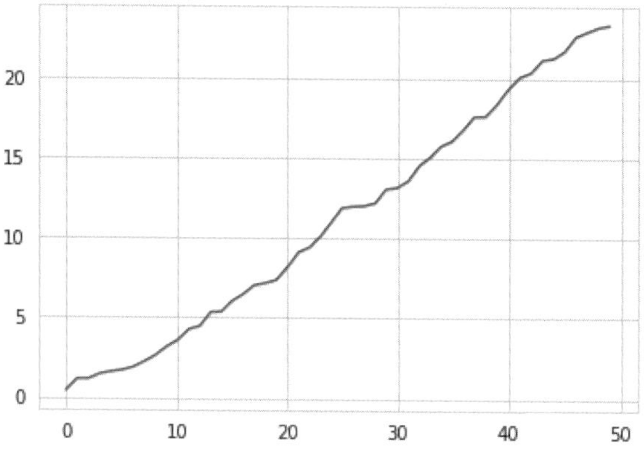

グラフのスタイルをデフォルトに戻す

reset_defaults()関数を実行すると、Matplotlibのrcパラメータがデフォルトに戻ります。**リスト7.5.4**ではseabornで設定したスタイルを初期化し、pandasのplot()メソッドで折れ線グラフを描画しています。

リスト7.5.4　グラフのスタイルを初期化して描画

```
sns.reset_defaults()
ser.plot()
```

```
<matplotlib.axes._subplots.AxesSubplot at 0x7f5e511f18b0>
```

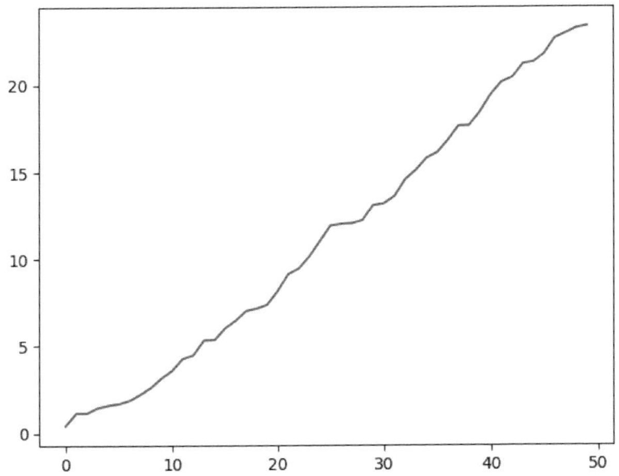

書式を設定する

グラフの要素の書式を個別に設定するには、set_style()関数の引数styleまたは引数rcに設定項目をキー、設定値を値とした辞書を渡します。**リスト7.5.5**ではサブプロットの上側と右側の枠線を非表示にしています。

リスト7.5.5　サブプロットの上側と右側の枠線を非表示に設定

```
sns.set_style(style={"axes.spines.top": False, "axes.spines.right": False})
# 下記と同じ
# sns.set_style(rc={"axes.spines.top": False, "axes.spines.right": False})
ser.plot()
```

```
<matplotlib.axes._subplots.AxesSubplot at 0x7f5e5115cfa0>
```

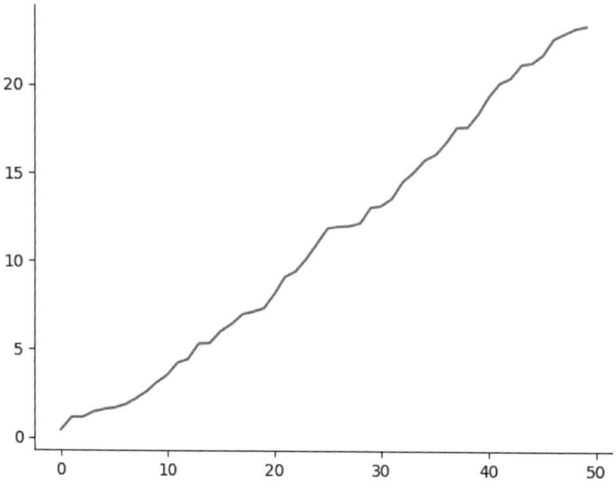

リスト7.5.6ではスタイルを"darkgrid"にし、目盛り線を破線に設定しています。

リスト 7.5.6　スタイルと書式を設定したグラフ

```
sns.reset_defaults()
sns.set_style(style="darkgrid", rc={"grid.linestyle": "--"})
ser.plot()
```

```
<matplotlib.axes._subplots.AxesSubplot at 0x7f5e5111edc0>
```

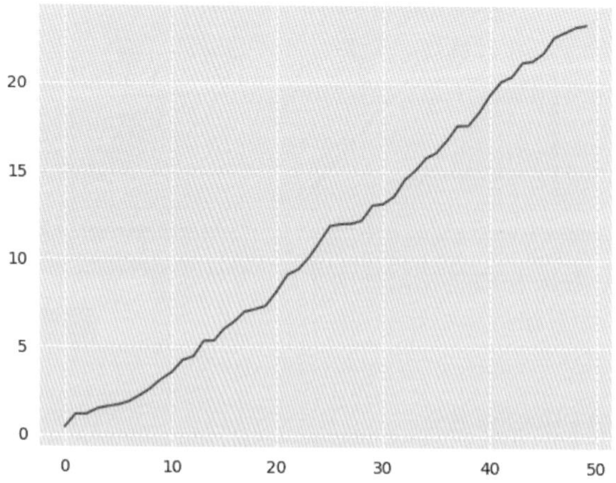

set_style()関数では表7.5のような書式が設定できます。

表 7.5　set_style() 関数で指定できる書式

書式	概要
axes.facecolor	サブプロットの背景色
axes.edgecolor	サブプロット外枠の線色
axes.grid	目盛り線
figure.facecolor	フィギュアの背景色
grid.color	目盛り線色
grid.linestyle	目盛り線種
text.color	テキスト色
xtick.color	X 軸・軸ラベル色
ytick.color	Y 軸・軸ラベル色
xtick.direction	X 軸の位置
ytick.direction	Y 軸の位置
font.family	フォントファミリ
font.sans-serif	フォントサンセリフ
xtick.bottom	X 軸目盛り（下）の表示・非表示
xtick.top	X 軸目盛り（上）の表示・非表示
ytick.left	Y 軸目盛り（左）の表示・非表示
ytick.right	Y 軸目盛り（右）の表示・非表示
axes.spines.left	サブプロット枠線（左）の表示・非表示
axes.spines.bottom	サブプロット枠線（下）の表示・非表示
axes.spines.right	サブプロット枠線（右）の表示・非表示
axes.spines.top	サブプロット枠線（上）の表示・非表示

seabornで設定している書式を確認するには、axes_style()関数を実行します（リスト7.5.7）。

リスト 7.5.7　seaborn で設定している書式を確認

```
sns.axes_style()
```

NOTE

set_style() 関数ではaxes_style() で定義された書式のみを設定できます。これ以外の書式を設定するには、サブプロットオブジェクトのメソッドを実行するなどの操作を行います。

seaborn と Matplotlib を併用して書式を設定する

set_style()関数を利用してmatplotlib.rcParamsを変更し、さらに、Matplotlibのメソッドなどを利用してサブプロットオブジェクトに書式を設定できます。リスト7.5.8ではseabornでサブプロットの背景色を変更し、サブプロットからgrid()メソッドで目盛り線の書式を変更しています。

● リスト 7.5.8　seaborn と Matplotlib を併用した書式設定

```
sns.reset_defaults()
sns.set_style({"axes.facecolor": "#eee"})
ax = sns.scatterplot(x=x, y=y)
ax.grid(which="major", axis="y", linestyle="--", linewidth=3)
```

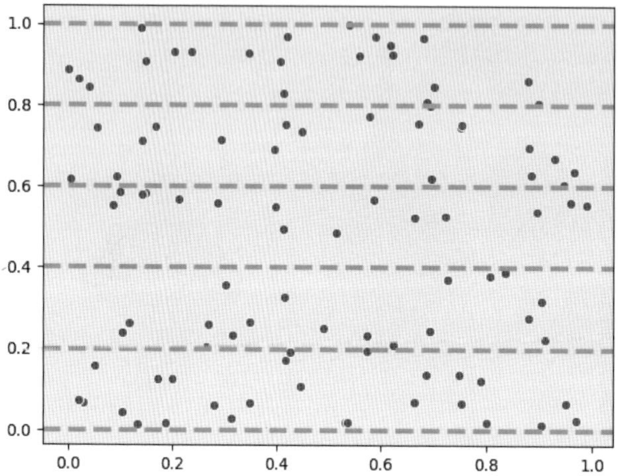

NOTE

scatterplot() 関数はサブプロットオブジェクトを返すため、サブプロットオブジェクトのメソッドが利用できます。

第8章

Colaboratoryを使おう

本章では、Google Colaboratoryの概要とその活用方法を解説します。

本章の内容

8.1 Colaboratoryの基本

「第1章　JupyterLabを導入しよう」では、Anacondaを利用してPythonの環境と、JupyterLabやMatplotlibなどのPythonサードパーティ製パッケージを利用するための手順を解説しました。Anacondaの有用性については解説した通りですが、Pythonに限らず、プログラミング環境の構築に不慣れな読者にとっては、環境構築そのものが難しく、煩わしく感じたことでしょう。

そのような読者を含め、とにかく簡単にJupyterLabのような環境を手に入れたい場合、Google Colaboratoryがお勧めできます。最終章となる本章では、Google Colaboratoryの概要とその活用方法を解説します。

Colaboratoryとは

Google Colaboratory（コラボラトリー。以下、Colaboratory）は、Googleが公開しているサービスの名称です。

- Google Colaboratory
  URL https://colab.research.google.com/notebooks/welcome.ipynb?hl=ja

「Colab（コラボ）」と略されることもあります。Colaboratoryは、クラウド環境にあらかじめ用意されたノートブックの作成・実行環境です。Colaboratoryは、インターネットブラウザとネットワーク環境、そしてGoogleアカウントさえあれば、設定なしにJupyterLabに近い機能を利用できる便利なサービスです（**図8.1**）。

ColaboratoryはJupyterLabと完全に同等のものではありません。しかし、ブラウザでPythonのコードを書いて実行する、可視化パッケージを利用してチャートを描画する、などのJupyterLabが提供するコア機能は同じように利用できます。

ColaboratoryとJupyterLabとの主な違いを**表8.1**にまとめます。

注目すべきColaboratoryの利点は、Googleアカウントを持っていればすぐにでもノートブックの利用を開始できること、ノートブックの共有（公開）が簡単に行えることです。ノートブック上でGPUを用いた計算処理を行いたいユーザの場合はGPUが無料で利用できることも大きな利点の1つです。利用にあたってのいくつかの注意点については「Colaboratoryの制限と注意」（P.400）で触れています。

図8.1　Colaboratoryサービス紹介ノートブック

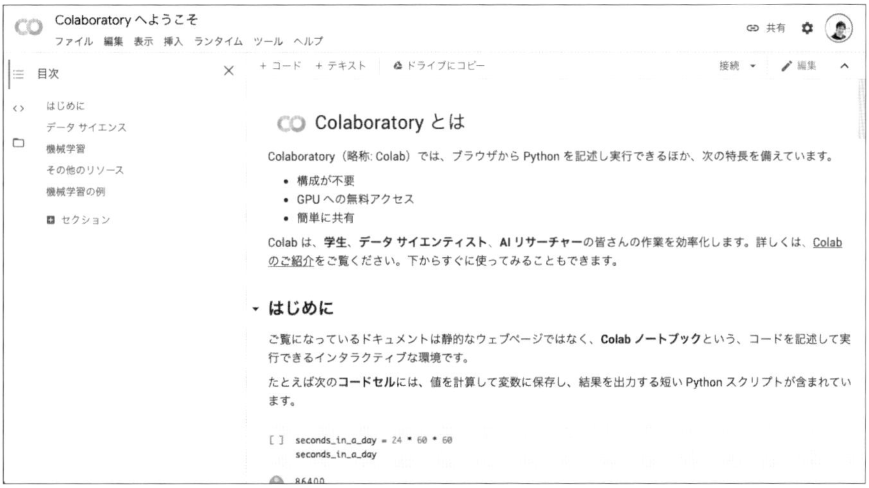

表8.1　ColaboratoryとJupyterLabの違い

	Colaboratory	JupyterLab
環境構築	不要	必要
動作環境	Googleの管理するクラウド上	環境構築したマシン上
CPUやメモリの割り当て	自動的に割り当てられる	利用環境に依存
GPUの利用	一定の制限のもと利用できる	利用環境に依存
Pythonパッケージの追加	基本的に可能	可能
拡張機能のインストール	不可	可能
ノートブックの共有	作成したノートブックを直接共有可能	環境構築やサービスの利用が別途必要

COLUMN

GPUとディープラーニング

GPUは、Graphics Processing Unitsの略称です。CPU（Central Processing Unit）が汎用的な演算を行う目的に設計されたのと比べ、GPUはもともとは画像や3Dグラフィックスなどのリアルタイム処理に特化して設計された装置です。

GPUの製造と販売、研究の分野ではNVIDIA社（エヌビディア）や、AMDの名前で親しまれるAdvanced Micro Devices社が有名です。GPUの研究が進むにつれて、GPUの特性は画像処理だけではなく並列処理や行列計算に活用できることが明らかになり、2006年にNVIDIAがCUDA（クーダ）を発表します※。CUDAはGPUをグラフィックス処理以外の分野に活用するためのプラットフォームで、GPGPU（General-purpose computing on graphics processing units）プラットフォームとも呼ばれます。今ではGPGPUは、大量の計算処理を必要とするディープラーニングの分野で活用されています。

※ URL https://developer.nvidia.com/about-cuda

◆Colaboratory の制限と注意

Colaboratoryは無料で利用できますが、コンピュータリソースを無制限に稼働させ続けることはできません。インターネットで情報を調べると「最大90分のセッション維持」や「12時間の連続稼働」といった情報が見つかりますが、これらの制約について、公式ドキュメントには明記されていません[注8.1]。公式ドキュメントのFAQには以下のように記載があります。

> *Colab does not publish these limits, in part because they can (and sometimes do) vary quickly.*
> （筆者意訳：*Colaboratory*はコンピュータリソース利用の制約について公表していませんが、その理由は、それらがすぐに変更される可能性があるためです）
>
> 原文 URL *https://research.google.com/colaboratory/faq.html#resource-limits*

したがってColaboratoryは、長時間の稼働や安定した接続が必要ない場面で利用するのが無難です。本格的な利用には、有料プラン「Colab Pro」の利用を検討してください。

- Colab Pro　URL https://colab.research.google.com/signup

また、Colaboratoryはクラウド上に存在するサービスです。個人情報やセンシティブなデータを含むデータ分析をColaboratory上で行う場合、データの取り扱いに十分注意してください。

ノートブックを作成する

Colaboratoryでノートブックを作成するには、［ファイル］から［ノートブックを新規作成］を選択します（**図8.2**）。

ブラウザの新規タブが開き、新しいノートブック「Untitled0.ipynb」が開かれます（**図8.3**）。

図8.3で、ノートブック名を示す「Untitled0.ipynb」にGoogleドライブ[注8.2]のロゴが表示されています。Colaboratoryでは、ノートブックファイルはサインイン中のGoogleアカウントに紐付くGoogleドライブ上のフォルダに保存されています。

注 8.1　連続稼働時間について「In the free version of Colab notebooks can run for at most 12 hours」という説明は掲載されています。

注 8.2　URL https://www.google.com/intl/ja_ALL/drive/

●図 8.2 Python3 の新しいノートブックを作成する

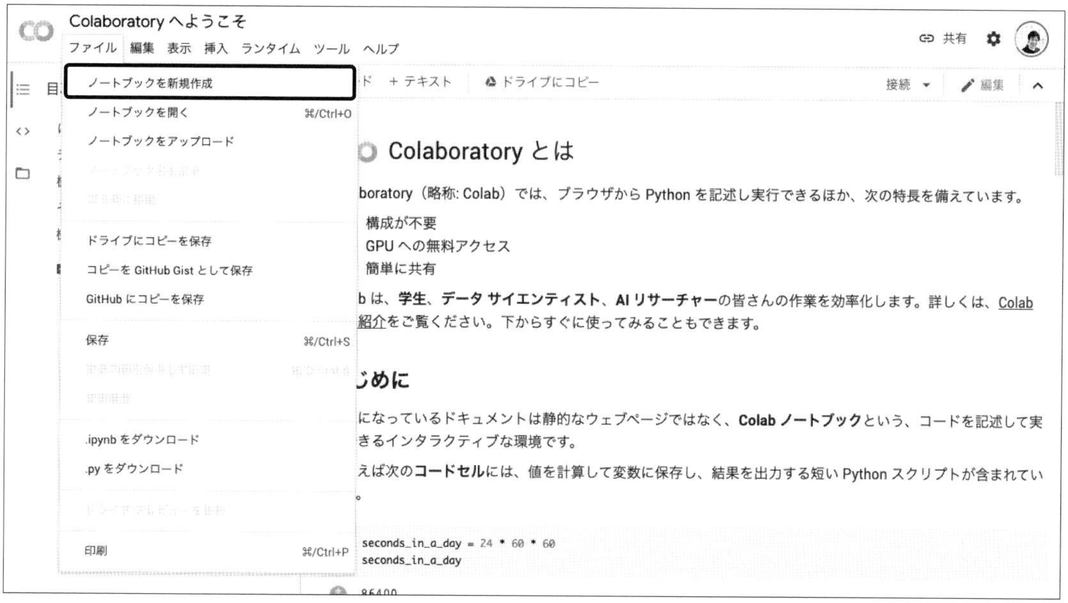

●図 8.3 Colaboratory 上で新規に作成されたノートブック

図8.4は、本書でも解説している可視化パッケージseaborn[注8.3]を用い、Colaboratoryのノートブック上でグラフを描画した結果です。

図 8.4　Colaboratory と seaborn

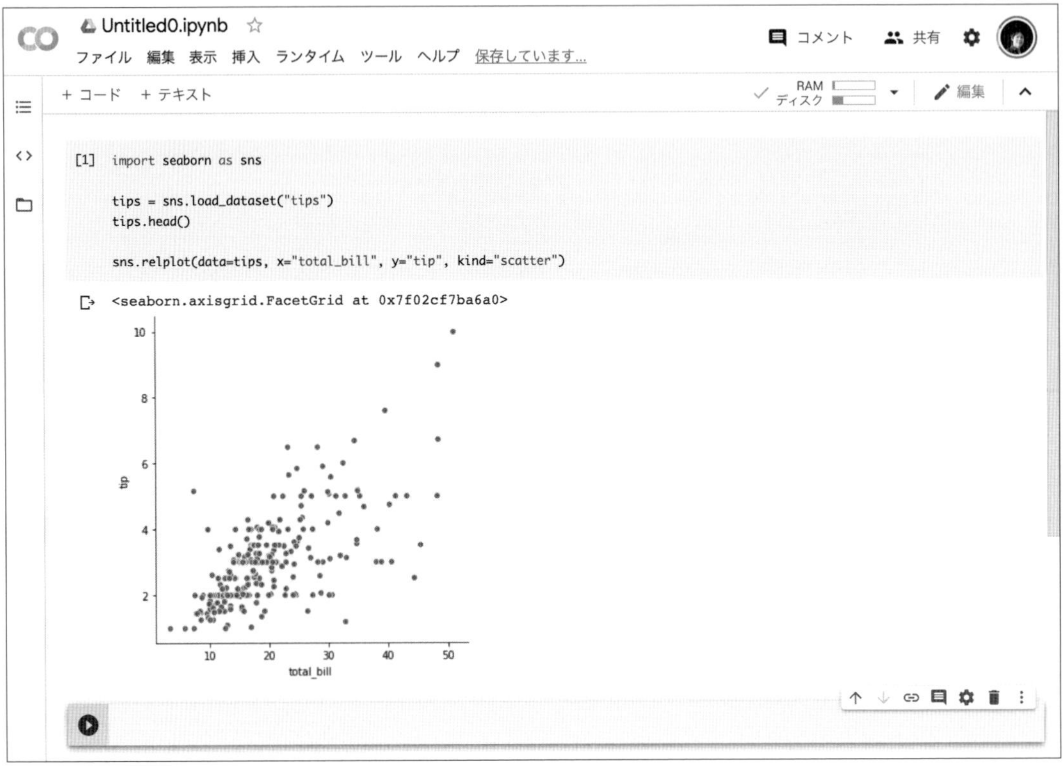

JupyterLabとは少し異なるインターフェイスですが、本書でJupyterLabについて学んだ読者であれば、操作方法はすぐに理解できるでしょう。

ノートブックを保存する

Colaboratoryでノートブックを作成した場合、作成した時点でGoogleドライブの「マイドライブ」内のフォルダ「Colab Notebooks」にノートブックファイルが保存されています（**図8.5**）。

注 8.3　seaborn は「第 6 章　seaborn でデータを可視化しよう」（P.295）および「第 7 章　seaborn を使いこなそう」（P.351）で詳しく解説しています。

図 8.5 マイドライブに保存されたノートブックファイル

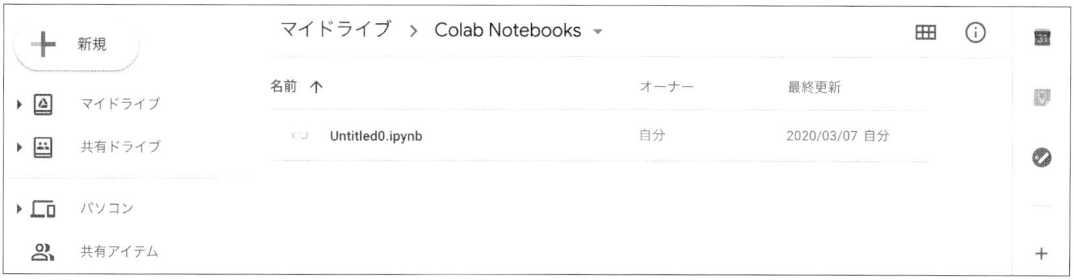

Colab Notebooksフォルダは、Colaboratoryが自動的に作成したフォルダです。保存されているノートブックファイルを開くと、作業を再開できます。ファイル名の変更や保存場所の変更などは、Googleドライブ上で管理されているその他のファイルと同様です。

ノートブックに加えた変更は、JupyterLabと同じように、ショートカットキー Command + S (Windowsの場合は Control + S) でノートブックファイルに保存できます注8.4。

ノートブックの変更内容が保存されているかどうかは、「すべての変更を保存しました」の表示有無でわかります（**図8.6**）。

図 8.6 ノートブックの変更内容がすべて保存されている状態

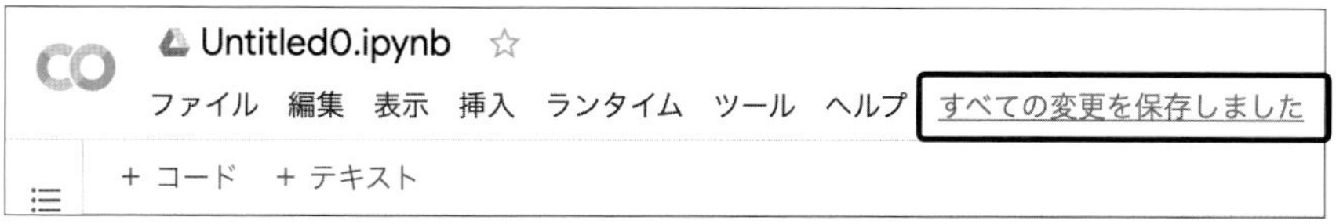

Colaboratoryは標準でオートセーブ機能を備えており、一定間隔ごとにノートブックの内容を自動保存しています。しかし、オートセーブ前にブラウザやブラウザのタブを閉じてしまうと、ノートブックの内容を保存せずにColaboratoryを終了してしまうことになります注8.5。変更はこまめに保存するようにしましょう。

ノートブックを共有する

作成したノートブックは［共有］ボタン（Shareボタン）から共有できます（**図8.7**）。

注 8.4 Colaboratoryのショートカットキー一覧は、［ツール］メニューの［キーボードショートカット］から確認できます。
注 8.5 未保存の内容があるときにタブを閉じようとすると、確認ダイアログが表示されます。

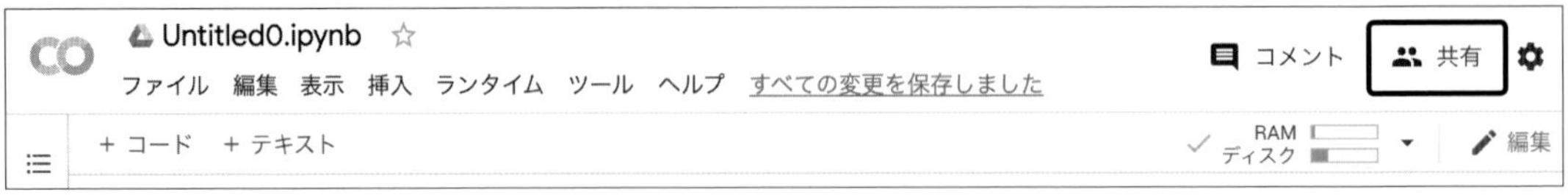

図8.7　[共有] ボタン

［共有］ボタンを押すと、共有設定を行うモーダルが開きます（**図8.8**）。

図8.8　共有設定を行うモーダル

図8.8の［ユーザーやグループと共有］は、共有相手を指定する場合に利用します。［リンクを取得］では、共有先を「リンクを知っている全員」に設定することで不特定多数にノートブックを公開できます（**図8.9**）。

図8.9　リンクを知っている全員にノートブックを共有する

8.2 ファイルの読み込み

ローカルマシンにJupyterLab環境を整えた場合と異なり、Colaboratoryのノートブックはクラウド上にあります。したがって、WindowsやmacOS上のディスクに保存されたデータを直接読み取ることはできません。Colaboratoryのノートブックから外部ファイルを読み込む方法として、主に下記の3つがあります。

1. 読み込むデータにアクセス可能なURLを直接参照する
2. ファイルパネルにファイルをアップロードする
3. Googleドライブと連携する

本節では、ファイルパネルにファイルをアップロードする方法（下記）と、Googleドライブと連携する方法（P.407）で、外部のファイルをColaboratoryで利用する手順を解説します。

ファイルをアップロードして利用する

まず、Colaboratoryのファイルパネルを利用してローカルマシンからファイルをアップロードする方法を解説します（図8.10）。

●図8.10 サイドバーのフォルダアイコン

サイドバーのフォルダアイコンを選択すると、ファイルパネルが開きます（図8.11）。

●図 8.11　サイドバーのファイルパネル

sample_dataフォルダには、あらかじめいくつかのサンプルデータが配置されています。新しくファイルをアップロードするには、［アップロード］を選択してアップロード対象のファイルを選択するか、ファイルをファイルパネルにドラッグ＆ドロップします。

アップロードが完了すると、ファイルパネルにファイル名が表示されます（**図8.12**）。

●図 8.12　アップロードされたファイル

ファイルパネル上に表示されているファイルは、ノートブックから利用できます。**図8.13**に示すのは、pandasを利用してアップロードしたCSVファイルを読み込み、内容を表示するコードを実行した結果です。

図8.13　アップロードしたCSVを利用

なお、アップロードしたファイルは「永続化されない」ことに注意が必要です。ノートブックのランタイム[注8.6]が破棄されると、ファイルパネルにアップロードしたデータも併せて破棄されます。次に解説するGoogleドライブとの連携を行うことで、ファイルを永続化して利用できるようになります。

Googleドライブをマウントしてファイルを読み込む

「ファイルをアップロードして利用する」(P.405) では、ノートブック上で外部ファイルを読み込む方法として、Colaboratoryのファイルパネルにファイルをアップロードする手順を解説しました。本節では、もう1つの方法として、ColaboratoryにGoogleドライブをマウント[注8.7]して利用する方法を解説します。

ファイルパネルにあるGoogleドライブのアイコンを選択すると（**図8.14**）、Googleドライブへのアクセス権限をノートブックへ与えるための確認ダイアログが表示されます（**図8.15**）。

注8.6　ランタイムとは、ここでは、クラウド上でノートブック環境を提供しているバーチャルマシン（仮想マシン）とほぼ同義です。

注8.7　マウントとは、コンピュータに接続した外部記憶装置をOSに認識させることを意味します。Colaboratoryの場合、外部記憶装置はGoogleドライブ、OSはノートブック（が動作しているバーチャルマシン）です。

図 8.14　Google ドライブをマウント（ファイルパネル）

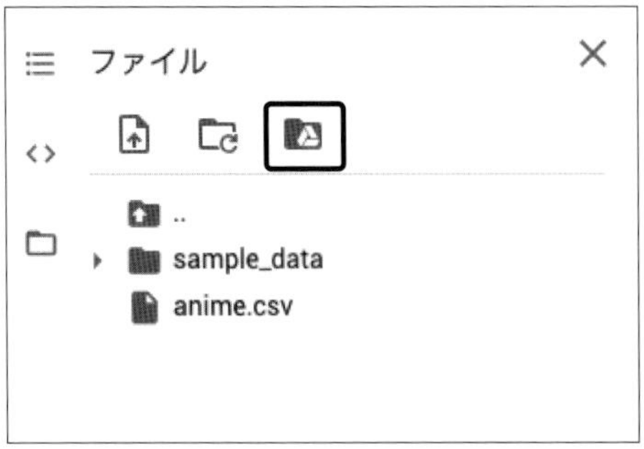

図 8.15　ノートブックが Google ドライブへアクセスする権利を付与

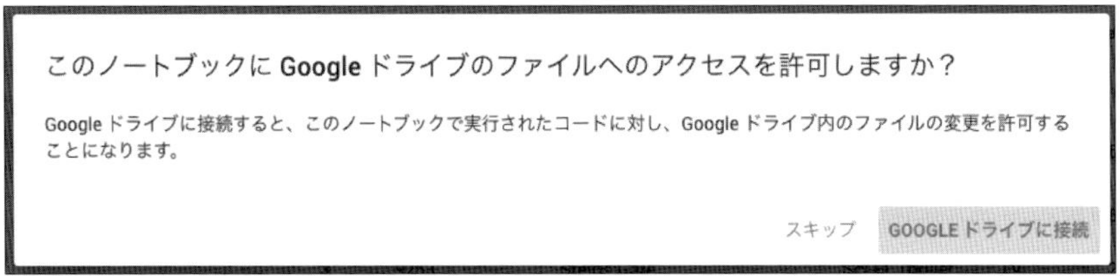

マウントに成功すると、ファイルパネルに「drive」フォルダが表示されます（**図8.16**）。

図 8.16　Google ドライブのマウント成功後のファイルパネル

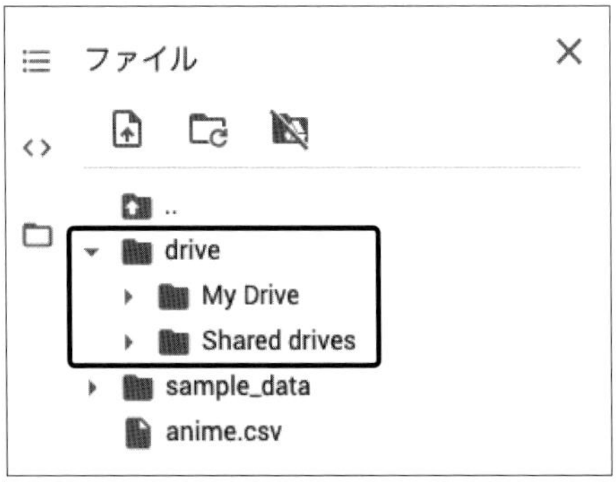

「/content/drive」というフォルダは、Google ドライブの最上位のフォルダです。シェルコマンド`!ls`を利用して「/content/drive」の中身を確認します（**図8.17**）。

NOTE

Colaboratoryのノートブックでも、シェルコマンドを利用できます。Colaboratoryのシェルコマンドについては「シェルコマンドを利用する」（P.410）で解説しています。

図 8.17　!ls コマンドでアップロードしたファイルを確認

```
[2]  !ls /content/drive

'My Drive'  'Shared drives'
```

「My Drive（マイドライブ）」と「Shared drives（共有ドライブ）」が存在していることが確認できます。

Googleドライブの「マイドライブ」にフォルダ「jupyterbook」を作成し、anime.csvをアップロードした場合（**図8.18**）、ノートブックからは/content/drive/My Drive/jupyterbook/anime.csvというパスでアクセスできます（**図8.19**）。

図 8.18　「マイドライブ」→「jupyterbook」にアップロードしたファイル

図 8.19　マウントした Google ドライブのファイルを読み込み

```
[3]  import pandas as pd

     df = pd.read_csv('/content/drive/My Drive/jupyterbook/anime.csv')
     df.head()
```

	anime_id	name	genre	type	episodes	rating	members
0	32281	Kimi no Na wa.	Drama, Romance, School, Supernatural	Movie	1	9.37	200630
1	5114	Fullmetal Alchemist: Brotherhood	Action, Adventure, Drama, Fantasy, Magic, Mili...	TV	64	9.26	793665
2	28977	Gintama°	Action, Comedy, Historical, Parody, Samurai, S...	TV	51	9.25	114262
3	9253	Steins;Gate	Sci-Fi, Thriller	TV	24	9.17	673572
4	9969	Gintama'	Action, Comedy, Historical, Parody, Samurai, S...	TV	51	9.16	151266

Googleドライブのファイルが、pandasのread_csv()関数で読み込めていることが確認できます。

Googleドライブをマウントしてファイルを読み込む方法では、ファイルはGoogleドライブ側に保存されています。そのため「ファイルをアップロードして利用する」（P.405）で解説した方法と異なり、ノートブックのランタイムが破棄されたとしてもファイルは失われません。

マウントしたGoogleドライブに対して、読み込み操作だけではなく書き込み操作も行えます（図8.20）。

図8.20　マウントしたGoogleドライブへファイルを書き込み

```
[4]   1 df.to_csv('/content/drive/My Drive/jupyterbook/output.csv')
```

pandasのto_csv()メソッドで、パスに「/content/drive/My Drive/jupyterbook/output.csv」を指定しています。実行すると、Googleドライブにファイルoutput.csvが保存されていることが確認できます（図8.21）。

図8.21　Googleドライブに保存されたoutput.csv

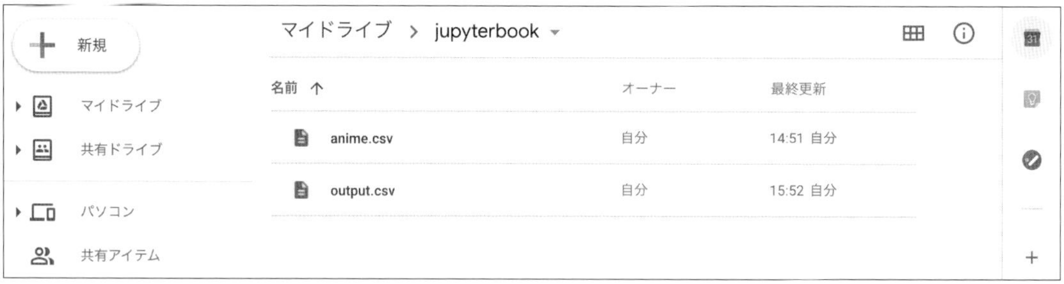

Googleドライブをマウントすることで、Googleドライブに対してファイルの読み書きが行えるようになったことが確認できました。

8.3 Colaboratoryの活用

前節まで、Colaboratoryの基本的な使い方を解説しました。今節では、より便利にColaboratoryを活用するためのいくつかのトピックを解説します。

シェルコマンドを利用する

Colaboratoryでは、JupyterLab同様シェルコマンドが利用できます。

図8.22は、シェルコマンドを利用して`cat`コマンドや`pwd`コマンドを利用している例です[注8.8]。

図8.22　シェルコマンドを実行

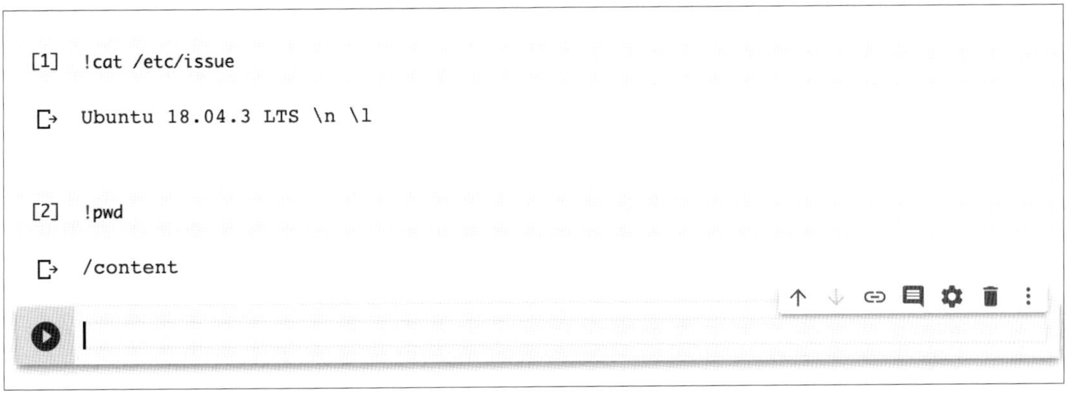

シェルコマンドは、ファイルシステムに対する操作にも利用できます。図8.23は、新規にディレクトリを作成するコマンド`mkdir`を実行したあとに、ファイルパネルでフォルダ一覧を確認した図です。

図8.23　mkdirコマンドでディレクトリを作成

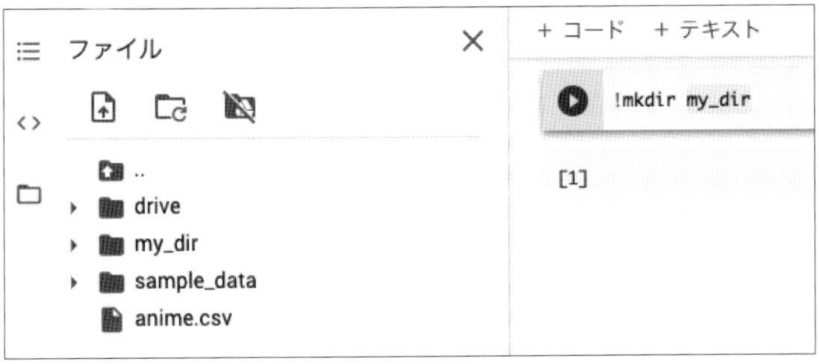

ディレクトリ「my_dir」が作成されていることがわかります。

シェルコマンドは、次に説明するパッケージ管理のための`pip`コマンドを実行する場合にも利用します。

NOTE

Colaboratoryでは、シェルコマンドの先頭の`!`は省略可能です。つまり、`!pwd`は`pwd`と、`!cat`は`cat`と入力できます。しかし、Pythonのコードではなくシェルコマンドを記述していることを明示するために、先頭の`!`は省略しないことをお勧めします。

注8.8　このノートブックは、Ubuntu OS上で動作していることがわかります。

パッケージの追加やバージョン変更を行う（pip）

Colaboratoryの環境には、あらかじめデータ分析によく利用されるサードパーティ製パッケージが多数インストールされています。パッケージのインストール状況は、pipコマンドをシェルコマンドとして実行することで確認できます（図8.24）。

図8.24　pip list でインストール済みパッケージを確認（一部表示）

```
[1]  !pip list

     Package                  Version
     ------------------------ ---------------
     absl-py                  0.9.0
     alabaster                0.7.12
     albumentations           0.1.12
     altair                   4.0.1
     asgiref                  3.2.3
     astor                    0.8.1
     astropy                  4.0
     atari-py                 0.2.6
     atomicwrites             1.3.0
     attrs                    19.3.0
     audioread                2.1.8
     autograd                 1.3
     Babel                    2.8.0
```

利用したいパッケージがインストールされているか、目的のバージョンがインストールされているかはgrepコマンドと組み合わせると良いでしょう（図8.25）。

図8.25　pip list の結果を grep で絞り込み

```
[2]  !pip list | grep pandas

     pandas                   0.25.3
     pandas-datareader        0.7.4
     pandas-gbq               0.11.0
     pandas-profiling         1.4.1
     sklearn-pandas           1.8.0
```

pip installでパッケージを追加インストール可能です。

図8.26は、自然言語処理の一分野である形態素解析を行うサードパーティ製パッケージJanome[注8.9]をインストールして、パッケージを利用している例です。

注8.9　URL https://mocobeta.github.io/janome/

図 8.26 インストールしたパッケージ Janome の利用

```
[1] !pip install janome

    Collecting janome
      Using cached https://files.pythonhosted.org/packages/79/f0/bd7f90806132d7d9d642d418bdc3e870cfdff5947254ea3cab27480983a7/Janome-0.3.10-
    Installing collected packages: janome
    Successfully installed janome-0.3.10

[2] from janome.tokenizer import Tokenizer
    t = Tokenizer()
    for token in t.tokenize(u'すもももももももものうち'):
        print(token)

    すもも   名詞,一般,*,*,*,*,すもも,スモモ,スモモ
    も      助詞,係助詞,*,*,*,*,も,モ,モ
    もも    名詞,一般,*,*,*,*,もも,モモ,モモ
    も      助詞,係助詞,*,*,*,*,も,モ,モ
    もも    名詞,一般,*,*,*,*,もも,モモ,モモ
    の      助詞,連体化,*,*,*,*,の,ノ,ノ
    うち    名詞,非自立,副詞可能,*,*,*,うち,ウチ,ウチ
```

パッケージの追加インストールと、インストールしたパッケージが利用できていることが確認できます。

GPUを利用する

「Colaboratoryとは」(P.398)では、Colaboratoryの特徴の1つにGPUを利用できることを挙げました。デフォルトの状態では、GPUを利用できるようにはなっていません。

機械学習、特にディープラーニングを行う場合によく利用されるサードパーティ製パッケージPyTorch[注8.10]を利用して、GPUが使用できるかどうかを調べます。**図8.27**は、torch.cuda.is_available()関数を利用して、CUDA[注8.11]の利用可否を調べた結果です。

図 8.27 GPU の利用可否を調べる(利用不可)

```
[1] import torch

[2] torch.cuda.is_available()

    False
```

cuda.is_available()関数の戻り値はFalseのためCUDAは利用できません。

GPUを利用するためにランタイムのタイプを変更します。タイプの変更はメニュー[ランタイム]から行えます(**図8.28**)。

注 8.10 URL https://pytorch.org/
注 8.11 CUDA については「Colaboratory とは」(P.398) で簡単に解説しています。

●図8.28　ランタイムのタイプを変更

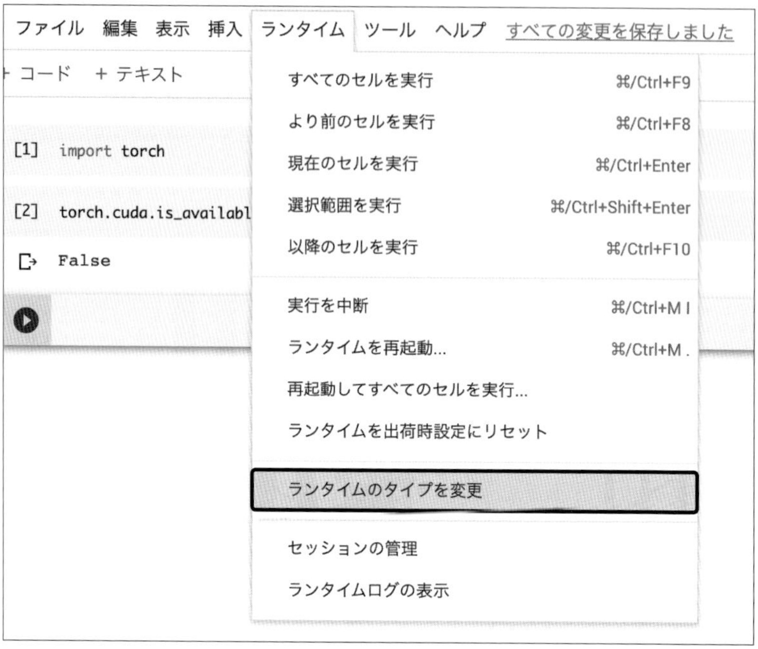

メニュー［ランタイム］の［ランタイムのタイプを変更］を選択すると、「ノートブックの設定」ダイアログが開きます（図8.29）。

●図8.29　ノートブックのランタイム設定（デフォルト）

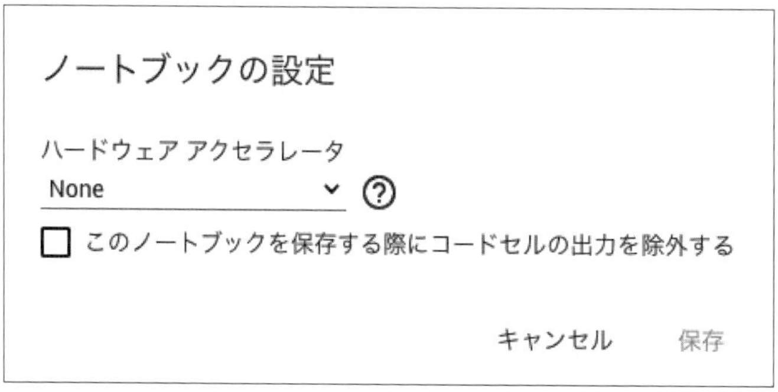

「ハードウェアアクセラレータ」が「None」になっています。この項目を変更し、「GPU」を選択します（図8.30）。

●図8.30　ノートブックの設定（GPU）

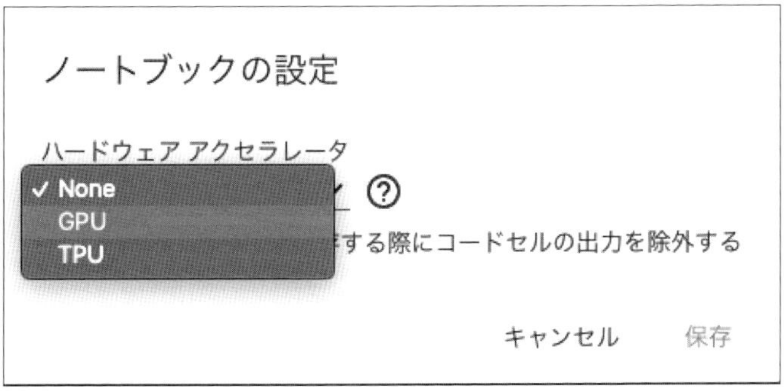

ランタイムのタイプを選択したら、再びcuda.is_available()関数を実行します。戻り値がTrueになっています。

これだけで、GPUの利用環境が整いました。

Colaboratoryには、PyTorchの他にもTensorFlow[注8.12]やKeras[注8.13]といったディープラーニングを行うためのサードパーティ製パッケージがあらかじめインストールされており、GPUと併せて活用できます。

COLUMN

GPUとTPU

ノートブックのランタイムを変更する手順（**図8.30**）で、ハードウェアアクセラレータの選択肢としてGPUの他に「TPU」という選択肢が表示されていました。

TPUは、Tensor processing unit（テンソル・プロセッシング・ユニット）の略称で、Googleが開発した機械学習に特化したプロセッサです。TPUの開発には、機械学習の演算効率を高めるためのさまざまな工夫を凝らすことで、従来のGPUと比べ演算性能の効率化や省電力化を図る狙いがあります。

2017年に囲碁棋士のトッププロ柯潔（かけつ）氏との対局と勝利で話題となった人工知能による囲碁プログラムAlphaGOとの対局において、TPUが活用されたと発表されています[※]。

GoogleのTPU技術は、2020年2月時点、Cloud TPU[※※]としてGoogleのクラウドサービスを通じて一般ユーザが利用できるようになっています。Colaboratoryもその1つと言えます。

※　URL https://cloud.google.com/blog/products/gcp/google-supercharges-machine-learning-tasks-with-custom-chip
※※　URL https://cloud.google.com/tpu/

注8.12　URL https://www.tensorflow.org/
注8.13　URL https://keras.io/

GitHub と連携する

Colaboratoryは、GitHubで管理されているノートブックファイルを直接読み込めます（**図8.31**）。

図 8.31　GitHub で管理しているノートブックを読み込み

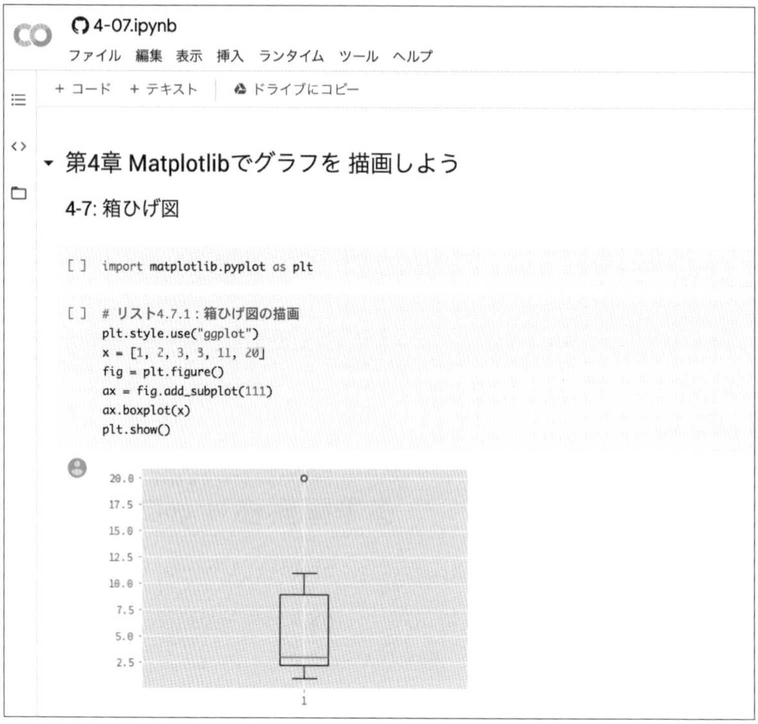

GitHub上のノートブックファイルのURLが次の場合、

URL https://github.com/practical-jupyter/sample-code/blob/master/notebooks/4-07.ipynb

Colaboratoryから読み込むには、次のURLを指定します。

URL https://colab.research.google.com/github/practical-jupyter/sample-code/blob/master/notebooks/4-07.ipynb 「https://colab.research.google.com/github/」以下に、リポジトリ名（/practical-jupyter）以下のパスを続ける規則性です。これだけで、**図3.31**のようにColaboratory上でノートブックを閲覧、実行できるようになります。

GitHub上のノートブックを開いた場合、ノートブックはプレイグラウンドモードで開かれます。そのため、もしもノートブックに変更を加えて保存したい場合は、Googleドライブにコピーを作成して管理することになります。

Colaboratoryで作成したノートブックを、GitHub側に保存することもできます。［ファイル］メニューに、［コピーをGitHub Gistとして保存］［GitHubにコピーを保存］という項目が存在します（**図8.32**）。

● 図8.32　ノートブックをGitHubに保存するメニュー項目

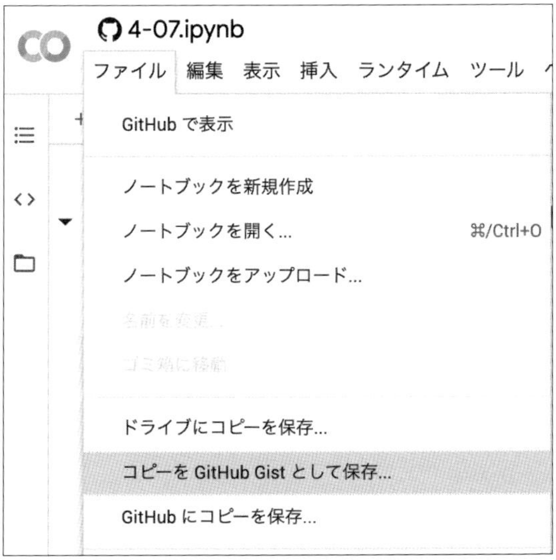

図8.33は、［コピーをGitHub Gistとして保存］を選択し、ノートブックの内容をGist[注8.14]で公開した例です。

注8.14　Gistは、ソースコードをファイル単位で公開、バージョン管理できる、GitHubが運営するサービスです。
URL https://gist.github.com/

●図8.33　GitHubで管理しているノートブックを読み込み

Colaboratoryの場合、ノートブックの保存や公開はGoogleドライブとの連携のみで行えます。ノートブックをソースコードとしてGitHubで管理していきたい場合には、GitHubとの連携機能を活用すると良いでしょう。

本節では、Colaboratoryを活用するための一歩進んだトピックを解説しました。ぜひColaboratoryを試してみてください。

索引

記号

A

B

C

D

E

F

G

H

I

J

著者プロフィール

池内 孝啓（いけうち たかひろ）

株式会社Hakali 取締役CTO

ITベンチャー数社を経て2011年に株式会社ALBERTへ入社。2015年に東証マザーズ上場を経験後、独立・起業し、BtoB SaaSプロダクトをリリース。2019年、株式会社Hakali取締役CTOに就任。心のセルフケア・アプリ「Awarefy」を開発。

著書に『Pythonエンジニアファーストブック』（2017年、技術評論社）、『これからはじめるSQL入門』（2018年、技術評論社）などがある。PyData Tokyo発起人のひとり。

Twitter @iktakahiro

GitHub https://github.com/iktakahiro

片柳 薫子（かたやなぎ のぶこ）

農研機構 農業環境変動研究センターにて研究に従事。PyLadies Tokyo運営スタッフ。2014年からデータ解析にPythonを活用。

@driller

デリバティブを中心とした金融データの分析にPythonを活用している。Python×金融のコミュニティ fin-py 主宰。

Twitter @patraqushe

●装丁
トップスタジオデザイン室（轟木 亜紀子）
●本文デザイン・DTP
スタジオ・キャロット
●本書サポートページ
https://gihyo.jp/book/2020/978-4-297-11568-5
本書記載の情報の修正・訂正・補足については、当該 Web ページで行います。

■お問い合わせについて
本書に関するご質問については、本書に記載されている内容に関するもののみとさせていただきます。本書の内容と関係のないご質問につきましては、一切お答えできませんので、あらかじめご了承ください。また、電話でのご質問は受け付けておりませんので、FAX か書面にて下記までお送りください。

<問い合わせ先>
〒 162-0846
東京都新宿区市谷左内町 21-13
株式会社技術評論社　第 5 編集部
「改訂版　Python ユーザのための Jupyter［実践］入門」係
FAX：03-3513-6173

なお、ご質問の際には、書名と該当ページ、返信先を明記してくださいますよう、お願いいたします。
お送りいただいたご質問には、できる限り迅速にお答えできるよう努力いたしておりますが、場合によってはお答えするまでに時間がかかることがあります。また、回答の期日をご指定なさっても、ご希望にお応えできるとは限りません。あらかじめご了承くださいますよう、お願いいたします。

改訂版《かいていばん》　Python《パイソン》 ユーザのための　Jupyter《ジュピター》［実践《じっせん》］入門《にゅうもん》

2017 年　9 月 22 日　初　版　第 1 刷発行
2020 年　9 月　5 日　第 2 版　第 1 刷発行
2023 年 11 月 22 日　第 2 版　第 2 刷発行

著　者　池内《いけうち》 孝啓《たかひろ》、片柳《かたやなぎ》 薫子《のぶこ》、@driller《どりらー》
発行者　片岡　巌
発行所　株式会社技術評論社
東京都新宿区市谷左内町 21-13
電話　03-3513-6150（販売促進部）
03-3513-6177（第 5 編集部）
印刷／製本　港北メディアサービス株式会社

定価はカバーに表示してあります。

ISBN978-4-297-11568-5　C3055
Printed in Japan